U0188684

高端装备关键基础理论及技术丛书·电机与控制

双凸极电动机的原理和控制

Principles and Control Strategies of Doubly Salient Motor

孟小利 等 著

上海科学技术出版社

图书在版编目(CIP)数据

双凸极电动机的原理和控制 / 孟小利等著. —上海：上海科学技术出版社，2018.1
（高端装备关键基础理论及技术丛书.电机与控制）
ISBN 978-7-5478-3814-3

Ⅰ.①双… Ⅱ.①孟… Ⅲ.①凸极—电动机—理论②凸极—电动机—控制 Ⅳ.①TM32

中国版本图书馆 CIP 数据核字(2017)第 282629 号

双凸极电动机的原理和控制
孟小利 等 著

上海世纪出版(集团)有限公司
上 海 科 学 技 术 出 版 社 出版、发行
（上海钦州南路 71 号 邮政编码 200235 www.sstp.cn）
上海盛通时代印刷有限公司印刷
开本 787×1092 1/16 印张 21.25 插页 4
字数 420 千字
2018 年 1 月第 1 版 2018 年 1 月第 1 次印刷
ISBN 978-7-5478-3814-3/TM·60
定价：128.00元

内 容 提 要

双凸极电机是磁阻电机的一种，其特点是电机转子仅由硅钢片叠压而成，转子上无线圈无永磁体无滑环，是结构最简单的电机，适合于恶劣的环境下工作。

本书重点讨论双凸极电励磁电动机的结构原理和控制方法。双凸极电动机是一种新的调速电机，可用于每分钟几十转的低速区，用于每分钟几百到几千转的中速区，也可用于每分钟几万转的高速区，是一类可不用齿轮箱增速或减速的直驱电动机。

全书共 6 章：第 1 章介绍了调速系统的基本概念；第 2 章讨论了双凸极电机的基本结构参数，建立了简单的数学模型；第 3 章研究了三相电励磁双凸极电动机的调速系统，重点对五种控制方式、过载能力、调速性能以及制动性能进行了讨论；第 4 章围绕分布励磁线圈的双凸极电机进行了研究，分析总结了电机的发电特性、双通道工作特性以及电动工作特性；第 5 章论述了电励磁双凸极电机作为航空起动发电机相比于其他类型电机的优势；第 6 章讨论了电励磁双凸极电动机低速运行和高速运行的特点，着重对五相高速电机进行了研究。

本书可做相关专业的工程师和科技工作者参考，也可供高等院校电工学科的本科生和研究生参考。

前言

磁阻电机是结构最简单的电机，适合于恶劣环境条件下工作。磁阻电机有三种类型：步进电机、开关磁阻电机和双凸极电机。

双凸极电机既可发电工作，也可电动工作，亦可构成起动发电机。本书是《双凸极直流发电机结构与原理》(2012 年 1 月上海科学技术出版社出版)的姐妹篇。

近年来，北京某电机厂研制的 18 kW 双凸极无刷直流起动发电机已成功应用于某高空无人机，苏州某科技公司的双凸极直流发电机组已有系列产品，成功应用于增程式电动汽车，迈出了双凸极电机工业应用的步伐，我们衷心感谢他们。

电励磁双凸极电动机是一种具有多个控制变量的调速电动机，为调速电机科技工作者和工程师们提供了广阔的天地，本书的目的是抛砖引玉，愿更多的人员共同来研究这种电机，为我国国民经济的发展添砖加瓦。

开关磁阻电机和双凸极电机都属于磁阻电机，结构简单，环境适应性好。开关磁阻电动机高速运行时的相电流峰值与有效值之比大，要求 DC/AC 变换器的电流容量大。多极低速异步电动机的功率因数较低。永磁同步电动机在低、中、高转速范围内都有好的性能，但永磁体价格高，高温工作有退磁风险，宽恒功率区的永磁电动机在高速区工作时万一失去直轴电流会导致电机电压过高的问题。这些因素为双凸极调速电动机的发展提供了机遇。目前 6/4、12/8 结构双凸极电动机转矩脉动较大，6/5、12/10 结构分布励磁双凸极电动机转矩脉动明显减小但励磁损耗加大。著者写作本书的又一个出发点是希望广大电机工作者共同努力，改善双凸极电动机的不足之处，让其更好地为我国工农业的发展服务。

本书撰写过程中得到了南京航空航天大学电气工程系同仁的支持和帮助，研究生王婷婷、陆美玲、王兰凤的研究工作丰富了本书的内容，王寅博士提供了三相九状态和六状态的宝贵实验数据。上海科学技术出版社为本书的出版付出了大量心血，在此致以衷心的感谢。

由于作者水平有限，有不当和错误之处敬请读者批评指正。

著　者

2017 年 10 月

目录

第1章

概　述

1.1　电动机调速系统的应用

直流电动机在其接线端加以直流电源电机即旋转，可用于传动机械设备。异步电动机接三相交流电源也即能旋转。电励磁同步电动机借助其磁极表面的阻尼绕组，可实现异步启动和同步旋转。具有鼠笼的永磁同步电动机也可在三相电源作用下，异步起动并自动转入同步运行。

但是不论是直流电动机或交流电动机，直接和直流电源或交流电源连接，其转速是不变的，如同步电动机和永磁同步电动机，电机转速和电源频率直接相关，电源频率不变，电动机的转速也不变。直流电动机和异步电动机的转速则随电源电压和其传动的设备负载的变化转速有所变化，但变化不大。

转速基本上不变的电动机的应用范围是有限的，调速电动机的应用越来越广泛。

最早的汽车是电动汽车。但是随着内燃机的发展，电动汽车让位给了燃油汽车。100多年来，燃油汽车迅速发展，汽车的发展推动了公路和高速公路的发展，促进了国民经济的快速增长，方便了人们的来往，增进了人类的文明。但是燃油车的负面效应也是明显的，它污染了空气，增加了CO_2的排放。目前，电动汽车有三类：纯电动汽车，它以电池储存的电作为能源；燃料电池电动车，它以燃料电池为能源；混合动力汽车，它是将油机和电动机共同用于推进的汽车。混合动力车仅减少了污染物的排放，纯电动汽车和燃料电池汽车则可达到零排放。

电动汽车的发展不仅减少了污染物的排放，而且简化了汽车的结构，减少了汽车的能量消耗。

电动汽车的发展和调速电动机的发展是分不开的。半个世纪前的电动汽车的驱动电动机为直流电动机，直流电动机调速方便，启动和低速转矩大，适合于车辆传动。直流电动机的缺点是有换向器和电刷，使用维护不方便，使用寿命短。现代电动汽车已不再采用直流电动机了。目前广泛使用的车用调速电动机有异步电动机、永磁同步电动机，个别汽车应用开关磁阻电动机。这三种调速电动机都是电机本体、电机转子位置检测器、功率变换器和数字控制器的有机组合，不仅有好的调速性能，有大的起动转矩和低速工作转矩，使汽车有好的加速性能，而且有高的工作效率、高的功率密度、低的成本、长的使用寿命，使用维护简单方便。电动汽车种类很多，所用电动机功率差别很大，小到 1 kW，大到数百千瓦，同时其工作转速范围也相当宽，工作环境相差很大，在这种情况下，究竟哪一种电动机更适合哪一种车，仍是值得探讨的工程问题。

驱动电梯的电动机是调速电动机应用的第二个实例。为了使乘员舒适，电梯起动和停止过程的加速度必须在一定范围以内，而当其停于某一楼层时，电梯地板平面必须与该楼层的地面齐平，以利于乘员进出和货物的装卸，只有精确控制调速电动机才能满足这两个要求。现在大多数电梯的驱动电动机为异步电动机或永磁电动机。

调速节能是电动风机和电动泵节能的极重要途径。我国风机水泵的节能成为节能的重要方面。家用电器的洗衣机、电冰箱和空调机都可借助调速节电，降低运行时的噪声。

由此可见，调速电动机在工农业生产的各个部门和家用电器的各方面得到广泛应用，对改善设备性能、节省电能等方面起着越来越重要的作用。

1.2 直流电动机及其调速系统

在讨论双凸极电动机调速系统之前，先就直流电动机和无刷直流电动机的调速系统进行讨论，以掌握调速系统的基本理论和技术。直流电动机调速系统是最早在工农业生产中应用的调速系统和伺服系统，调速系统的应用提高了工作机械的效率和工作精确度，节省了工作机械的能源需求。

1.2.1 直流电机的结构

直流电机由定子和转子两个主要部分组成，如图 1－1 所示。

图 1－1a 的电机定子的导磁壳体内装有磁极，磁极上套有励磁线圈，励磁线圈通以图中所示方向的电流后，左边磁极成为 N 极，右边磁极成为 S 极。图 1－1b 是直流电机电枢绕组和电刷的示意图，电机的电枢绕组在转子上，由硅钢片叠成的转子铁心上有 12 个槽，12 个电枢元件分布于槽中，电枢元件的两个引出端与两相邻的换向器铜片相连，12 个电枢元件构成一闭合的电枢绕组。一对极的电机有两个电刷，电刷将发电机的电流引出送用电设备，或将电源的电能引入电机，使电机电动工作带动用电设备。图 1－1b 和 c 是发电工作电机原理示意图，电机转子反钟向旋转时，电枢左半圆的元件感应电动势指向读者，右半圆元件感应电动势离开读者，左电刷为正电刷，电流流出，右电刷为负电刷，电流流入。

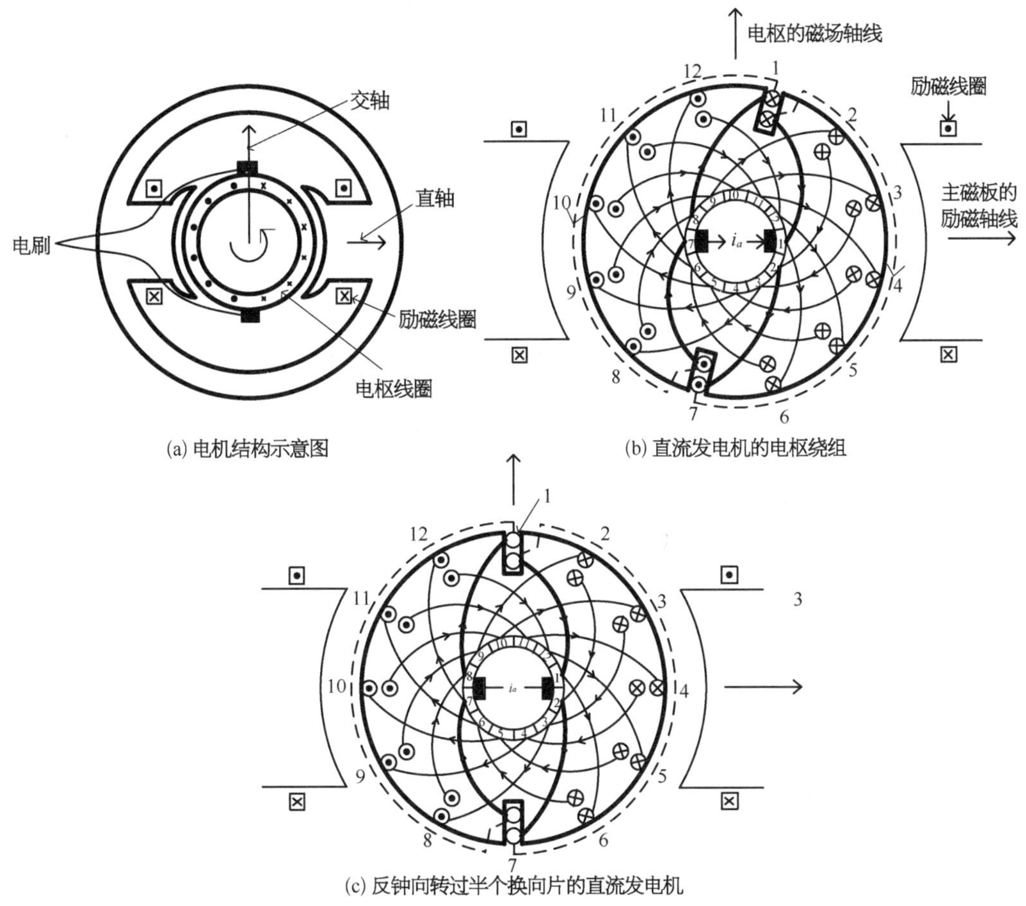

(a) 电机结构示意图

(b) 直流发电机的电枢绕组

(c) 反钟向转过半个换向片的直流发电机

图 1-1　直流电机的构成和其电枢绕组

转子反钟向转过半个换向片，如图 1-1c 所示，电机进入换向工作，1 号槽内下层元件边（即 7 号槽上层元件边）为右电刷短路，1 号槽上层元件边（即 7 号槽内下层元件边）为左电刷短路，若称 1 号槽下层元件边为 1 号电枢元件，7 号槽下层元件边为 7 号电枢元件，则该两元件中的电流方向将改变，在电枢反钟向转过一个换向片后，1 号和 7 号电枢元件的电流方向完全反过来了。由于换向的 1 号和 7 号电枢元件此时的有效边处于磁极的中性线上，切割电势为零，可便于换向。但换向元件的自感电势会阻止电流的换向。

为了改善电机的换向，功率较大的电机在主磁极之间加有换向极（又称中间极），中间极的磁极线圈和电枢串联，以形成和电枢电流成正比的磁场，使换向的元件中产生切割电动势，其方向与自感电势相反，有助于电机的换向，如图 1-2 所示。

由图 1-2 可见，该电机励磁磁势的轴线为自左至右，而电枢磁场的轴线为自下向上，即励磁磁场和电枢磁场在空间差 90°电角。这表明，铁心未饱和时，电枢磁场的改变不会导致励磁磁场的变化，反之亦然。这是直流电机的重要特点。

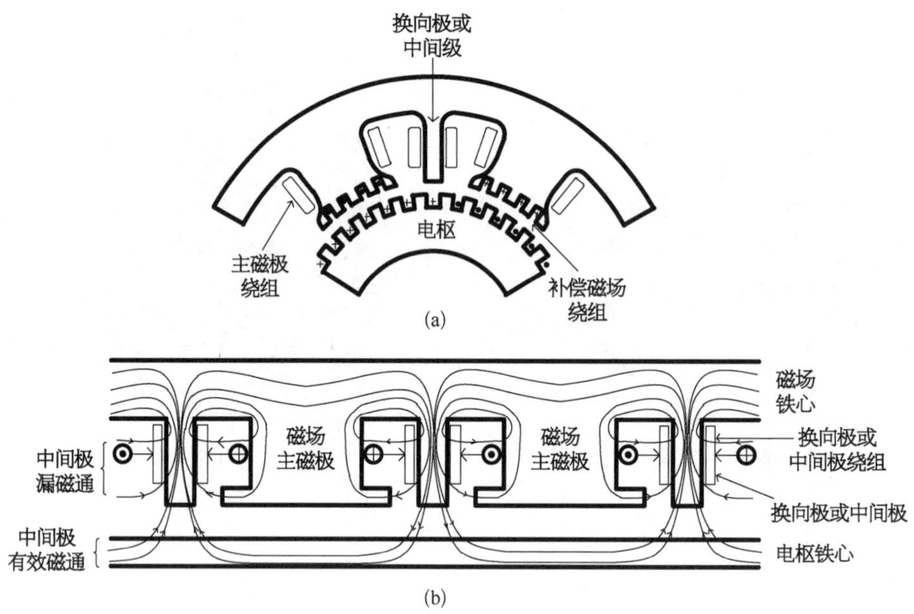

图 1-2 具有换向极的直流电机展开图

电机负载增加，电枢电流也相应增加，电枢磁势增大，气隙磁场改变，导致各电枢元件感应电势不同，相邻两换向片间电压也不同。两相邻换向片间电压过高会导致换向片表面的火花甚至电弧。装于磁极表面的补偿绕组，通过与电枢绕组相同的电流，形成与电枢磁场正好相反的补偿磁场，从而使电机气隙磁场在负载时仍接近空载磁场，保证了各相邻换向片间电压的均匀，有利于电机的运行。补偿绕组和电枢绕组磁场的互相抵消，显著地降低了电枢电感，减小了电枢电路时间常数，有利于改善电机的控制特性。

1.2.2 直流发电机

直流发电机是将机械能转为直流电能的旋转机械。表征直流发电机稳态性能的曲线有三种：一是空载特性，二是短路特性，三是外特性。

空载特性是电机转速一定时（例如为额定转速），电机电动势与励磁电流的关系曲线，该曲线可分为三段，如图 1-3a 所示。在励磁电流较小时，空载电动势与励磁电流成正比例增加，为不饱和段。励磁电流增加到一定值后，电机电动势的增加量小于励磁电流的增加量，电机铁心进入饱和区，进一步加大励磁，电动势增加量很小，电机进入过饱和区。直流发电机的励磁电流 $I_f=0$ 时，电机空载电动势并不为零，而有一个较小的值 E_0，这是电机铁心的剩磁引起的。

发电机的短路特性是转速一定时，电机输出端短路时短路电流与励磁电流 I_f 间的关系，通常为直线，短路电流 I_k 随励磁电流的增加而增加。电机的剩磁在 $I_f=0$ 时，$I_k=I_{k0}$，如图 1-3b 所示。

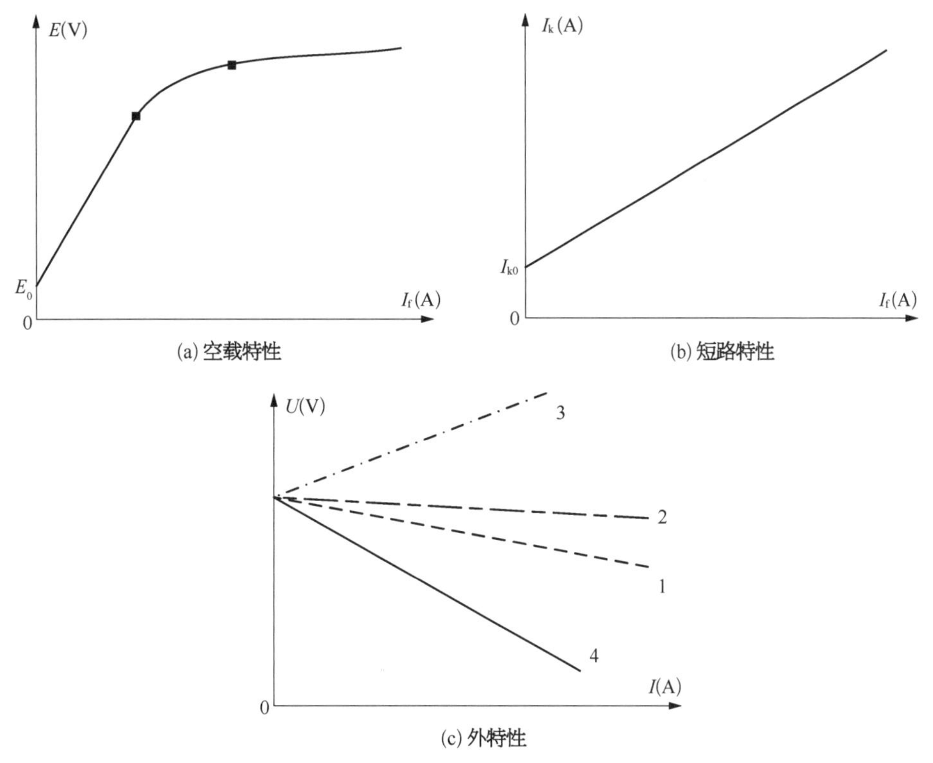

图 1-3　直流发电机的特性

发电机的外特性是在电机转速和励磁电流不变时，电机端电压 U 与负载电流，即发电机输出电流 I 间的关系。外特性和电机励磁方式相关。直流电机因为定子为励磁，可以有多种励磁方式，图 1-3b 的短路特性是将电机的励磁绕组由另一励磁电源供电时做出的，这种励磁方式称为他励。他励发电机的外特性如图 1-3c 的曲线 2，负载电流增加，发电机端电压 U 下降较少。他励直流发电机端电压 U 与负载电流 I 间的关系可用式(1-1)表示：

$$U = E - Ir \tag{1-1}$$

式中，E 为电机空载电动势，$E = C_e \Phi n$，C_e 为电势常数，Φ 为气隙磁通，和励磁电流 I_f 相关，n 为电机转速；r 为电机电枢绕组电阻。直流电机换向器和电刷间接触压降约 1 V，其大小与负载电流关系不大。

若发电机的励磁线圈并接于电枢两端，这种励磁方式为并励，并励直流发电机的外特性如图 1-3c 的曲线 1 所示，显然并励发电机的外特性的斜率比他励大。

直流电机的磁极上还可设置串励线圈，该线圈通过电机的负载电流，形成与负载电流成正比的励磁磁势，故具有串励线圈的电机励磁磁势 F_f 由两部分组成：

$$F_f = \pm W_s I + W_p I_f \tag{1-2}$$

式中，W_s 为串励线圈匝数；I 为电机输出电流；W_p 为并励(或他励)线圈匝数；I_f 为并励线圈电流。若串励线圈磁势与并励线圈的磁势同方向，称为积复励，发电机的外特性如图 1－3c 的曲线 3 所示，发电机电压随负载电流的增加而升高。图中曲线 4 为差复励，串励线圈的磁势与并励的反向。电焊用直流发电机常用差复励，以限制焊接电流的最大值。

取不同的串励绕组匝数 W_s，可得到不同的发电机外特性。

1.2.3　直流电动机

由式(1－1)知，若将 U 看成一个外电源的电压，该电源接于直流电机的两端。若 $U=E$，即外电源电压等于电机的反电势，则电机处于空载状态，理想电机没有损耗，所以不需要吸取电源功率而能以转速 n 空转。实际上，直流电机的机械损耗较大，必须有一定的电流电动机才能空载运行，故应使 $U>E$。若 $U<E$，则电动机成为发电机，向电源输送电流。由此可见，直流电动机和直流发电机运行状态的转换取决于外加电压 U，$U<E$ 为发电，$U=E$ 为空载，$U>E$ 为电动。

直流电动机的转矩 T：

$$T=C_T\Phi I \tag{1-3}$$

式中，C_T 为电动机转矩常数，仅与电机结构参数有关；Φ 为气隙磁通；I 为电枢电流。

电动工作时，电源电流 I 流入电机，故式(1－1)应为：

$$U=E+Ir \tag{1-4}$$

将 $E=C_e\Phi n$ 代入上式，得：

$$n=\frac{U-Ir}{C_e\Phi} \tag{1-5}$$

式(1－3)代入式(1－5)，得电机转速与转矩 T 间的关系：

$$n=\frac{U-T\cdot r/C_T\Phi}{C_e\Phi} \tag{1-6}$$

由此可见，直流电动机的转速和电源电压 U 相关，电机负载转矩和电机气隙磁通相关。

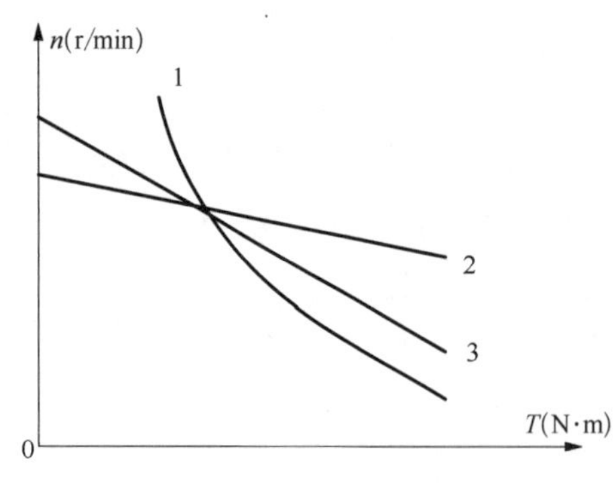

图 1－4　直流电动机的机械特性

表示直流电动机特性的曲线有空载特性、机械特性和调速特性。空载特性是转速一定时，电机电动势与励磁电流的关系，与发电机的空载特性相同。直流电动机用永久磁铁励磁，称为永磁直流电动机，由于永磁电动机的励磁不可调，其一定转速时的空载电动势也为定值，没有空载曲线。机械特性是电源电压 U 和励磁电流 I_f 一定时，电机转速和转矩间的关系，如图 1－4 所示。

图中曲线 1 为串励直流电动机的机械特性，近似为双曲线，转矩大，励磁大，转速低；反之，转矩小，励磁小，转速高。串励电动机一般不宜空载工作，空载时电机转速很高，易导致转子机械结构损坏。

曲线 2 是他励直流电动机的机械特性，由于励磁磁势不变，气隙磁通 Φ 也不变，故转矩增大时，电机转速下降较小。

曲线 3 是积复励直流电动机的机械特性曲线。复励电动机和串励类似，有大的起动转矩，但不会因空载而使转速过高。

图 1-5 是他励直流电动机的调速特性曲线，为电机转矩 T 与输出功率 P 和转速 n 之间的关系。在基速 n_b 以下，电动机的励磁电流 I_f 为额定值，电机转速 n 随外加电压 U 的增加而加大，由于电机电枢电流 I 受发热和换向等因素限制，为额定值，故在 $0 \sim n_b$ 区间电机转矩不随转速而变，为恒转矩调速区。当 $n = n_b$ 时，电机的电动势 E 已接近外加电压的额定值，不宜再借助提高电压来提高转速，但由式(1-5)可见，可借助减小励磁电流减小气隙磁通来进一步提高转速，即 $n > n_b$ 的区间为弱磁升速区，在此区间电动机的电动势处于接近额定电压的状态，电枢电流保持在额定值，故电机的输入电流和输出功率不变，而转矩却随转速的升高而减小，为恒功率调速区。

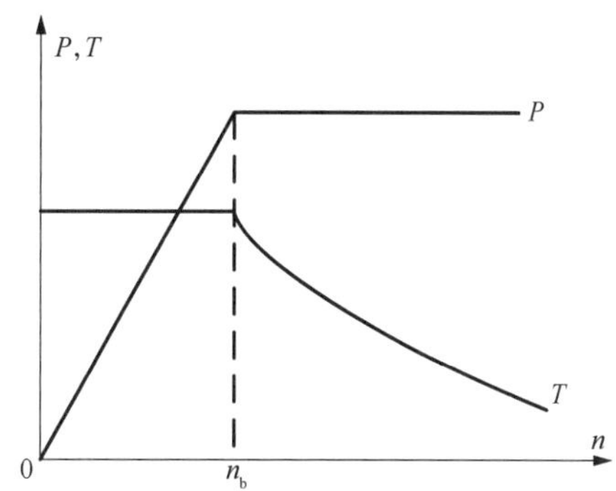

图 1-5　直流电动机的调速特性曲线(他励电机)

永磁直流电动机的调速特性曲线只有图 1-5 中曲线的 $n = 0 \sim n_b$ 区间部分。

电动机转动部分的运动方程为：

$$J\frac{\mathrm{d}\omega}{\mathrm{d}t} + B\omega = T_m - T_L \tag{1-7}$$

式中，J 为电动机旋转部分(含其传动机械的转动部分)的转动惯量；$\omega = 2\pi n/60$ 为电机的角速度；B 为转动部分的阻尼系数；T_m 为电机转矩；T_L 为负载转矩。电动机起动加速或制动减速，或突加突卸负载的电机瞬态转速变化均受方程式(1-7)的约束。

1.2.4　直流电动机调速技术的历史

直流发电机直流电动机调速技术使用相当早，如图 1-6 所示。图 1-6a 为直流发电机组，直流发电机由三相异步电动机传动，以恒速旋转，改变发电机的励磁电流 I_{fg}，即可改变发电机输出电压 U 的大小，即改变了电动机端电压的大小；若电动机励磁电流 I_{fm} 不变时，电动机转速即可在 $0 \sim n_b$ 的范围内调节，如图 1-5 所示。如果要使电动

机转速 $n>n_b$，则应减小 I_{fm}，使电机在恒功率区运行。

改变发电机励磁电流 I_{fg} 的方向，改变了发电机输出电压的极性，即可使电动机反向旋转。

由于发电机励磁线圈的时间常数 $\tau_f=L_f/R_f$（L_f 为励磁线圈的电感，R_f 为励磁线圈的电阻）较大，该系统中发电机励磁电流的控制借助于电子管放大器。由于电子管的内阻 R_i 很大，从而使励磁电路的时间常数 $\tau'_f=L_f/(R_f+R_i)$ 显著减小，有助于加快调速系统的过渡过程。如果要实现电动机的弱磁升速，电动机的励磁电路也应由电子管放大器供电。

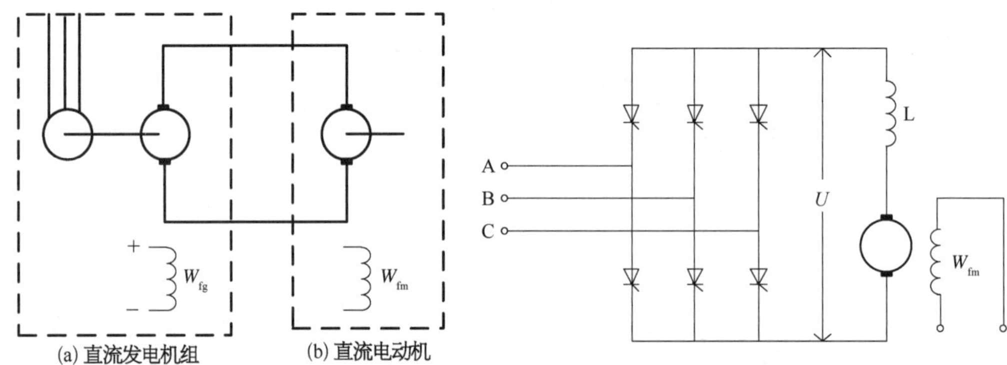

图 1－6　直流发电机和直流电动机的调速系统　　**图 1－7　晶闸管直流电动机调速原理**

大功率离子管诞生后，电动机的电枢和励磁电路由离子管供电。

但是不论是发电机电动机组调速，还是离子管调速系统，其体积大、重量大。直到 20 世纪 50 年代晶闸管的诞生，开始了固态功率控制的新时代，使直流电动机调速系统的体积和重量大幅度下降，控制性能进一步提高。

图 1－7 是借助晶闸管桥式整流电路实现直流电动机调压调速的原理电路图。

晶闸管变换器由工频电源供电，采用移相控制，为了减小电动机电枢两端电压的脉动，必须要在电枢电路中串接大的电感 L。

图 1－7 电路要反向转动，只能借改变电动机励磁电流的方向。由于电动机励磁回路时间常数大，该系统的电动机不能实现快速正反转。为了实现快速正反转，宜采用反并联的两个三相可控整流桥，借助电枢电压反向来实现。晶闸管为半控器件，工作频率为电源频率，适合于大功率直流电动机调速系统使用。

近些年晶体管的发展进一步提高了直流电动机调速系统的性能，减小了体积重量，为直流伺服电动机的发展创造了条件。

1.2.5　两开关管直流电动机的调速原理

图 1－8 是有两个开关管的直流电动机调速的原理电路。开关管 Q_1 和电动机电枢

串接后并联于电源两端，D_1 用于电枢电流续流。开关管 Q_5 和电动机励磁线圈串联后并于直流电源。两开关管均为脉宽调制方式工作(PWM)。

实际上这是两个降压式直流变换器，电源 U_{dc}、Q_1、D_1 和电机电枢构成一个降压变换器，电枢是变换器的负载，电枢电感 L_a 为变换器的输出滤波电感。Q_5、D_5 和励磁线圈构成另一个降压变换器。

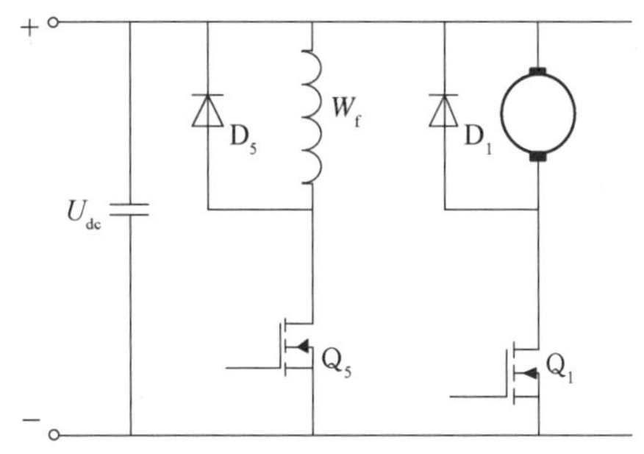

图 1-8 两个开关管的直流电动机调速原理

设电动机励磁线圈的电感为 L_f，当 Q_5 全导通时，励磁电流为：

$$I_f = \frac{U_{dc}}{R_f} = I_{fmax} \tag{1-8}$$

式中，R_f 为励磁线圈的电阻。开关管截止时，$I_f=0$。开关管的占空比为 D 时：

$$I_f = \frac{U_{dc}}{R_f} \cdot D \tag{1-9}$$

式中，$D=t_{on}/T$，t_{on} 为开关管 Q_5 的导通时间，T 为开关管 Q_5 的开关周期。由此可见，电动机的励磁电流 I_f 可在 0 到 $I_{fmax}=U_{dc}/R_f$ 的范围内平滑调节。

类似地，电动机的电枢电压也可在 0 至 U_{dc}的范围内调节。

通常在电机基速 n_b 以下，使电动机的励磁电流 I_f 为额定值，借助于控制开关管 Q_1 的占空比，调节电枢两端的电压调速，即调压调速。Q_1 的占空比为零，为全截止状态，电动机转速为零。Q_1 全导通，电源电压 U_{dc}直接加于电动机电枢的两端，电动机转速为 n_b，此时电动机的转速由 $U_{dc}=C_e\Phi n_b+Ir$ 确定，I 为电枢电流，r 为电枢电阻。

为了进一步提高电动机转速，必须降低励磁电流 I_f，以降低气隙磁通 Φ。若电机气隙磁通 Φ 降低一半，则电机转速可升高 1 倍，即 $n=2n_b$。这表示降低 Q_5 的占空比，可提高电机的转速，这就是弱磁升速。图 1-9 是励磁电流的工作波形，开关管 Q_5 导通，电源电压 U_{dc}加于励磁线圈两端，励磁电流增加，开关管关断，励磁电流经二极管 D_5 续流，电流减小。改变占空比即可改变电流 i_f。

由此可见，改变 Q_1 占空比，便能调节电枢两端电压调速，调速区间为 $0 \sim n_b$，改变 Q_5 的占空比，减小励磁电流，调速区间为 $n>n_b$。弱磁升速时，由于气隙磁通减小，故电机的转矩 $T=C_T\Phi I$ 也相应减小。若此时电机电动势 $E=C_e\Phi n$ 和电枢电流 I 不变，则在 $n>n_b$ 区间，电机的功率不变，故称此区间为恒功率调速区，而 $n<n_b$ 的区间为恒转矩调速区。电动机的调速特性如图 1-5 所示。

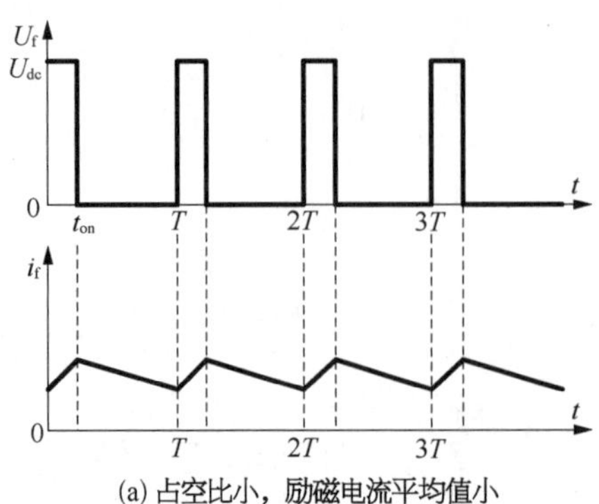

(a) 占空比小，励磁电流平均值小

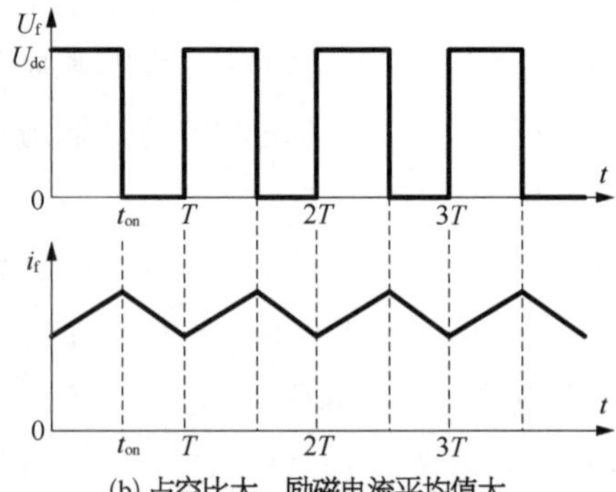

(b) 占空比大，励磁电流平均值大

图 1-9　励磁电流工作波形

图 1-10 是图 1-8 直流电动机不同转速和不同负载时的电机电枢电流 i、开关管 Q_1 的电流 i_{Q1} 和续流管 D_1 的电流 i_{D1} 的波形。

图 1-10a 是电动机高转速负载较大时的电流波形。开关管 Q_1 导通，电枢电流 i 增加，开关管截止，D_1 续流，电流在反电动势作用下下降。

Q_1 导通时电枢电流 i 的增加率为：

$$L\frac{\mathrm{d}i}{\mathrm{d}t}=U_{dc}-E-ir \tag{1-10}$$

式中，L 为电机电枢绕组的电感；r 为电机电枢绕组的电阻；$E=C_e\Phi n$ 为电机反电动势。

电机转速高，反电动势 E 大，故 $\frac{\mathrm{d}i}{\mathrm{d}t}$ 小，即电流增加率低。反之，电机转速低，E 小，$\frac{\mathrm{d}i}{\mathrm{d}t}$ 大。

图 1-10a 和 b 的电流波形正好说明了上述规律。图 1-10a 对应于电动机高转速，反电势 E 大，加于电机电枢两端的电压变高，故占空比大，但 $\frac{\mathrm{d}i}{\mathrm{d}t}$ 小。Q_1 截止后 $\frac{\mathrm{d}i}{\mathrm{d}t}$ 大。这样，在稳态时实现 Q_1 导通时电枢电流增加量 Δi_{on} 与 Q_1 截止时的下降量 Δi_{off} 相同。故高速时 Q_1 导通时间长，D_1 续流时间短。

低转速时，反电势 E 小，所需电机端电压低，占空比小，但 Q_1 导通时 $\frac{\mathrm{d}i}{\mathrm{d}t}$ 大，截止时 $\frac{\mathrm{d}i}{\mathrm{d}t}$ 小，稳态 Δi_{on} 仍等于 Δi_{off}，故低速时 Q_1 导通时间短，D_1 续流时间长，才能达到稳态平衡。

图 1-10b 是低速负载较大时的电流波形，负载大，电枢电流大，故电枢电流是连续的，即在 Q_1 截止时，i 不会降到零。图 1-10c 则不同，由于电机为轻载或空载，电枢电

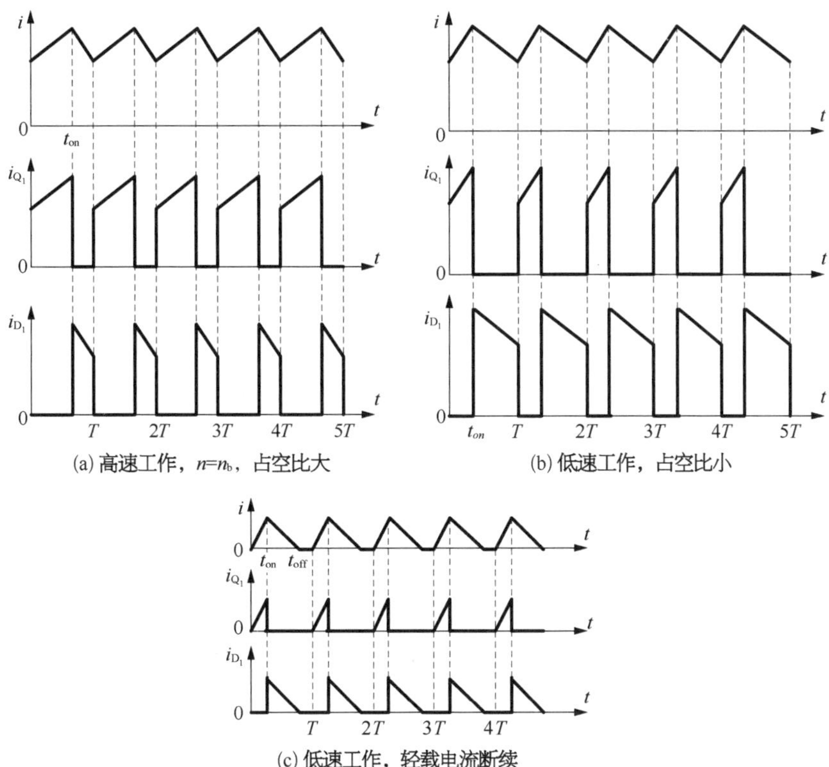

(a) 高速工作，$n=n_b$，占空比大

(b) 低速工作，占空比小

(c) 低速工作，轻载电流断续

图 1-10　不同转速和负载电枢电流、开关管电流和续流管电流

流平均值减小，故在 Q_1 截止时，电流 i 在 $t=t_{off}$ 时降为零，出现电枢电流断续。

由电力电子学可知，降压式变换器在电流断续时，输出电压 U_o 与输入电压 U_{in} 间不再保持 $U_o=U_{in}\cdot D$（D 为占空比）的关系，$U_o>U_{in}\cdot D$，其大小和电流大小相关。这表明，电枢电流断续时，电动机的转速不再仅取决于 Q_1 的占空比大小，产生"失控"现象。双开关管直流调速系统的缺点是不能实现电动机的可控制动。

1.2.6　三开关管直流电动机的调速原理

图 1-11a 是由三只开关管构成的直流电动机调速电路，该电路的特点是不仅可使电动机工作于调速电动状态，还可实现电机的再生制动，让电机要降低转速时处于发电工作，从而可控制电机的减速加速度，改善制动性能。

图 1-11b 是该电机低速电动工作时的电流波形，此时 Q_1 处于 PWM 工作状态，Q_1 截止时 D_2 续流，该电流波形和图 1-10b 相同。

若电动机工作于图 1-11b 的电动状态，现欲让其转入再生制动，降低转速，则应先使 Q_1 截止，D_2 续流，电枢电流在电机电动势作用下下降，同时导通 Q_2，在 D_2 续流期间，Q_2 中不会有电流通过，故 Q_2 为零电流零电压开通。当电枢电流降到零后，在电机

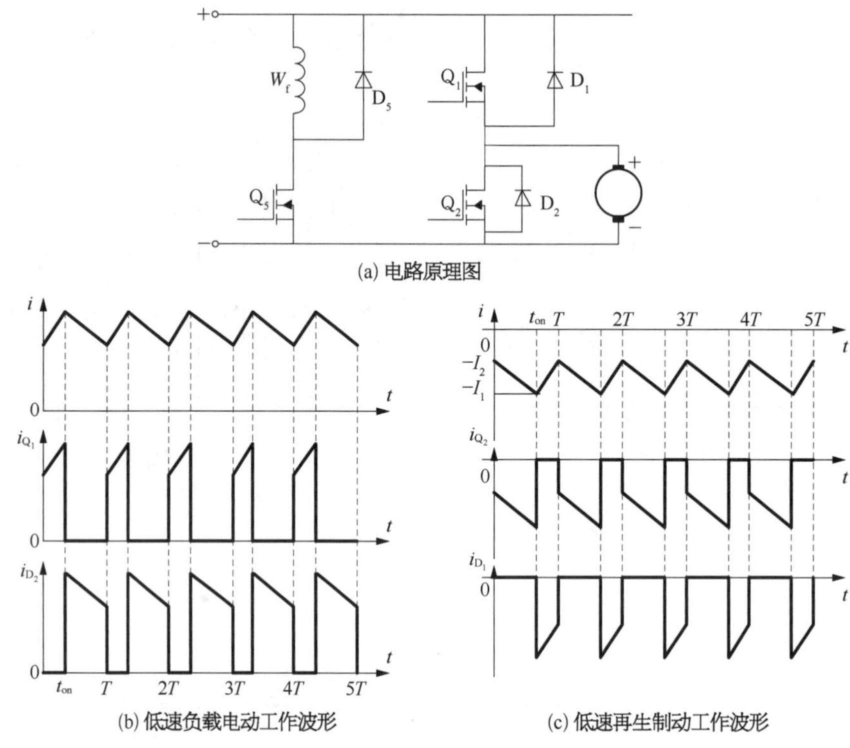

图 1-11 具有再生制动功能的直流电动机

电动势作用下，电机转入发电工作，Q_2 电流增长：

$$L\frac{\mathrm{d}i}{\mathrm{d}t}=E-ir \tag{1-11}$$

当电枢电流增加到 $-I_1$ 时应关断 Q_2，如图 1-11c 所示，Q_2 关断后，D_1 续流，电机能量返回直流电源。由此可见，在 $t=0\sim t_{on}$ 时，是电机将转动部分的机械能转为电能，并以磁能形式存于电机电枢。在 $t=t_{on}\sim T$ 时，电机储存的磁能经 D_1 返回直流电源。由于电机由电动转为发电工作，转矩方向变换，电机转速迅速下降。

电机转矩 $T=C_T\Phi I$，控制 Q_2 断开电流 I_1，也就控制了制动转矩，从而控制了制动加速度和制动速度。但是在电动机转速很低时，电机的电动势也很低，这时即使 Q_2 管全导通，电枢电流也到不了 I_1，这时再生制动功能消失，电动机成为能耗制动，电枢的能量消耗于开关管 Q_2 和电机电枢电路中，制动力矩随电机转速的下降而降低，到转速为零时，制动转矩也降为零。这是再生制动不足之处。

图 1-12 是借助改变励磁电流方向实现电动机正反转的电路及其工作原理。

图 1-12a 和图 1-11a 不同之处仅电动机的励磁线圈由四只开关管构成的 H 桥供电，电枢电路仍为两管结构，借助该电路中励磁电流 I_f 可以双向流动实现电动机正反转的优点是励磁功率小(通常不到电机额定功率的 5%)，故调速装置的体积重量小。

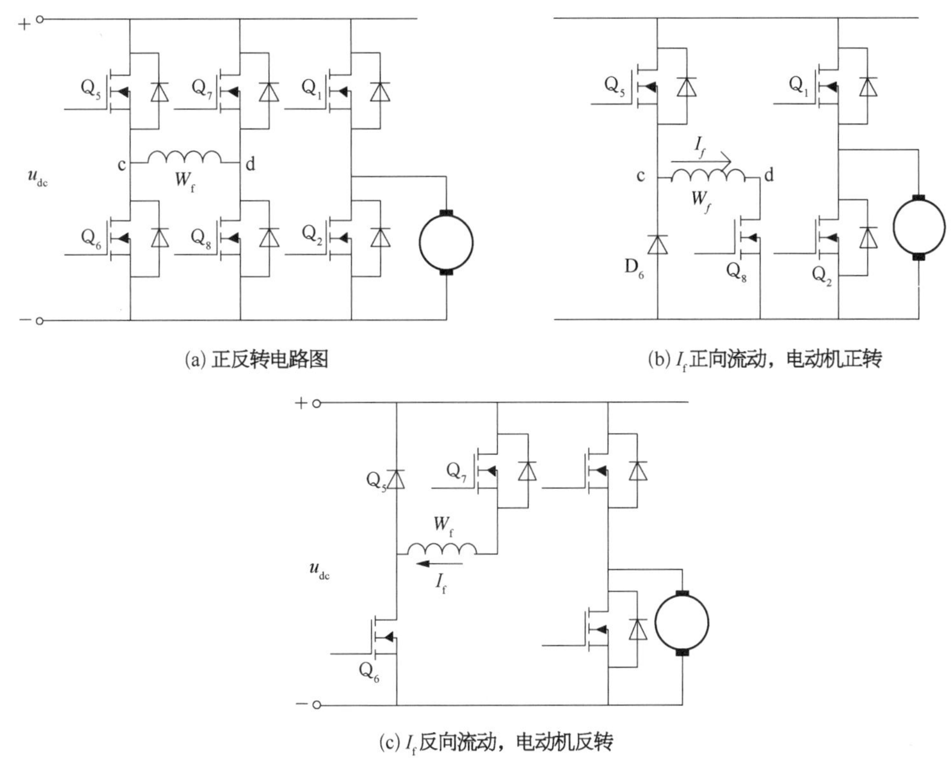

(a) 正反转电路图　　(b) I_f正向流动，电动机正转

(c) I_f反向流动，电动机反转

图 1 - 12　借助于 H 桥使 I_f 双向流动实现电动机正反转

H 桥最简单的工作方式是选 Q_7 和 Q_8 做 I_f 的方向控制管，取 Q_8 导通时的 I_f 为正电流方向，电动机正向旋转，则 Q_7 导通，I_f 必反向，电动机反转。H 桥的 Q_5 和 Q_6 管为互补工作，高频脉宽调制，用于控制 I_f 的大小，在基速 n_b 以下，$I_f = I_{fN}$，I_{fN}为励磁电流的额定值。$n > n_b$，借助减小 Q_5 的占空比，使 I_f 减小，以实现弱磁升速。

若电动机原为正向电动旋转，I_f 为正，Q_8 导通，Q_5、Q_6 互补高频 PWM 工作，Q_1、Q_2 也为互补高频 PWM 调制，电枢电流自电动机上电刷进入电枢绕组。现欲将正转电动转为反转电动工作，应采取以下步骤：① 电动机实现正转制动，使其转速降为零；② 关断 Q_5、Q_8，I_f 经 D_6D_7 续流，D_6D_7 续流时开通 Q_7 和 Q_6，当 I_f 降为零后，因 Q_6Q_7 已开通，I_f 即反向增长，然后让 Q_5Q_6 高频 PWM 工作，使 I_f 为反向额定值；③ 开通 Q_1，让 Q_1 的占空比逐渐加大，电动机进入反向运行，并提高转速到所需的值。显然，在 I_f 从正到负或从负到正的转变过程中，Q_1Q_2 是不宜工作的。

由于励磁线圈的时间常数 $\tau_f = L_f / r_f$ 比电枢绕组大得多，为了加快电机的反转过程，必须加快 I_f 的转换过程。L_f 为励磁线圈的电感，r_f 为其电阻。Q_5Q_8 导通时，

$$L_f \frac{di_f}{dt} = u_{dc} - i_f r_f \qquad (1-12)$$

若 $u_{dc} \gg i_f r_f$，则$\frac{di_f}{dt}$必较大。Q_5Q_8 关断后，D_6D_7 续流，i_f减小，则：

$$L_f \frac{di_f}{dt} = -u_{dc} - i_f r_f \tag{1-13}$$

同样，提高 u_{dc}可加快 i_f 的衰减速度。因此提高 $u_{dc}/I_{fN}r_f$ 的比值是加快励磁电流 i_f 变化速度的重要方法，其中 I_{fN}为励磁电流的额定值。

尽管这样做有助于加快电机的反转过程，但对于要求快速正反转的直流伺服电机来说仍不够快。

1.2.7 五管直流电动机的调速原理

图 1－13 是由五个开关管构成的直流电动机调速系统原理电路，其中 Q_5 用于控制励磁电流的大小，主要用于弱磁升速，Q_1～Q_4 用于电机电枢电流的控制。

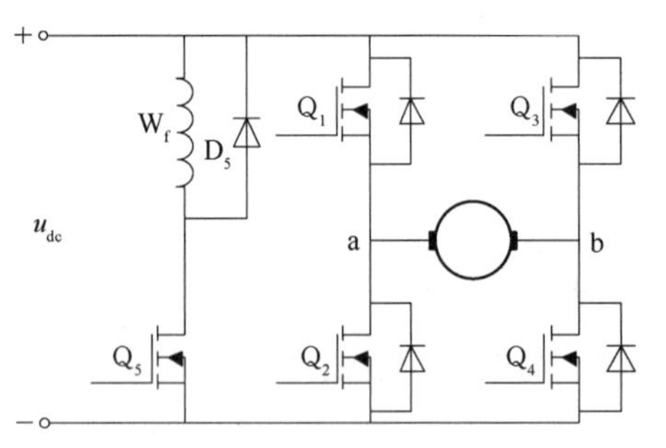

图 1－13　由五个开关管构成的直流电动机调速电路

图 1－13 的右侧为由 Q_1Q_4 构成的 H 桥，电动机电枢接于 H 桥的 ab 端。H 桥构成的直流电动机调速系统有两种工作方式：第一种工作方式是单极性工作；第二种是双极性工作。

单极性工作方式是将 Q_3Q_4 管作为电动机的转向控制管，正转时 Q_4 导通，反转时 Q_3 导通。Q_1 和 Q_2 高频互补 PWM 工作，借助于改变占空比，改变加于 ab 端的电压，实现电机的调速控制。

图 1－14 是电动工作的工作模态，图 1－14a 中 Q_1Q_4 导通，电枢电流 i 在电源电压 u_{dc}的作用下增长：

$$L\frac{di}{dt} = U - E - ir \quad (t = 0 \sim t_{on})$$

$t = t_{on}$ 时，Q_1 断开，D_2 续流，电枢电流在反电动势 E 的作用下减小：

$$L\frac{di}{dt} = -E - ir \quad (t = t_{on} \sim T)$$

稳态时，Q_1 导通时的电流增加量等于 Q_1 截止 D_2 续流时的电流减小量，如图 1－14c 所示。

若 Q_1 一直截止，$u_{ab} = 0$，电动机转速 $n = 0$；Q_1 全导通，电源电压 u_{dc}加于 ab 两

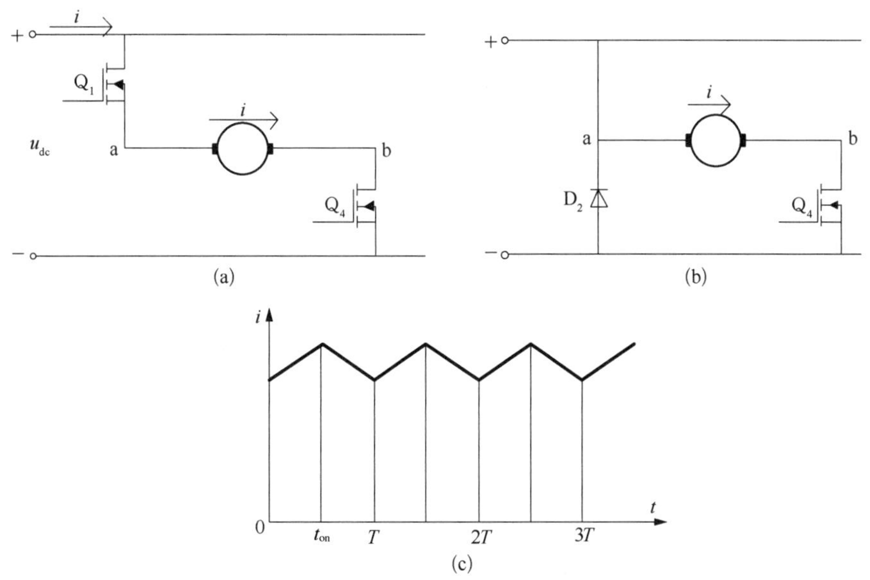

图 1-14　电动机正转电动工作的工作模态

端，$U_{ab}=U_{dc}=E+ir$，电机转速达最大值，$n=n_{max}=(u_{dc}-ir)\dfrac{1}{C_T\Phi}$。电枢电流连续时，$U_{ab}=U_{dc}\cdot D$，电动机转速 n 为：

$$n=\frac{u_{dc}\cdot D-ir}{C_e\Phi} \tag{1-14}$$

在 $D=0\sim1$ 区间，电机转速从 0 增加到 n_{max}。

Q_1 占空比 D 一定时，电动机负载转矩加大，要求电枢电流 i 相应加大，故电机转速有所下降。图 1-15 是不同占空比时电动机的机械特性。在 $D=1.0$、$T=T_N$ 处的转速 $n=n_b$，为基速。$n_b<n_{max}$，n_{max} 为电动机空载时 $D=1$ 的转速。为使 $n>n_b$，必须借助减小 I_f 来实现。

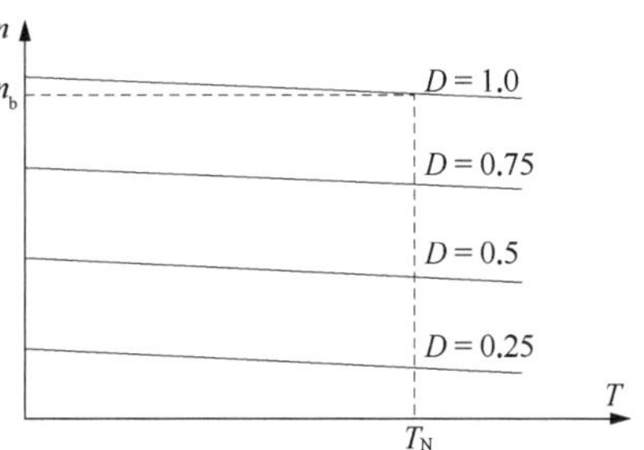

图 1-15　不同占空比时电动机的机械特性

为了实现电动机正转再生制动，第一步应关断 Q_1，D_2 续流。第二步是 D_2 续流时导通 Q_2，i 下降。第三步在 $i=0$ 时，电枢电流通过 Q_2 和 D_4 构成回路，电机进入发电状态，即再生制动状态。控制 i 的最大值，即控制了电机转矩，可控制制动加速度。

为了克服电机低速制动时，由再生制动转入能耗制动，制动转矩不再受控的不足，具有 H 桥直流变换器的电动机调速系统可采用反接制动方式。

图 1-16 是反接制动的电路拓扑，图 1-16a 为制动前的正转电动工作，Q_1Q_4 导

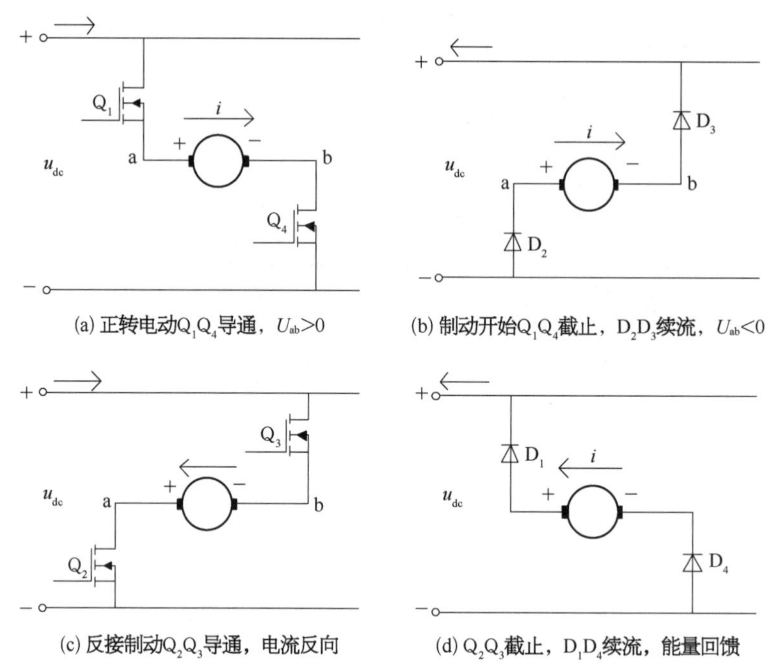

(a) 正转电动Q_1Q_4导通，$U_{ab}>0$

(b) 制动开始Q_1Q_4截止，D_2D_3续流，$U_{ab}<0$

(c) 反接制动Q_2Q_3导通，电流反向

(d) Q_2Q_3截止，D_1D_4续流，能量回馈

图 1－16　正转反接制动电路拓扑

通，电源电流自正端经 Q_1、电枢、Q_4 至电源负，$u_{ab}>0$。图 1－16b 为制动开始，Q_1Q_4 截止，D_2D_3 续流，存于电机电枢的磁场能量返回电源，电机仍为电动工作。在 D_3D_2 续流时导通 Q_2Q_3，当 $i=0$ 后，电源电压 u_{dc}和电机电动势共同作用，使电枢电流经 Q_2Q_3 反向增长，电机转为发电工作：

$$L\frac{\mathrm{d}i}{\mathrm{d}t}=u_{dc}+E-ir \tag{1-15}$$

由于此时电动机转速高，电动势 E 大，故电枢电流增长速度很快，如图 1－16c 所示。当 i 达设定的制动电流 I_1 时，Q_2Q_3 截止，D_1D_4 续流，电机能量返回电源，如图 1－16d 所示。

由此可见，在图 1－16c 中，电源仍输出能量给电机，使电机电流快速增长，电机储能加大，仅在图 1－16d，电机能量才返回电源。但是图 1－16c、d 两个状态，电机均为发电制动模式，电机为负加速度。制动过程中图 1－16c、d 两模态交替出现。

图 1－17a 是电机高速制动时的电枢电流 i、开关管电流 $i_{Q_2Q_3}$ 和续流管电流 $i_{D_1D_4}$ 的波形。高转速时，电机电动势大，故仅需让 Q_2Q_3 导通很短时间，电枢电流即可达到 I_1 值，即 Q_2Q_3 的占空比 D_{23}是很小的。随着电机转速的降低，电动势的减小，D_{23}应相应加大，以使 $i=I_1$。图 1－17b 是电机转速已相当低时的电流波形，此时占空比 D_{23}已接近 0.5。可以想象，在 $n=0$ 时，$E=0$，$D_{23}=0.5$，在 Q_2Q_3 导通时电源送入电机的能量

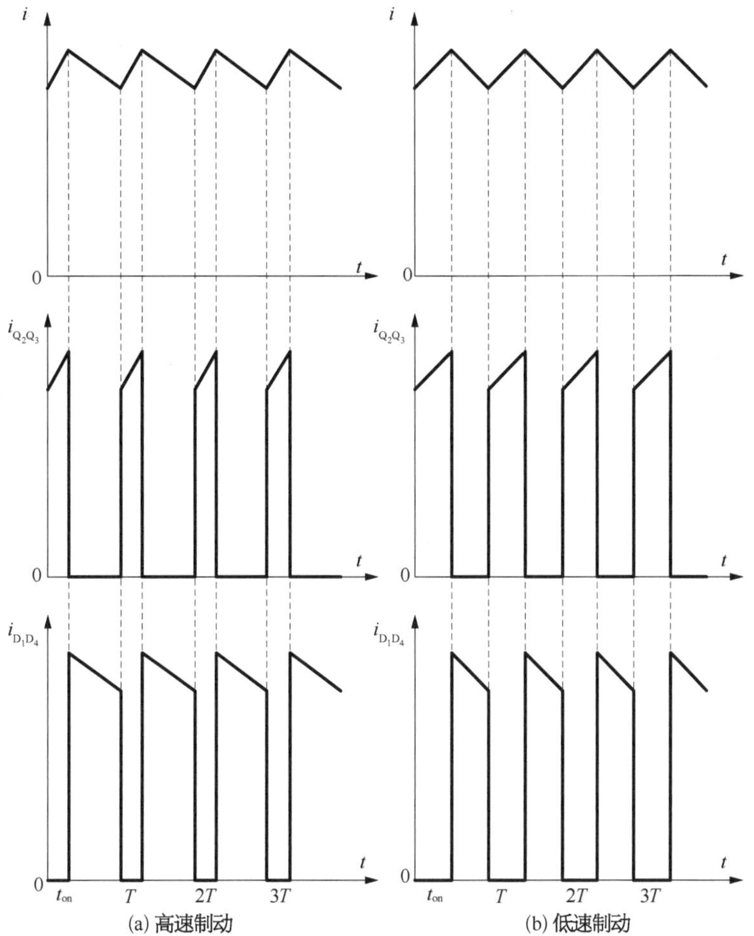

图 1－17　反接制动时的电流波形

等于 D_1D_4 续流时返回电源的能量，电机转动部分已无能量回馈。此时若电动机有足够的负载转矩，电枢电流仍可相当大，如图 1－17b 所示，用于平衡负载转矩。由此可见，反接制动，不论转速多大，制动电流和制动力矩均是可控的，这是反接制动优于再生制动之处。

不论是再生制动，还是反接制动，在制动过程中，电机运动部分的机械能转为电能返回电源。现有的电源有两种：一种如蓄电池，既可放电，也可充电；另一种电源能量只能外送，不能回馈。对于不能回馈的电源，电动机制动的能量要么被接于该电源的其他用电设备吸收，要么自己消耗掉，否则会导致电源电压升高，导致电源或调速变换器损坏。

图 1－18 是 H 桥工作于双极性调制方式时电动机的工作原理图形。

图 1－18a 是 Q_1Q_4 导通时间 $t_{on} > T/2$ 时的工作波形。由于 Q_1Q_4 的占空比大于 1/2，故 u_{ab} 波形正半周的宽度大于负半周宽度，u_{ab} 的平均值为正，电动机正向旋转。

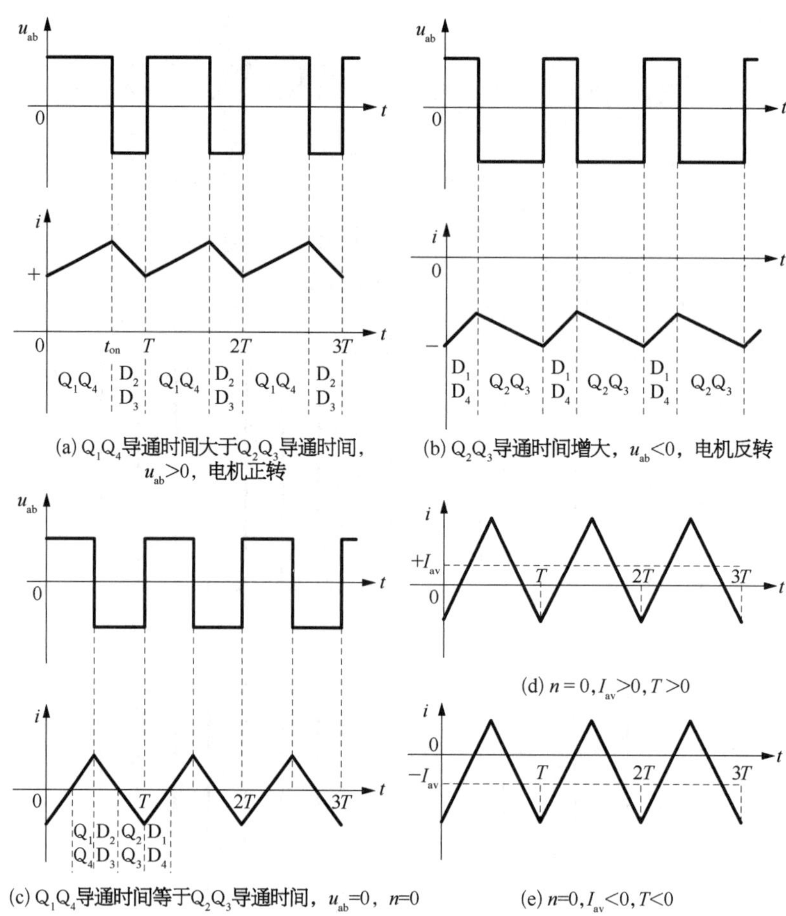

(a) Q_1Q_4 导通时间大于 Q_2Q_3 导通时间，$u_{ab}>0$，电机正转

(b) Q_2Q_3 导通时间增大，$u_{ab}<0$，电机反转

(c) Q_1Q_4 导通时间等于 Q_2Q_3 导通时间，$u_{ab}=0$，$n=0$

(d) $n=0, I_{av}>0, T>0$

(e) $n=0, I_{av}<0, T<0$

图 1－18　H 桥双极性调制时的工作波形

Q_1Q_4 导通时，电枢电流增加，在 $t=t_{on}$ 时 Q_1Q_4 截止，D_2D_3 续流，电枢电流 i 减小，由于电枢电流平均值大于零，形成正转矩。

图 1－18b 是 Q_1Q_4 导通时间 $t_{on}<T/2$ 时的工作波形，u_{ab} 的正半周小于负半周，u_{ab} 的平均值为负，电枢电流也相应为负，电动机反向旋转。

图 1－18c 是 Q_1Q_4 导通时间和 Q_2Q_3 相同，均为半个开关周期。这时电枢电流成为三角波，电枢电流的平均值为零，电枢电流瞬时值为正时产生正转转矩，电枢电流为负时产生反转矩，故电机转子的转速为零。正转矩时电机正向加速，负转矩时反向加速，由于开关频率很高，电机仅发生抖振状态。

若 $n=0$ 时，电机轴上有负载转矩，则当负载转矩为正时，电机必要有一正的电磁转矩与之平衡，如图 1－18d 所示，电机电枢电流平均值 I_{av} 为正。为了使 I_{av} 为正，Q_1Q_4 的占空比应稍大于 0.5。

由此可见，双极性调制时，占空比 Q_1Q_4 的 $D=0.5$，$n=0$。$D>0.5$，$n>0$，$D<0.5$，$n<0$，实现电动机的正反转十分方便。电动机可以在转速 $n=0$ 时承受正或负的

负载转矩，也可以不承受负载转矩，即负载为零。这表示：$D=1.0$，$n=+n_{\max}$；$D=0$，$n=-n_{\max}$；$D=0.5$，$n=0$。

图 1－19 是双极性调制方式下，电机从正转电动转换为正转制动的过程示意图。制动开始后，Q_1Q_4 截止，D_2D_3 续流，在 $t=t_1$ 时，电枢电流降为零，$i=0$。由于在 D_2D_3 续流期间 Q_2Q_3 已导通，故在 $t=t_1$ 后，电枢电流即反向，电机进入发电状态，即正转制动状态。当电枢电流达反向限幅值 I_1 时，Q_2Q_3 截止，D_1D_4 续流，存于电机转动部分的机械能转为电能返回电源。此后 Q_2Q_3 周期性开通和截止，以保持制动电流在设定的范围内。显然，随着电机转速的降低，Q_2Q_3 开通时间逐渐加长，D_1D_4 续流时间缩短，$n=0$ 时，Q_2Q_3 的开通时间等于 D_1D_4 的续流时间，Q_1Q_4 的开通时间等于 D_2D_3 续流时间，如图 1－18c 所示。

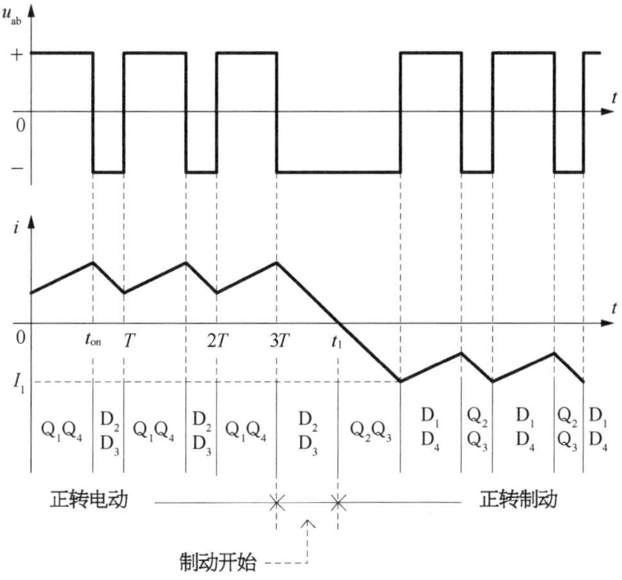

图 1－19　从正转电动到正转制动的转换过程

可见，双极性调制工作方式，电机从电动转入制动，从制动转入反转十分方便，转换速度相当快，适合于需要频繁快速正反转的使用场合。

图 1－20 是直流电动机在转矩/转速坐标系中的四象限运行示意图，其中第一和第三象限为正转和反转电动运行，第二和第四象限为正转和反转制动运行。n_b 为电机基速，$n<n_b$ 为恒转矩工作区，$n>n_b$ 为恒功率工作区。

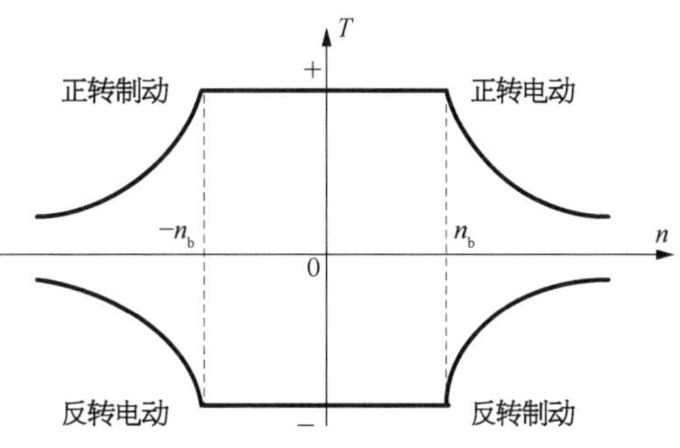

图 1－20　直流电动机在 T－n 平面中的四象限运行

1.2.8 直流电动机的双闭环调速系统

现代直流电动机速度调节系统多采用电流和转速双闭环系统，如图 1－21 所示。电流检测单元 ID 检测电动机的电枢电流经电流滤波和调理电路 K_I 输出电流反馈信号 I_f，电流给定信号 I_{ref}来自速度调节器 SR 的输出。电流调节器采用比例积分调节器，调节器的零点与调节对象直流电动机的电磁时间常数构成的极点实现对消，以加快电流闭环的响应。

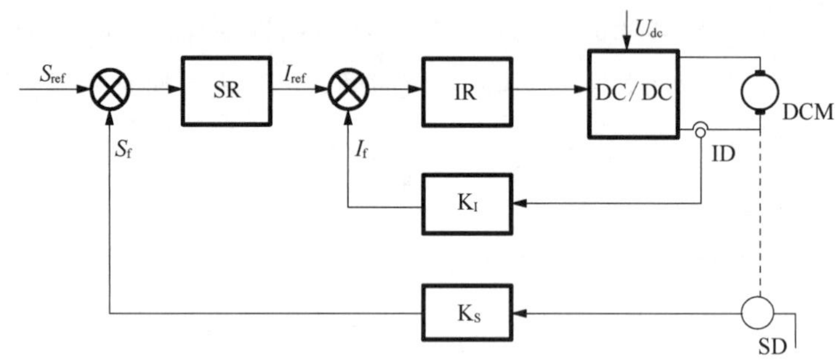

图 1－21　直流电动机双闭环调速系统构成框图

SR—速度调节器；SD—速度检测元件；
IR—电流调节器；ID—电流检测元件；
K_I—电流调理电路；K_S—速度调理电路；
DC/DC—直流变换器；DCM—直流电动机

速度检测元件 SD 为直流测速发电机，直流测速发电机常采用永磁式直流发电机，永久磁铁采用温度稳定性高的永磁材料，以减小输出电压随工作环境温度的变化。直流测速发电机与直流电动机同轴，故电机的输出电压正比于电动机的转速。转速调理电路用于降低测速发电机输出电压的脉动，输出转速反馈信号 S_f，与转速给定信号 S_{ref}比较后至转速调节器 SR。转速调节器可采用比例积分调节器或比例积分微分调节器。

电流和速度调节器可以用模拟调节器或数字调节器，现代调速系统大多采用数字调节器，以有更好的稳定性和控制精确度。具有电流调节器的电流闭环等效时间常数和电动机的机电时间常数相比要小得多，故一般电流调节器的采样时间比速度调节器小一个数量级。

速度调节器的输出为电流调节器的给定，因此速度调节器输出的限幅也就限制了电动机电枢电流(通常电流闭环的超调量应有限制)，也就限制了 DC/DC 变换器开关管电流的最大值。由此可见，快速的电流闭环有助于发挥电动机和功率变换器的潜力，并使其工作于最大允许的范围内。

速度调节器的给定可由加速度选择单元给出，加速度选择单元按电动机的实际需要给出电机的转速给定信号，限制给定信号的加速度和最大给定转速。实际上，速度调节器输出的限幅限制了电动机电流的最大值，也就是限制了电动机转矩的最大值，限制了电动机的最大加速度。加速度选择单元是在最大加速度范围内的，按电机工作需求设定其加速度。

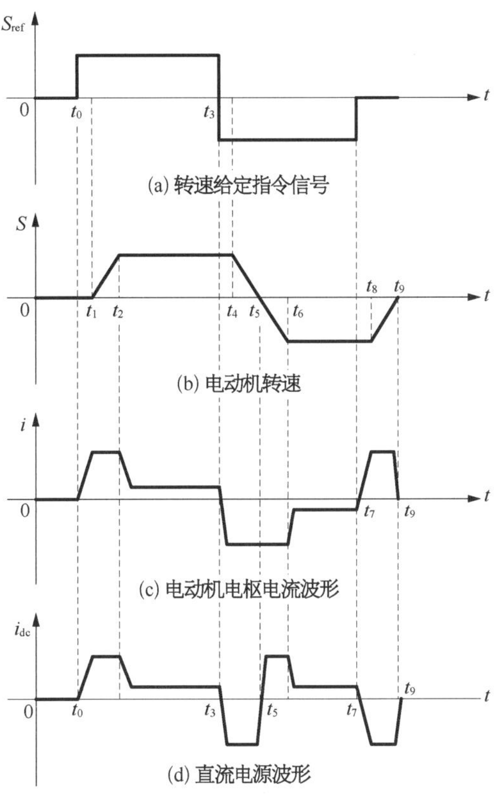

图 1－22　直流电动机双闭环调速系统工作波形

图 1－22 是转速电流双闭环直流电动机的工作波形。图 1－22a 是电动机的转速指令 S_{ref} 在 $t=t_0$ 时给出正转信号，$t=t_3$ 时给出从正转转向反转电动的信号，$t=t_7$ 时给出降速至零的信号。

图 1－22b 是电动机的实际转速，在 $t=t_0\sim t_1$ 期间，由于电机电枢电流尚未达到克服负载转矩的值，电机转速仍为零，$t=t_1$ 时，转速才开始增加。同样，在 $t=t_3\sim t_4$、$t=t_7\sim t_8$ 期间，转速指令已改变，但电机实际转速尚未改变，因电动机电枢电流的变化需要时间。

图 1－22c 是电动机电枢电流的变化，在 $t=t_0\sim t_1$ 期间，电枢电流快速上升，直到限幅值。$t=t_1$ 时，电动机开始旋转，在 $t=t_1\sim t_2$ 期间电动机转速不断增加，电动机的反电动势也不断增加，为使电枢电流和电磁转矩不变，占空比也不断增加，直到电机转速达到指令值。$t=t_2$ 时电动机转速到了指令值，电机电流在速度调节器的作用下迅速减小，以使电动机的输出转矩与负载转矩平衡。

$t=t_3$ 时，给出反转指令，电动机先进入正转制动状态，电枢电流方向快速改变，导致制动转矩的产生。在 $t=t_4\sim t_5$ 的制动期间，电机转速逐渐降为零，电动机反电动势不断减小，必须调节占空比，使制动电流和制动转矩保持在给定值。

$t=t_5$ 时，电动机转速降为零后，即进入反转电动状态，电枢电流和正转制动时相同，以加快反转过程。$t=t_6$ 时，电动机转速达到指令值，电枢电流下降。$t=t_7$ 时转速指令降为零，电机反转制动，电枢电流快速转变方向，直到正的限幅值。反转制动过程中随着电机转速的降低，占空比不断变化，以使制动电流不变。图 1－22d 是电源电流波形，电动工作时电源输出电流，制动工作时电机能量返回电源。若电源不是蓄电池，不能吸收再生能量，则电动机的再生能量吸收电路应工作，让回馈能量消耗于再生制动电阻之中。

由此可见，双闭环调速系统能使电动机的实际转速快速跟踪转速指令，由于电机的电磁时间常数（$T_a = L_a/R_a$，L_a 为电枢电感，R_a 为电枢电阻），使电枢电流的变化发生延迟，由于电机的机电时间常数（$T_m = \frac{R_a J}{C_e C_T}$，$R_a$ 为电枢电阻，J 为电机转动部分的转动惯量，C_e 和 C_T 为电机的电势与转矩常数），电机转速的变化比电枢电流的变化更慢。电流闭环在电动机加速和减速过程中不断工作，保持电枢电流不变，使电枢电流保持于最大允许值，从而加快了电机的转速跟踪速度。电流和转速调节器应使电机电枢电流和电机转速在变化过程中不发生超调，或有小的超调。过大的超调必导致电流和转速的摆动，延长过渡过程。

1.2.9 永磁直流电动机

稀土永磁直流电动机在相同功率和转速时的体积尺寸远小于电励磁直流电动机，因为在相同气隙磁感应时，稀土永磁的尺寸远小于电励磁线圈和其磁极。稀土永磁的磁导率和空气磁导率相近，故电机的电枢反应小，负载后气隙磁场变化小，负载后相邻两换向片上的电压差和空载相比变化不大，有利于改善电机的换向条件。

由于稀土永磁的磁能积大、矫顽力大，为无槽直流电动机和杯形转子直流电动机的发展创造了条件。无槽电机的电枢电感大幅度减小，换向条件改善，电机过载能力大幅度提高。

稀土永磁的应用为杯形转子直流电动机的诞生敞开了大门。杯形转子永磁直流电动机的转子可以用多层印制板构成，电枢绕组和换向器的导体均处于印制板上，故电枢绕组的电感和电机本体的转动惯量大幅度降低，从而降低了电磁时间常数 T_a 和机电时间常数 T_m，电机的转速响应速度在毫秒级。

稀土永磁直流电动机、无槽直流电动机和杯形转子直流电动机和电力电子变换器的组合，再配以高精度传感器和由高性能 DSP 构成的数字控制器构成了精密直流伺服系统。

直流伺服系统有两类：速度伺服系统和位置伺服系统。速度伺服系统可快速跟踪速度指令。位置伺服系统则可快速跟踪位置指令，电动机达到指令的位置后，应具有强的抗扰能力，不管电机轴上有正或负的负载转矩，电动机的转子位置不应因此而变化。

位置伺服系统不同于速度伺服系统。速度伺服系统一般为转速和电流双闭环系统。位置伺服系统则在电流和速度环外再加位置调节器，形成位置、速度和电流的三闭环系统。

不论是双闭环和三闭环系统，电流、转速和位置传感器的精确度和响应的快速性都是十分重要的。只有高的检测精度才有高的速度或位置跟踪精度。

但是仅有高的电流、速度和位置的检测精度，电机本体有大的齿槽转矩或有大的转矩脉动，也不能达到高精度定位的要求。

1.2.10 直流电动机的调速系统小结

直流电动机的励磁磁场与电枢磁场的空间电角度为90°,具有介耦特性,控制方便。故直流调速系统有高的技术性能。

(1) 调速范围宽。调速范围是指电动机的最高工作转速与最低工作转速之比。直流调速系统的调速范围达10 000∶1或20 000∶1。有的直流调速电动机可达到一天转一圈。

(2) 功率范围宽。直流电动机可从数瓦至数千千瓦宽的功率等级,在宽的功率范围内实现电机调速。

(3) 调速和定位的精确度高。现代数字式调速系统的调速误差在1 r/min以内,定位误差在1°/60范围内。

(4) 动态响应快。高性能直流调速系统的加速度很高,可实现位置或速度的无超调控制。

(5) 过载能力强。高性能直流调速电动机的过载能力达额定值的3～5倍,无槽电动机过载值可达额定功率的10倍。

直流调速系统的缺点主要由电动机的不足导致,直流电动机的换向器和电刷是一对机械运动副,电刷的磨损和换向的火花使电机工作寿命短,需要经常维修。

1.3 无刷直流电动机

1.3.1 永磁材料和永磁电机

早期永磁材料有两类:铁氧体和铝钴镍永磁。前者磁能积较低,后者有大的剩磁感应,但矫顽力低,故磁能积也较低,这两类永磁材料很少在电机中使用。

半个世纪前钐钴永磁的诞生,形成了一族稀土永磁材料,包括钐钴永磁和钕铁硼永磁。稀土永磁材料的特点是:剩磁感应大;在1.0 T上下,矫顽力大;在1 000 A/mm上下,故材料的磁能积大。同时稀土永磁材料的去磁曲线为直线,磁导率接近空气磁导率。因此永磁材料在电机中不断扩大应用,形成一类新型电机,即永磁电机。

永磁电机的特点是体积小、重量轻、效率高、过载能力强。

永磁电机有两类:永磁直流电机和永磁交流电机。永磁直流电机的永磁体在定子上,代替原直流电机的磁极和励磁线圈。电机的转子和电励磁的直流电机相同。永磁交流电机有三种:永磁同步电机、永磁步进电机和永磁双凸极电机(含磁通切换电机和磁通反转电机)。

永磁同步电机按电枢绕组的电动势波形来分有两种:正弦波电机和方波电机。前者相电势波形为正弦波，后者相电势波形为顶宽大于或等于120°电角(电角度)的梯形波。

1.3.2 方波电机和无刷直流电动机

永磁方波电机的电动势波形为顶宽大于或等于120°的梯形波电机，相电势波形如图1-23所示，常为三相电机。

无刷直流电动机由永磁方波电机、电机转子位置传感器、DC/AC变换器和控制器等构成。图1-24为无刷直流电动机的构成框图。

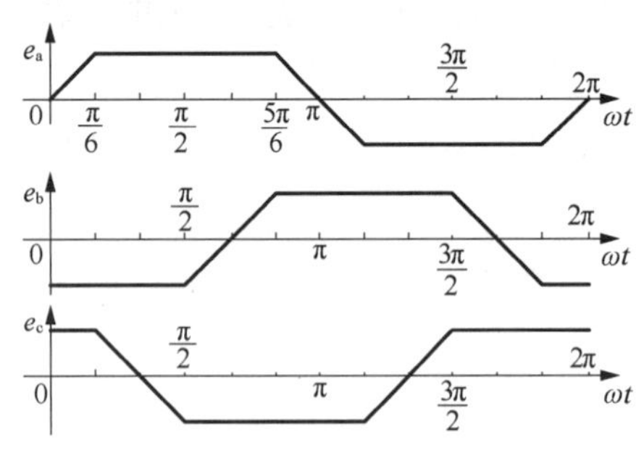

图1-23 方波电动机的相电势波形

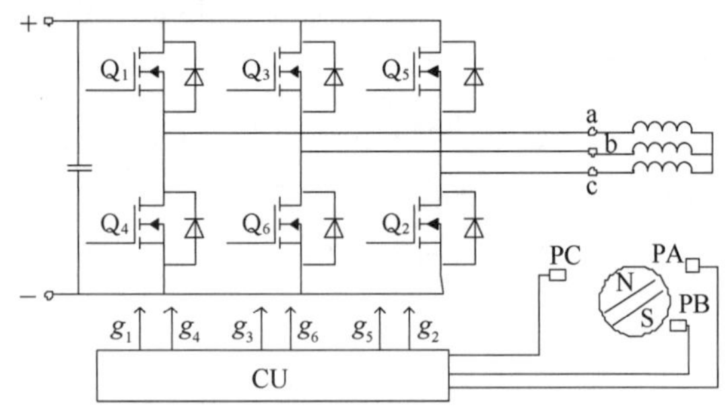

图1-24 无刷直流电动机构成框图

PA、PB、PC—电机转子位置传感器；CU—电机控制器

三相DC/AC变换器由六只开关管构成，Q_1Q_4为a相桥臂，其中点接电机的a相电枢绕组。Q_3Q_6为b相桥臂，中点接电机b相。Q_5Q_2桥臂的中点接电机c相。a、b、c三相绕组接成星(Y)形。电机的转子位置传感器可以用霍尔元件式，也可用光电式。霍尔式转子位置传感器有PA、PC和PB三个霍尔元件，成120°分布，固定于电机壳体或端盖上，反映永磁转子位置的变化。传感器的输出送到控制器CU，CU将PA、PB和PC信号转为六个控制DC/AC变换器开关管的信号，g_1、g_2、…、g_6分别控制Q_1、Q_2、…、Q_6六个开关管。电机转子位置传感器、控制器和DC/AC变换器构成电子换相器，代替直流电动机内的机械换向器，从而消除了电刷和换向器，消除了电刷下的火花和电弧，消除了电刷的机械磨损，大幅度改善了电机的可靠性和维修性。无刷直流电动机具有功率密度高、效率高、转速可调和环境适应性好等特点。

无刷直流电动机的电机为方波永磁电机，电机转子大多用表贴结构，有的也用内置磁钢的切向结构，如图1-25所示。图1-25a为表贴永磁转子的剖面图，瓦片形磁钢贴于转子导磁体表面，磁钢外有保护套，保护套可用非导磁不锈钢、钛合金或碳纤维绑扎，以防转子旋转时磁钢脱离转子导磁体。图1-25b为横向结构转子，磁钢置于导磁体内部。

图1-25c是电机气隙磁场的波形，方波电机的气隙磁感应B_δ平顶的宽度应大于120°电角。设θ为气隙磁感应平顶的宽度(用弧度表示)，$\pi D/2p$为磁极的极距，D为定子内径，p为磁对极数，则极弧系数$\alpha=\theta\cdot 2p/\pi D$。为了使电机电动势如图1-1所

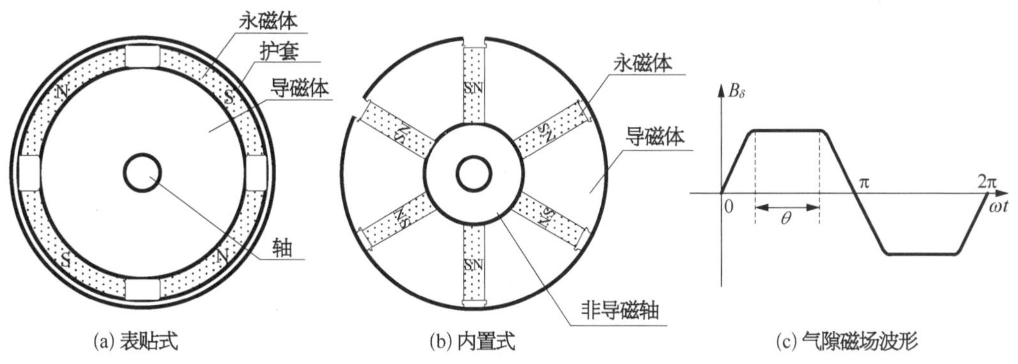

图 1－25　方波电机的转子结构

示，θ 必须大于 120°电角。

方波电动势不仅取决于电机转子的结构，还取决于定子电枢绕组的结构和参数。三相同步电机常用两种电枢绕组：分布绕组和集中绕组。交流电机绕组理论告诉我们采用分布和短距绕组有助于改善电动势波形，使电动势成为正弦波。因此对于方波电机必须限制分布和短距绕组的使用。

考察实例 1：电枢 6 个槽，$z=6$，三相电机 $m=3$，电机转子一对极 $p=1$，则每极每相槽数 $q=\dfrac{z}{m\cdot 2p}=\dfrac{6}{3\times 2}=1$。若用整距分布绕组，则相绕组电动势波形和气隙磁势波形相同，如图 1－26 所示。

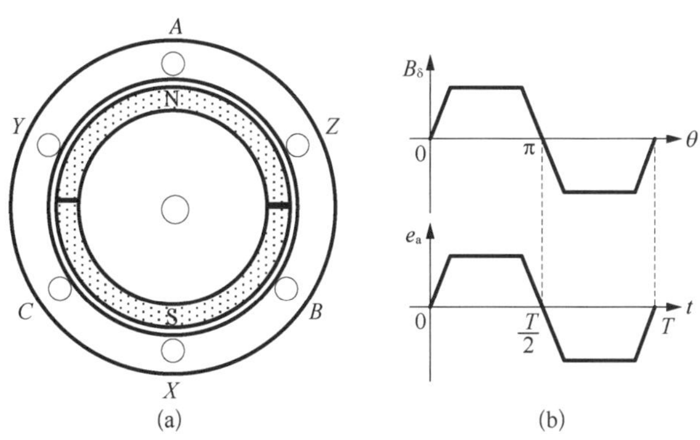

图 1－26　$z=6$，$m=3$，$p=1$ 时整距绕组结构和气隙磁场和电势波形 e_a
（a 相电动势，T 周期，$T=1/f$，f 为频率）

图 1－27 是 $z=6$，$m=3$，$p=1$，$q=1$ 的电机，采用 2/3 的短距分布绕组时的绕组结构和电动势波形。为了讨论方便，设电机气隙磁场波形为 180°方波。电枢绕组 a_1x_1 的两有效边 a_1 和 x_1 电势的波形，由 $e=Blv$ 可知，a_1 的电动势 e_{a_1} 和 B_δ 波形相同，x_1 的电势 e_{x_1} 则迟后于 e_{a_1} $2\pi/3$ 电角，故绕组 a_1x_1 的电动势 $e_{a_1x_1}$ 为 120°方波电动势，如图 1－27 所示。同样 $e_{a_2x_2}$ 的电动势和 $e_{a_1x_1}$ 相同，故合成电势 e_a 的波形和 $e_{a_1x_1}$ 相同，仅幅值

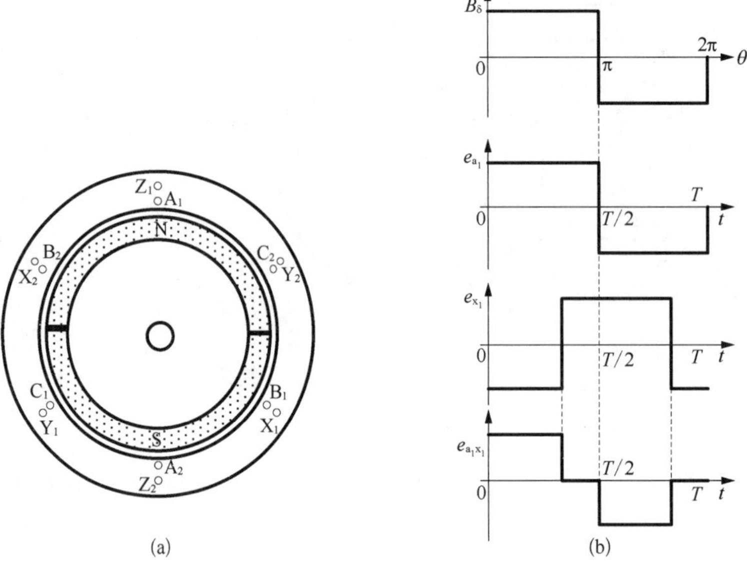

图 1-27　$z=6$, $m=3$, $p=1$ 时 2/3 短距绕组结构和电动势波形

$e_{a_1x_1}=e_{a_1}-e_{x_1}$

比 $e_{a_1x_1}$ 大 1 倍。

实际上,由于气隙磁场 B_δ 不可能为 180°方波,故 e_a 电势波形的顶宽必小于 120°,因而此例的短距绕组不能构成方波电机。

图 1-28 是 $z=6$, $m=3$, $p=1$ 的相绕组为集中绕组的绕组结构图和相电动势 e_a 的波形图。图 1-28b 中上方画了一个 a 相极及其永磁转子展开图。设电枢齿顶弧长为电枢内径周长的 1/6(实际结构小于 1/6 周长),则 a 相的相磁链如图中的 ψ_a 所示,在转子极的中性线和 a 齿的中心线对齐时,ψ_a 为零。若转子右转,则转子 N 极的磁力线更多地通过 a 相齿,故 ψ_a 加大,转子转过 30°电角时 a 相齿进入 N 极,ψ_a 达最大值。转子继续转 120°角,ψ_a 不变,转子转过 180°时,ψ_a 又为零。由于 $e_a=\dfrac{d\psi_a}{dt}$,故相电势 e_a 波形为宽 60°的方波,不符合方波电机的要求。

由此可见,本例电机 $z=6$, $m=3$, $p=1$ 仅分布整距绕组的电动势 e_a 为方波,分布短距和集中绕组均不能构成方波电机。

同时可见,由该结构电机派生的电机如 $z=12$, $m=3$, $p=2$; $z=18$, $m=3$, $p=3$ 等电机仅分布整距绕组才能构成方波电机。$z=12$, $m=3$, $p=1$; $z=18$, $m=3$, $p=1$ 的电机,由于绕组分布范围扩大,也不能构成方波电机。

考察实例 2: $z=6$, $m=3$, $p=2$, $q=\dfrac{z}{m\cdot 2p}=0.5$ 的电机。由于 $q=0.5$,该电机不能构成整距分布绕组,只能采用集中绕组。由于 $p=2$, $z=6$, 故齿距 $t=\dfrac{p\cdot 360}{z}=$

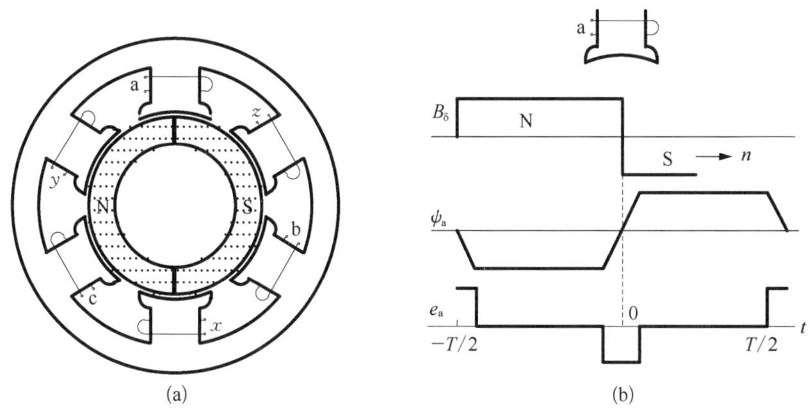

图 1-28　$z=6$，$m=3$，$p=1$ 时集中绕组结构和相电势 e_a 波形，T 为周期

$\dfrac{2\times 360}{6}=120^\circ$ 电角。若电机气隙磁感应波为 180°宽理想波形，电机齿顶极弧宽为 120°宽，则相电势 e_a 为 120°宽平顶波。实际上，B_δ 不可能为 180°宽平顶波，电机齿顶的弧长小于 120°，故实际相电动势达不到 120°宽的平顶。

考察实例 3：$z=6$，$p=3$ 的结构电机。电机相邻两齿的齿距 $t=\dfrac{p\cdot 360^\circ}{z}=180^\circ$，表示两相邻电枢绕组的电动势相位差为 180°电角。该电机为单相电机，不宜做电动机用。

考察实例 4：$z=6$，$m=3$，$p=4$，$q=\dfrac{z}{m\cdot 2p}=\dfrac{1}{4}$ 的电机。由于 $q=\dfrac{1}{4}$，只能用集中绕组。电机相邻两齿的齿距 $t=\dfrac{p\cdot 360^\circ}{z}=240^\circ$。若磁钢极弧宽设为 180°，齿顶弧宽也为 180°电角，则槽口宽为 60°。对任一个齿，转子旋转时，穿过齿的磁通的变化规律为三角波，故相磁链也为三角波，相电势为 180°宽的方波，如图 1-29 所示。图 1-29a 为电机的展开图，图 1-29b 为电机 a 相磁链和 a 相电动势波形。

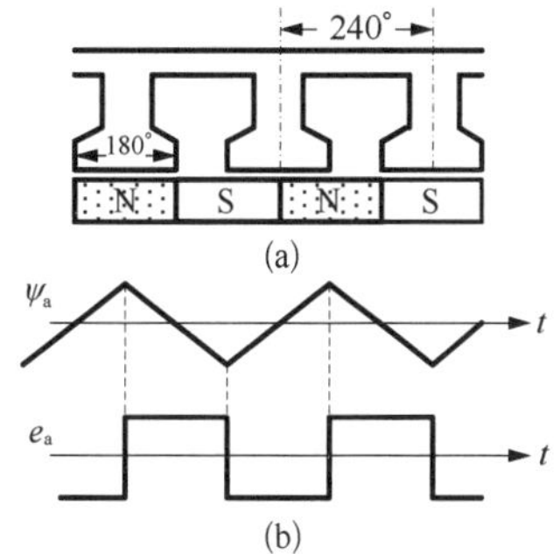

图 1-29　$z=6$，$m=3$，$p=4$ 时电机的展开图和相磁链相电势

考察实例 5：$z=6$，$m=3$，$p=5$，$q=\dfrac{6}{3\times 10}=0.2$ 的电机。电机相邻两齿的齿距 $t=\dfrac{p\cdot 360^\circ}{z}=300^\circ$，设齿顶宽为 180°电角，则槽口宽为 120°电角。采用集中绕组，电枢元件电动势波形宽度大于 120°电角。若仅观察电枢元件的基波，则可画出电机六个电枢元件的电势星形图，如图 1-30 所示。设 1 号元件为 0°，则 2

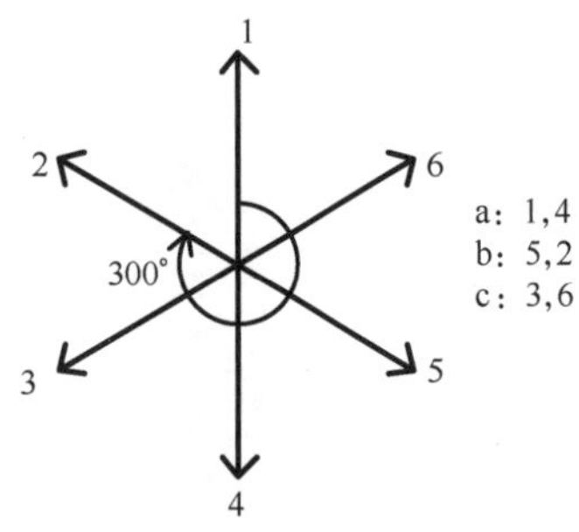

图 1-30　$z=6$, $m=3$, $p=5$ 时电机电枢元件的星形图

1、2、3、4、5、6—相应编号齿上的电枢元件号

号元件与 1 号的夹角为 300°，3 号元件与 2 号间差也为 300°……由此可见，相对两齿上的电枢元件电动势互差 180°电角，两者串联不会改变电动势波形。若 1 和 4 号元件串联后构成 a 相，则 e_a 仍为大于 120°宽的方波。同样 2 和 5 号元件串联构成 b 相，3 和 6 号元件构成 c 相，三相间互差 120°电角。

考察实例 6：$z=9$ 的电机电动势波形与极对数 p 和相绕组结构的关系。当极对数 $p=1$ 时，$z=9$，$p=1$，$m=3$，$q=\dfrac{z}{m \cdot 2p}=\dfrac{q}{3\times 2}=1\dfrac{1}{2}$，因 $q>1$，电枢绕组为分布绕组。又因电枢为奇数槽，不能构成整距电枢元件，可选绕组节距为 1～5 或 1～4 的短距绕组。因 $q=1\dfrac{1}{2}$，为分数槽结构，该电机的电枢绕组相当于 $z=18$，$p=1$ 的电机分布情况，相电势接近正弦波。电机槽距 $t=\dfrac{p\cdot 360°}{z}=\dfrac{360°}{9}=40°$，表示相邻两槽导体间的电动势相位差为 40°，同样也可认为相邻两电枢元件间相位差为 40°，由此可画出电枢元件的星形图，如图 1-31 所示。图 1-31b 列出了属于 a、b、c 相绕组的绕组元件号。a 相由 1、5、6 三个元件构成，如图 1-31c 所示，该三元件电动势互差 20°电角，同相元件的分布有助于改善相电势波形的正弦度。

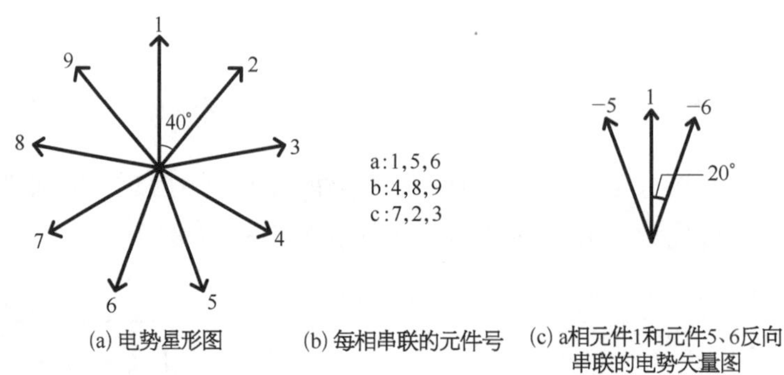

图 1-31　$z=9$, $m=3$, $p=1$ 时电机相绕组元件

若取 $z=9$，$m=3$，$p=2$，则 $q=3/4$。该结构可用分布短距绕组，电枢绕组节距为 1～3，相绕组电动势接近正弦波。由于相邻两齿的齿距 $t=\dfrac{p\cdot 360°}{q}=80°$，用集中绕组元件时，元件电势宽度小于 80°，故不能构成方波电机。

若取 $z=9$，$m=3$，$p=3$，$q=\dfrac{z}{m\cdot 2p}=\dfrac{1}{2}$。该电机已不宜用分布绕组，长节距

1～3 的分布绕组仅增加了电机用铜量。齿距 $t=\dfrac{p\cdot 360°}{z}=120°$，在理想情况下，即气隙磁感应波为 180°宽方波，电机槽口宽为 0°，集中绕组元件感应电动势波形为 120°方波。由图 1-32a 的电势星形图可见，各相电枢的三个元件电动势同相，故相电势波形也为 120°顶宽的方波。实际上由于转子磁场和电枢结构的限制，相电势的顶宽小于 120°电角。

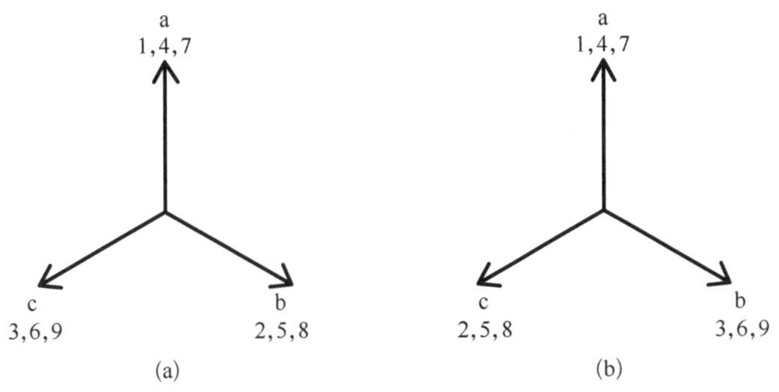

图 1-32　$z=9$，$m=3$，$p=3$ 结构电机电枢元件星形图和 $z=9$，$m=3$，$p=6$ 结构电机电枢元件星形图

若取 $z=9$，$m=3$，$p=6$，$q=0.25$ 的结构，相邻两电枢元件间夹角为 240°电角，若取电枢齿顶宽为 180°，槽口宽为 60°，则电枢元件的电动势顶宽接近 180°，可构成方波电机。图 1-32b 是电机绕组电动势的星形图，构成 a 相的元件为 1、4、7 号，元件电势同相，故相电势波形和元件电势波相同，为大于或等于 120°的方波。

取 $z=9$，$m=3$，$p=4$，$q=3/8$ 结构电机，由于 $q<0.5$，只能用集中绕组。电枢相邻两齿的齿距，即相邻两电枢元件的电动势相位差 $t=\dfrac{p\cdot 360°}{z}=160°$。可取齿顶宽稍大于 120°电角的结构，可得到电枢元件电动势为顶宽等于或稍大于 120°的方波波形。但由于 $t=160°$，元件电动势星形图如图 1-33 所示。图 1-33a 为电枢元件电势星形

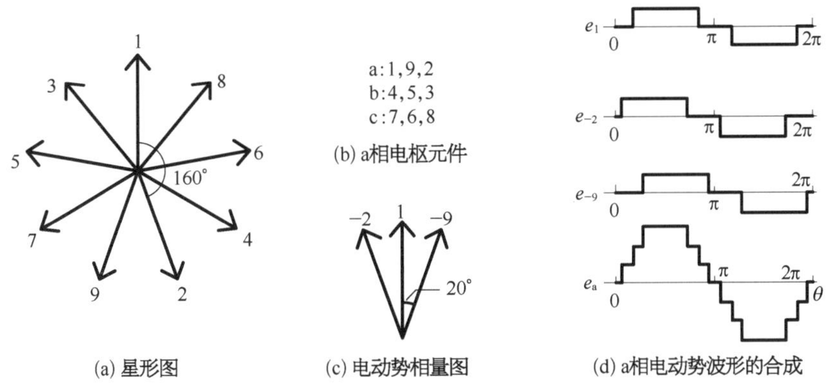

图 1-33　$z=9$，$m=3$，$p=4$ 电机电枢元件

图，由图可知 a 相元件由电枢 1 号齿、2 号齿和 9 号齿上的元件串联构成，该三个元件电动势矢量图如图 1-33c 所示，元件电势间相位角为 20°。图 1-33d 是 a 相三个元件电动势的合成，合成 a 相电势接近正弦波的多阶梯波（多阶梯波顶宽约 80°电角）。由此可见，集中绕组的电机也能得到接近正弦波的相电动势。

考察 $z=9$, $m=3$, $p=5$, $q=0.3$ 的电机，其电枢元件电动势星形图如图 1-34a 所示，构成 a、b、c 相绕组元件的连接关系和接线图，如图 1-34b、c 所示。该结构电机的相绕组电动势波形也为近似正弦波。

由图 1-33 和图 1-34 可见，对于奇数齿的电机，在 $z=2p\pm1$ 时用集中绕组可得近于正弦的电动势波形。换言之，得不到方波电动势。

故 $z=9$, $p=1\sim6$ 的六种不同永磁电机，仅 $p=6$ 的结构能得到 120°方波相电势。

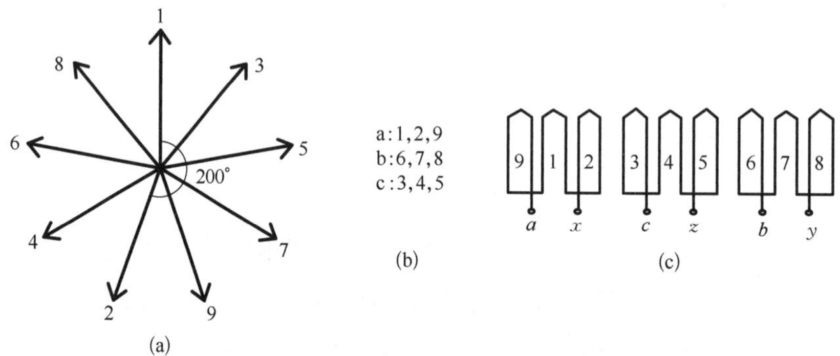

图 1-34　$z=9$, $m=3$, $p=5$ 电机电势星形图和相绕组的连接

考察实例 7：表 1-1 列出了 $z=12$ 时不同极对数时电枢绕组结构和电机相电势波形间的关系。由表可见 1、4 和 6 号结构电机可得到接近于 120°方波的相电势。3 和 10 号结构可得到较满意的 120°顶宽的相电势波形，两者不同之处是 3 号为分布绕组，10 号为集中绕组。10 号电机的不足是极对数较多，$p=8$，故不宜在高转速下选用。

表 1-1　$z=12$ 电机不同极对数时的相电势波形

序号	极对数 p	相数 m	每极每相槽数 q	齿距 t	电枢绕组	相电势波形
1	1	3	2	30°	分布、整距	接近 120°方波
2	1	3	2	30°	分布、短距	接近正弦波
3	2	3	1	60°	分布、整距	120°方波
4	2	3	1	60°	分布、短距	接近 120°方波
5	3	2	1	90°	分布、整距	二相电机
6	4	3	0.5	120°	集　中	接近 120°方波
7	5	3	0.4	150°	集　中	正弦波 $z=2p+2$

续 表

序号	极对数 p	相数 m	每极每相槽数 q	齿距 t	电枢绕组	相电势波形
8	6	1	1	180°	集　中	单相电机
9	7	3	2/7	210°	集　中	正弦波 $z=2p-2$
10	8	3	1/4	240°	集　中	120°方波
11	9	2	1/3	270°	集　中	两相电机

表中 5 和 11 号为两相电机或四相电机，8 号为单相电机，可见在电机定子槽数一定时，不同极的电机其相数也不同。$z=12$ 的电机可形成单相、二相、三相和四相电机。

7 和 9 号电机是两种分数槽集中绕组正弦波电机，因为槽数 z 为偶数，这两种电机槽数和极数的关系满足 $z=2p\pm2$ 的关系。

考察实例 8：$z=15$ 电机相电势波形与电机极对数和绕组结构的关系见表 1－2。由表可见，$z=15$ 电机在极对数 $p=3$、$p=6$ 和 $p=9$ 时为五相电机，其他为三相电机。由于槽数为奇数，电枢绕组不可能为整距，在 $p=1$ 和 2 时，电枢绕组的分布和短距使相电势波形为正弦波。仅在 $p=5$ 时可得到接近 120°的三相方波电动势。在 $z=15$、$p=7$ 和 8 时，尽管电机电枢为集中绕组，但由于同相电枢元件的空间分布，相电势为较好的正弦波。该两电机满足 $z=2p\pm1$ 的条件。满足此条件的电机用集中绕组时，电动势也为正弦波。由此可见，用分布绕组，在电机极数较少时可使相电势为正弦波。集中绕组的电机，要使相电动势为正弦波，必须有足够多的极数。由于电机为奇数槽，得不到整距分布绕组，形成方波电机的机会很少。

电机槽数为奇数时，如 $z=9$ 和 $z=15$，转子上有径向磁拉力的作用，故宜用 $z=18$ 和 $z=30$ 的偶数槽电机，以消除径向磁拉力。

表 1－2　$z=15$ 电机相电势波形与极对数和电枢绕组结构间关系

序号	极对数 p	相数 m	每极每相槽数 q	齿距 t	电枢绕组	相电势波形
1	1	3	$2\frac{1}{2}$	24°	分数槽、分布绕组 短距 1～8	正弦波
2	1	3	$2\frac{1}{2}$	24°	分数槽、分布绕组 短距 1～7	正弦波
3	2	3	$1\frac{1}{4}$	48°	分数槽、分布绕组 短距 1～5	正弦波
4	2	3	$1\frac{1}{4}$	48°	分数槽、分布绕组 短距 1～4	正弦波
5	3	5	1/2	72°	分数槽、集中绕组	五相电机

续 表

序号	极对数 p	相数 m	每极每相槽数 q	齿距 t	电枢绕组	相电势波形
6	4	3	5/8	96°	分数槽、集中绕组	正弦波
7	4	3	5/8	96°	分数槽、分布绕组 节距 1～3	正弦波
8	5	3	1/2	120°	集中绕组	接近 120°方波
9	6	5	1/4	144°	集中绕组	五相电机
10	7	3	5/14	168°	集中绕组	正弦波 $z=2p+1$
11	8	3	5/16	192°	集中绕组	正弦波 $z=2p-1$
12	9	5	1/6	216°	集中绕组	五相电机

1.3.3 方波电机的气隙磁感应、电动势和电磁转矩

图 1 - 35a 是稀土永磁体的去磁曲线，基本上为一直线，曲线与纵坐标的交点为剩磁感应 B_r，与横坐标的交点为矫顽力 H_c。图 1 - 35b 为电机内永磁体的去磁曲线，和材料去磁曲线不同之处仅为横坐标，由于永磁体充磁方向厚度为 l，故永磁体的磁势为 H_cl。图中曲线 2 为电机除永磁体外磁路的磁化曲线 $B=f(H)$，若不计磁路导磁体部分的磁阻，则曲线 2 为电机的气隙线，为一直线。直线 2 与永磁体去磁曲线的交点 m 为磁钢的工作点，磁钢消耗在电机气隙和导磁体的磁势为 H_ml，m 点的磁感应为 B_m。该磁路的磁势平衡方程为 $H_ml=H_\delta\cdot\delta$，δ 为电机的气隙长度。去磁曲线：

$$B_m=B_r-\mu_0\mu_mH_m \tag{1-16}$$

式中，μ_0 为空气磁导率；μ_m 为磁钢相对磁导率，故：

$$B_m=B_r-\mu_0\mu_m\frac{H_\delta\delta}{l} \tag{1-17}$$

由于 B_m 等于气隙磁感应强度 B_δ，$B_m=B_\delta$，又 $\mu_0H_\delta=B_\delta$，有：

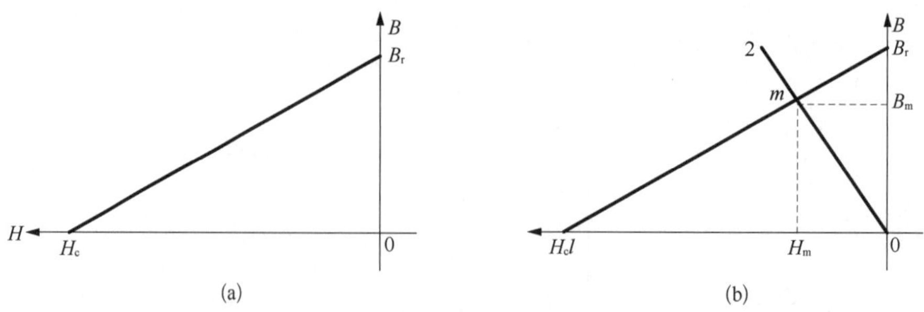

图 1 - 35　稀土永磁体的去磁曲线和电机内永磁体的去磁曲线

$$B_\delta = \frac{B_r}{1+\mu_m \frac{\delta}{l_m}} \tag{1-18}$$

由此可见,在磁钢充磁方向厚度 l 和电机气隙 δ 一定时,就可确定气隙磁感应 B_δ。

长为 L 的导体在垂直于导体的磁场 B_δ 中运动,运动速度为 v 时导体中的电动势 $e=Blv$。对于方波电机相电势 E 为:

$$E = k_w w l_{fe} D B_\delta \omega = C_e B_\delta \omega \tag{1-19}$$

式中,k_w 为绕组系数;w 为相绕组串联匝数;l_{fe}为电枢铁心有效长度;D 为电枢内径;ω 为转子角速度;$C_e = k_w w l_{fe} D$ 为电势系数。

方波电机电动工作时,两相串联工作,电枢电流为 I,故电磁功率 P 为:

$$P = 2EI \tag{1-20}$$

电机的电磁转矩 $T=P/\omega$,$T=2EI/\omega = C_T B_\delta I$,式中 $C_T = 2k_w w l_{fe} D$ 为方波电机的转矩系数。以上关系的导出基于表贴转子,忽略电枢反应。

由此可见,方波电机的相电动势与气隙磁感应 B_δ 和转子角速度 ω 成正比,同样方波电机的电磁转矩 T 和气隙磁感应 B_δ 与相绕组电流 I 成正比。

1.3.4 无刷直流电动机的工作原理

图 1-36 是无刷直流电动机 BLDCM 工作原理示意图,图 1-36a 为相电势波形,图 1-36b 为相电流波形。电动工作时电流和电动势方向相反,如图 1-37a 所示。$t=t_1$ 时,$e_a>0$,$e_b<0$,故应 Q_1Q_6 导通,让电源电流经 Q_1 进入 a 和 b 相再经 Q_6 返回电源负侧。在 $t=t_3$ 时,$e_a>0$,$e_c<0$,应 Q_1 和 Q_2 导通,使 a 和 c 相通电,才能实现电能到机械能的转换,如图 1-37c 所示。

图 1-36c 为电机转子位置传感器的信号,在一个电周期中,位置信号有 180°为高电平,另 180°为低电平。由图可见 PA 信号在 $\omega t=\pi/6$ 时,即 e_a 刚达正幅值时,由低电平转为高电平。PB 迟后 PA 120°电角,PC 滞后 PB 120°电角。图 1-36d 是六个由 PA、PB、PC 派生的信号$\overline{AB}$、$\overline{BC}$、$\overline{CA}$、$\overline{BA}$、$\overline{CB}$和$\overline{AC}$,这六个信号也直接由电机转子位置决定,分别用于驱动六个开关管。由图可见,$\overline{AB}$驱动 Q_1,$\overline{BC}$驱动 Q_3,$\overline{CA}$驱动 Q_5,$\overline{BA}$驱动 Q_4,$\overline{CB}$驱动 Q_6,$\overline{AC}$驱动 Q_2。这样当电机转子旋转时,六个开关管总是在其中一相电动势为正另一相电动势为负的幅值时导通,让相电流馈入,以充分发挥电机的能量转换效能。

在 $\omega t = t_2$ 时,相当于图中 $\omega t = \pi/2$,此时 $e_a>0$,e_b 正从负幅值增大,e_c 正进到负的幅值,这正是负侧 b 相向 c 相转换的时刻,故应关断负侧的开关管 Q_6,开通负侧

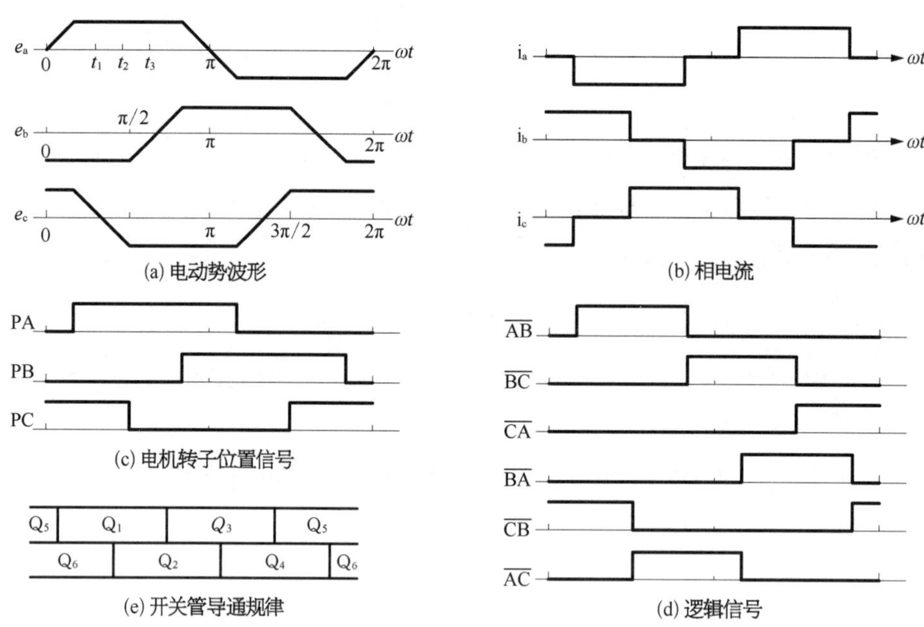

图 1-36　无刷直流电动机(BLDCM)的工作原理

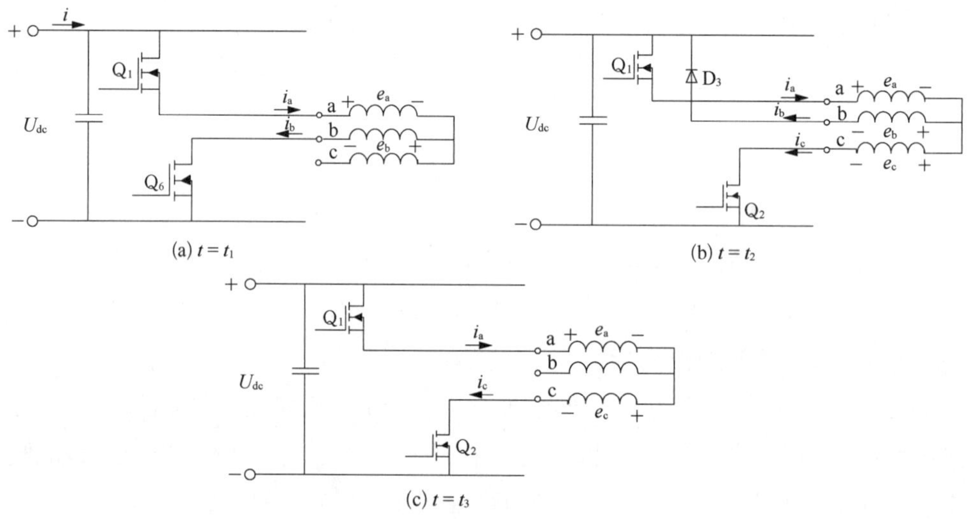

图 1-37　BLDCM 在 t_1、t_2、t_3 时刻的电路拓扑

的 c 相开关管 Q_2，即在 $t=t_2$ 时电机负侧由 b 相向 c 相转换。由图 1-37b 可见，Q_6 关断，由于 b 相电感 i_b 并不能立即降为零，而是经二极管 D_3 续流，同样 c 相电流 i_c 也不会立即增长到其幅值，即 i_b 逐渐下降到零，i_c 逐渐增长到幅值，这个过程称为电机换相，换相所需时间为电机换相重叠时间。由于换相重叠，相电流不会是 120°方波，而是为梯形波。

由此可见，在 BLDCM 中，开关管的导通与截止仅由电机转子位置确定，随电机转子的旋转，总是让合适的开关管导通与截止。因此电机转子位置传感器和 DC/AC 变换器的开关管实际上代替了有刷电机的换向器和电刷，故称为电子换相器。

由图 1-36 和图 1-37 可见，六只开关管有六种导通方式，即 Q_6Q_1、Q_1Q_2、Q_2Q_3、Q_3Q_4、Q_4Q_5 和 Q_5Q_6。这六种导通方式对应于电机相绕组的通电模式也有六种，图 1-37a 和 c 是其中两种，即 Q_6Q_1 和 Q_1Q_2 的导通模式。在一个电周期中，BLDCM 有六次换相，如图 1-36e 所示，其中正侧开关管转换三次，负侧开关管转换三次。通常电机转速不是很高时，电机的相电感较小，换相时间相对较短，甚至可忽略不计。

对应于图 1-37a 的导通方式，电枢 AX、YB 相通电，电枢电流形成的电枢合成磁势 F_a 如图 1-38a 方向。下一个导通方式为 Q_1Q_2 导通，电机 AX 和 ZC 通入电流，电枢合成磁势方向 F_a 如图 1-38b 所示，与图 1-38a 比较，F_a 向顺时针向转过 60°电角。图 1-38a、b 对应的为一对极电机，转 60°机械角和 60°电角相同。对多极电机，则 F_a 仅转了 60°电角。若不计电机换相时间，则可认为 F_a 从图 1-38a 到图 1-38b 转 60°电角不需要时间的，这就是说电枢磁场是步进的，每步进一次为 60°电角。对于一对极电机，电枢磁场在一个周期内步进 $6\times60°=360°$ 电角，即电枢磁场步进六次，转子跟着旋转一圈。

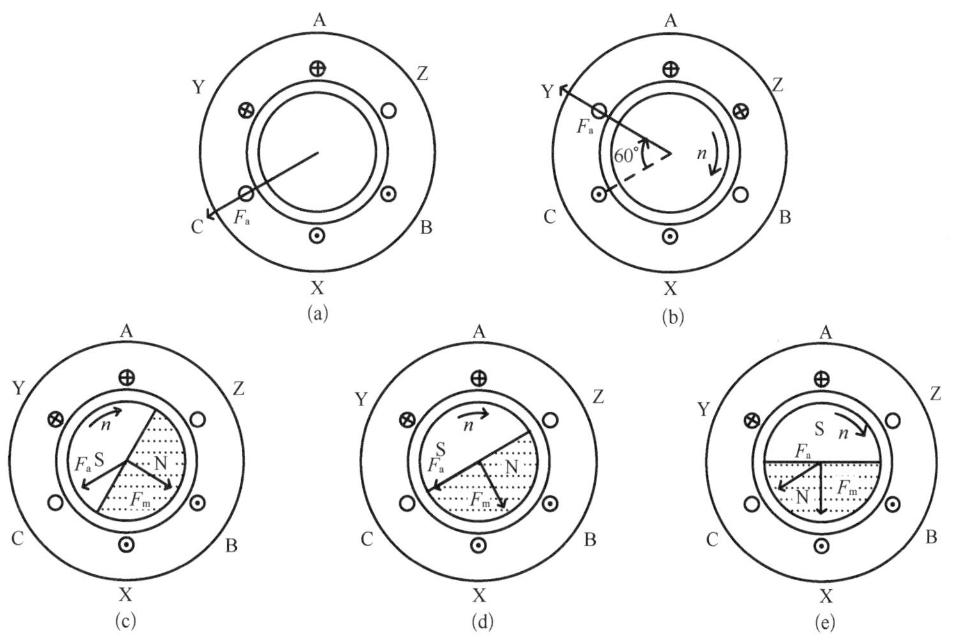

图 1-38　BLDCM 的 60°步进电枢合成磁场和转子磁场 F_m 与电枢合成磁场 F_a 间角度变化

电枢合成磁场 F_a 的步进导致电机转子的旋转。图 1-38c 是电枢合成磁场 F_a 刚步进到图中所在位置时的转子位置，这时转子磁场 F_m 与 F_a 间夹角为 120°电角，由于 F_a 与 F_m 的相互作用，转子顺时针向旋转。这个时刻对于图 1-36 来说刚好是 e_a 电动势达正幅值时。图 1-38d 是转子转过 30°电角的情形，此时 F_a 与 F_m 间夹角为 90°电角。图 1－38e 为转子转过 60°角后 F_a 与 F_m 间的关系，两者夹角降为 60°。转子到了图 1－38e 的位置后，必须转换开关管，关断 Q_6，开通 Q_2，实现电机换相，以使电机磁场步进 60°，如图 1－38b 所示，于是 F_a 与 F_m 间角度又转为 120°……如此不断循环。

由此可进一步看到电机转子位置传感器和开关管作为电子换相器的必要性了。

图 1－39 是对应于图 1－38c、d、e 三个转子位置的电枢磁场的分解图。图 1－39a 中 F_a 与 F_m 夹角为 120°，将 F_a 沿 F_m 方向和垂直于 F_m 方向分解，可得 F_{ad} 和 F_{aq}，可见此时 F_{ad} 与 F_m 反向，表示 F_a 中有直轴去磁分量 F_{ad}。当电机转子转过 30°后，F_a 与 F_m 成 90°，F_a 不再有去磁分量。图 1－39c 是转子转过 60°角，F_a 与 F_m 成 60°时 F_a 的分解，F_{ad} 成为增磁分量。由此可见，在 BLDCM 中，电枢合成磁场的直轴分量 F_{ad} 是随转子位置不断地变化着，其中前 30°为去磁，后 30°为增磁。

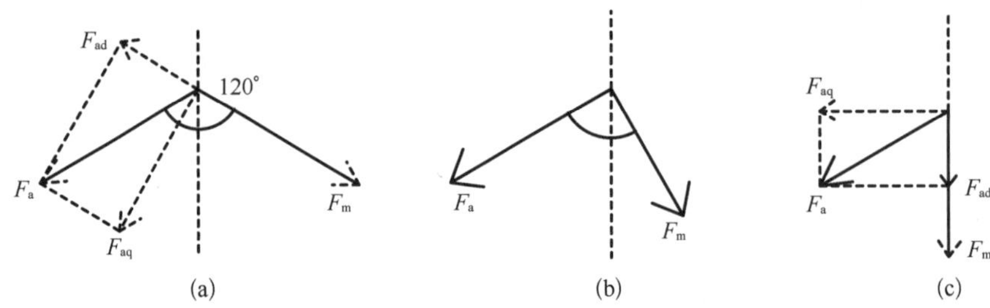

图 1－39　对应于图 1－38c、d、e 三个转子位置的电枢磁场的分布

通常 BLDCM 的永磁磁场 F_m 远大于电枢磁场 F_a，且稀土永磁的磁导率与空气磁导率相近，由 F_a 磁势形成的电枢磁场很小，一般对气隙磁场的影响可忽略不计。

BLDCM 的相电动势与气隙磁感应和电机转速成正比。由电压平衡关系，电机线电势接近于外加电压，故改变外加电压可控制电机的转速。

图 1－40a 是个 Buck 电路，在电感电流连续时，Buck 电路输出电压 u_0 与输入电压 u_{dc} 的关系为：

$$u_0 = D u_{dc} \tag{1-21}$$

式中，D 为开关管的占空比。若开关管 Q 不导通，$D=0$，则 $u_0=0$；若 Q 一直导通，$D=1$，则 $u_0=u_{dc}$；当 D 在 0 和 1 间变化时，u_0 则从 0 逐渐增加到 u_{dc}。

三相 DC/AC 变换器在 BLDCM 中使用时可等效为一个 Buck 变换器，如图 1－40b 和 c 所示。在 Q_1Q_6 导通的 1/6 电周期内，Q_1Q_6 和 D_4（D_4 是并于 Q_4 的二极管）和电机的 a、b 相电枢构成的等效电路和图 1－40a 的 Buck 电路相似。开关管 Q_1Q_6 导通时的等效电路方程为：

$$u_{dc} = i_a r_a + i_b r_b + L_a \frac{\mathrm{d}i_a}{\mathrm{d}t} + L_b \frac{\mathrm{d}i_b}{\mathrm{d}t} + e_a + e_b \tag{1-22}$$

式中，r_a、r_b 为 a 和 b 相电枢绕组电阻；L_a、L_b 为 a 和 b 相电枢绕组电感；e_a 和 e_b 为 a

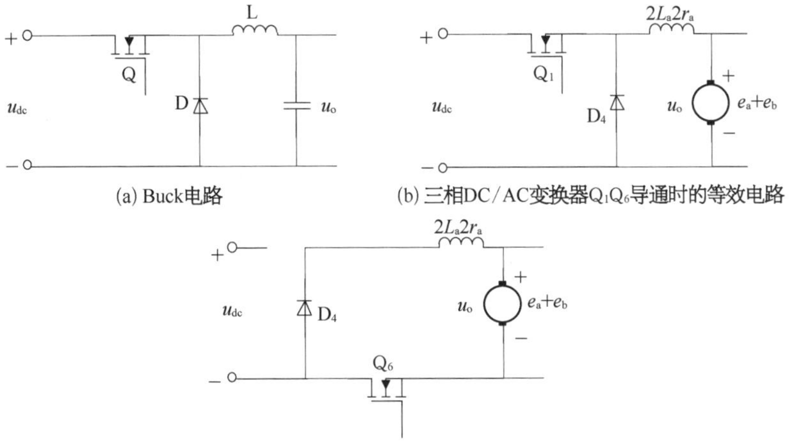

(a) Buck电路

(b) 三相DC/AC变换器Q_1Q_6导通时的等效电路

(c) 三相DC/AC变换器Q_1截止后的等效电路

图 1-40　BLDCM 调速原理

和 b 相相电势；i_a 和 i_b 为相电流。由于电机三相对称，$r_a=r_b=r$，$L_a=L_b=L$，$e_a=e_b=e$，$i_a=i_b=i$ 得：

$$u_{dc}=2ir+2L\frac{di}{dt}+2e \tag{1-23}$$

通常两开关管 Q_1Q_6 仅一个做 PWM 工作，设 Q_1 为 PWM 工作，则当 Q_1 关断时 D_4 续流，如图 1-40c 所示，有

$$0\approx 2ir+2L\frac{di}{dt}+2e \tag{1-24}$$

比较以上两式可见，在 Q_1 导通时，电源电压 u_{dc}作用使 i 增长，Q_1 截止 D_4 续流时电枢电流 i 在电机电动势作用下降低。稳态时，Q_1 导通时电流增长量必等于 D_4 续流时的下降量。省略电阻 r 上电压降，可得：

$$u_0\approx 2e=u_{dc}\cdot D \tag{1-25}$$

这表明 BLDCM 的转速和开关管的导通比 D 成正比。$D=0$，$n=0$；$D=1$，$n=n_{max}$。

BLDCM 起动时，由于转速 $n=0$，故相电势 $e=0$，电源电压 U_{dc}一定时，若不限制相电流，则电机电流必急剧增大，对电机、DC/AC 变换器和直流电源都很不利。图 1-41 是起动电流限制电路的原理，在电机的电枢电路中接两只电流传感器，图中是接于 b 相和 c 相。由于相绕组星形连接，$i_a+i_b+i_c=0$，故检测到任两相的电流即可确定第三相电流。相电流的检测信号送到控制器 CU，与电机转子位置检测信号组合，求得当前的导通器件，使两导通器件之一工作于 PWM 状态，若相电流超过设定值，开关管关断，使相电流控制在所需范围内。

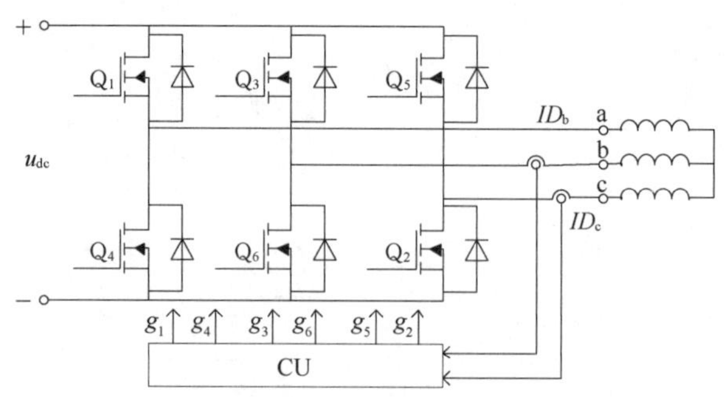

图 1-41　起动电流的限制

因 BLDCM 的转矩和相电流的幅值成正比,加大电流的限幅值可加大起动转矩。反之,减小电流则降低起动转矩。若起动时保持相电流平均值恒定,即可使起动转矩保持恒定。刚起动时,$n=0$,开关管的占空比 D 接近于零,随着转速的升高,电机反电动势加大,要保持同样的起动电流,必须加大占空比。因此占空比是随电机转速的升高而正比增加的。

1.3.5　BLDCM 的换相和换相提前

BLDCM 在一个周期内有六次换相,正侧三次,负侧三次。图 1-42a 是电机三相电势波形,在 $t=t_1$ 时开始正侧 c 相向 a 相的换相,因这时开始 e_c 从其幅值 e_{cm} 下降,而 e_a 正达到其幅值,此两电势的交点常称为自然换相点。图 1-42b 是正侧换相前的电路拓扑,Q_5Q_6 导通,电流自 Q_5 进入 c 相、b 相,从 Q_6 返回电源负侧。

图 1-42c 是正侧 c 相向 a 相换相的开始时刻,$t=t_1$,Q_5 截止,Q_1 导通,D_2 续流,由 Q_1、AX、YB、Q_6 支路可见,在电源电压 u_{dc} 作用下,i_a 开始增长:

$$r_a i_a + L_a \frac{di_a}{dt} + r_b i_b + L_b \frac{di_b}{dt} = u_{dc} - e_a - e_b \tag{1-26}$$

c 相电流在电动势 $e_c e_b$ 共同作用下下降:

$$i_c r_c + L_c \frac{di_c}{dt} + i_b r_b + L_b \frac{di_b}{dt} - e_c - e_b = 0 \tag{1-27}$$

电机转速越高,$e_c e_b$ 越大,i_c 下降越快,换相重叠时间越短。$t=t_2$,$i_c=0$,正侧换相结束,如图 1-42d 所示。

图 1-42d、e、f 是 BLDCM 负侧换相的电路拓扑。换相前 Q_1Q_6 导通,如图 1-42d 中 a 和 b 相通电的电路。$t=t_3$ 时是负侧 b 和 c 相的自然换相点,关断 Q_6 导通 Q_2,b 相电流经 D_3 续流,不断减小,c 相电流增长。$t=t_4$ 时,$i_b=0$,换相结束,如图 1-42f 所示。

图 1-43 是不同转速时的相电势和相电流波形。图 1-43a 为理想的波形,相电势

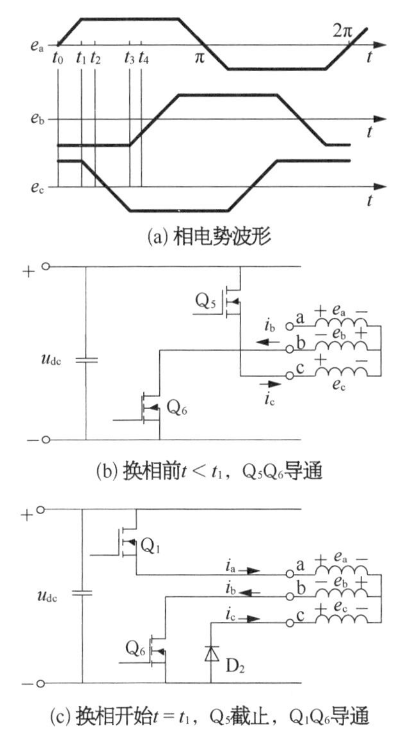

(a) 相电势波形

(b) 换相前$t < t_1$，Q_5Q_6导通

(c) 换相开始$t = t_1$，Q_5截止，Q_1Q_6导通

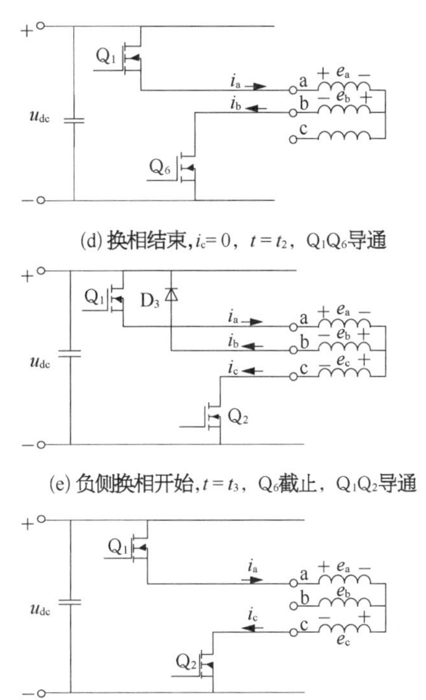

(d) 换相结束，$i_c = 0$，$t = t_2$，Q_1Q_6导通

(e) 负侧换相开始，$t = t_3$，Q_6截止，Q_1Q_2导通

(f) 负侧换相结束，$t = t_4$，Q_1Q_2导通

图 1－42　BLDCM 的正侧和负侧换相

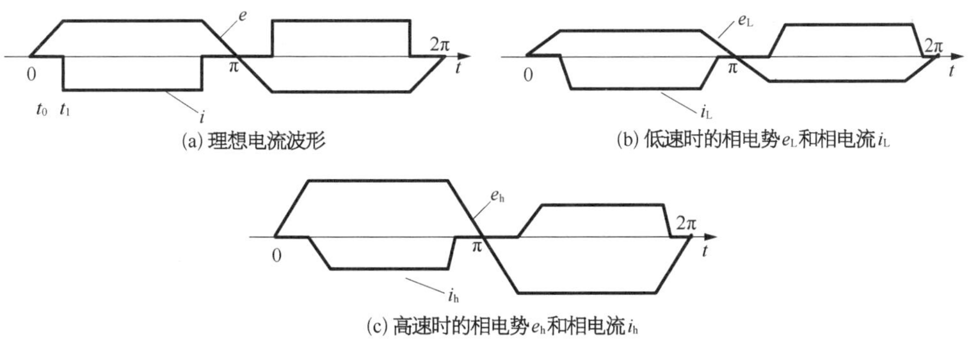

(a) 理想电流波形

(b) 低速时的相电势e_L和相电流i_L

(c) 高速时的相电势e_h和相电流i_h

图 1－43　转速对 BLDCM 相电流波形的影响(电流限幅值同)

e 为 120°顶宽的梯形波，相电流 i 为宽 120°的方波。

图 1－43b 是电机低速时的电动势 e_c 和电流 i_L 的波形，由于转速低，相电势幅值小，换相时，电源电压 u_{dc}与相电势的差大，进入相的相电流增长快，故相电流的前沿较陡，退出相的相电流变化速度由相电势决定，故相电流下降较慢。在电流限幅值一定时，换相过程对电流波形影响小，对电机的转矩大小的影响小。

图 1－43c 是高转速时相电势 e_h和相电流 i_h的波形。高速时相电势波的幅值加大，电源电压与电势的差大幅度减小，从而使换相时进入相的电流增长减慢，导致在同一电

流限幅值下电磁转矩降低，转矩脉动加大。

为了减小 BLDCM 在高速时转矩的降低，可以采用换相提前的方法。随着电机转速的升高，逐渐加大换相提前角，可以像理想状态那样，在同一电流限幅值时，转矩不降低，转矩脉动也不加大。

如图 1－43a 所示的相电势波形，在 $t=t_0$ 时 a 相电势为零，$e_a=0$，若在此时开通 Q_1 进入提前换相，由于 t_0 比 t_1 时的电角度超前 30°，故为提前角 $\alpha=30°$的提前换相。提前角 $\alpha=30°$时开通 Q_1 的电路拓扑如图 1－44b 所示，Q_1Q_5 和 Q_6 同时导通。Q_1 导通后，Q_1、AX、BY、Q_6 电路方程为：

$$u_{dc}=i_ar_a+L_a\frac{di_a}{dt}+e_a+i_br_b+L_b\frac{di_b}{dt}+e_b\quad(e_a=0,\ t=t_0)\quad(1-28)$$

电路 Q_5、CZ、BY、Q_6 的方程为：

$$u_{dc}=i_cr_c+L_c\frac{di_c}{dt}+i_br_b+L_b\frac{di_b}{dt}+e_b+e_c\quad(1-29)$$

比较以上两式可见，式(1－28)中由于 $e_a=0$，故电流 i_a 必以较快的速度增长。

观察 Q_5、CZ、YB、Q_1 回路，有：

$$i_cr_c+L_c\frac{di_c}{dt}+i_ar_a+L_a\frac{di_a}{dt}+e_c+e_a=0\quad(1-30)$$

电动势 e_c 的作用使 i_c 减小，i_a 增长。

由此可见，提前换相有助于进入相电流的快速增长。

$t=t_1$ 时，Q_5 关断，D_2 续流，i_c 进一步下降，直到 $i_c=0$，换相结束，如图 1－44c、d。提前换相也加快了退出相电流的下降，缩短了 i_c 的续流时间。

正常换相时，BLDCM 的最高工作转速 n_b 取决于电源电压 u_{dc}。因为在 $n=n_b$ 时，开关管全导通，$D=1$，电源电压 u_{dc}全加于电机两端，与电动机的线电势 E_L 平衡，$E_L=u_{dc}$。BLDCM 的线电势 E_L 等于相电势 E 的 2 倍，$E_L=2E$。$n=n_b$ 时，$E_L=u_{dc}$，故相电势的最大值 $E_m=u_{dc}/2$。因此若 $n>n_b$，则 $E_m>u_{dc}/2$，$E_L>u_{dc}$，电源电流无法馈入电动机，故 n_b 称为 BLDCM 的最高工作转速。

由图 1－44，取换相提前角 $\alpha=30°$，进入相在该相电势为零时开通开关管，这时即使 $n=n_b$，进入相电流仍能增长，甚至在 $n>n_b$ 时，相电流也能增长。也就是说换相提前可以使 BLDCM 在 $n>n_b$ 的区间工作，此时电机线电势 $E_L=2E>U_{dc}$。

图 1－45 的等效电路用于说明在电机提前换相时，由于进入相电势低，电机线电势小于电源电压，电机电感电流仍会增长，从而使电机电感磁储能加大(图 1－45a)。换相结束后，尽管电源电压小于线电势，但电流会继续流动，原因在于磁储能的释放，故电机

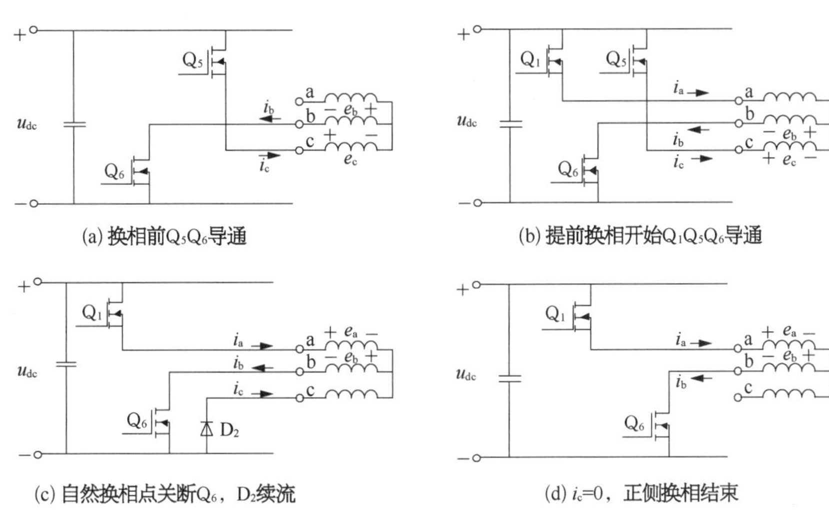

(a) 换相前Q_5Q_6导通　(b) 提前换相开始$Q_1Q_5Q_6$导通

(c) 自然换相点关断Q_6，D_2续流　(d) $i_c=0$，正侧换相结束

图 1-44　BLDCM 正侧换相提前的电路

可在 $n>n_b$ 下运行，如图 1-45b 所示。

可见，换相提前角 α 加大，电机转速也必可相应加大。

图 1-46 是 BLDCM 的转速控制曲线，在横坐标为 0～1 的区间为占空比控制区间，$D=1$，$n=n_b$。$D>1$ 的区间为换相提前控制区间，$D=1$，$\alpha=0$，$n=n_b$，$D=1$，$\alpha>0°$，$n>n_b$。

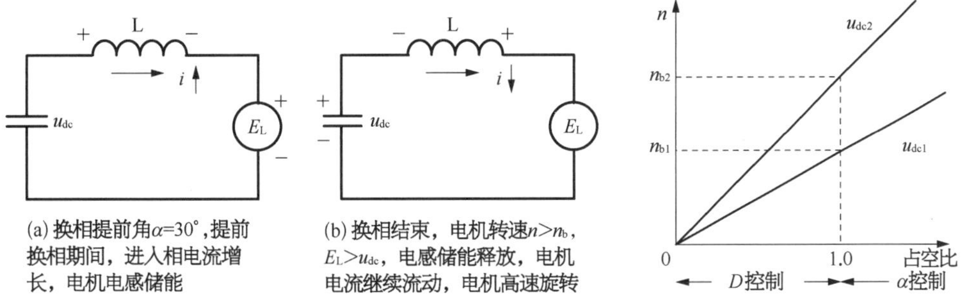

(a) 换相提前角α=30°，提前换相期间，进入相电流增长，电机电感储能　(b) 换相结束，电机转速$n>n_b$，$E_L>u_{dc}$，电感储能释放，电机电流继续流动，电机高速旋转

图 1-45　换相提前的 BLDCM 等效电路

图 1-46　BLDCM 的转速控制

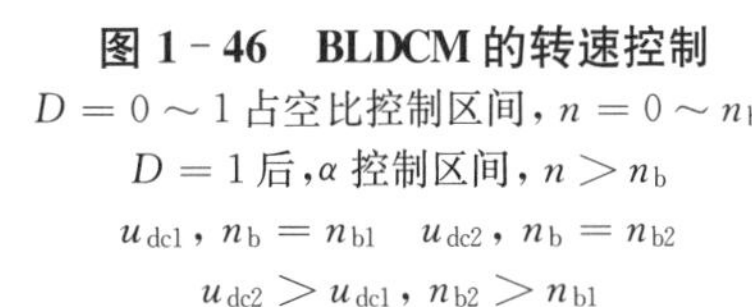

$D=0\sim1$ 占空比控制区间，$n=0\sim n_b$

$D=1$ 后，α 控制区间，$n>n_b$

u_{dc1}，$n_b=n_{b1}$　u_{dc2}，$n_b=n_{b2}$

$u_{dc2}>u_{dc1}$，$n_{b2}>n_{b1}$

1.3.6　BLDCM 的制动和反转

BLDCM 的制动方式有两种：一是再生制动，二是反接制动。再生制动的缺点是在电机低转速时，由于电动势的降低，制动电流下降，制动能力也随之下降。反接制动则没有上述不足，即使转速极低时，仍有足够的制动力矩。

图 1-47 是 BLDCM 再生制动工作的图解。图 1-47a 是制动前的电动工作电路

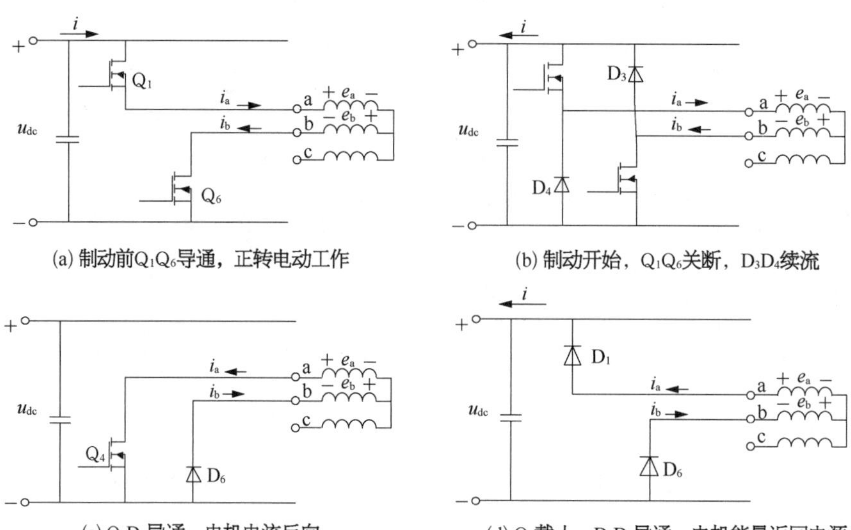

(a) 制动前Q_1Q_6导通，正转电动工作

(b) 制动开始，Q_1Q_6关断，D_3D_4续流

(c) Q_4D_6导通，电机电流反向

(d) Q_4截止，D_1D_6导通，电机能量返回电源

图 1-47　BLDCM 的再生制动

拓扑，此时 Q_1Q_6 导通，电源 u_{dc} 向电机馈电。电动工作时一个周期有六个状态，图中仅画出了其中一个状态即 Q_1Q_6 导通状态。

为使 BLDCM 进入再生制动状态，首先应同时关断 Q_1Q_6，让 D_4D_3 续流，如图 1-47b 所示，在电源电压和电机反电势 e_ae_b 作用下，电机 a 和 b 相电流下降：

$$i_ar_a+L_a\frac{di_a}{dt}+e_a+i_br_b+L_b\frac{di_b}{dt}+e_b=-U_{dc} \tag{1-31}$$

此时 $i_a=i_b=i$，$r_a=r_b=r$，$L_a=L_b=L$，$e_a=e_b=e$，故有：

$$\begin{gathered}2ir+2L\frac{di_a}{dt}+2e=-U_{dc}\\ \frac{di_a}{dt}=\frac{-u_{dc}-2e-2ir}{2L}\end{gathered} \tag{1-32}$$

当 $i_a=i_b=0$ 时，续流结束。若在 $i_a>0$ 时使 Q_4 导通，则当 $i_a=0$ 后，即可使 i_a 和 i_b 反向流动，电机由电动工作转入发电工作，电机电流与电动势同向，形成负的转矩，这就是制动转矩。控制 Q_4 断开时的电流值，即可控制制动转矩的大小。

当流入 Q_4 的电流 i_a 达设定值时，应使 Q_4 断开，Q_4 断开后，D_1D_6 导通，制动电流返回直流电源。当 i_a 小到一定值时，再次开通 Q_4，使 AX、YB 短路，i_ai_b 在电机电动势作用下电流又增长……若不计电枢绕组电阻，电流增长率为：

$$\frac{di_a}{dt}=\frac{e}{L} \tag{1-33}$$

式中，e 为电机相电动势；L 为电机相电感。可见，电机转速越低，e 越小，电流增长率越小，为使相电流达到设定值，Q_4 的导通时间必须随电机的转速降低而增长。由此可见，Q_4 为 PWM 工作方式，电机转速低，Q_4 的占空比 D 大。

当电机转速低到一定值后，即使 Q_4 全导通，电流也达不到设定值，因而 Q_4 不再断开。这时制动工作由再生制动转为能耗制动，制动能量不再返回电源，制动转矩将随电机转速的降低而下降。$n=0$ 时，制动转矩也降为零。

图 1－48 是反接制动时的电路拓扑。图 1－48a 是制动开始，Q_1Q_6 截止，D_4D_3 续流，相电流在电源电压作用下降为零。$i_a=i_b=0$ 后，开通 Q_3Q_4（Q_3Q_4 是原电动工作时 Q_1Q_6 同一支路的相对两个开关管），Q_3Q_4 导通相电流在电源电压和电机电动势 e_a 和 e_b 共同作用下快速增长，当电流达一定值时断开 Q_3Q_4，D_1D_6 续流，电机能量返回电源。由于图 1－48b、c 两个模态均为发电状态，即为制动状态。由图 1－48b 可见，由于 Q_3Q_4 导通，电机电流由直流电源和电机电动势共同作用产生，故电流大小仅由设定值确定，不受电机转速大小的影响，有比再生制动更好的制动特性。

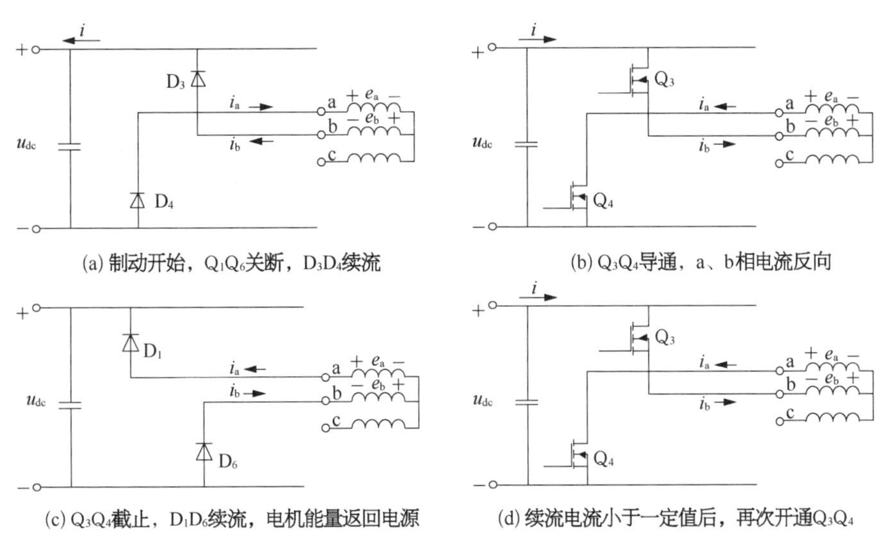

图 1－48　反接制动的工作模态

BLDCM 仅借改变开关管的导通规律即可改变电机的转动方向，实现电机的正反转。

图 1－49a、c 中电机转子的位置相同，即电机转子磁场 F_m 的方向相同。为了使电机顺时针向旋转，电枢电流的合成磁场 F_a 应在转子磁场顺时针向的 90°附近位置，也就是要求 Q_1Q_6 导通，使电流 i_a 流入 a 相接线端，并从 b 相接线端流出。

为使电机反时钟向旋转，电枢磁场 F_a 应在 F_m 反时钟向的 90°角附近，为此应使 Q_3Q_4 导通，让电流自 b 相接线端进入，从 a 相端流出，如图 1－49c、d。

因为 $F=BLI$，在转子位置一定时，表示气隙磁场不变，为了改变转向，必须改变作用在转子上力的方向，即改变电枢电流的方向，使电机转矩方向改变。顺时针向的转矩

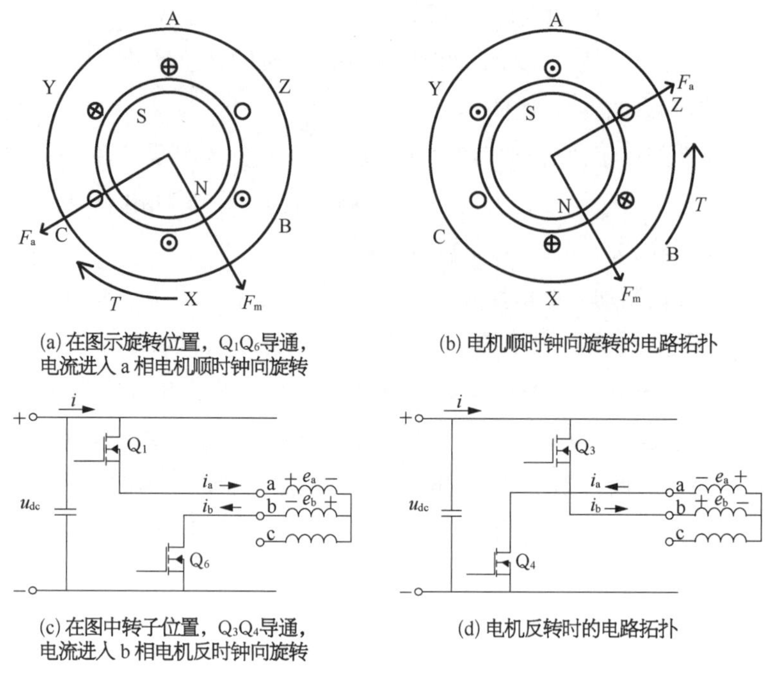

(a) 在图示旋转位置，Q1Q6导通，电流进入 a 相电机顺时针向旋转
(b) 电机顺时针向旋转的电路拓扑
(c) 在图中转子位置，Q3Q4导通，电流进入 b 相电机反时针向旋转
(d) 电机反转时的电路拓扑

图 1-49　BLDCM 正反转的方法

使电机转子顺时针向旋转，电机旋转后，相绕组中即有旋转电动势，该电势方向阻止电流的流入，称为反电动势。电机反转后，电动势也随之反向，如图 1-49b、d 中的电动势极性标法。

图 1-49 指出 BLDCM 从转子静止状态实现顺时针向和反时钟向旋转的方法，就是使电枢磁场 F_a 从正向转为反向。为了使电机反时钟向连续旋转，要求电枢磁场 F_a 实现反时钟向的 60°电角步进。图 1-50a、b、c 三个图中的 F_a反时钟向步进了两次，从 F_{a1} 到 F_{a2}再到 F_{a3}，由图可见，F_a 的步进要求相电流的切换，图 1-50a 对应 F_{a1}，电流由 b 相进入，从 a 相出来，要求导通 Q_3Q_4 管。图 1-50b 的 F_{a2} 比 F_{a1} 反时钟向步进 60°，电流应从 b 相入 c 相出，要求导通 Q_3Q_2 管。图 1-50c 的 F_{a3}，要求电流进入 a 相，自 c 相出

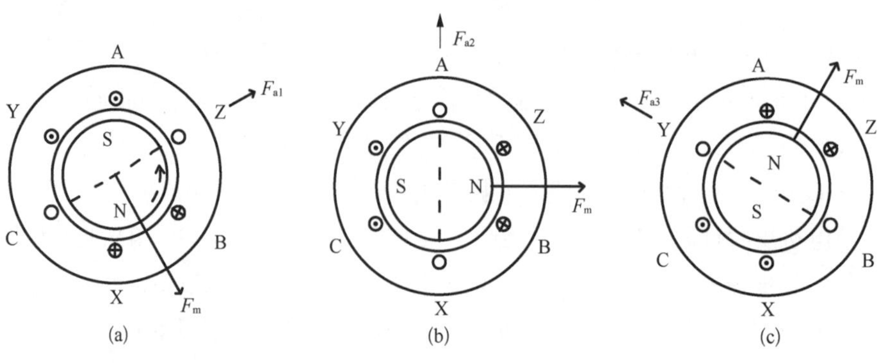

图 1-50　BLDCM 的连续反钟向旋转的图解

来，应导通 Q_1Q_2 管。由此可见反转时开关管的导通逻辑为 $Q_4Q_3Q_2Q_1Q_6Q_5$，与顺时针向时的逻辑 $Q_1Q_2Q_3Q_4Q_5Q_6$ 正相反。电机顺时针向旋转时，电机转子位置传感器的信号是 PA 超前 PB，PB 超前 PC 各 120°(图 1-36)。电机反转后，位置传感器的信号自动反相序，成为 PC 超前于 PB，PB 超前于 PA，因此电机转向的变化并不要求改变电机转子位置传感器的信号，仅需借助反转信号改变开关管的开关逻辑(图 1-49)。

因此 BLDCM 的正转电动、正转制动、反转电动和反转制动均为可控，只需改变控制器 CU 的控制逻辑。BLDCM 可实现电机的四象限运行，如图 1-51 所示。

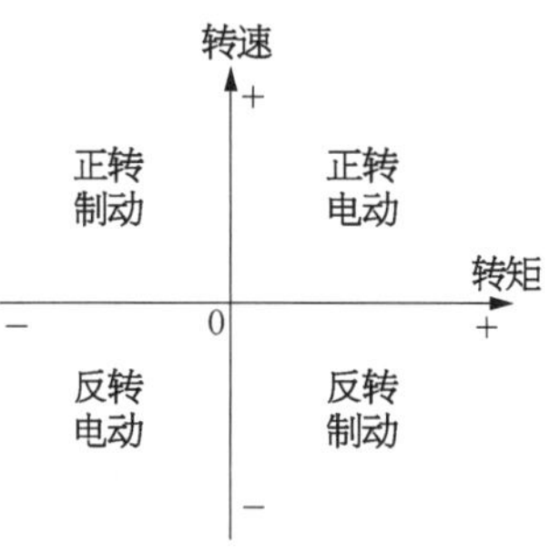

图 1-51　BLDCM 的四象限运行

1.3.7　BLDCM 的双闭环控制

电流转速双闭环调速系统是现代调速系统的基础，以充分发挥电机和变换器的潜力，提高调速系统的性能。

双闭环调速系统有两种构成方案：模拟电路和数字电路。调速系统构成的关键部件是电流检测和速度检测器、电流调节器和速度调节器。在调速系统中，BLDCM 的速度检测器由电机转子位置传感器信号处理得到，由于位置信号仅三个，往往不能满足宽调速电机的需要，特别是不能满足低速工作的 BLDCM 电机的要求。光电编码盘或旋转变压器与解码器的组合可在电机转一圈内产生 1 024、2 048 个以上的脉冲信号，可实现电机的低速检测和高精度位置控制。

图 1-52 是 BLDCM 双闭环调速系统的构成框图，为了讨论方便，将控制器 CU 分解成三个部分。一是速度调节器 SR，其输入为速度给定信号 n_{ref} 和速度反馈信号 n_f，输出为电流给定信号 i_{ref}。SR 通常为比例积分调节器。二是电流调节器，电流调节器有三个，也为比例积分调节器。电流调节器的输入为电流给定信号和三相电流反馈信号 i_{af}、i_{bf} 和 i_{cf}。电流调节器的输出转化为驱动开关管 $Q_1Q_3Q_5$ 的 PWM 信号 g_1、g_3 和 g_5。$g_1g_3g_5$ 三个信号在当前时刻哪个起作用，取决于电机转子位置信号和电机正反转指令与电机电动/制动指令。这些指令的综合由第三部分 LU 逻辑信号处理完成。

电流环的采样周期应尽量小，通常为几十微秒，以加快电流环的响应速度，减小电流闭环的等效时间常数。电流调节器应减小超调，防止动态时电流的过冲。

速度调节器的采样周期通常为电流采样周期的 10 倍。速度调节器的输出为电流给定信号 I_{ref}，调节器输出的限幅也就限制了电流可能的最大值，有助于让 DC/AC 变换器开关管的电流和电机相绕组处于安全的范围内。速度调节器输入速度给定信号 n_{ref} 的限幅，限制了电机的最高工作转速。速度调节器的给定信号可以设加速度限制，

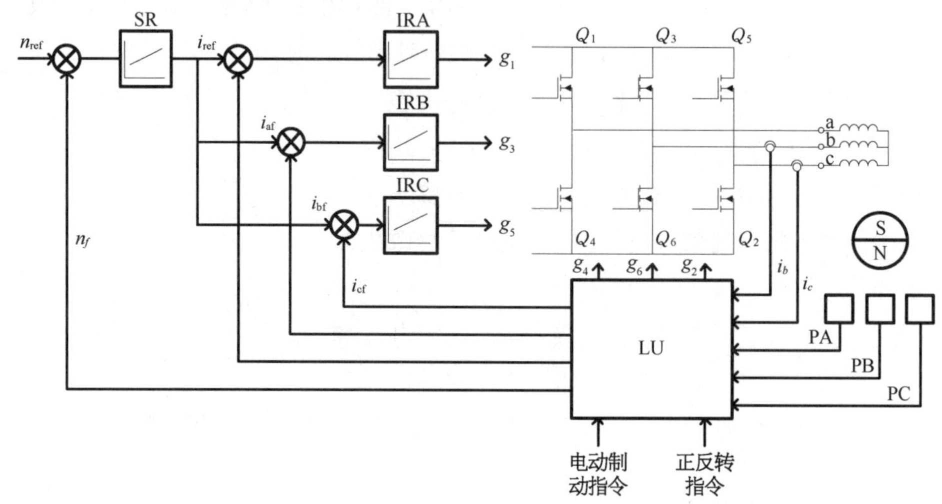

图 1-52 BLDCM 的电流转速双闭环调速系统构成方框图

SR—速度调节器;IR—电流调节器;LU—逻辑信号处理器

以让电机的加减速度按要求实现。

在速度调节器的外侧可加电机位置调节器,该调节器的给定信号为位置给定,反馈信号为电机转子实际位置。这样 BLDCM 可构成一个位置跟踪系统,使电机在所需的位置停止,在停止时仍可承受正向或反向的转矩。

BLDCM 停止时可以有两种状态。一种是电枢电流为零时的状态,这种状态电机不能承受外力矩。另一种是电枢通电的状态,如图 1-49 所示,若电机电流如图 1-49a 所示,电机必顺时针向旋转,反之若电枢电流如图 1-49c 所示,电机必反时钟向旋转,为了使电机转子处于图示位置,必须让电机电流如图 1-49a、c 间交替变化。若交替变化的频率相当高,且正反通电时间相等,则电机转子上的平均力矩为零,电机不承受外力矩。若电机转子上有顺时针向的负载转矩,为了使电机转子不动,必须有一反时钟向电磁转矩与之平衡,为此图 1-49c 的通电时间必须加长,同时减小图 1-49a 的通电时间,以使电机的电磁转矩和外加负载转矩相反而相等。负载转矩反向时,电机转矩也必须反向。由此可见,只有三环系统才能实现这个要求。

1.3.8 高速无刷直流电动机

同一台电动机,工作转速为 1 500 r/min 时,电源电压为 28 V。若工作转速提高到 15 000 r/min,由于电机电动势增加了 10 倍,故电源电压应为 280 VDC。相应地,电机的 DC/AC 变换器的开关管允许工作电压也必须相应提高。开关管开关频率不变时,电源电压的提高必使电机相电流的脉动加大。电源电压升高 10 倍,电流脉动也增大 10 倍,从而使电机的转矩脉动加大。同时电流脉动增大,更加导致电枢电流的断续,即在一个开关周期中，在开关管关断时，出现一段时间电流为零。由前述，三相 DC/AC 变换器在 BLDCM 中的工作相当于一个 Buck 变换器，Buck 变换器在电流断续时，输出电压(即电机端电压)已不仅是占空比的函数，还是负载大小的函数，从而造成电机的失控。

因此对于高速相电感很小的 BLDCM 采用图 1－24 的三相 DC/AC 变换器已不能实现电机宽调速的要求。图 1－53 是高速具有宽调速范围的 BLDCM 变换器电路拓扑。该电路由两部分组成：前级为 Buck 变换器，后级为三相 DC/AC 变换器。Buck 变换器借助于调节开关管 Q_7 的占空比 D，使其输出电压 u_0 为 $u_0=u_{dc}D$。当 $D=0$ 时，$u_0=0$；$D=1$ 时，$u_0=u_{dc}$；$D=0.5$ 时，则 $u_0=u_{dc}/2$。由于 u_0 能在 $0\sim u_{dc}$ 间平滑调节，故 DC/AC 变换器的开关管不再需要 PWM 工作，仅需由电机转子位置传感器的逻辑信号控制。在一个电机周期内各开关管仅开通关断一次，即 DC/AC 的开关管的开关频率 f 与电机转速 n 间关系为 $f=\dfrac{pn}{60}$，其中 p 为电机的极对数。

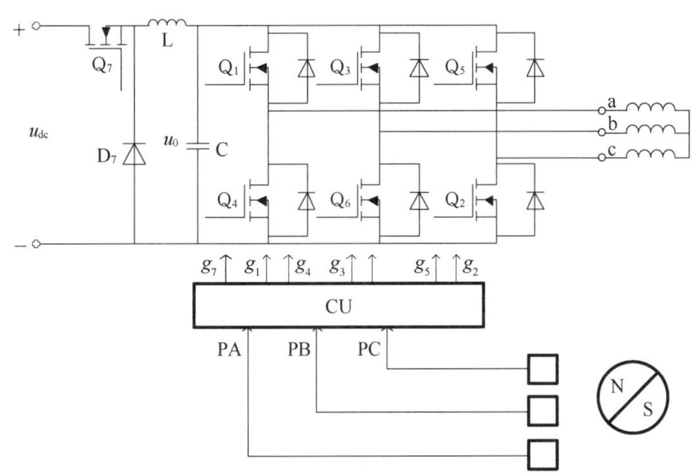

图 1－53 具有前置 Buck 变换器的 BLDCM DC/AC 变换器电路

若电机为两对极 $p=2$，转速为 1 500 r/min，则开关频率 $f=\dfrac{2\times 1\,500}{60}=50\ \text{Hz}$。电机转速为 15 000 r/min 时，DC/AC 变换器开关管的开关频率为 500 Hz。低的开关频率降低了 DC/AC 变换器的损耗。

DC/AC 变换器实现电机换相的方式有两种：一是硬关断方式，此时 Buck 变换器的输出必须有电容 C；二是软关断方式，此时 Buck 变换器的输出可不加电容 C。

硬切换换相的电路拓扑如图 1－42b、c、d 所示，电机正侧 c 相向 a 相转换时关断 Q_5，D_2 续流，开通 Q_1，i_a 增长，Q_5 是硬关断的。

图 1－54 是 DC/AC 变换器开关管软关断实现电机换相的示意图。图 1－54a 为换

相前的电路，Q_5Q_6 导通，电机 CZ、YB 相通电的情况。图 1－54b 为在电机自然换相点前(即提前 β 角，如图 1－54d 所示)开通 Q_1 的电路，由于 Q_1 提前开通，此时 $e_a < e_c$，故电势差 $e_c - e_a$ 在电机 Q_5、CZ、XA 和 Q_1 回路中形成环流 i_k，该电流逐渐增长，当 $i_k = i_c$ 时，c 相电流下降到零，a 相电流则增长到原 i_c 的大小，于是 c 相到 a 相的换相结束。

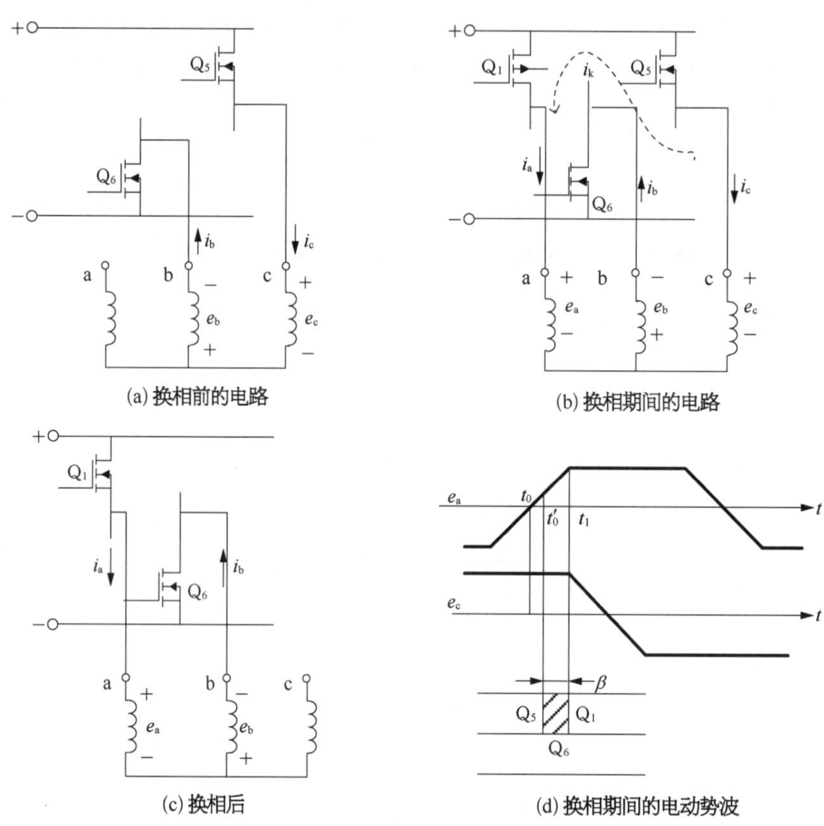

图 1－54　具有 Buck 变换器的 DC/AC 变换器电机换相软关断

由此可见，若在 $i_c = 0$ 时关断 Q_5，Q_5 为零电流关断，Q_1 则为零电流开通。实际上 Q_5 是由电机转子位置信号来关断的，也就是说应合理选取 β 角，让 Q_5 在关断信号到来之前通过它的电流刚到零。

第二种换相方式实际上把 Buck 变换器看成一个电流源，故 DC/AC 变换器和电机必须在任一时刻都没有断路，而各个开关管的提前导通正保证了不出现断路的条件。因此控制 Buck 变换器的电感电流也就是控制了电机的相电流。

这样，双闭环调速系统的电流检测不必再检测电机的相电流，只要检测 Buck 变换器电感的电流即可，从而简化了 BLDCM 电流闭环的结构。

Buck 变换器可采用零电压或零电流拓扑，以改善 Q_1 和 D_7 的工作，也可用多路并联结构，扩大容量，减小 Buck 变换器输出电流脉动。

图 1－53 的变换器是单向变换器，不能实现电机制动能量的回馈。图 1－55 将 Buck 变换器改为 Buck/Boost 变换器。

图 1－55 的 BLDCM 制动过程也为两个阶段。第一阶段是关断 Q_7，让电感 L 的电流降为零，$i_L=0$ 也就是电机电枢电流为零，电流为零后即关断 DC/AC 变换器的开关管，电机成为一个空载发电机。第二阶段为 Q_8 导通，将电机通过电感短路，电机电流即通过 Q_1～Q_6 的反并联二极管流向电感 L。在电感电流达设定值后关断 Q_8，电感和电机电流即经 D_7 返回电源。第三阶段，Q_8 PWM 工作，让电感电流在设定值上下脉动，电机能量即以 Q_8 的开关频率脉冲式地回到直流电源。电机转子的机械能不断返回电源，电机转速降低。为使电感电流（制动电流）保持恒定，以保持制动转矩恒定，Q_8 的占空比必须随电机转速的降低而加大。

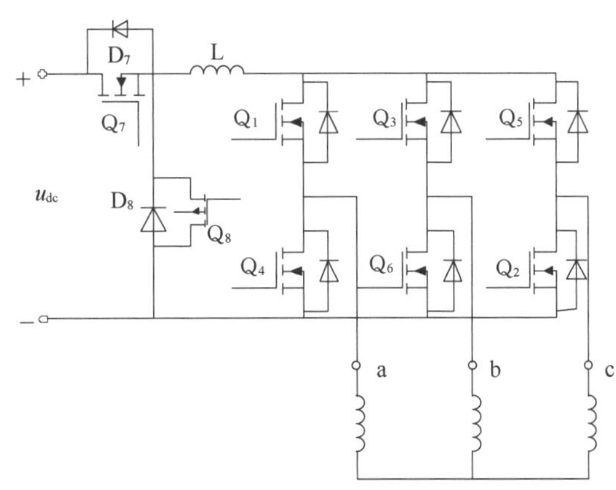

图 1－55 高速 BLDCM 的制动能量回馈电路

电机转速低到一定值后，即使 Q_8 全导通，电感电流也达不到设定值，此时 Q_8 不再工作于 PWM 状态，而改为导通状态，制动工作由再生制动转为能耗制动，制动转矩将随转速的降低而下降，转速为零，制动转矩也为零。

1.4 调速电动机的技术要求

表 1－3 是调速电动机的主要技术数据。技术数据是设计和使用调速电机的主要依据。

表 1－3 调速电动机的主要技术数据

序 号	技术数据	代 号	单 位
1	电源电压	U	V
2	工作电流	I	A
3	工作转速	n	r/min
4	额定转矩	T	N·m
5	额定功率	P	W
[illegible]	过载倍数		%
7	额定效率		%
8	额定功率因数		%

续 表

序 号	技术数据	代 号	单 位
9	冷却方式		
10	重 量	G	kg
11	允许工作环境		

调速电动机是电机、电力电子与微电子技术的集成，得到了广泛的应用，促进了工农业生产的发展。调速电动机的以下四个性能是值得关注的。

(1) 调速范围。调速范围是指电机最高工作转速与最低工作转速之比。随着应用场合不同，对调速范围的要求也不同。例如对于风机，调速范围为 5 已足够。高性能伺服电动机的调速范围在 10 000～20 000，甚至更高。

(2) 调速精度。调速精度是电机给定转速与实际转速差的百分值。高性能调速系统的调速误差都在 1%以内。

(3) 转速分辨率。例如，理论上一台转速从 100 r/min 到 1 500 r/min 的调速电动机可以在该区间的任一转速下工作，但实际上是做不到的，受微型计算机或微型处理器字长的约束，也受转速检测速度的约束。较早的异步电动机变频调速系统的频率分辨率约 0.2 Hz，转速分辨率约为 6 r/min。对同步转速为 1 500 r/min 的异步电动机，若变频器输出为 5 Hz，电机空载转速为 150 r/min，输出为 5.2 Hz，空载转速为 156 r/min，4.8 Hz 转速则为 144 r/min。随着数字计算机的发展，变频器的频率分辨率在不断提高。

(4) 调速系统动态性能。调速系统的动态性能常用两个指数反映：一是速度变化率，即电机加减速度的大小，加速度越大，其动态性能越好；二是突加突卸负载时的转速变化量和转速恢复时间，突加负载时转速跌落小，转速恢复时间短，则其动态性能好。

调速系统的三个使用要求是效率要高、价格要便宜和使用时间要长。

调速系统在工农业生产中的应用：一是用于提高工作机械的效能；二是节省能量。对于广泛使用的电动风机和电动泵来说，节能更为重要，这就要求调速系统本身有高的效率，自然采用调速电机(比不用调速电机)本身已是一个重要节能措施。

长久以来，由于电力电子器件价格昂贵，调速系统的发展受到限制，随着电力电子器件价格的降低、器件应用技术的提升，变换器和控制器的成本在调速系统中的比例在下降，电机的成本相对增加，因之选用合理电机显得更为重要了。

调速电动机的质量体现在两个方面：一是其电气性能；二是其使用耐久性。调速电动机是电机与电力电子的组合，远比电机本体复杂。电力电子变换器不仅是一个硬件系统，而且是一个软硬件结合的系统。随着电力电子集成技术的发展、大规模和超大规模集成电路的发展，硬件的故障可能性不断降低，对软件的可靠性和抗扰性的要求则显得越来越重要了。使用耐久性的另一个代名词是平均故障间隔时间(MTBF)，希望

MTBF 更大些。从航空发电机来看，20 世纪 50 年代的飞机发电机的 MTBF 约 500 h，2010 年 B787 飞机的 250 kV·A 飞机起动发电机的 MTBF＝30 000 h，60 年增长 60 倍。这表示，现在一台电机相当于 20 世纪 50 年代的 60 台电机的使用时间，不仅大幅度减小了资源的消耗，也大量节省了人力，这是十分有意义的事情。

1.5 本章小结

本章的 1.2 节和 1.3 节讨论了直流电动机和无刷直流电动机调速系统的一些基本概念。这两种电机是目前使用较多的调速电动机。异步电动机调速系统、同步电动机（电磁式和永磁式）调速系统也是较早应用的调速系统。20 世纪 80 年代，开关磁阻电动机调速系统也进入了工业应用。

异步电机调速系统是目前应用最多的调速系统。异步电机结构简单，使用方便，异步电机特别是鼠笼式异步机，转子上没有线圈，没有换向器，也没有滑环，制造方便，成本低，工作可靠。异步机直接接到三相电网上即可运行。因此异步机变频调速系统即使变频器发生故障，还可以直接在工频电网上运行。

异步电机的不足之处一是交流励磁，二是转差损耗。前者使电机功率因数降低，同步转速越低的异步机，功率因数也越低。后者加大了电机负载时的损耗，负载越大，转差越大，转差损耗成比例加大。

开关磁阻电机是结构上比异步机更简单的电机。开关磁阻电机的转子仅由硅钢片叠压而成，连鼠笼也没有。开关磁阻电机定子绕组为集中绕组，绕组结构比异步机的分布绕组简单，用铜量少。开关磁阻电机在高速和低速工作区，优于异步电动机。美国某飞机上用的开关磁阻起动发电机，最高工作转速为 22 000 r/min 多，额定发电功率 250 kW，过载功率 330 kW。在低速区工作的开关磁阻电动机也不会降低功率因数。日本学者千叶对开关磁阻电机进行了深入研究，将开关磁阻电动机的功率重量比和电机的效率提高到可与普锐斯汽车用稀土永磁电动机相当的水平，发掘了电机的潜在能力。

开关磁阻电动机的不足是电枢电流的峰值与有效值之比较高，远大于异步电机的 1.41 倍。因而由同一电源供电，有同样功率的开关磁阻电动机变换器开关管的定额要比异步电动机大得多，从而增加了变换器的成本。

20 世纪 90 年代美国威斯康星大学 T.A. Lipo 教授提出了永磁双凸极电动机和发电机原理，构成了永磁双凸极电动机，开辟了双凸极电机在工农业生产中应用的前景。

现在双凸极电机已从永磁发展到电励磁，再发展到混合励磁。不论是哪种励磁方式，双凸极电机的励磁部分均在电机的定子上，其转子结构和开关磁阻电机一样，仅由硅钢片叠压而成，转子结构十分简单。

20 年来，国内外学者对双凸极电机进行了广泛深入的研究，取得了大量的成果，也提出了不少问题，归纳起来较为突出的有以下三个问题：

(1) 双凸极调速电动机的节能效果如何？

(2) 双凸极调速电动机的成本与同功率同转速范围的其他调速电动机比较有何优势？

(3) 双凸极电动机的额定工作转速区间是否更宽些？

现在的调速电动机有三类工作转速范围：一类是低速电动机，其最高工作转速在 100 r/min 以内；第二类是中速电机，其工作转速在 100～10 000 r/min；第三类是高速电机，其工作转速在 10 000 r/min 以上。目前广泛使用的低速传动系统大都为异步机加减速齿轮箱的架构，高速传动大多为电机加升速齿轮箱的架构。齿轮箱特别是输入输出转速比大的齿轮箱有多级齿轮和多个轴承，润滑系统复杂，使用寿命有限，噪声大。发展无齿轮箱的低速和高速电机技术成为机电行业的一个重要课题。双凸极电动机有和开关磁阻电机一样的转子结构，为低速和高速驱动创造了条件，能否将这种潜在可能性成为现实？

从这些问题出发，对双凸极调速电动机的工作原理和控制方法做了初步的论述，抛砖引玉，以期对该电机做进一步研究，发掘其潜在优势，让其在我国国民经济的发展中起到应有的作用。

第 2 章

双凸极电机的结构和参数

2.1 磁阻电机和双凸极电机

磁阻电机是一类与直流电机、异步电机和同步电机不同的电机。直流电机、异步电机和同步电机是应用导体在磁场中运动产生电势 $e=Blv$ 和载流导体在磁场中受力 $F=BLI$ 的原理而工作的，e 为导线两端的电动势，B 为磁感应强度，L 为导体长度，v 是导体切割磁力线的速度，I 为导体中电流，F 为作用于导体上的力。变磁阻电机是借助定子和转子的凸极，使电机的磁阻(或磁导)随转子位置的不同而变化的原理而工作的电机。步进电机、开关磁阻电机、磁通切换电机(flux switch machine)和双凸极电机(double salience machine)均为变磁阻电机。

双凸极电机和开关磁阻电机相同处是定子和转子铁心组件均为凸极结构，不同之处是前者定子上有直流励磁线圈或永磁磁钢励磁，后者则无励磁线圈和磁钢。双凸极电机和其他电机一样，均是可逆的，即既可做发电机工作，也可做电动机工作。但是和直流电机、异步电机不同，直流电动机接入直流电源即能旋转，异步电动机接交流电源也能工作，双凸极电机却不能。一般来讲，双凸极电机必须与电机转子位置传感器、功率变换器和控制器组合才能电动运行，因此它是一种转速可调的电动机。

2.2 双凸极电机的类型

双凸极电机按励磁方式的不同有以下三种：永磁双凸极电机、电励磁双凸极电机和混合励磁双凸极电机。永磁双凸极电机和混合励磁双凸极电机是美国威斯康星大学 T.A.Lipo 教授提出的。图 2-1 是三种电机的剖面图。图 2-1a 为 6/4 结构三相永磁双凸极电机的剖面图，图中的电机定子上有 6 个极，每个极上有集中式电枢绕组，相对两极的电枢绕组互相串联，构成一相，故为三相电机，两块永磁磁钢分别置于电机定子铁心的左右两边，在电机气隙内形成永磁励磁磁场。图 2-1b 为 12/8 极三相电励磁双凸极电机的剖面图,定子 12 个极,转子 8 个极,每个定子极上有电枢绕组,互成 90°角的四个电枢绕组串联构成一相,故仍为三相电机,在四个大槽中有两套励磁绕组,互相串联,通入直流电励磁,形成两对极的气隙磁场。图 2-1c 为有分布励磁绕组的 6/5 结构双凸极电机,励磁绕组元件数与电枢绕组元件数相同为 6 个,励磁绕组互相串联,形成 NSNSNS 极气隙磁场,相对两电枢绕组互相串联,构成一相,故该电机仍为三相电机。图 2-1d 是有切向磁钢和励磁绕组的混合励磁三相 6/4 结构双凸极电机。图 2-1e 为内置磁钢的混合励磁 6/4 结构三相双凸极电机,内置磁钢结构的优点是电机外部没有磁场。

图 2-1d、e 两种混合励磁电机均为串联磁路结构,即电励磁线圈的磁路和永磁磁路相同。由于稀土永磁体的磁导接近空气磁导,电励磁线圈的调磁能力较弱。

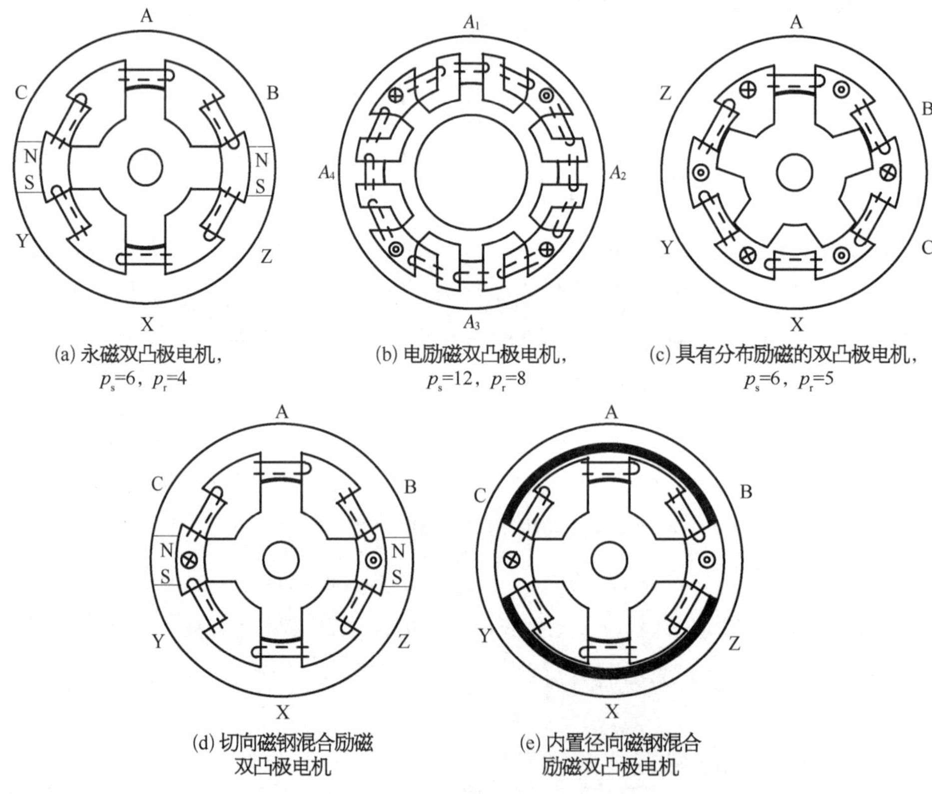

图 2-1 双凸极电机的类型

双凸极电机有单相、二相、三相、四相、五相、六相等多种。图 2-1 中的 6/4 和 6/5 结构电机均为三相电机。图 2-2a、b 的 4/6 结构电机为单相电机及其相绕组连接图,图 2-2c～f 的 8/6 结构电机为二相或四相电机及其相绕组连接图,图 2-2g 的 10/4 结构和图 2-2h 的 10/8 结构为五相电机。

观察图 2-2a、b 的 4/6 结构电机,定子 4 个极,每个极上各有一个集中式电枢绕组。当励磁绕组 W_f 通入直流电时,电机中即有励磁磁场,该磁场和每个定子极上的电

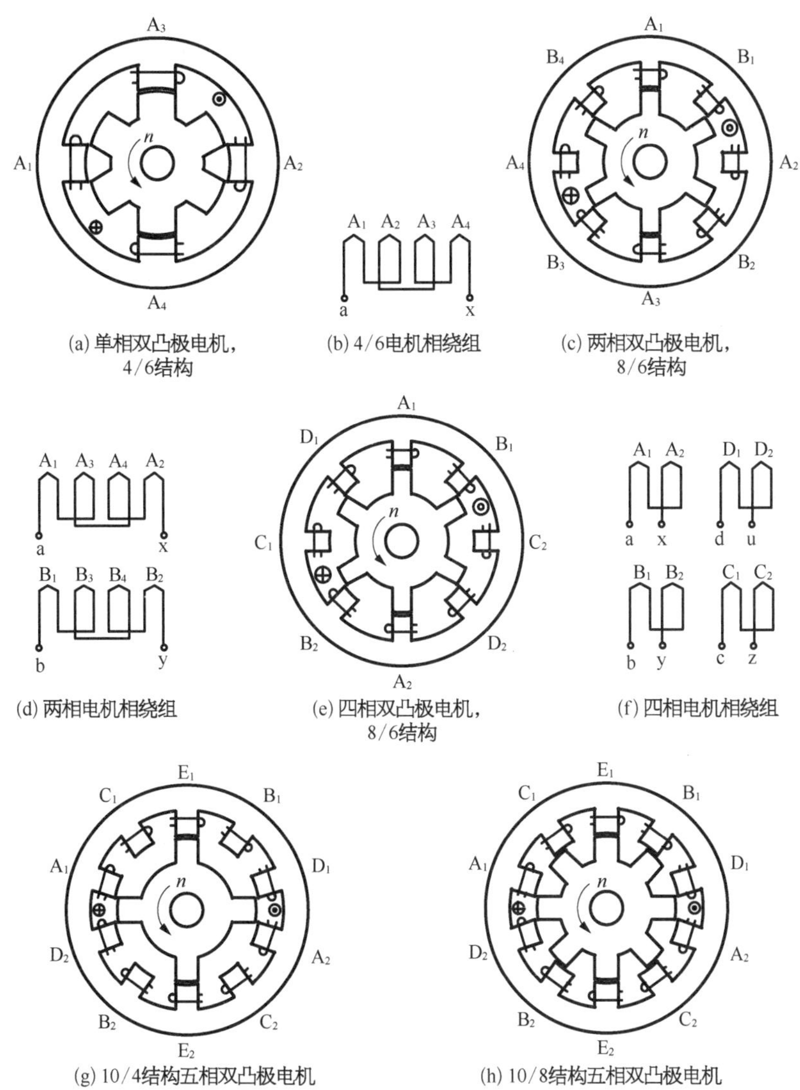

(a) 单相双凸极电机，4/6结构　(b) 4/6电机相绕组　(c) 两相双凸极电机，8/6结构

(d) 两相电机相绕组　(e) 四相双凸极电机，8/6结构　(f) 四相电机相绕组

(g) 10/4结构五相双凸极电机　(h) 10/8结构五相双凸极电机

图 2-2　单相和多相电励磁双凸极电机

枢绕组元件挪连，转子每转一圈，通过每个电枢元件的磁通变化 6 次，故每个电枢元件中感应电动势的频率 $f = p_r n/60$，其中 p_r 为转子极数，n 为电机转子每分钟的转数。可见双凸极电机转子的一个极相当于同步电机的一对极，$p_r=6$ 的转子相当于 6 对极，每对极空间电角度为 360°，故 6 对极空间电角度为 6×360°=2 160°。因定子极和电枢元件均匀分布，故两相邻电枢元件间感应电动势间的相位差 $\varphi=2\ 160°/4=540°=360°+180°$，4 个电枢元件的感应电动势或同相或反相，只要正确地串起来，4 个电枢元件的合成电动势等于 4 个电枢元件电动势之和，成为单相电动势。图 2-2b 表示出电枢元件的连接。

图 2-2c、d 的 8/6 极结构电机 6 对极的空间电角度为 2 160°，相邻两电枢元件间感

应电动势相位差为90°电角。可见置于电机偶数定子极或奇数定子极上的电枢绕组元件的感应电动势是同相的，偶数极上元件串联构成一相，奇数极上元件串联构成另一相，形成电动势差90°的两相电机。若8/6结构电机的两相对定子极上的电枢元件串联，构成四相电机，四相电动势间相位互差90°，如图2-2e、f所示。

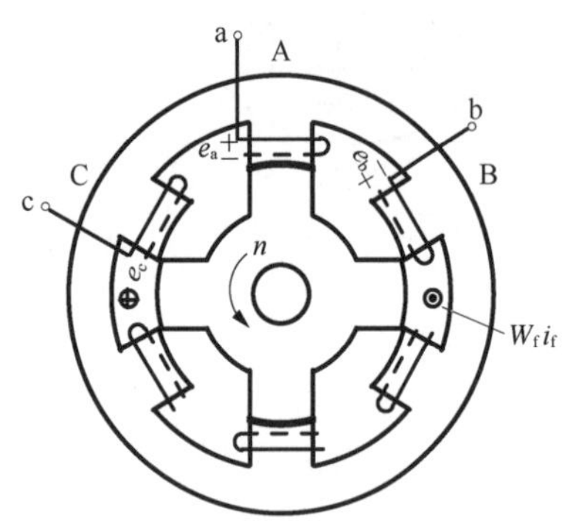

图2-3　6/4结构电机的电机转向、励磁磁场方向和a相电枢元件电动势e_a的极性

图2-1的6/4结构电机为三相电机，相对两定子极上的电枢元件串联构成一相，形成三相绕组，电动势e_a、e_b、e_c互差120°电角。

图2-3是6/4结构电机示意图。电机6个定子极均匀分布，定子极弧与槽口弧长相同，转子4个极均布，转子极弧与定子极弧宽相同。设电机转子反钟向旋转，励磁电流I_f自左侧进入励磁线圈并从右侧离开线圈，故励磁磁场Φ_f的方向自上向下穿过转子铁心。若设中间极上的电枢元件为a相，则此时转子极将离开a相定子极，故e_a极性如图所示，b相绕组的电动势e_b极性和e_a正相反，因此时转子极滑入定子极。

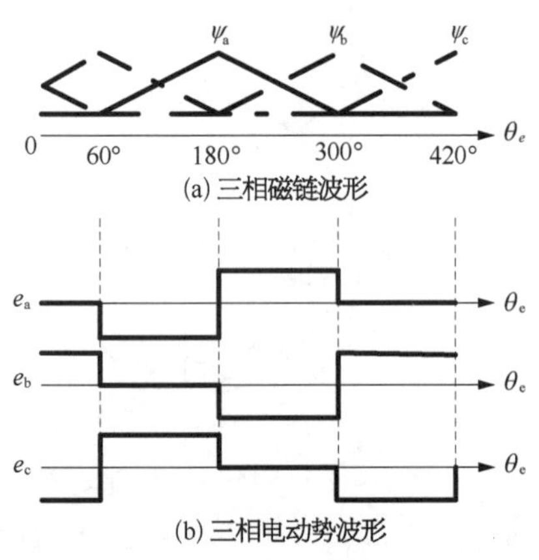

图2-4　6/4结构电机的相磁链和相电势

图2-4是6/4结构三相双凸极电动机的相磁链和相电动势波形。图中设转子槽中心线与定子a相极中心线对齐时的角度为零度(即$\theta=0°$)，此时a相极下的气隙达最大值，a相磁链ψ_a达最小值ψ_{amin}。转子反钟向转过45°角(相当于180°电角)，则转子极与a相定子极对齐，ψ_a达最大值ψ_{amax}。转子从0°转至15°，ψ_a增加不多，$\theta=15°\sim45°$区间，转子极逐渐滑入定子极，ψ_a不断增加，直到ψ_{amax}。$\theta=45°\sim75°$，转子逐渐滑出定子极，ψ_a不断减小，直到ψ_{amin}。在图2-4中横坐标θ_e以电角度计，在6/4结构电机中，$\theta_e=4\theta$。因$e_a=-\dfrac{d\psi_a}{dt}=-\dfrac{d\psi_a}{d\theta}\cdot\dfrac{d\theta}{dt}=-\omega\dfrac{d\psi_a}{d\theta}$，$\omega=\dfrac{d\theta}{dt}$，图2-4中$\psi_a$上升区的$\dfrac{d\psi_a}{d\theta}>0$，故$e_a<0$。在$\theta=180°\sim300°$区间，$\dfrac{d\psi_a}{d\theta}<0$，$e_a>0$，如图2-4b所示。

由图2-3可见，转子极从与a相极对齐位置反钟向滑出时，另一转了极正好滑入b相极，故ψ_a曲线的下降段正好与ψ_b曲线的上升段对应。同样ψ_b的下降段正好

与 ψ_c 的上升段对应，如图 2－4 所示。由此可见，6/4 结构双凸极电机的相序 a、b、c 正好与电机转向相反，而异步机和同步电机的相序是和电机转向相同的。由两相邻定子极上两电枢元件电动势相位差为 $p_r \cdot 360°/p_s = 4\times360°/6 = 240°$，也可解释反相序的原因。

8/6 结构的四相电机的定子为 8 个极，$p_s=8$，转子为 6 个极，$p_r=6$。定子极弧宽度等于槽口宽度的一半，以减小转子旋转时励磁磁路磁导的变化。图中转子极弧宽度和定子极弧宽度相等，转子极弧宽也可大于定子极弧宽。电机的相序也可由计算得到。$p_r \cdot 360°/p_s = 6\times360°/8 = 270°$，也为反相序。

10/4 结构五相电机的定子极数为 10，$p_s=10$，转子极数为 4，$p_r=4$。定子极弧宽与槽口宽相同。转子极弧与定子极弧相同或稍宽。该电机两相邻相绕组电动势间相位差为 $4\times360°/10=144°$，若只计电势的基波，可画出电势星形图，如图 2－5 所示。由图可见，置于 1 和 6 极的绕组元件为 a 相，4 和 9 极的为 b 相，2 和 7 极的为 c 相，5 和 10 极的为 d 相，3 和 8 极的为 e 相，如图 2－2d 所示。

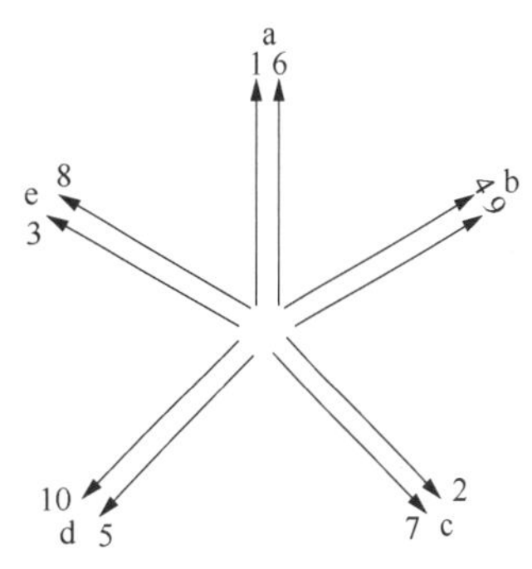

图 2－5　10/4 五相电机电动势基波矢量图

图 2－1 的三相电机和图 2－2 的单相、二相、四相和五相电机仅一个励磁线圈或仅两块永久磁铁，这种结构电机称为单元电机。

由多个单元电机可构成多单元电机，如两个 6/4 结构的单元电机组合成 12/8 结构的三相电机，三个 6/4 单元电机可构成 18/12 结构三相电机。同样，4/6 结构单相单元电机也可组合成 8/12、12/18 结构单相电机。

2.3　双凸极电机的结构参数

和异步电机及同步电机一样，用得最多的是三相电机，故以下主要讨论三相双凸极电机。表 2－1 是三相 6/4 结构双凸极电机的主要结构参数。

表 2－1　6/4 结构双凸极电机的结构参数

序号	电机参数	代号	单位	备　　注
1	定子极数	p_s		
2	转子极数	p_r		
3	电枢内径	D	mm	内转子双凸极电机
4	定子极距	τ_s	mm	$\tau_s = \pi D/p_s$
5	定子极弧	α_s	mm	$\alpha_s = \tau_s/2$

续 表

序号	电机参数	代号	单位	备 注
6	定子极高	h_{ps}	mm	
7	定子轭高	h_{js}	mm	
8	定子外径	D_{s0}	mm	$D_{s0}=D+2(h_{ps}+h_{js})$
9	叠片长度	L	mm	
10	单边气隙	δ	mm	
11	转子外径	D_r	mm	$D_r=D-2\delta$
12	转子极高	h_{pr}	mm	$h_{pr}=(20\sim30)\delta$
13	转子内径	D_{ri}	mm	转子铁心组件直接与轴紧配合或经键槽配合
14	电枢元件			
15	励磁元件			或永磁励磁

6/4 结构三相双凸极电机定子极弧宽度取定子极距 τ_s 的一半，即 $\alpha_s=\tau_s/2$，目的是使励磁回路的磁导减小随转子转角的变化，以免转子转动时在励磁绕组中感应出电动势，造成励磁绕组的附加损耗。

定子极高 h_{ps}的选取主要是让定子槽内能放下电枢元件和励磁元件。

转子极高 h_{pr}通常取气隙 δ 的 20～30 倍，其目的是造成足够大的磁导变化，以加大相磁链的变化量 $\Delta\psi=\psi_{max}-\psi_{min}$。实际上，双凸极电机有三个气隙，第一个是 δ_1，$\delta_1=(D-D_r)/2$；第二个是 $\delta_2=\delta_1+h_{pr}$；第三个是 $\delta_3=(\tau_r-\alpha_r-\alpha_s)/2$，其中 τ_r 是转子极距，$\tau_r=\pi D_r/p_r$，α_s 是定子极弧宽度，α_r是转子极弧宽度。

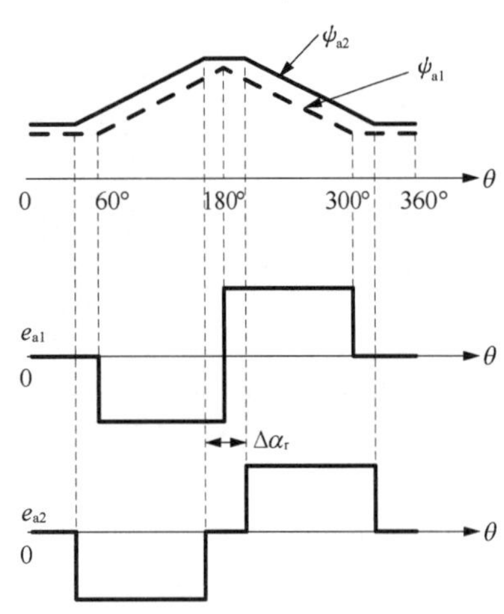

图 2-6 转子极宽不同时的相磁链波形和相电势波形

ψ_{a1}、e_{a1}，$\alpha_r=\alpha_s$

ψ_{a2}、e_{a2}，$\alpha_r>\alpha_s$

转子极弧宽度可取两种不同的值：一种是 $\alpha_r=\alpha_s$，另一种是 $\alpha_r>\alpha_s$。图 2-4 中的相磁链曲线在 180°处直接由小于 180°时的上升转为 180°后的下降，这就是 $\alpha_r=\alpha_s$ 导致的结果。若 $\alpha_r>\alpha_s$，设 $\alpha_r=\alpha_s+\Delta\alpha_r$，则在定转子极对齐前后 $\Delta\alpha_r/2$ 的范围内，定转子极相对的面积不变，气隙磁导不变，故相磁链也不变，即在 $\theta=180°\pm\Delta\alpha/2$ 的范围内相磁链波形为平顶，如图 2-6 所示。转子极宽的加大还减小了第三气隙 δ_3，使 ψ_{amin} 加大。故转子极宽对电机的影响是多方面的。

6/4 结构三相电机的定子极弧宽等于定子槽口宽度时，定子极弧相对的角度为 30°，相当于 $4\times30°=120°$电角，转子极滑入时，磁链 ψ_a 上升段对应的电角度也为 120°，转子极滑出时，磁链 ψ_a 下降段对应的角度也为 120°电角，因 $e_a=\frac{d\psi_a}{dt}$，故电动势半周期的宽度也为 120°电角。这是不计边缘磁场下的结果，计边缘磁场时，电动势半周的宽度将大于 120°电角。

8/6 结构四相电励磁电机定子极弧宽度应取 $\tau_s/3$，即 $\alpha_s=\tau_s/3$，τ_s 为定子极距。这样励磁回路的等效磁导基本与转子转角无关，转子旋转时在励磁线圈中无感应电动势。

8/6 结构四相电机相邻两相电动势间相位差为 $6\times360°/8=270°$，因定子极弧 $\alpha_s=\tau_s/3$，故电动势半周期宽度为 90°电角。

2.4 双凸极电机的静态参数

双凸极电机的主要静态参数是相磁链、相电势、相电感、相绕组间互感。对电励磁双凸极电机还应有励磁线圈的自感、励磁线圈与相绕组间的互感，还有相绕组的电阻、励磁线圈的电阻等。磁阻电机的特点是磁链与电感均为电机转角 θ 和励磁与电枢电流的函数。电机静态参数是电机结构参数和电机特性间的桥梁。

由于电机功率、转速和结构参数不同，电机的静态参数也不同，本节以一 12/8 结构三相电机为例进行讨论，电机的结构参数见表 2-2。

表 2-2　12/8 极双凸极电机结构参数

电 机 参 数	数 值	电 机 参 数	数 值
定子极数	12	转子极数	8
定子外径(mm)	260	转子外径(mm)	166
定子内径(mm)	166.8	转子内径(mm)	60
定子极宽(°)	15	转子极宽(°)	15
定子极高(mm)	24	转子极高(mm)	16
铁心长(mm)	135	单边气隙(mm)	0.4
电枢窗口面积(mm^2)	566	励磁窗口面积(mm^2)	1 152
电枢窗口槽满率(%)	71.07	励磁窗口槽满率(%)	72.88
电枢导体直径 ϕ(mm)	4	电枢导体截面积 S_a(mm^2)	12.57
励磁导体直径 ϕ(mm)	2.36	励磁导体截面积 S_f(mm^2)	4.374
电枢绕组元件匝数	16	励磁绕组元件匝数	50
每相元件个数	4	励磁元件个数	4
电枢每相串联匝数	64	励磁绕组匝数	200

图 2-7 是表 2-2 的 12/8 三相电机的空载相磁链 ψ 和相电势 E 与转子转角和励磁电流间的关系。图中 θ 角的零点取转子极尖与 a 相定子极尖刚相遇的点，电机转速取 $n=1\,500$ r/min。由图 2-7a 的磁链曲线可见，在 $\theta=120°$时，相磁链自小于 120°时的上升曲线转为大于 120°时的下降曲线，故电机的转子极弧等于定子极弧。相磁链 ψ 随励磁电流 I_f 的增加而增大，图中对应的励磁电流有 5 A、15 A、25 A 和 40 A，比较 $I_f=5$ A 和 15 A 的两条磁链曲线可见，由于 $I_f=5$ A 时铁心未饱和，故由 5 A 到 15 A 时磁链最大值 ψ_{max}从 0.15 Wb 增加到 0.32 Wb，而磁链最小值 ψ_{min}则从不到 0.015 Wb 增加到 0.03 Wb。$I_f=5$ A 时，磁链变化量 $\Delta\psi=\psi_{max}-\psi_{min}=0.15-0.015=0.135$(Wb)；$I_f=15$ A 时，$\Delta\psi=0.32-0.03=0.29$(Wb)，后者的 $\Delta\psi$ 比前者大 1 倍多。考察 I_f 从 25 A 增加到 40 A 时，ψ_{max}的增加量几乎与 ψ_{min}的增加量相同，表明此时铁心已深度饱和，在深度饱和的情况下，励磁电流的增长无助于 $\Delta\psi=\psi_{max}-\psi_{min}$ 的增长。图 2-7b 是 $n=1\,500$ r/min 时电机相电势在不同 I_f 时的波形，由图可见，相同转速下，不同 I_f 不仅相电势幅值不同，电势的波形也不同。由于双凸极电机的电势波形为非正弦波，故作发电机工作时仅能做直流发电机用，其交流电经二极管整流后输出直流电，向直流用电设备供电。

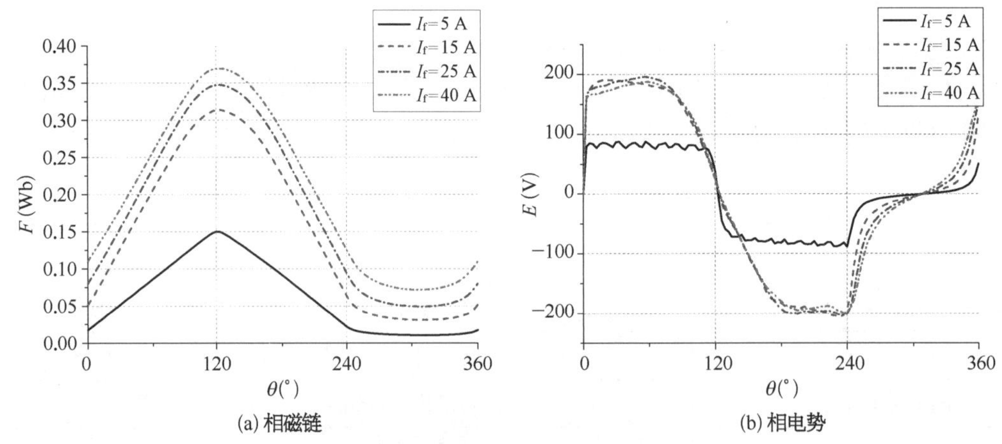

图 2-7　12/8 结构电机的空载相磁链和相电势

图 2-8 是该电机励磁线圈电感 L_f、相绕组电感 L_a、励磁绕组与相绕组间互感 L_{af}和相绕组间互感 L_{ab}、L_{bc}、L_{ca}随电机转角 θ 变化的波形。由图 2-8a 可见，励磁线圈电感 L_f和电机转子转角 θ 间关系较小，但与励磁电流间关系很密切，励磁电流 I_f 越大，L_f 越小，这是电机铁心饱和引起。

图 2-8b 是电机相电感 L_a 与转子转角间的关系，在转子极与定子极对齐时($\theta=120°$)，相电感达最大值，在转子槽与定子极对齐时($\theta=300°$)，相电感达最小值。同样，相电感也是励磁电流的函数。

图 2-8c 是相绕组与励磁绕组间互感 L_{af}与转子转角 θ 间的关系曲线，形状与相绕组的自感曲线相同。相绕组自感和相绕组与励磁绕组互感曲线各有 a、b、c 三条，三

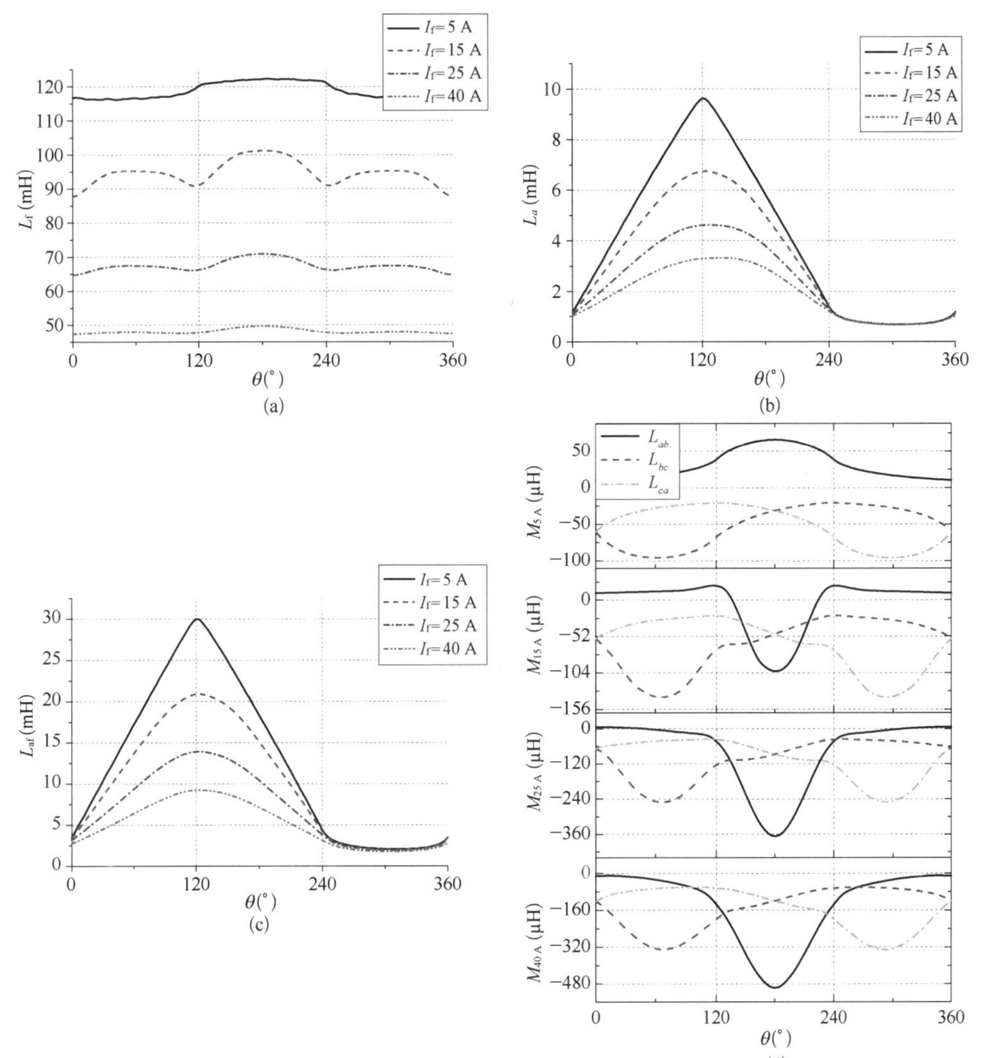

图 2－8　12/8 双凸极电机的空载自感和互感曲线

曲线形状相同，相互间差 120°电角。

图 2－8d 是相绕组间互感曲线。在两转子极与两定子极各有一半面积重叠时两定子极上电枢绕组间互感达最大值，当转子槽与定子极对齐时，该相与另两相间互感达最小值。相间互感随励磁电流的加大而增加，即随电机铁心饱和程度的加大而增加。

图 2－9 是电机定子 a 相极与转子对齐时不同励磁电流的磁力线分布和磁感应沿气隙圆周的分布。其中图 2－9a 为 I_f＝5 A，图 2－9b 为 I_f＝15 A，图 2－9c 为 I_f＝25 A，图 2－9d 为 I_f＝40 A。当励磁电流 I_f 从 5 A、15 A、25 A 增加至 40 A 时，气隙磁感应从 0.75 T、1.6 T、1.8 T 加大至 1.9 T 以上。同时铁心中的磁力线密度和铁心磁感应也不断增加，铁心的饱和程度相应加大。

图 2－10 是在 I_f＝25 A 下不同转子转角时的磁力线和气隙磁感应分布。图 2－10a

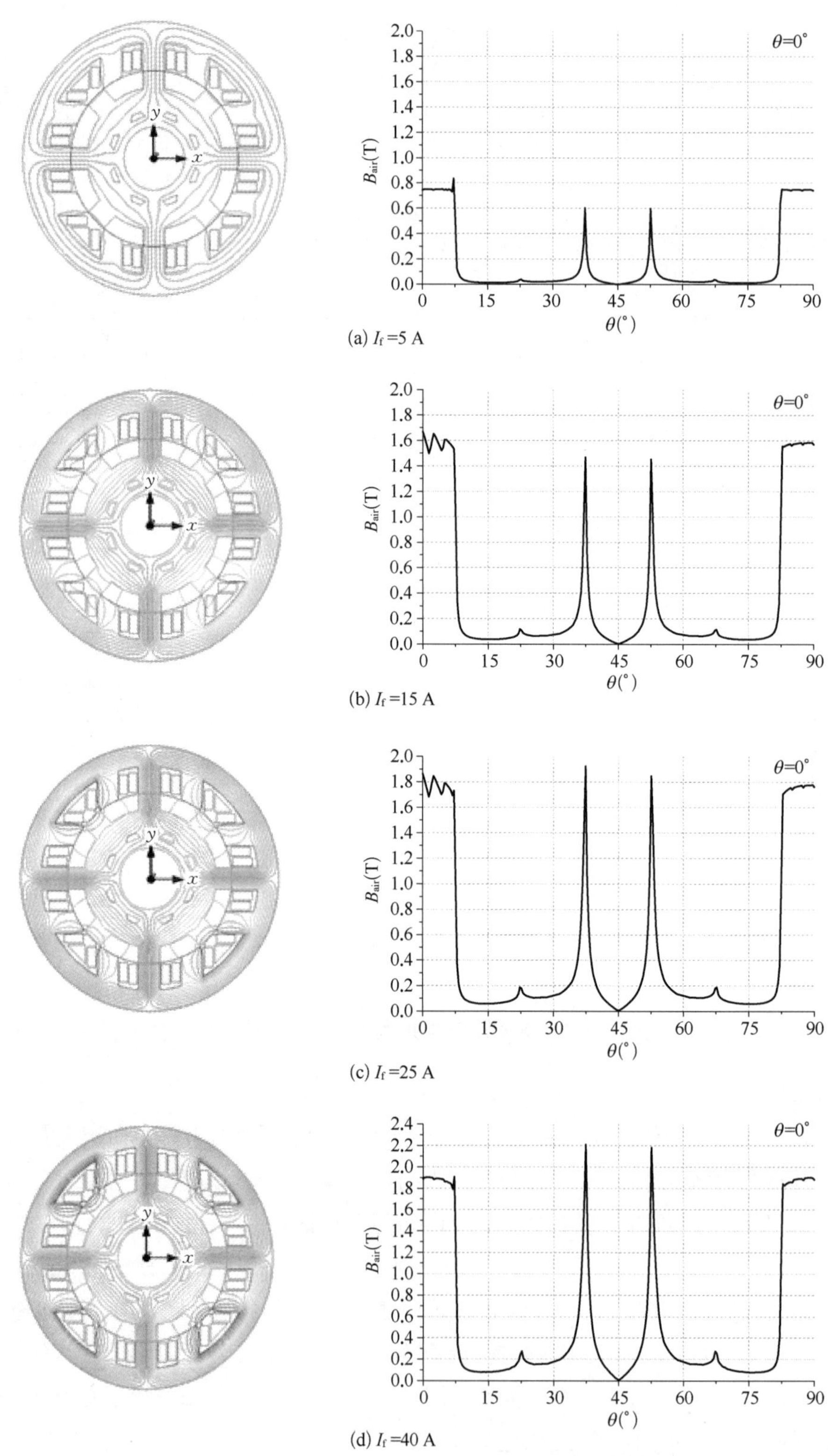

图 2-9　12/8 结构电机不同励磁电流时转子极与 a 相定子极对齐时的磁力线分布和气隙磁密波形

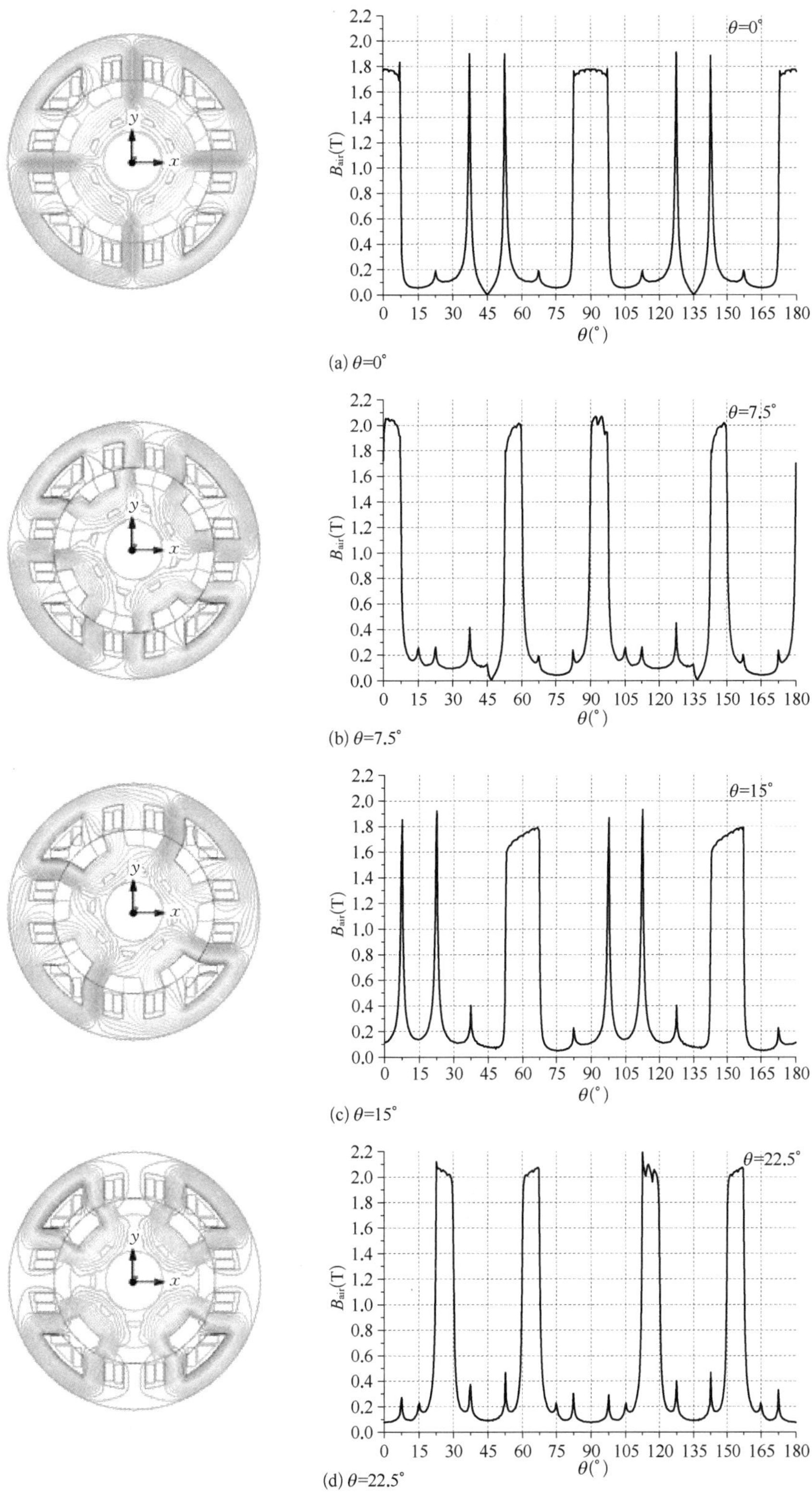

(a) θ=0°

(b) θ=7.5°

(c) θ=15°

(d) θ=22.5°

图 2-10　I_f=25 A 下不同转角 θ 时的电机空载磁力线分布和特定时刻气隙磁密空间波形

是 $\theta=0°$ 时 a 相定转子极对齐时的情形；图 2－10d 是 $\theta=15°$ 时 a 相定子极与转子槽对齐时的情形。比较两图可见，转子位置不同时，不仅磁力线分布不同，而且气隙的磁感应也不同。图 2－10a 中 $B_\delta<1.8$ T，图 2－10d 中 $B_\delta>2.0$ T，表明气隙磁感应在励磁磁势不变时随转子转角不同而改变。

双凸极电机的气隙磁感应是转子转角 θ 和励磁电流 I_f 的函数，铁心内的磁感应也是 θ 和 I_f 的函数，而且铁心内各部分的磁感应在同一 I_f 和 θ 时也是各不相同的，为了讨论方便，只取其有代表性的点进行分析。图 2－11 画出了 12/8 电机铁心内的采样点，共 8 个点。其中定子铁心上的采样点为 a、b、c 和 d，转子铁心上采样点为 f、g、h 和 i。图 2－12 是不同 I_f 下定子铁心采样点磁感应与转子转角的关系曲线。图 2－12a 的四个图对应 $I_f=5$ A、15 A、25 A 和 40 A 时 a 和 b 点磁感应。a 点为对应励磁线圈处定子轭处的采样点，这段铁心在励磁磁场作用下，铁心磁感应随转子旋转的变化很小，但在 720°电角度内脉动 6 次，在 0°、120°、240°、…、720°处磁感应达最小值，而在 60°、180°、300°、…、660°处磁感应达最大值。由图 2－10 可见，0°、120°、240°等处是转子极与定子极对齐的位置，而 60°、180°、300°等处是转子极与定子极重叠面积为定子极面积一半的位置。a 处磁密变化频率 $f_a=3f$，$f=p_rn/60$，n 为电机转速。

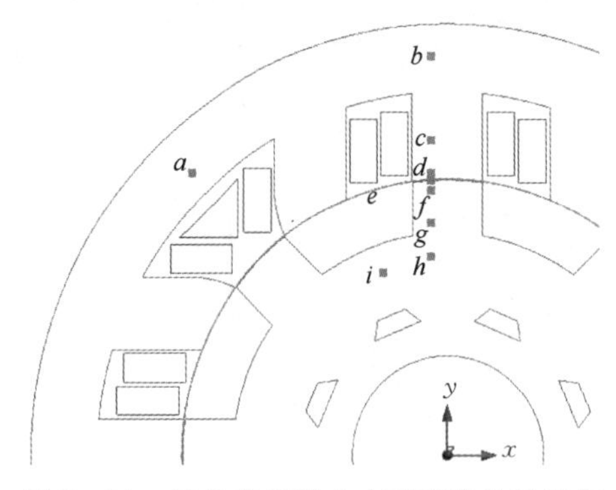

图 2－11　12/8 电机铁心内磁感应的采样点

图 2－12a 的虚线为定子轭上采样点 b 处的磁感应变化曲线。由图 2－10c 和图 2－11 可见，转子转角为 15°时，$\theta=15°$，转子极与定子 b 相极对齐，电机左上侧的励磁导体生成的磁力线进入 b 相极的左侧，故 b 点的磁力线由左向右；反之当转子极处于 30°角时，转子极与定子 c 相极对齐，电机右上侧的励磁导体生成的磁力线进入 c 相极的右侧，b 点的磁力线由右向左侧走。在 $\theta=22.5°$ 时转子槽与 a 相极对齐，b 点磁感应接近于零，如图 2－10a 所示。这说明 b 点的力线随转子位置不同交变变化的。转子从 22.5°位置再转过 45°角时又出现转子槽与 a 相极对齐位置，b 点磁感应再次为零。由此可见转子每转一圈，b 点磁感应有 8 次达零值，故 b 点磁感应变化频率 $f_b=f/2$，$f=p_rn/60=n/15$(Hz)，即非励磁线圈对应的定子轭磁感应的变化频率 f_b 为定子极磁感应变化频率 f 的 1/2。图 2－12a 中的虚线没有表达出 b 点磁感应的交变特性。

图 2－12b 为定子极部 c 和 d 采样点磁感应的变化曲线，这是一种直流脉动磁场，脉动频率 $f=p_rn/60$。因 c 点处于定子极中段，故仅在定转子极对齐时磁感应才达最大值。d 点处于定子极靠气隙处，故其磁感应的变化和气隙 δ 处的接近相同(图中虚线)。

图 2－13 是 12/8 电机转子铁心上四个采样点 f、g、h 和 i 的磁感应变化曲线。

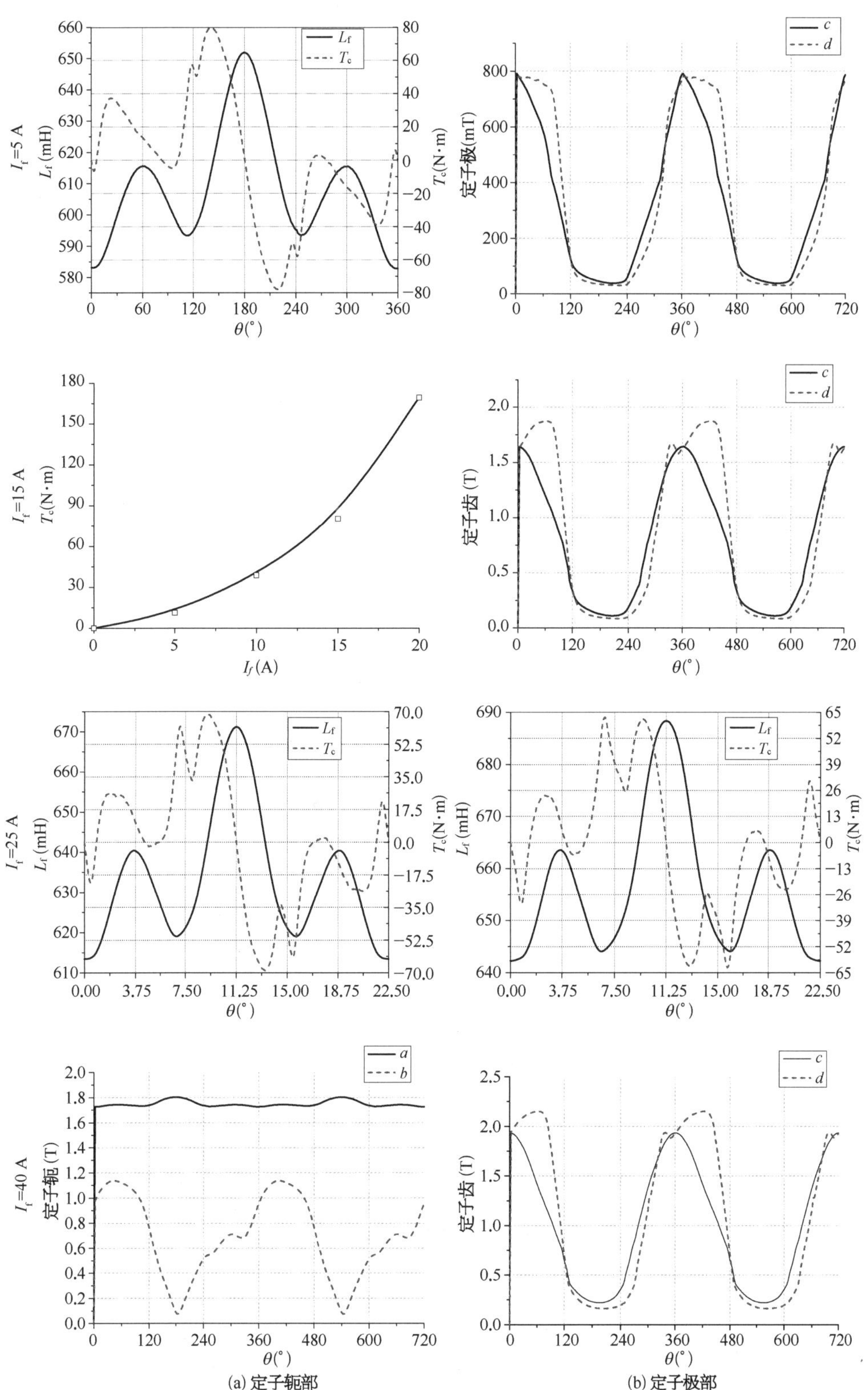

图 2-12　12/8 电机定子铁心采样点的磁感应变化

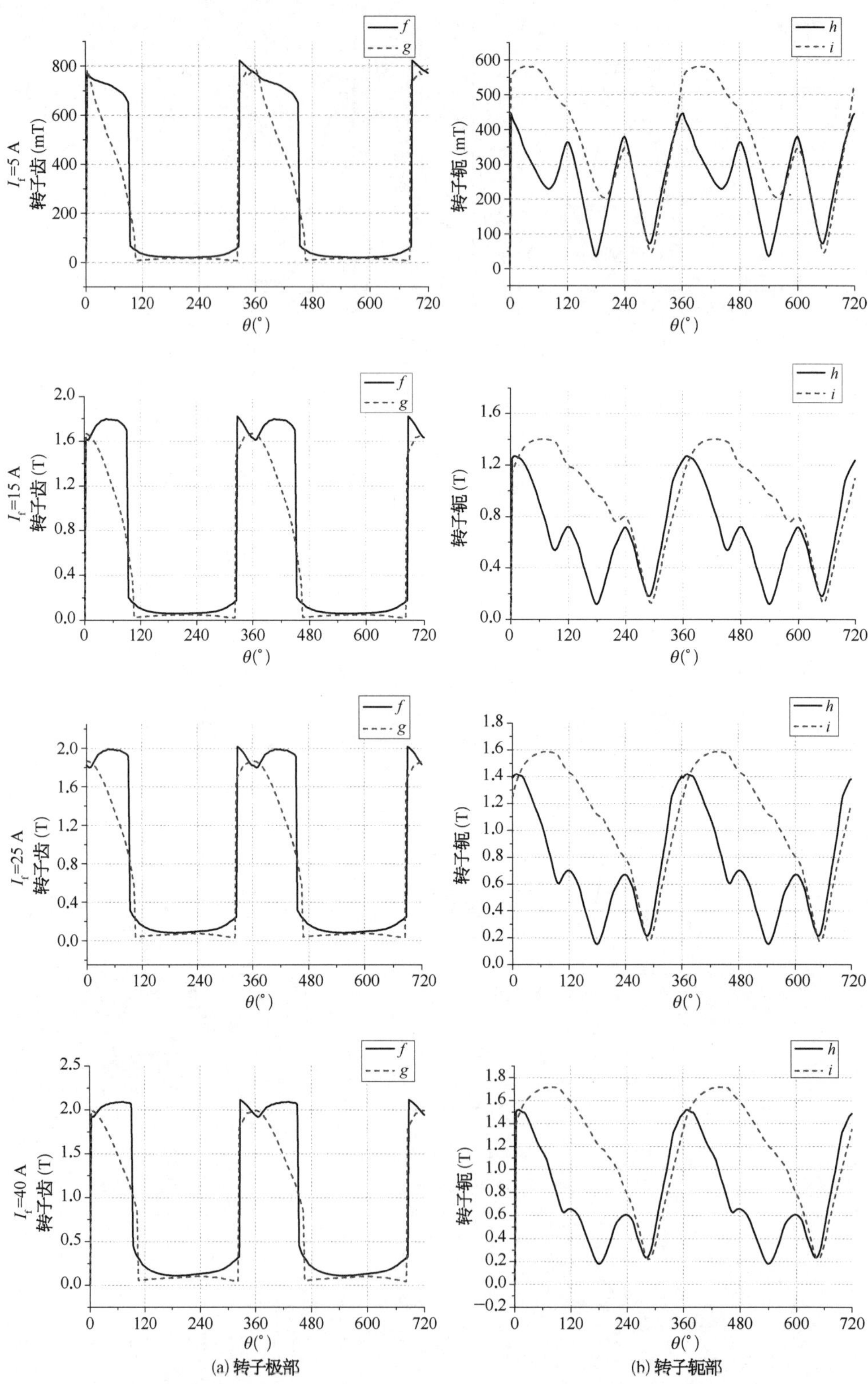

图 2-13　不同励磁下 12/8 电机转子铁心不同部位磁密随转子位置变化的波形

图 2-13a 为转子极上 f、g 点的磁感应曲线；图 2-13b 为 h 和 i 点磁感应曲线。观察一个固定的转子极上的点，转子转一圈该极与定子的每一个极对齐一次，磁感应出现一次最大值，故转子极磁感应的脉动频率 $f_{pr1}=p_s n/60$，对于 12/8 极电机，$p_s=12$，故 $f_{pr1}=12n/60=n/5(\text{Hz})$。该转子极转一圈对应的励磁磁场变化频率 $f_{pr2}=p_f n/60$，其中 p_f 为励磁极数，对 12/8 电机，$p_f=2$，故 $f_{pr2}=2n/60=n/30(\text{Hz})$。这是一种既交变又脉动的磁场。转子轭的磁感应也有脉动和交变两部分，脉动分量叠加在交变分量上。

铁心磁感应的最大值在电机空载时仅由电励磁磁场决定。图 2-13 中的磁感应曲线是转子磁感应的绝对值曲线，未显示出交变情形。借助电磁场分析软件可得到电机的磁感应分布云图，可更完整地展示电机磁感应的变化。

2.5 转子极弧宽度与静态参数

2.4 节静态参数的讨论是在 12/8 结构电机的转子极宽等于定子极宽条件下得到的。双凸极电机有三个气隙，δ 是定转子极对齐时两极表面的距离，δ_2 是定子极与转子槽对齐时定子极表面与转子槽底间的距离，δ_3 是定子极与转子槽对齐时定子极尖与转子极尖的距离。通常 δ_2 取 20～30 个 δ，即 $\delta_2=(20\sim30)\delta$。若 δ_3 用定转子极尖角度来表示，对于转子极宽等于定子极宽的电机，转子槽口的电角度为 240°，定子极弧的电角度为 120°，故 $\delta_3=(240°-120°)/2=60°$。若转子极弧增加到 150°，转子槽下降为 210°，故 $\delta_3=(210°-120°)/2=45°$。转子极弧为 180°，$\delta_3=30°$。可见转子极弧越宽，$\delta_3$ 则越小。在 δ 不变时，δ_3 的减小将对电机的静态参数带来多方面的影响。

图 2-14 是在三种不同转子极弧时对表 2-2 的 12/8 电机的仿真曲线。仿真曲线的转子极弧为 120°、150°和 180°，对应的励磁电流 $I_f=25$ A，$n=1\,500$ r/min。

表 2-3 是电机 a 和 c 相磁链与转子极宽的计算值。c 相磁链最大值 ψ_{max} 与最小值 ψ_{min} 的差 $\Delta\psi=\psi_{max}-\psi_{min}$ 随转子极宽的加大先增加，后减小，在转子极弧宽为 150°附近达最大值，故相电势也达最大值。a 相磁链和电动势随转子极弧宽的加大而减小，见表 2-4。

观察图 2-14 的电动势波形，120°极宽时 a 相电势（实线）在 240°～360°期间接近于零，随转子极宽的加宽，接近于零的区间减小，极宽为 180°时，电动势为零的区间仅 60°宽，与此同时 a 相电势在 $\omega t=120°$ 电角处出现 60°宽零值，表明电动势波形在改变。

三相电动势 e_a、e_b、e_c 在正半周的交点称为正自然换相点，负半周的点为负自然换相点。在转子极宽为 120°的相邻两正负自然换相点间距离约 30°电角，转子极宽为 180°时该距离达到 60°电角，且正侧自然换相点对应转子的角度左移，负侧自然换相点则随转子极宽加大而右移。

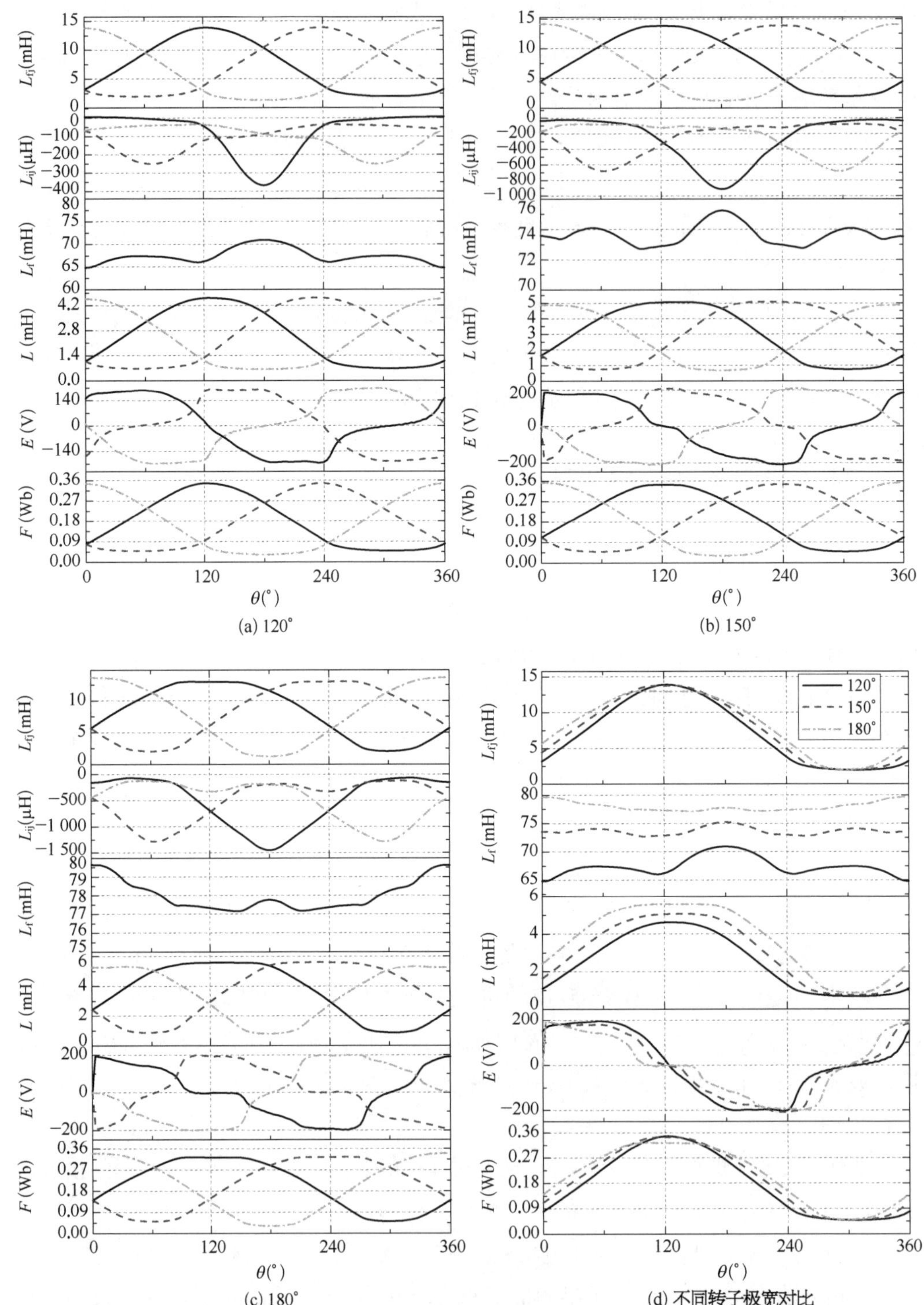

图 2-14　不同转子极宽的 12/8 结构电机静态特性(I_f=25 A, n=1 500 r/min)

L_{fj}—励磁线圈与电枢绕组间互感；L_{ij}—电枢绕组间互感；L_f—励磁线圈自感；L—电枢绕组自感；E—相绕组的电动势；F—相磁链

表 2-3　12/8 结构电机相磁链与转子极宽间的关系(I_f=25 A)

转子极宽(°)	相磁链(Wb)					
	ψ_{amax}	ψ_{amin}	$\Delta\psi_a$	ψ_{cmax}	ψ_{cmin}	$\Delta\psi_c$
120	0.347	0.049	0.298	0.345	0.033	0.312
150	0.344	0.049	0.295	0.352	0.031	0.322
180	0.325	0.051	0.274	0.340	0.031	0.309

表 2-4　相电势与转子极宽间的关系(I_f=25 A, n=1 500 r/min)

转子极宽(°)	相电势(V)					
	$+e_{amax}$	$-e_{amax}$	Δe_a	$+e_{cmax}$	$-e_{cmax}$	Δe_c
120	195.88	−203.8	399.65	207.55	−207.5	415.02
150	187.63	−208.8	396.42	209.81	−210.63	420.44
180	192.09	−198.3	390.43	198.94	−199.8	398.73

励磁绕组的自感 L_f 随转子极宽的加大而增加，因为励磁回路的磁导加大了，同时励磁绕组自感随转子转角的变化量却减小了，从而有助于减小电机的齿槽转矩。

相绕组的自感 L、相绕组与励磁线圈间互感 L_{fj} 和相绕组间互感 L_{ij} 均随转子极宽的增加而加大，转子极宽的增加使相应的磁导都增大了。表 2-5 和表 2-6 列出了 12/8 电机相绕组互感和相绕组与励磁线圈间互感与转子极宽间的数值变化。

表 2-5　12/8 结构电机相绕组间互感 L_{ij} 和转子极宽间关系(I_f=25 A)

转子极宽(°)	L_{abmax}(μH)	L_{abmin}(μH)	ΔL_{ab}(μH)	L_{acmax}(μH)	L_{acmin}(μH)	ΔL_{ac}(μH)
120	6.05	−367.4	373.50	−35.32	−250	214.64
150	−19.27	−914.09	−894.82	−78.73	−680.75	−602.02
180	−68.11	−1 450.13	−1 382.02	−125.62	−1 285.15	−1 159.53

表 2-6　相绕组与励磁线圈间互感与转子极宽间关系(I_f=25 A)

转子极宽(°)	L_{famax}(mH)	L_{famin}(mH)	ΔL_{fa}(mH)	L_{fcmax}(mH)	L_{fcmin}(mH)	ΔL_{fc}(mH)
120	13.90	1.97	11.93	13.81	1.33	12.48
150	13.77	1.96	11.81	14.10	1.22	12.87
180	12.99	2.05	10.94	13.62	1.24	12.37

2.6　电励磁双凸极电机的数学模型

电机的数学模型建立了电机的端电压 u、转矩 T 和功率 P 与电机参数和转速 n 间的关系，是研究和计算电机的基础。

电机的电压平衡方程为：

$$u=[R][i]+\frac{d[\psi]}{dt}=[R][i]+[L]\frac{d[i]}{dt}+\omega\frac{\partial[L]}{\partial\theta}\cdot[i] \tag{2-1}$$

式中，$[u]=[u_a \quad u_b \quad u_c \quad u_f]^T$ 为电机三相电枢绕组和励磁线圈的端电压；$[R]=\begin{bmatrix}R_a & 0 & 0 & 0\\ 0 & R_b & 0 & 0\\ 0 & 0 & R_c & 0\\ 0 & 0 & 0 & R_f\end{bmatrix}$ 为电机相绕组和励磁线圈的电阻；$[\psi]=[\psi_a \quad \psi_b \quad \psi_c \quad \psi_f]^T$ 为电机的相磁链和励磁绕组磁链，$[\psi]=[L][i]$；$[L]=\begin{bmatrix}L_a & L_{ab} & L_{ac} & L_{af}\\ L_{ba} & L_b & L_{bc} & L_{bf}\\ L_{ca} & L_{cb} & L_c & L_{cf}\\ L_{fa} & L_{fb} & L_{fc} & L_f\end{bmatrix}$ 为电机的相绕组和励磁线圈的自感和互感；$[i]=[i_a \quad i_b \quad i_c \quad i_f]^T$。

功率方程为

$$\begin{aligned}P&=[i]^T[u]=[i]^T\left\{[R][i]+[L]\frac{d[i]}{dt}+\omega\cdot\frac{\partial[L]}{\partial\theta}[i]\right\}\\&=[i]^T[R][i]+\frac{d}{dt}\left\{\frac{1}{2}[i]^T[L][i]\right\}+\frac{\omega}{2}[i]^T\frac{\partial[L]}{\partial\theta}[i]\end{aligned} \tag{2-2}$$

式中，P 为电机的输入功率。

等式右边第一项为电机的电阻损耗，第二项为储于电枢电感中的能量，第三项为电机的转速 ω 与电磁转矩 T 的积。电机的电磁转矩 T 由两部分构成，第一部分为励磁转矩 T_{pf}，第二部分为磁阻转矩 T_{pr}，T_{pf} 是双凸极电机转矩的主要部分。磁阻转矩包括三个部分，即电机的自感转矩 T_{pr1}、互感转矩 T_{pr2} 和齿槽转矩 T_c。

$$T_{pf}=i_a i_f\frac{\partial L_{af}}{\partial\theta}+i_b i_f\frac{\partial L_{bf}}{\partial\theta}+i_c i_f\frac{\partial L_{cf}}{\partial\theta} \tag{2-3}$$

$$T_{pr1}=\frac{1}{2}i_a^2\frac{\partial L_a}{\partial\theta}+\frac{1}{2}i_b^2\frac{\partial L_b}{\partial\theta}+\frac{1}{2}i_c^2\frac{\partial L_c}{\partial\theta} \tag{2-4}$$

$$T_{pr2}=i_a i_b\frac{\partial L_{ab}}{\partial\theta}+i_b i_c\frac{\partial L_{bc}}{\partial\theta}+i_c i_a\frac{\partial L_{ca}}{\partial\theta} \tag{2-5}$$

$$T_c=\frac{1}{2}i_f^2\frac{\partial L_f}{\partial\theta} \tag{2-6}$$

运动方程为

$$J\frac{d\omega}{dt}+D\omega=T-T_L \tag{2-7}$$

式中，J 为电机转动部分的转动惯量；D 为阻尼系数；$T=T_{pf}+T_{pr1}+T_{pr2}+T_c$ 为电磁转矩；T_L 为负载转矩。

2.7 齿槽转矩

式(2-6)是双凸极电机齿槽转矩的表达式，尽管6/4(或12/8)结构电机定子槽宽等于定子极宽，但由于定转子均为凸极结构，$\frac{\partial L_f}{\partial\theta}\neq 0$，必有齿槽转矩存在。齿槽转矩 T_c 的特点是和励磁电流的平方成正比，没有励磁电流也没有齿槽转矩。

图2-15是表2-2的12/8结构电机齿槽转矩的仿真曲线。由图可见：

(1) 齿槽转矩随励磁电流的增加而加大，铁心未饱和时，与励磁电流平方成正比；铁心饱和后与励磁电流成正比，如图2-16所示曲线。

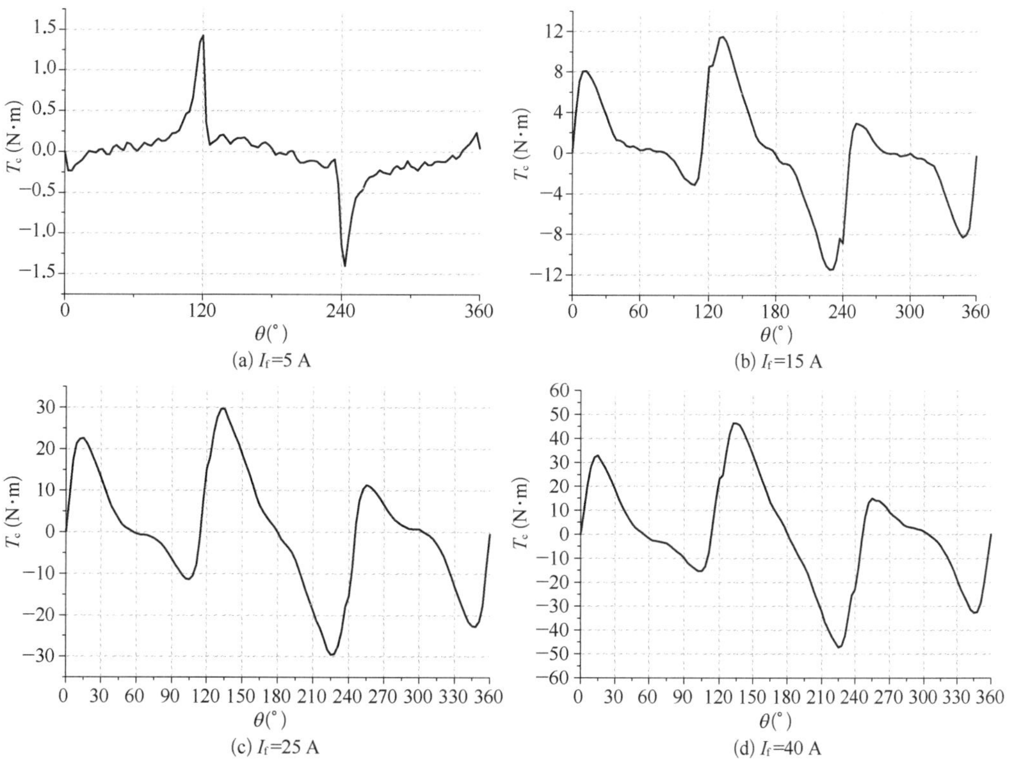

图2-15 12/8结构电机不同励磁电流时的齿槽转矩

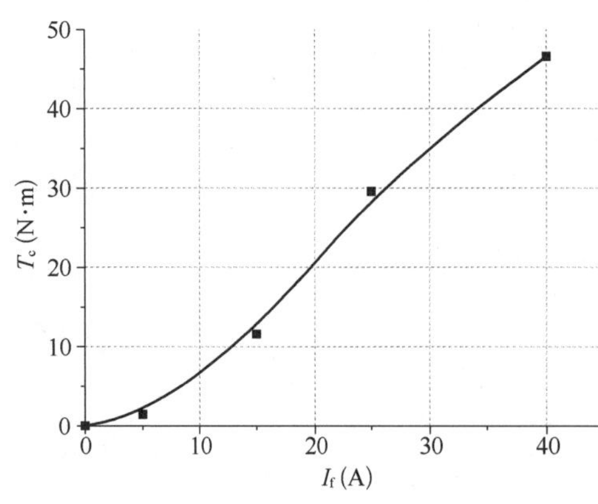

图 2-16　12/8 电机齿槽转矩峰值与励磁电流的关系

(2) 在 360°电角内,齿槽转矩变化三个周期,即有三个正峰值和三个负峰值转矩,正负峰值转矩的最大值相同。

(3) 图中正齿槽转矩的方向使转子朝 θ 角增大方向旋转,负转矩使转子的 θ 角减小,故在 360°电角内仅 60°、180°和 300°三个转矩零点为稳定点,另三个(0°、120°、240°附近的点)转矩零点为不稳定的点。

(4) 图 2-17 是不同 θ 角时的磁力线图,图中左侧的三个对应 $\theta=15°$、105°和 135°,$\theta=15°$和 135°对应齿槽转矩的正峰值,转矩作用使转子反钟向旋转,使 θ 角加大;105°对应转矩负峰值,转矩使 θ 角减小到 57°处;图中右侧 $\theta=57°$、114°和 180°三个点均对应零转矩,由图 2-15 可见,$\theta=60°$、180°、300°是三个稳定的零转矩点。

(5) 观察图 2-8a 励磁电感 $L_f(\theta)$ 曲线可见,齿槽转矩等于零的点正好对应于 $\frac{dL_f}{d\theta}=0$ 的点,而稳定的零点 $\theta=60°$、180°和 300°三个点正好是 L_f 达最大值的点,不稳定的零点 $\theta=0°$、120°和 240°正好是 L_f 达最小值的点。

图 2-18 给出了三种不同转子极弧宽度时 12/8 电机的齿槽转矩曲线,这三条曲线都是在励磁电流 25 A 时计算得到的。由图可见,增加转子极弧宽度有助于减小齿槽转矩。图 2-19 进一步比较了齿槽转矩的大小,励磁电流等于和大于 15 A 后,转子极弧宽度为 150°和 180°的齿槽转矩明显减小,在 $I_f>25$ A 后不到 120°时的一半。这也可从转子极宽加大使励磁线圈的电感随转子转角的变化量减小得到验证,如图 2-14 所示。

$\theta=15°$

$\theta=57°$

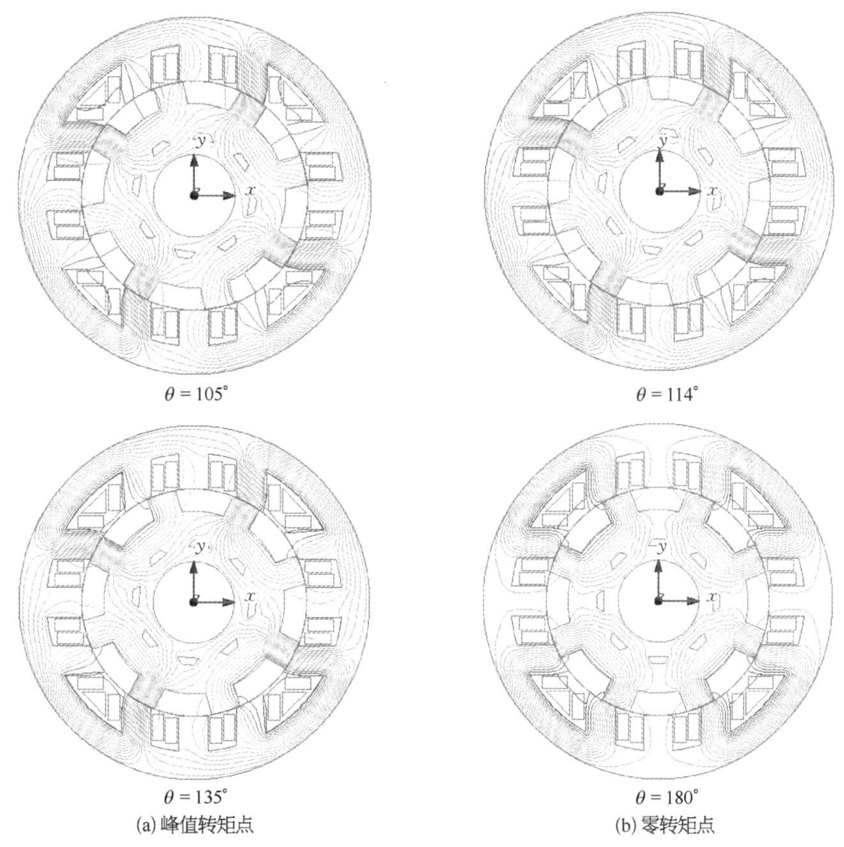

$\theta=105^\circ$　$\theta=114^\circ$

$\theta=135^\circ$　$\theta=180^\circ$

(a) 峰值转矩点　(b) 零转矩点

图 2-17　不同转角 θ 处磁力线图($I_f=25$ A)

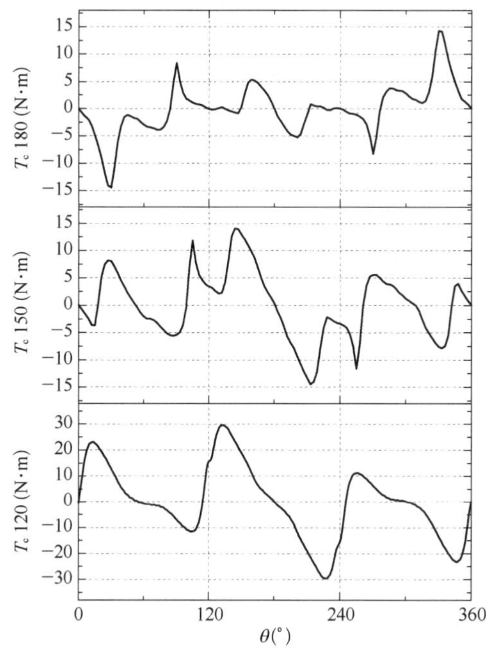

励磁(A)	转子极宽(°)		
	120	150	180
5	1.43	2.163	1.85
15	11.58	9.296	7.46
25	29.69	14.04	14.26
40	46.57	24.46	21.84

图 2-18　12/8 电机转子极弧宽度为 120°、150°和 180°时的齿槽转矩曲线($I_f=25$ A)

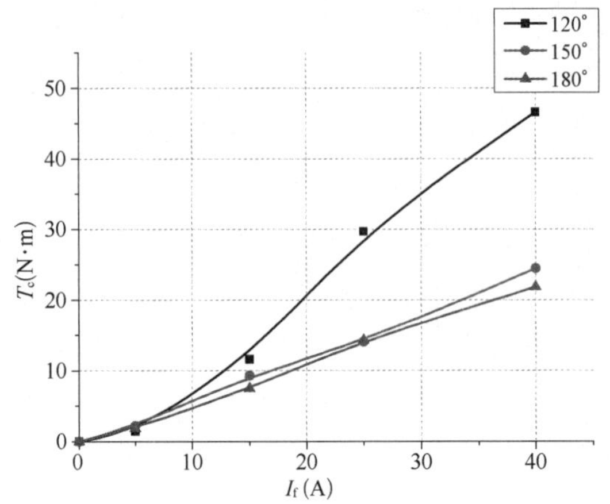

图 2-19　12/8 电机齿槽转矩与励磁电流关系曲线

2.8　本章小结

双凸极电机是磁阻电机的一种。美国威斯康星大学 T.A.Lipo 教授首次将该电机由概念转为现实，促进了这一类电机的发展。

双凸极电机有永磁式、电励磁式、永磁和电励磁组合的混合励磁电机三类。这三类电机的共同特点是转子结构简单，仅由硅钢片叠压而成，转子上没有磁钢、没有线圈、没有换向器或滑环，从而使这类电机有强的环境适应能力和宽的工作转速范围。

双凸极电机的结构参数主要是定子内径、外径、铁心长度、气隙、转子内径和外径，电枢绕组每相串联匝数和励磁绕组的元件数和每元件匝数等。双凸极电机的静态参数主要是相磁链、相绕组电感、励磁线圈电感和互感等。双凸极发电机的主要特性是空载特性、外特性和短路特性等。本章建立了双凸极电机结构参数与静态参数间的关系，建立了静态参数与发电机特性间的关系，为深入研究和优化设计这类电机创造了条件。

双凸极电机是磁阻电机，借助于电机转动时改变定转子极间的气隙磁阻而工作的，因此是一种多变量和非线性的电机，难以用解析式表达电磁关系，通常都借助有限元数值计算来求取电机结构参数与其静态参数间的关系，求取电机的静态运行特性。

双凸极直流发电机是电机与二极管整流电路的组合，直流发电机的主要特性为空载特性、外特性和短路特性，这三个特性均与电机的静态参数相关，静态参数又和电机结构参数相关，本章初步讨论了其间的关系。该类发电机是结构最简单可借助调节励磁电流调节输出电压的无刷直流发电机。

齿槽转矩英文称为 cogging torque，由励磁磁导(或励磁电感)随转子转角变化导致，适当加宽转子极弧的宽度有助于减小齿槽转矩，有助于减小转矩脉动。转子极弧宽度还和发电工作的特性和最大发电功率有关。显然也会对电动工作特性有影响。因此深入研究电机结构参数与电机静态参数间的关系，研究静态参数与电机特性的关系十分重要，可为双凸极电机的进一步优化创造条件，从而扩大双凸极电机的应用领域，促进国民经济发展。

第 3 章

双凸极电动机调速系统工作原理

3.1 双凸极电动机的工作原理

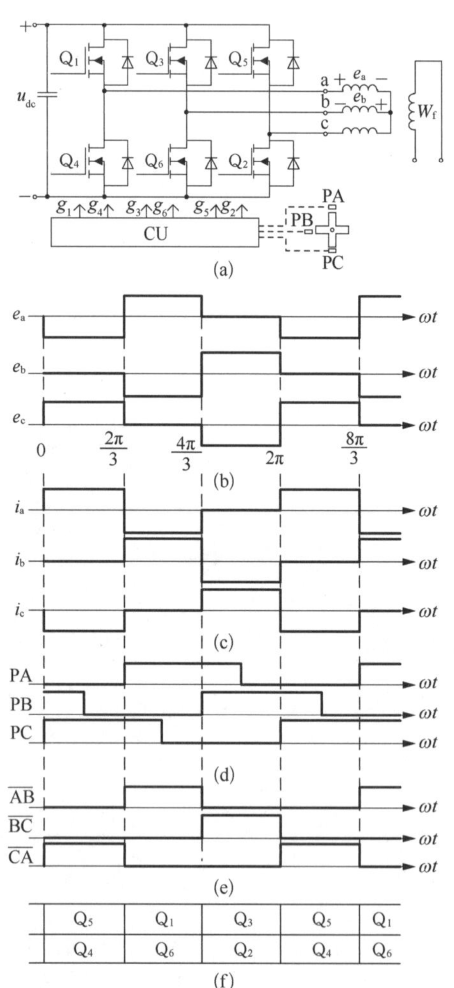

图 3-1　6/4 结构电动机的三相三状态工作波形

图 3-1a 是三相双凸极电动机的构成方块图，由电机本体、三相 DC/AC 变换器、电机转子位置传感器和控制器 CU 构成。

三相 DC/AC 变换器 Q_1Q_4 桥臂中点接 a 相绕组，Q_3Q_6 桥臂中点接 b 相，Q_5Q_2 中点接 c 相绕组。称 Q_1Q_4 为 a 相桥臂，Q_3Q_6 为 b 相桥臂，Q_5Q_2 为 c 相桥臂。电动机三相电枢绕组的末端接在一起，形成星形连接。

为了使电机在电动状态工作，在 e_a 为正 e_b 为负时应导通开关管 Q_1Q_6，以使电流方向与相电势方向相反。图 3-1b 和 c 是电动工作时相电动势和相电流的波形图。

在图 3-1a 和 b 默认了以下假设：①电机转子极弧宽度等于定子极弧宽度；②不计气隙磁场的边沿效应，电机电动势为 120°宽方波。

图 3-1d 是电机转子位置传感器的输出信号波形，PA、PB 和 PC 三个位置信号为 180°宽的信号，三信号间互差 120°电角，PA 超前 PB 120°，PB 超前 PC 120°。为充分发挥电机的潜力，PA 信号的上升沿必须与 a 相电势的上升沿对齐，PB 和 e_b、PC 和

e_c 的上升沿也分别对齐。PA、PB、PC 信号处理后可得 $\overline{AB}$、$\overline{BC}$、$\overline{CA}$ 三个 120°宽且互差 120°的信号,如图 3-1f 所示。若将 $\overline{AB}$ 信号用于使 Q_1Q_6 导通,$\overline{BC}$ 信号用于导通 Q_3Q_2,$\overline{CA}$ 信号用于导通 Q_5Q_4 开关管,则必能得到如图 3-1c 所示的相电流波形,从而实现电动工作。

在 $\omega t=0\sim 2\pi/3$ 期间,$e_c>0$,$e_a<0$,开关管 Q_5Q_4 导通,电源电压 u_{dc} 使 c 相和 a 相电流 $i_c=i_a$ 增加,电机旋转,到 $\omega t=2\pi/3$ 时,必须关断 Q_4Q_5,开通 Q_1Q_6,才能适应 $\omega t=2\pi/3\sim 4\pi/3$ 期间相电势变化的要求。

3.2 三相三状态控制

3.2.1 三相三状态工作的换相过程

图 3-2 规定了本书中讨论的双凸极电动机的电动势和电流的正方向。图 3-2a 是电动机的局部展开图,上侧为电动机的定子,三相 6/4 结构电机的励磁线圈左侧导体电流为进入,右侧电流为流出,故励磁磁场方向为自定子极向转子极方向。定子极上的电枢绕组自左向右为 c、a 和 b 相。转子向左方向旋转。图中转子极正处于滑离 c 相定子极和滑入 a 相定子极的时刻,故 c 相电枢绕组的电动势 e_c 为上正下负。a 相定子极

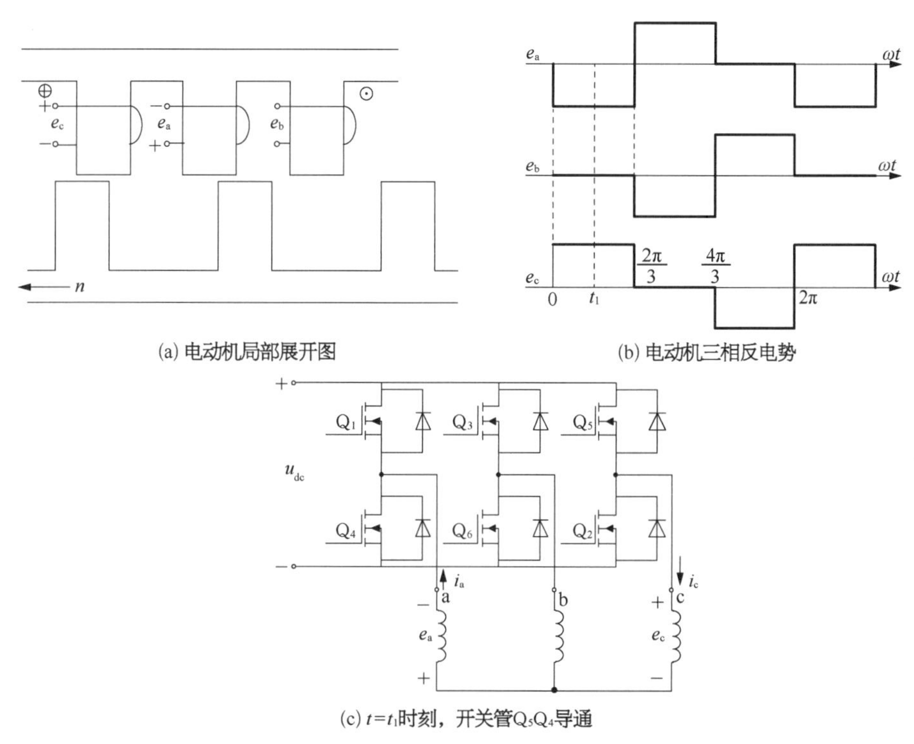

(a) 电动机局部展开图　(b) 电动机三相反电势

(c) $t=t_1$时刻,开关管Q_5Q_4导通

图 3-2　双凸极电动机的电动势和电流的正方向

此时正好处于转子极的滑入时刻，故 e_a 为上负下正。b 相的感应电势 $e_b=0$。

图 3-2b 是三相电动势的时间波形，在考察时刻 $t=t_1$，e_c 为正，e_a 为负，$e_b=0$。图 3-2b 是双凸极电动机相电动势的理想波形，为顶宽 120°的方波，由于取转子极宽和定子极宽相等，故相电动势为零的电角度为连续的 120°。

图 3-2c 是 DC/AC 变换器和三相中点连在一起的电机电枢电路接线图，相当于 $t=t_1$ 时刻，Q_5Q_4 导通，e_c 为正，i_c 从 c 端流入电机，称 i_c 为正电流。e_a 为负，i_a 自 a 端流出，i_a 为负。由于电枢电流方向与电机电动势方向相反，为电能转为机械能的工作状态，此时 c 相和 a 相电流形成正的转矩，如图 3-2a 所示的转子箭头方向，转子将以转速 n 旋转。

如图 3-1 所示，在 $\omega t=0\sim 2\pi$ 期间，按相电动势的大小分为三个 120°区间，相应地，六个开关管有三种导通方式，双凸极电动机的这种控制方式称为三相三状态控制：e_c 正 e_a 负开通 Q_5Q_4 管；e_a 正 e_b 负开通 Q_1Q_6 管；e_b 正 e_c 负开通 Q_3Q_2 管。合理地调整电机转子位置传感器的输出信号，让开关管的转换时刻取在相电势由负转为正的过零时刻，以便充分利用电机的潜在能力。

图 3-3 用于考察三相三状态电动工作时的电机换相过程，图 3-3a 是电动机 a 相电势波形，在这里假设电枢电流对相电势波形没有影响，仍为 120°方波。换相前，在 $t=t_1$ 时，Q_5Q_4 导通，ca 相通电，其电压平衡方程为：

$$L_c\frac{\mathrm{d}i_c}{\mathrm{d}t}+L_a\frac{\mathrm{d}i_a}{\mathrm{d}t}=u_{dc}-e_c-e_a \tag{3-1}$$

$$i_b=0,\ i_a=i_c$$

电压平衡方程可简化为 $(L_a+L_c)\dfrac{\mathrm{d}i_a}{\mathrm{d}t}=(L_c+L_a)\dfrac{\mathrm{d}i_c}{\mathrm{d}t}=u_{dc}-e_c-e_a$，式(3-1)中略去了电枢绕组的电阻。

由此式可见，相电流的变化规律取决于电源电压 u_{dc}和相电势 e_c 和 e_a。在此区间，电流和电势方向相反，故电能转为机械能，电机的电磁转矩为正，使电机正向旋转，如图 3-2a 所示。

$t=t_2$ 时，a 相电动势由负转为正，若此时开关管不转换，则 a 相电流方向必将与 e_a 同向，转入发电工作，导致负转矩。故开关管必须转换，即关断 Q_5Q_4，开通 Q_1Q_6，如图 3-3c 所示。由于相绕组的电感，Q_5Q_4 的关断必导致 D_1 和 D_2 的续流，D_1 和 D_2 是分别并于 Q_1 和 Q_2 上的二极管。D_1 和 D_2 的续流使电机相电感中存储的能量返回直流电源，故电源电流 i 反向。

D_1D_2 续流期间的方程为：

$$L_c\frac{\mathrm{d}i_c}{\mathrm{d}t}+L_a\frac{\mathrm{d}i_a}{\mathrm{d}t}=-(u_{dc}-e_a) \tag{3-2}$$

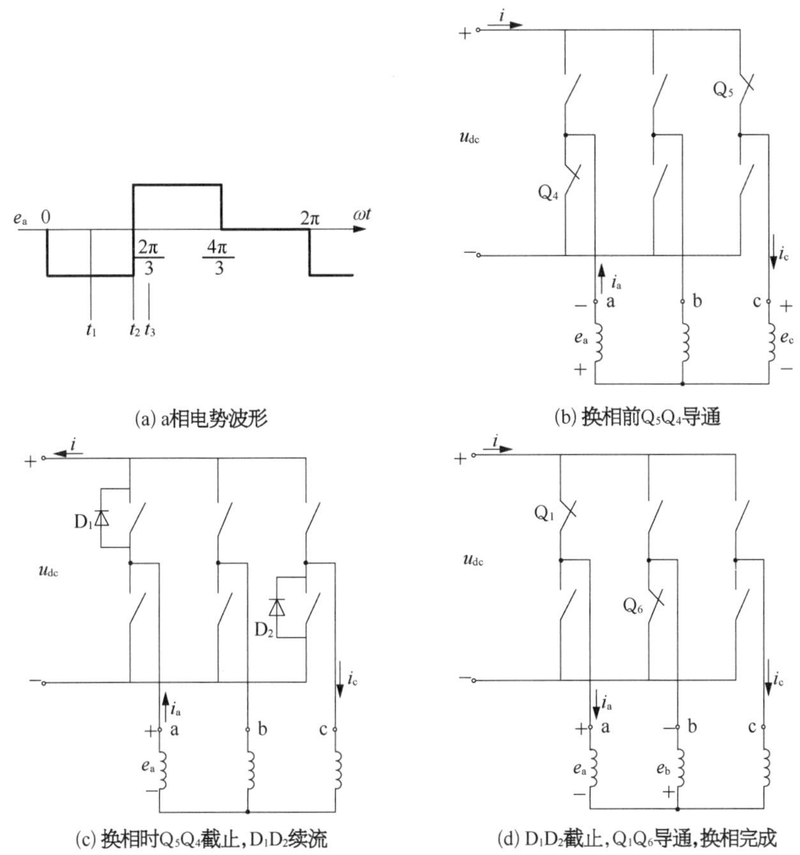

(a) a相电势波形
(b) 换相前Q_5Q_4导通
(c) 换相时Q_5Q_4截止，D_1D_2续流
(d) D_1D_2截止，Q_1Q_6导通，换相完成

图 3-3 三相三状态控制的电路拓扑

相电流在电源电压 u_{dc}的作用下下降。由于此时 i_a 和 e_a 方向相同，故 a 相形成负转矩。理想情况下，$e_c=0$，故 i_c 不形成电磁转矩。尽管此时转子极已离开 c 相定子极，但 c 相磁场并未降到零，故仍有较小的 c 相电动势，该电动势和 i_c 作用形成正的转矩 T_c。故在 D_1D_2 续流期间，合成转矩处于变化之中，不一定均为负。

在 $t=t_3$，$i_a=i_c=0$ 时，换相过程结束。由于 Q_1Q_6 是在 D_1D_2 续流期间开通的，故 Q_1Q_6 为零电流开通，开通损耗为零。因 Q_5Q_4 在 $t=t_2$ 时刻关断，关断损耗是不能忽略的。

$t>t_3$ 后，Q_1Q_6 通电，i_ai_b 增长，故

$$L_a\frac{di_a}{dt}+L_b\frac{di_b}{dt}=u_{dc}-e_a-e_b \tag{3-3}$$

$$i_a=i_b$$

由方程(3-2)可见，D_1D_2 续流期间相电流的下降速度取决于($u_{dc}-e_a$)和相电感 L_a 和 L_c。电源电压一定时，($u_{dc}-e_a$)主要由电动势 e_a 大小决定，e_a 是电机转速 n 和励磁电流 i_f 的函数，电机转速越高，e_a 越大，($u_{dc}-e_a$)越小。$t=t_2$ 时，转子极刚滑离 c 相定子极，L_c 较小，而转子极正好与 a 相定子极对齐，L_a 达最大值。故电动机转速越

高，续流时间即换相时间越长。

观察式(3-3)，换相后相电流增长速度受($u_{dc}-e_a-e_b$)制约，电机转速越高，e_ae_b则越大，($u_{dc}-e_a-e_b$)则越小，相电流换相后的增长速度很小，直到下一次换相前才达到最大值。这种情形又延长了换相中电流的续流时间，降低了电磁转矩。

若在这种情况下，采用 PWM 限流手段，限制相电流峰值，不仅可减小相电流的有效值，还可增加电机的电磁转矩。

本章以一个 24/16 结构的 45 kW 三相双凸极电机为例，分析其发电和电动特性。表 3-1 为该 45 kW 电机的结构参数表，该电机尺寸与同功率同转速的异步电动机相同。

表 3-1　24/16 极双凸极电机结构参数

参　数	数　值	参　数	数　值
定子极数	24	转子极数	16
定子外径(mm)	368	转子外径(mm)	258
定子内径(mm)	259.6	转子内径(mm)	80
定子极宽(°)	7.5	转子极宽(°)	7.5
铁心长(mm)	200	单边气隙(mm)	0.8
电枢窗口面积(mm^2)	543.70	励磁窗口面积(mm^2)	971.26
电枢窗口槽满率(%)	69.35	励磁窗口槽满率(%)	71.17
电枢导体尺寸 ϕ(mm)	4	电枢导体截面积 S_a(mm^2)	12.57
励磁导体尺寸 ϕ(mm)	1	励磁导体截面积 S_f(mm^2)	0.785 4
电枢绕组并绕导体数 m_a	5	励磁绕组并绕导体数 m_f	2
电枢绕组元件匝数 N_a	3	励磁绕组元件匝数 N_f	100
每相元件个数	8	励磁元件个数	8
电枢每相串联匝数	24	励磁绕组匝数	800

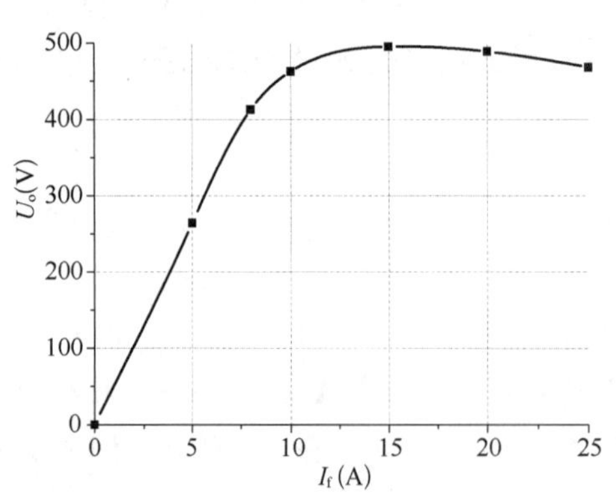

图 3-4　24/16 双凸极直流发电机空载特性曲线

图 3-4 是表 3-1 的 24/16 三相电机转速 $n=3\ 000$ r/min 的空载特性曲线。$i_f=0\sim8$ A 时，铁心未饱和，空载输出电压与励磁电流呈线性关系；i_f 在 8～15 A，铁心逐渐进入饱和，空载输出电压增加缓慢；$i_f>15$ A 后，铁心进入深度饱和，漏磁加大，空载电势随励磁电流的增加反而有所降低。

图 3-5 是该 45 kW 电机的发电外特性曲线，可见该电机外特性很软；随着励磁

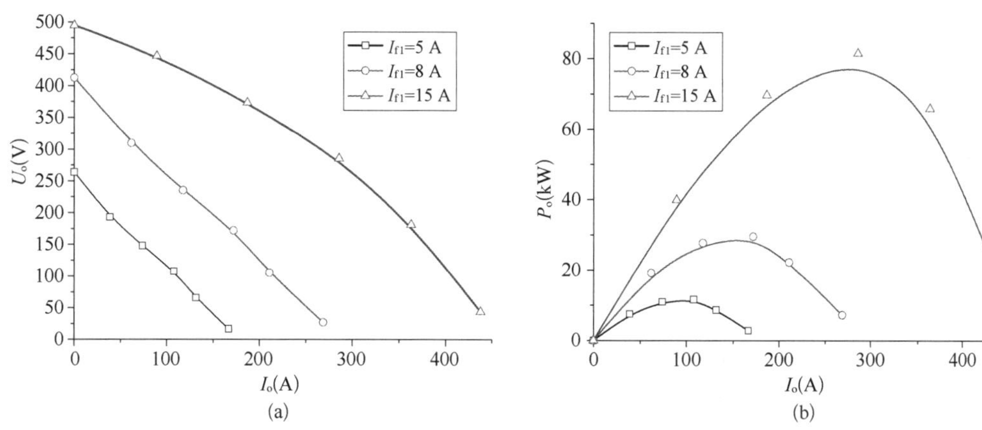

图 3-5　24/16 电机的发电外特性

电流的加大，输出功率的最大值逐渐增加。

图 3-6 是该电机不同励磁电流下的励磁绕组自感和齿槽转矩的波形图。齿槽转矩 $T_c = \dfrac{1}{2} i_f^2 \dfrac{dL_f}{d\theta}$，励磁绕组自感关于转子角度 180°位置对称，齿槽转矩关于点(180°,0)对称，其平均值为零，主要影响电机的转矩脉动。当电机未达到深度饱和时，励磁绕组的自感随着励磁电流的加大变化很小，电机深度饱和后，励磁绕组的自感平均值明显减小，但脉动加大，齿槽转矩的最大值也明显增加。

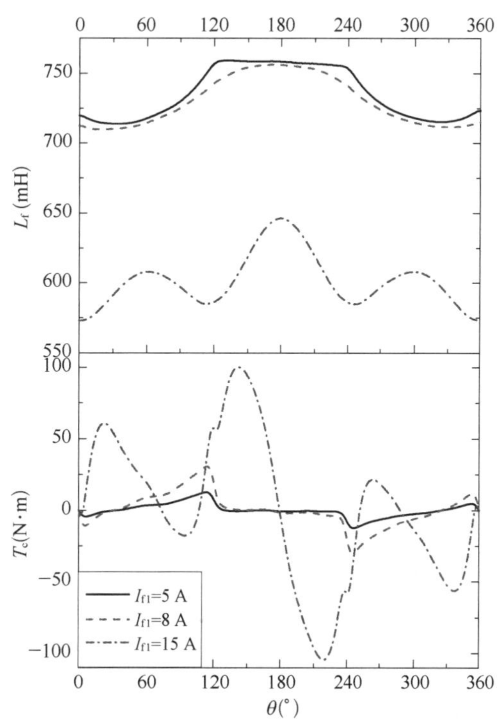

图 3-6　24/16 电机不同励磁电流下的励磁自感和齿槽转矩波形(n=3 000 r/min)

图 3-7 为不同励磁电流时 24/16 结构电机的电枢绕组与励磁绕组间的互感和电枢绕组间的自感波形图。随着励磁电流增加，L_{pf} 和 L_{pp}（$p=a$、b、c）的最大值均减小，最小值基本不变。由图 3-6 和图 3-7 可见，与励磁绕组有关的电感比只与电枢绕组有关的电感大一个数量级以上，因此在双凸极电动机中与励磁电流有关的转矩（励磁转矩、齿槽转矩）比仅由电枢电流产生的转矩（磁阻转矩）大得多，其中励磁转矩为电动机输出转矩的主要部分。

图 3-8 为 24/16 结构电机三相三状态控制下的仿真波形，仿真条件为：n=3 000 r/

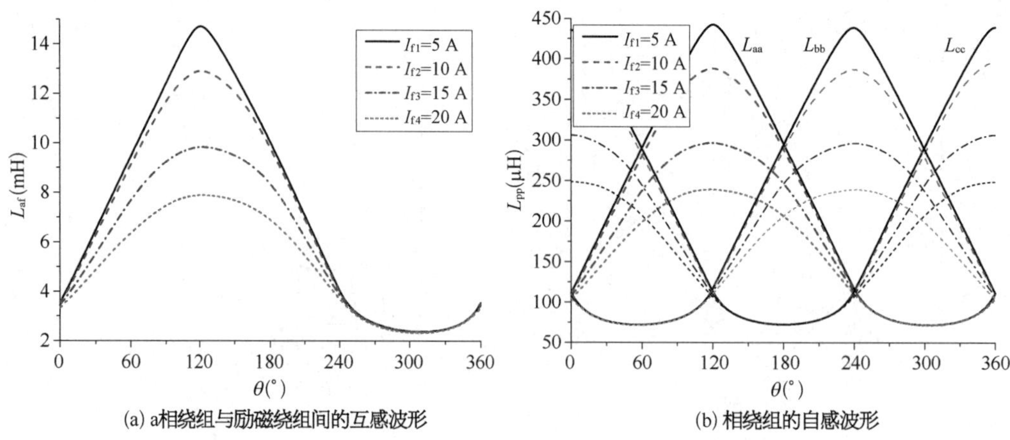

(a) a相绕组与励磁绕组间的互感波形

(b) 相绕组的自感波形

图 3-7 不同励磁电流时的电感波形(n=3 000 r/min)

min，u_{dc}=510 VDC,(a) 励磁电流 i_f=8 A,(b) 励磁电流 i_f=10 A,(c) i_f=12 A 和 (d) i_f=15 A。

由图 3-8 可见：

(1) 电机相电流在换相前达最大值,使换相后的电流衰减时间加长,电流回馈时间加长,产生负转矩。

(2) 以 b 相为例,转子极转入 b 相时,该相磁链大于空载时磁链,电枢电流产生增磁的电枢反应,转出时则产生去磁的电枢反应,i_f=8 A 时电机处于未饱和状态,增磁和

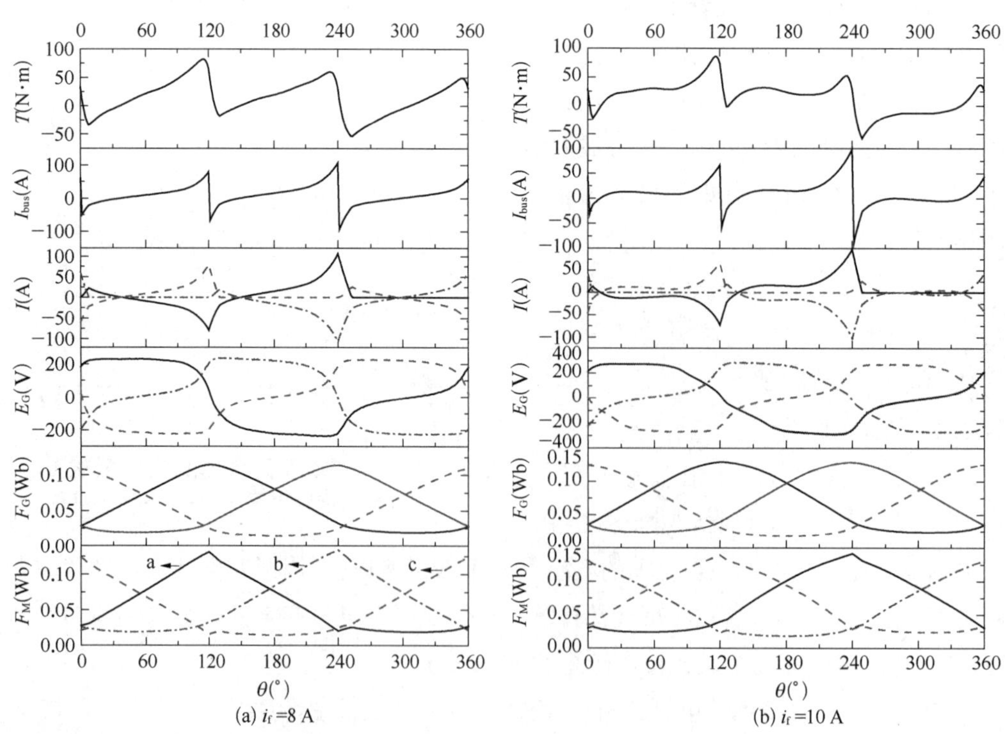

(a) i_f=8 A

(b) i_f=10 A

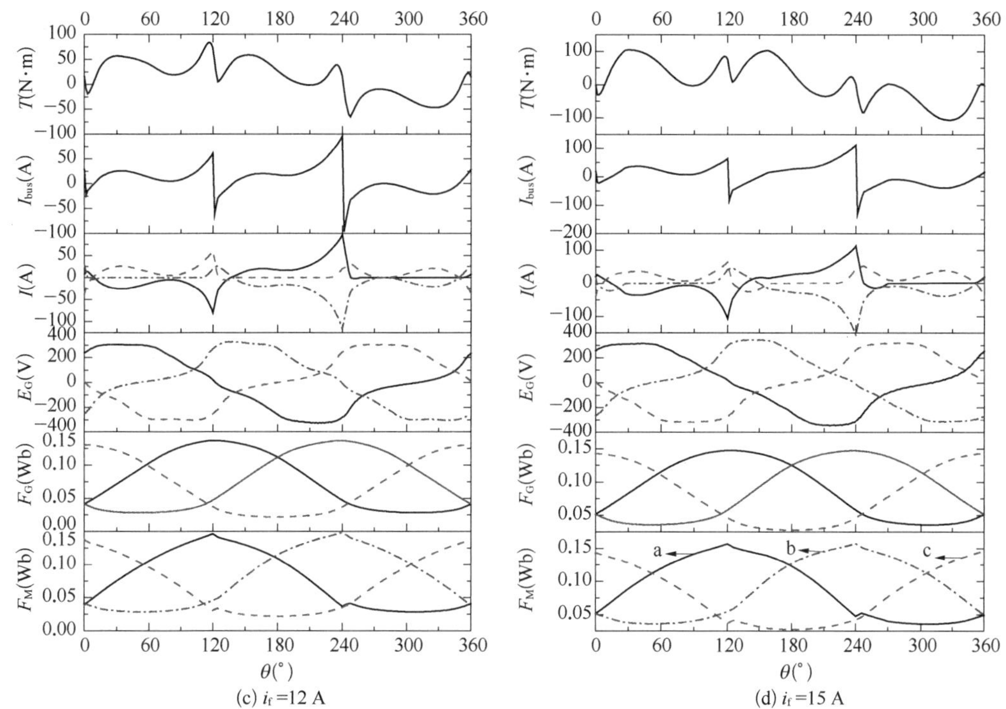

(c) i_f=12 A　　(d) i_f=15 A

图 3-8　24/16 结构电机电动工作时的仿真波形(n=3 000 r/min, u_{dc}=510 VDC)

T—电磁转矩；I_{bus}—直流输入电流；I—相电流；E_G—空载电动势；
F_G—空载相磁链；F_M—电动负载相磁链

去磁均比较明显，电枢反应总效果为增磁，i_f=15 A 时电机进入深度饱和，增磁量很小，去磁量较大，电枢反应增磁效果减弱。

(3) 电机深度饱和时，相电枢电流峰值加大，延长了换相时间，导致较大的负转矩，拉低了输出转矩的平均值。

(4) 直流母线电流在换相时有负值，说明有一部分能量返回电源。

(5) 转子极开始转出 b 相时，b 相相电流的下降速度小于转子极完全转出 b 相后相电流的下降速度，这是因为转子极开始转出 b 相时，$\dfrac{di_b}{dt}=\dfrac{u_{dc}-e_b-e_c}{L_c+L_b}$，而完全转出后，$\dfrac{di_b}{dt}=\dfrac{u_{dc}-e_b-e_a}{L'_b+L_a}$，$L_b>L'_b$。

3.2.2　电磁转矩和励磁电流

图 3-8a、b 是 45 kW 双凸极电动机在两种不同励磁电流时的仿真曲线。表 3-2 为不同励磁电流下的输出转矩和相电流的数据。仿真条件为 DC/AC 变换器直流侧电压为 510 V，电动机转速为 3 000 r/min。

表 3-2 不同励磁电流下的输出转矩和相电流

励磁电流(A)	输出转矩(N·m)	相电流(A)	转矩电流比	转矩最大值(N·m)	转矩最小值(N·m)	转矩脉动比(%)
8	14.36	24.35	0.59	83.12	−53.53	952
10	15.25	20.14	0.76	85.67	−57.52	939
12	13.39	21.84	0.61	83.96	−65.32	1 115
15	8.77	31.62	0.28	104.25	−106.36	2 401

由表 3-2 可见，电机不饱和时，励磁电流增加，相电流减小，输出转矩增加，转矩电流比增加。电机进入深度饱和后，随着励磁电流增加，相电流也增加，输出转矩反而减小，转矩电流比大大减小。

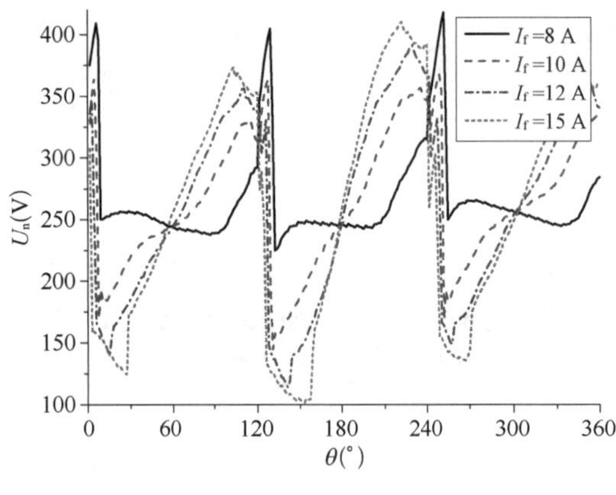

图 3-9 电机中点电位的变化情况

观察图 3-8 中的相电流波形，发现随着励磁电流的增加，在 $\omega t=4\pi/3\sim2\pi$ 区间，b、c 相换流困难，甚至出现了 b 相电流为负 c 相电流为正的情况(图 3-8c 和 d)，导致在该区间内电机发电工作产生负转矩，降低了输出转矩的平均值。c 相电流在接近 $4\pi/3$ 时受电机中点电位的影响，产生正向电流，且电机越饱和，产生的正向电流越大。

图 3-9 是基于全桥变换器的中点电位的变化波形图，电机进入饱和后，中点电位很快上升到较大值，使得 c 相产生正方向的电流，严重影响了电机换相。

3.2.3 电动工作的电枢反应

比较图 3-8 $i_f=8$ A 时电机空载相磁链 F_G 和负载后相磁链 F_M 可见，负载相磁链的最大值达 0.131 4 Wb，空载为 0.114 5 Wb，负载磁链最小值为 0.014 7 Wb，空载则是 0.019 0 Wb。表明电动工作时的电枢反应与发电工作相反，转子滑入定子极，磁链上升，为增磁电枢反应。转子滑离定子极，为去磁电枢反应。电枢反应使磁链变化量 $\Delta\psi=\psi_{max}-\psi_{min}$ 加大，空载时 $\Delta\psi=0.095\ 5$ Wb，负载时 $\Delta\psi=0.116\ 7$ Wb，故反电势也加大，有助于加大电机输出功率。

图 3-10 是电动和发电两种不同工作时，$\theta=60°$、$n=3\ 000$ r/min、$i_f=15$ A 时的磁力线分布，图 3-10a 为电动工作，转子极离开定子极的相磁力线数少，即 ψ_{min} 减小，滑入相的力线多，使 ψ_{max} 增大，相电势加大。发电工作时正相反，滑出相磁力线密，滑入

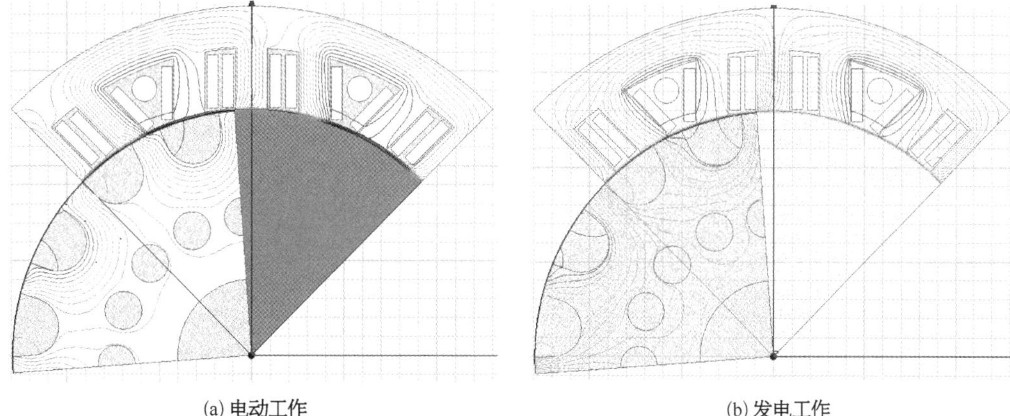

图 3-10　24/16 电机电动和发电工作磁力线分布(n=3 000 r/min,反钟向转,θ=60°, i_f=15 A)

相磁力线稀,即滑出定子极时为增磁,使 ψ_{min} 加大,滑入定子极为去磁,使 ψ_{max} 减小,导致 $\Delta\psi=\psi_{max}-\psi_{min}$ 减小,使相电势减小。

可见,双凸极电机电动工作时为增磁电枢反应,发电工作时为去磁电枢反应。

为了定量说明电动工作时增磁量的大小,表 3-3 列出了 24/16 电机在 i_f=8 A 和 15 A 两种情况下的具体计算数据。由计算可知,i_f=8 A 时磁路未饱和,电动工作时增磁量为 18.8%; i_f=15 A 时电机已深饱和,增加量为 6.2%。

表 3-3　电动工作时电机的电枢反应计算(电源电压 510 VDC, n=3 000 r/min)

序　号	名　　称	单　位	数　　据	
1	励磁电流	ADC	8	15
2	空载磁链 ψ_{omax}	Wb	0.114 5	0.147 5
3	空载磁链 ψ_{omin}	Wb	0.019 0	0.035 5
4	$\Delta\psi_o=\psi_{omax}-\psi_{omin}$	Wb	0.095 5	0.112 0
5	负载磁链 ψ_{max}	Wb	0.131 4	0.155 2
6	负载磁链 ψ_{min}	Wb	0.014 7	0.035 8
7	$\Delta\psi=\psi_{max}-\psi_{min}$	Wb	0.117 6	0.119 4
8	$\Delta\psi-\Delta\psi_o$	Wb	0.022 1	0.007 4
9	$(\Delta\psi-\Delta\psi_o)/\Delta\psi$	%	18.8	6.2

图 3-11 是在 i_f=15 A, n=3 000 r/min 时电机空载、发电机带载(R=1 Ω)和电动机带载时定转子采样点的磁感应变化,采样点的设置和图 2-11 同。由图中定子极部 c 点的磁感应与转子转角关系曲线可见,在同一图上,发电工作时转子滑入定子极 c 点的磁感应上升比空载慢,其最大值比空载小,说明发电工作,此刻电枢反应为去磁。转子

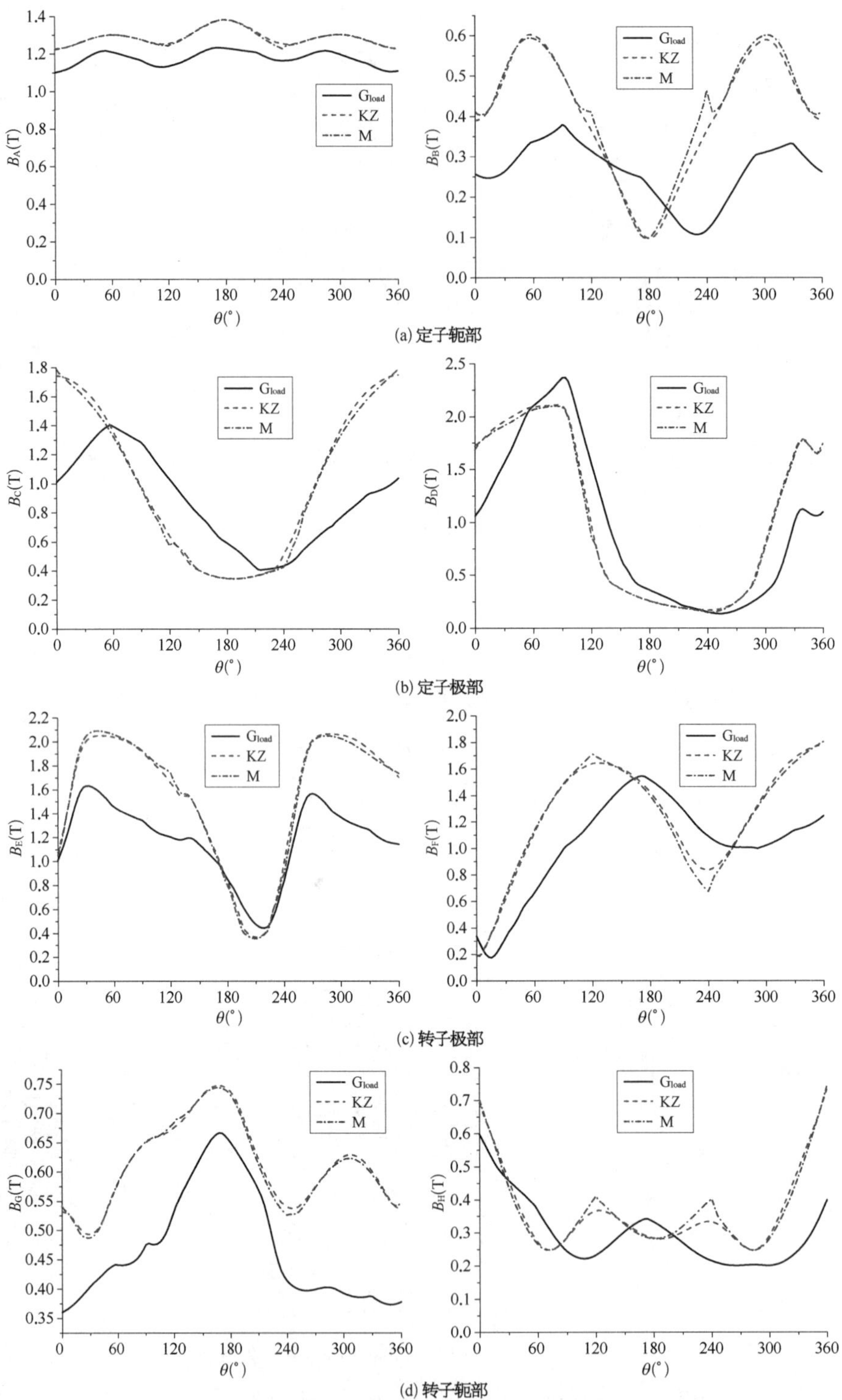

图 3-11　24/16 电机空载、发电负载和电动负载时铁心各部分的磁感应随转子转角的变化(i_f=15 A, n=3 000 r/min)

KZ—空载;G_{load}—发电加载;M—电动加载

滑出定子极时，电枢反应为增磁，其磁感应曲线下降率小于空载的下降率，且磁感应最小值也有所加大。

电动工作时，c 点磁感应强度的变化规律与空载相差很小，这是因为该 24/16 结构电机在 $i_f = 15$ A 时空载输出电压平均值为 495 V，铁心已相当饱和，电动工作对定子极磁感应影响较小。

其他的采样点 a、b、d、e、f、g、h 均体现出上述关系。

3.2.4 电动工作的相电流限制

由图 3－8 可见，相电流不受控制时，在电机换相前(如图中 $\omega t = 120°$、$240°$处)相电流达最大值，因此原导通的开关管关断后，二极管续流时间相当长，因为换相前相电流大，相绕组磁储能大，从而造成换相期间大的转矩下降和转矩脉动。

图 3－8 是在 $u_{dc} = 510$ VDC、电机转速为 3 000 r/min 下得到的，此时电机空载线电势有 445 V，另一方面，因电机从零转速起动，起动时空载电势为零，则导致较大的起动电流，不仅电动机不能承受，DC/AC 变换器更承受不了。因此限制电动机相电流的最大值十分必要。

限制相电流的方法是在电机相绕组中接入快响应的电流传感器，相电流大于某一值时关断开关管，相电流小于某一值时开通开关管，从而限制了电机相电流的最大值。

对于三相三状态的电动工作方式，可以同时关断两个开关管，也可以只关断一个开关管来限流。同时关断两个开关管，必导致开关管所在的同一桥臂的另一端二极管续流，即使两个二极管续流，如图 3－3 所示，导致磁场能量返回电源，也加大开关管的开关损耗。故一般仅关断一个开关管，如图 3－12 所示。图 3－12a 是 Q_1Q_6 导通，相电流 i_a 和 i_b 在电源电压作用下增长的电路图，当相电流大于某一阀值时关断 Q_1，D_4 续流，如图 3－12b 所示，观察 D_4、ax、yb 和 Q_6 回路可见，此时在电机反电动势的作用下，相电流必下降。下降速度由此式决定：$L_a \dfrac{dL_a}{dt} + i_a r_a + e_a + L_b \dfrac{di_b}{dt} + i_b r_b + e_b = 0$，$i_a = i_b$，$r_a = r_b$。电流小于某下限值时再次开通 Q_1，相电流在电源电压 u_{dc}作用下又增长，如此不断循环。

图 3－12c、d 是具有电流限幅时的电动工作波形，图 3－12c 的相电流上限为 35 A，下限为 30 A，图 3－12d 的相电流上限为 55 A，下限为 50 A。由图可见，相电流限制的加入限制了相电流的最大值，相电流呈现平顶波，相电流的有效值减小，电机换相时二极管的续流时间也相应减小，减小了负转矩，增加了电磁转矩。

表 3－4 列出了 24/16 电机电动工作电磁计算结果，由表可见，没有相电流限幅时，相电流有效值大、电磁转矩小、转矩电流比小、转矩脉动大。电枢电流限幅的加入减小了电机相电流的峰值和有效值，减短了换相时间和回馈直流电流峰值，提高了最小转矩，

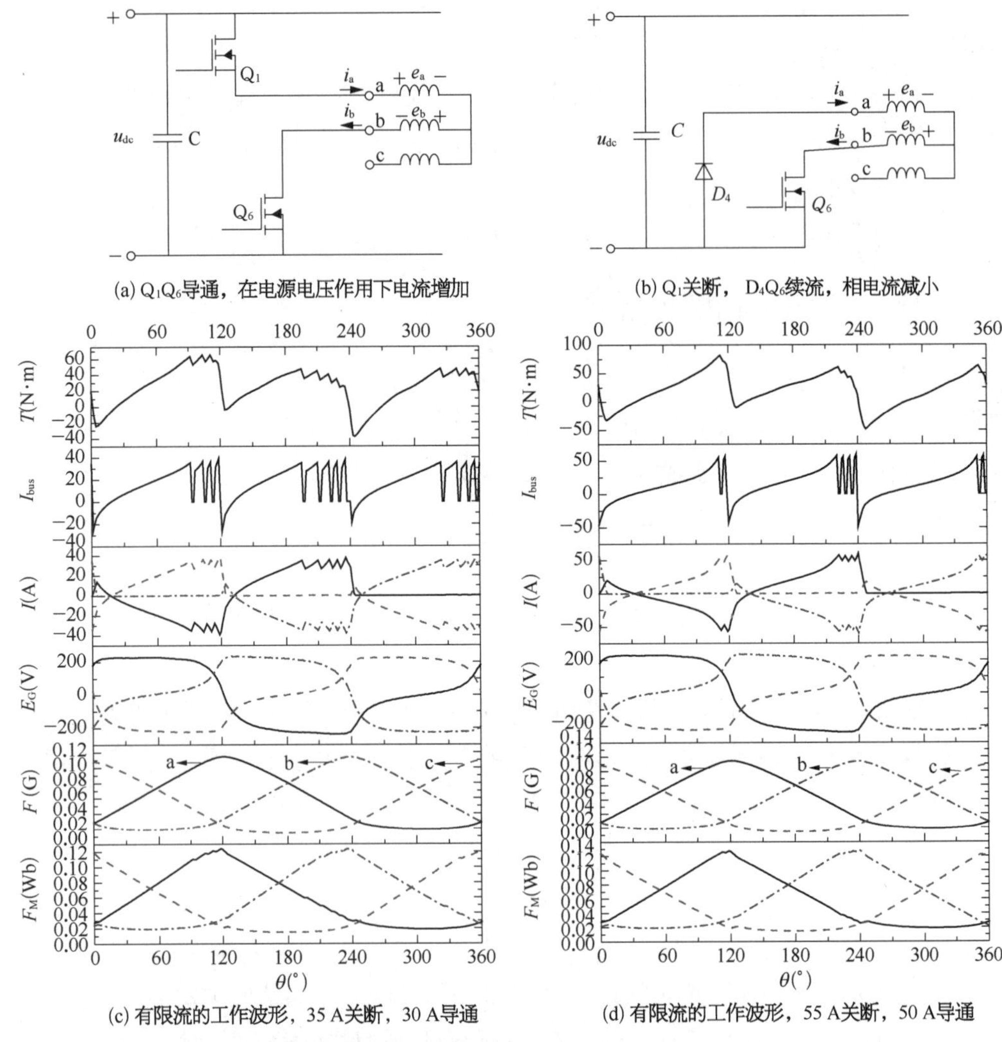

(a) Q_1Q_6导通，在电源电压作用下电流增加

(b) Q_1关断，D_4Q_6续流，相电流减小

(c) 有限流的工作波形，35 A关断，30 A导通

(d) 有限流的工作波形，55 A关断，50 A导通

图 3-12　电动工作时电机相电流的限制(u_{dc}=510 V，n=3 000 r/min，i_f=8 A)

表 3-4　24/16 电机电动工作时电磁转矩的计算(u=510 VDC，n=3 000 r/min)

序号	励磁电流(ADC)	相电流限幅(A)	相电流(A)	电磁转矩(N·m)	转矩电流比(N·m/A)	最大转矩(N·m)	最小转矩(N·m)	转矩脉动(N·m)	转矩脉动/电磁转矩(%)
1	8		24.35	14.36	0.59	82.13	−53.53	135.66	945
2		35	19.62	25.49	1.30	65.27	−37.91	103.18	405
3		45	21.74	25.32	1.16	74.83	−43.18	118.01	466
4		55	22.37	20.78	0.93	81.70	−48.50	130.20	627

提高了转矩电流比，减小了转矩脉动。电流限幅有助于提高转矩电流比，但限幅值过小或过大均降低了电磁转矩，因而合理地取用电流限幅值对双凸极电机的电动运行十分重要。

表 3-5 是 24/16 结构电机三相三状态电动工作，电源电压为 510 VDC，励磁电流为 8 A，电流限幅为 45 A 时不同转速下电机电磁转矩、相电流和转矩电流比的变化。由于电源电压不变，电机转速低，反电势小，电机换相后电流上升速度快，相电流的有效值加大，电磁转矩也相应较大。转速升高，反电势增加，换相后相电流上升速度减慢，相电流有效值减小，电磁转矩下降。但在 500～2 000 r/min 范围内，转矩电流的比值几乎不变。由此可见，加入相电流限幅，有利于控制电机的起动电流，防止起动电流过大。

表 3-5　24/16 电机三相三状态电动运行转矩转速关系
（电源电压 510 VDC，限流值 45 A）

序号	参　数	数		值			
1	励磁电流（ADC）	8					
2	电机转速（r/min）	500	1 000	1 500	2 000	2 500	3 000
3	电磁转矩（N・m）	72	56	52	48	41	25
4	相电流（A）	49	37	34	32	30	22
5	转矩电流比（N・m/A）	1.47	1.51	1.53	1.50	1.37	1.14

图 3-13 是电机低速时的转矩和电流波形。由图可见，随着转速的升高，反电势增加，电流上升速度降低，电流有效值随之降低，电机出力减小。转速为 500 r/min 时，电枢电流很快上升到斩波限，输出转矩也很快上升到较大值，随着电枢电流的斩波，输出

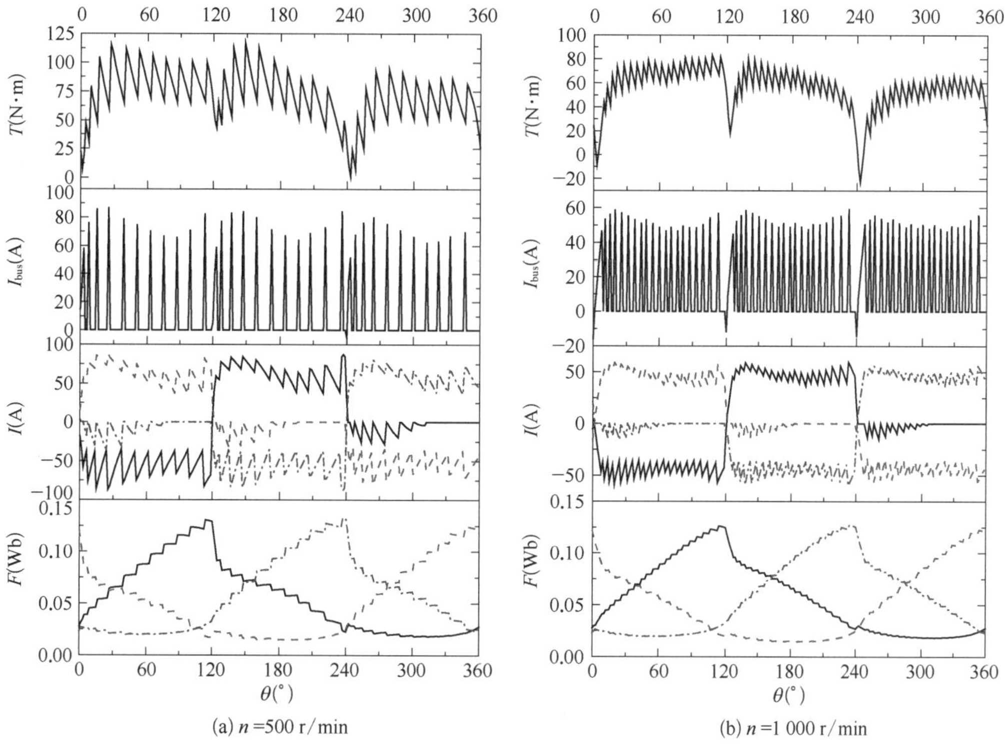

(a) n=500 r/min　　(b) n=1 000 r/min

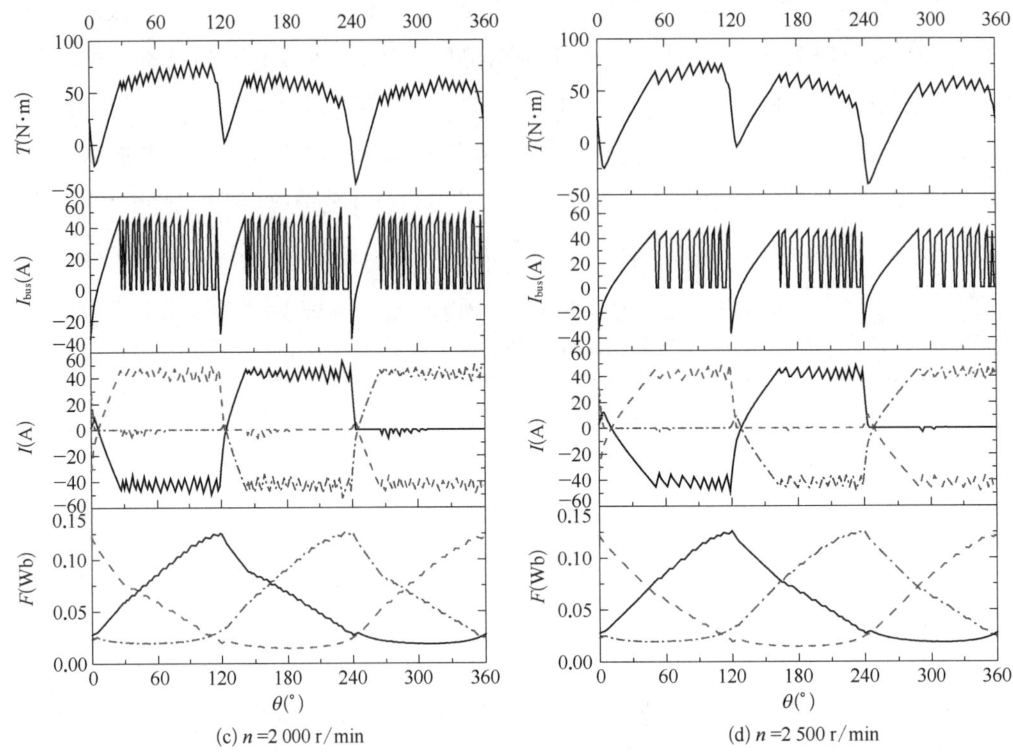

图 3-13　电机低速时的工作波形(u_{dc}=510 VDC, i_f=8 A,限流值 45 A)

转矩也受到斩波,换相续流时电枢电流下降很快,因此输出转矩并没有明显下降。而随着转速升高,续流时的电流下降速度减慢,换相时进入相电流上升减慢,相电流有效值减小,输出转矩在换相时有明显的下降,有负转矩产生,拉低了电机出力。

3.2.5　转速调节的方法

双凸极电机的相电势 $e=-\dfrac{d\psi}{dt}=-\dfrac{d\psi}{d\theta}\cdot\dfrac{d\theta}{dt}=-\omega\dfrac{d\psi}{d\theta}$,励磁电流不变时 $\dfrac{d\psi}{d\theta}$ 为定值,相电势仅与电机角速度 ω 成正比。因 $\omega=2\pi f=2\pi\dfrac{p_r n}{60}$,即相电势与电机转速 n 成正比。

如图 3-1 所示,在 $\omega t=2\pi/3\sim 4\pi/3$ 期间,e_a 为正,e_b 为负,Q_1Q_6 导通,电源电压加于电机 ab 端,忽略电机相绕组的电阻,电压平衡方程为:

$$u_{dc}=e_{ab}+(L_a+L_b)\frac{di_a}{dt} \tag{3-4}$$

式中,$e_{ab}=e_a-e_b=\omega\left(\dfrac{d\psi_a}{d\theta}-\dfrac{d\psi_b}{d\theta}\right)=\dfrac{2\pi p_r n}{60}\left(\dfrac{d\psi_a}{d\theta}-\dfrac{d\psi_b}{d\theta}\right)$ 为电动机的线反电动

势。由电压平衡方程可见，在电机负载不变时，转速和电源电压成正比，电源电压 u_{dc}越高，电机转速也越高，故双凸极电机的转速可通过调节电压来调节。同样，励磁电流的变化改变了$\frac{d\psi}{d\theta}$的值，即在电源电压 u_{dc}一定时调节电机的励磁也可以调节转速。由于电动机励磁回路的时间常数大，通常都采用调压调速方式。

如前所述，通常仅让 DC/AC 变换器的正侧三个管（或负侧三个管）做脉宽调制（PWM）工作，即可调节电机转速。例如在 $\omega t = 2\pi/3 \sim 4\pi/3$ 期间可让 Q_1PWM 工作，Q_6 保持一直导通，如图 3-14 所示。

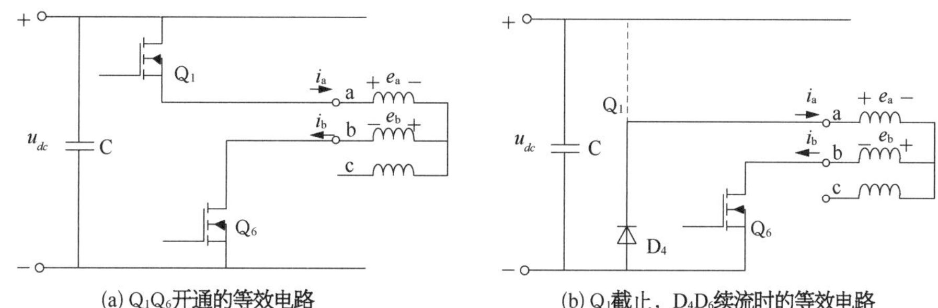

图 3-14　三相 DC/AC 变换器正侧开关管脉宽调制工作以调节电动机转速

在 Q_1Q_6 导通时，电压方程为：

$$(L_a + L_b)\frac{di_a}{dt} = u_{dc} - e_{ab} \tag{3-5}$$

Q_1 关断，D_4Q_6 续流，电压方程为：

$$(L_a + L_b)\frac{di_a}{dt} = -e_{ab} \tag{3-6}$$

Q_1Q_6 导通时，因 $u_{dc} > e_{ab}$，故 i_a 增加，设 Q_1Q_6 导通时间为 t_{on}，则 i_a 在 t_{on}期间的增加量 Δi_{a1} 为：

$$\Delta i_{a1} = \frac{u_{dc} - e_{ab}}{L_a + L_b} \cdot t_{on} \tag{3-7}$$

Q_1 截止，D_4Q_6 续流时，i_a 在反电动势的作用下降低，在 Q_1 截止期间（t_{off}期间）电流的下降量 Δi_{a2} 为：

$$\Delta i_{a2} = \frac{-e_{ab}}{L_a + L_b} \cdot t_{off} \tag{3-8}$$

稳态工作时，电流在 Q_1 导通时的增加量 Δi_{a1} 必等于 Q_1 截止时的减小量 Δi_{a2}，故有：

$$e_{ab}=u_{dc}\frac{t_{on}}{t_{on}+t_{off}}=u_{dc}\frac{t_{on}}{T}=u_{dc}\cdot D \tag{3-9}$$

式中，$T=t_{on}+t_{off}$，$D=t_{on}/T$。由此可见在上管做 PWM 工作时，电机两端电压取决于电源电压 u_{dc}和正侧开关管的占空比 D。电源电压 u_{dc}一定时，改变占空比即可改变 DC/AC 变换器的输出电压 e_{ab}，从而调节电机的转速。以上推导是基于电机相电流连续时得出，相电流连续是指在该区间(本节讨论是指 $\omega t=2\pi/3\sim 4\pi/3$ 区间)内在 Q_1 截止时相电流不下降到零的工作状态。

式(3-9)中的 e_{ab}就是加于电机相绕组 ab 端的电压，相当于式(3-4)的 u_{dc}。由此可见，电动机负载转矩不变时，电机转速 n 将随占空比的加大而增加。$D=0$，电机转速 $n=0$；$D=1$，电机在电源电压 u_{dc}作用下转速达最大值。

3.3 三相三状态提前换相控制

3.3.1 提前换相控制的工作过程

随着电机转速的提高，相电势加大，三相三状态控制方式换相时二极管续流时间加长，换相后相电流增加速度变慢，相电流有效值降低，从而使电机的电磁转矩降低。由表 3-5 可见，45 kW 电动机在 $u_{dc}=510$ V，$i_f=8$ A，$n=3\,000$ r/min 时，不论不限流或限流，转矩均在 25 N·m 以下，与额定转矩 143 N·m 相比小很多。提前换相的目的是加快换相后的电流增长速度，使相电流加大，从而提高电机转矩。

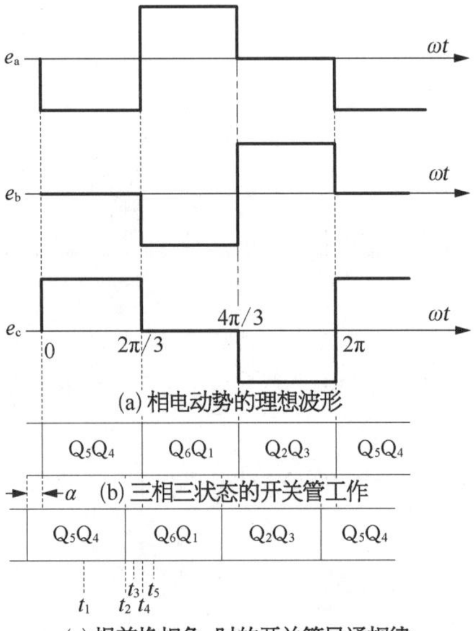

图 3-15 双凸极电动机三相三状态工作方式的提前换相

提前换相是指换相时刻不是取在图 3-3a 的 $t=t_2$ 时刻，而是在 t_2 前的某一时刻，$t=t_2-\Delta t_\alpha$，若用电角度表示，为提前 α 角开始换相，如图 3-15 所示。图中 $t=t_1$ 时，Q_5Q_4 导通，ac 相通电，按三相三状态工作，应在$t=t_4$，即 $\omega t=2\pi/3$ 时换相，关断 Q_5Q_4，开通 Q_1Q_6。现在提前换相，取提前角为 α，则在 $t=t_2<t_4$ 时关断 Q_5Q_4，开通 Q_1Q_6。由图 3-15a 的电动势波形可见，此时的 e_a 为负，$e_b=0$，e_c 为正，和 $t=t_4$ 时换相的电动势大不相同了。

图 3-16 是提前角 $\alpha\neq 0$ 时电机换相过程的电路工作模态。图 3-16a 是换相前 Q_5Q_4 导通、ca 相通电时的两相导通模态，为模态 1。

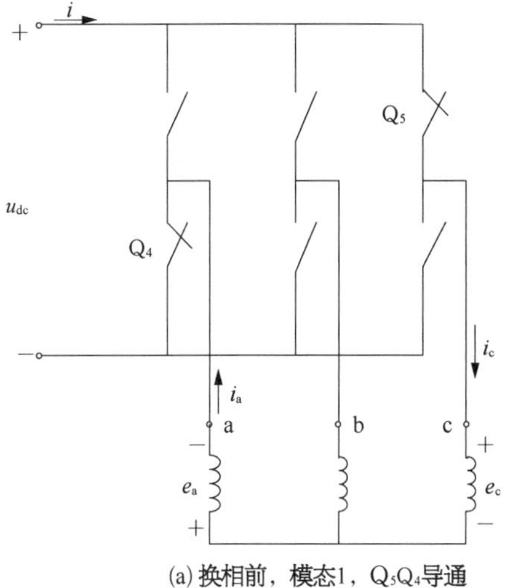

(a) 换相前，模态1，Q_5Q_4导通

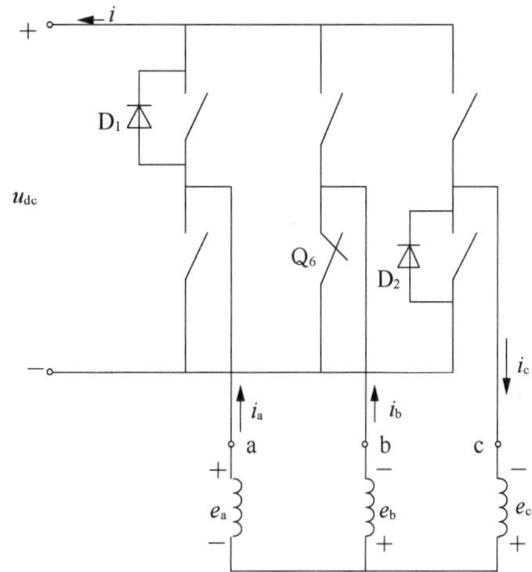

(b) 模态2，Q_5Q_4关断，D_1D_2续流，Q_6导通

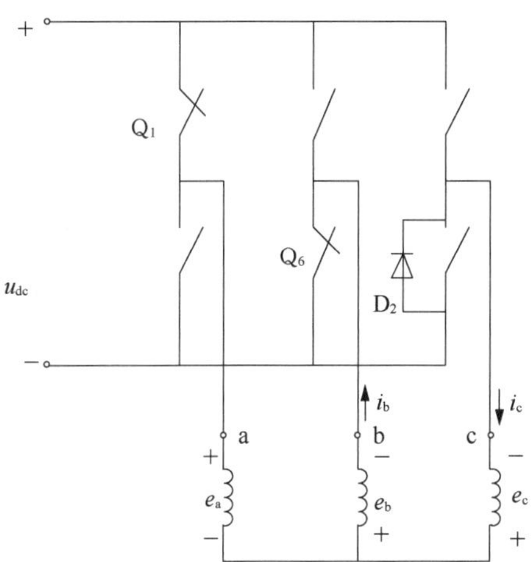

(c) 模态3，D_1续流结束，Q_1Q_6导通，D_2续流

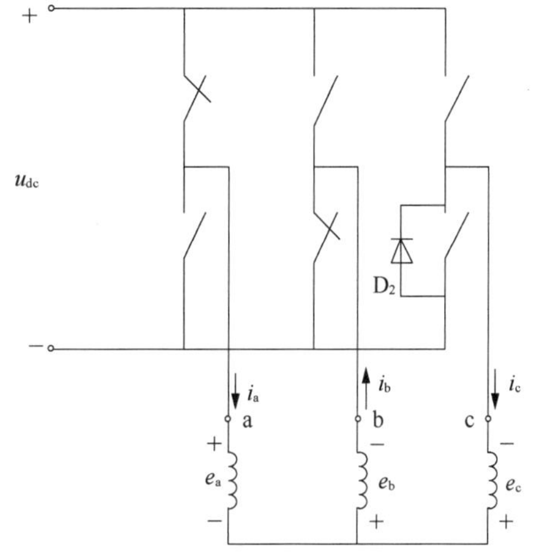

(d) 模态4，Q_1Q_6导通，D_2续流结束

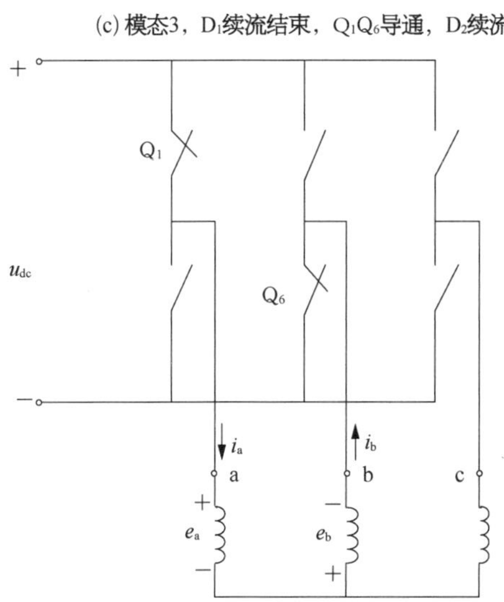

(e) 模态5，$i_c=0$，a、b两相导通，换相结束

图 3-16　三相三状态提前换相工作模态

由于电流方向与相电动势相反，电能转为机械能，电磁转矩为正。

$t=t_2$ 时，关断 Q_5Q_4，开通 Q_1Q_6，由于相电流不能突变，D_1D_2 续流，为模态 2。电机三相同时有电流，电路方程为：

$$L_c\frac{di_c}{dt}+L_b\frac{di_b}{dt}=e_c-e_b \tag{3-10}$$

$$L_a\frac{di_a}{dt}+L_c\frac{di_e}{dt}=-(u_{dc}-e_a-e_c)$$

$$i_c=i_a+i_b$$

将式(3-10)与式(3-2)比较可见，由于换相提前，加快相电流衰减，从而加快换相过程。在 D_1D_2 续流期间，a、c 相电势极性变化，a、c 相的励磁转矩为负，导致转矩下降。b 相电流 i_b 开始从零增长，生成正转矩。

$t=t_3$ 时，D_1 续流结束，$i_a=0$，转入模态 3。在 $i_a=0$ 时，a 相电磁转矩为零。

$t>t_3$ 时，进入模态 4，由于 Q_1Q_6 导通，i_a 反向增长，i_b 快速增长，i_c 继续下降，一直降为零，$i_c=0$ 时模态 4 结束。模态 4 的电路方程为：

$$L_a\frac{di_a}{dt}+L_b\frac{di_b}{dt}=u_{dc}-e_a-e_b \tag{3-11}$$

$$L_b\frac{di_b}{dt}+L_c\frac{di_c}{dt}=e_c-e_b$$

$$i_b=i_a+i_c$$

在模态 4，c 相的励磁转矩为负，b 相的为正，合成转矩较小。$i_c=0$ 后，又转入两相导通状态，如图 3-15e 所示，换相过程结束，为模态 5。

模态 5 的电路方程为：

$$L_a\frac{di_a}{dt}+L_b\frac{di_b}{dt}=u_{dc}-e_a-e_b \tag{3-12}$$

$$i_c=0$$

$$i_a=i_b$$

提前换相加快了换相过程，加大了工作的两相电流，防止了高转速时电磁转矩的急剧降低。但是由于模态 2、3、4 有负转矩，提前换相加大了电机转矩的脉动。

图 3-17 是 24/16 电动机在电源电压 $u=510$ VDC，$i_f=8$ A，$n=3\,000$ r/min 时，四种提前角 $\alpha=24°$、48°、72°和 96°下换相时的仿真波形。比较图 3-17 和图 3-8a 可见：

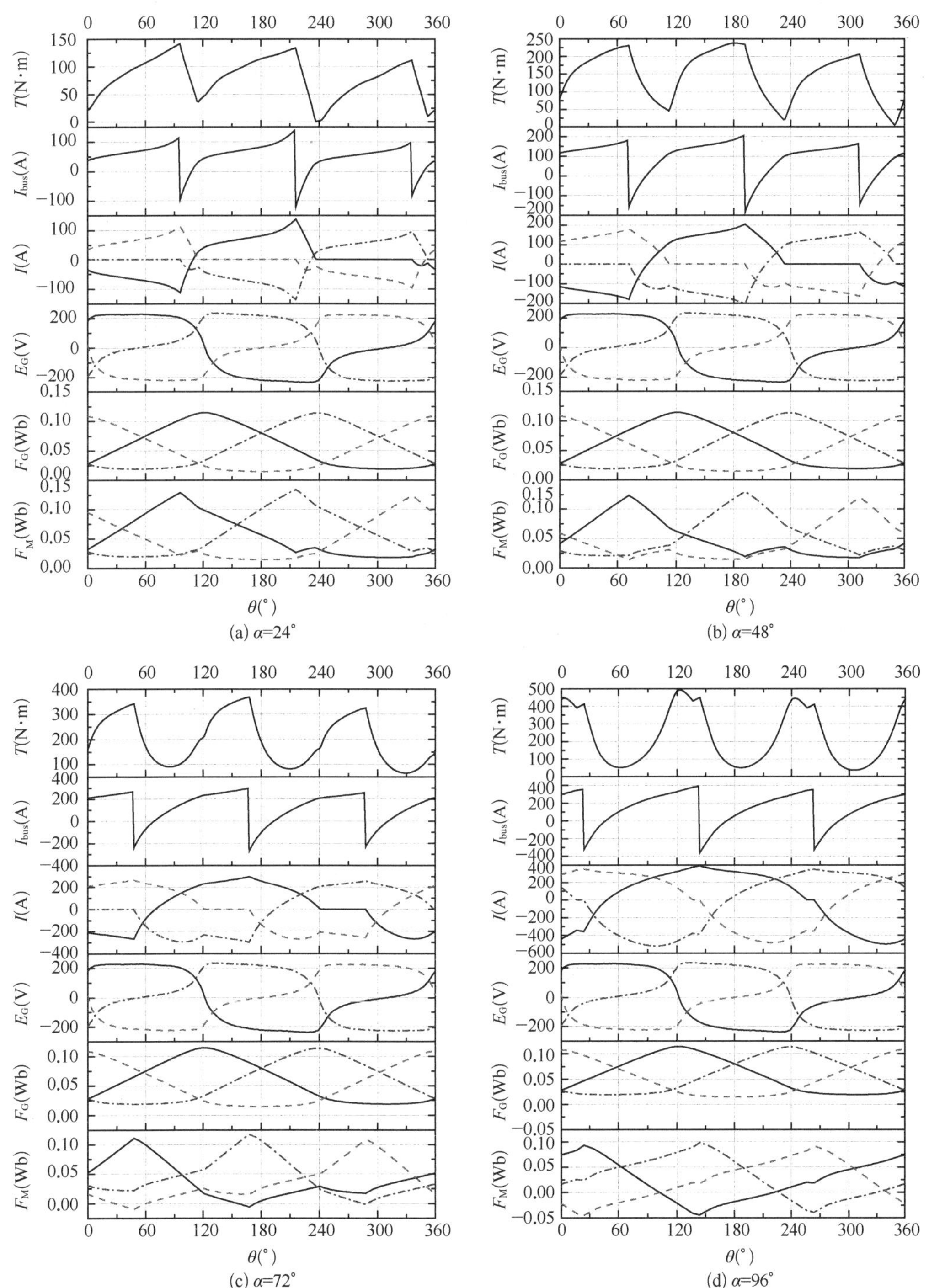

图 3-17　24/16 电机换相提前时的转矩 T、母线电流 I_{bus}、相电流 I 和相磁链 F_M 的波形(u_{dc}=510 VDC, i_f=8 ADC, n=3 000 r/min)

E_G、F_G—空载电势和空载相磁链波形

(1) 随着换相提前角 α 的加大，相电流的增长率也加快，相电流有效值增大，从而提高了输出转矩。

(2) 加入提前角后，负侧二极管的续流时间加长，且由于相电流在刚下降时刻的值较大，导致有较多的能量返回直流电源。

(3) 观察图 3-17 有换相提前角时相磁链的波形，因相磁链 $\psi_a=\psi_a(i_f, i_a, i_b, i_c, \theta)$，即相磁链既是励磁电流 i_f 的函数，也是相电流和转子转角 θ 的函数，由于相电感比相间互感大得多，本相的电流对本相的磁链影响更大。图中空载相磁链波形(F_G)，在 $0\sim\frac{2\pi}{3}$ ψ_a 为上升区，ψ_b 为 ψ_{bmin}，ψ_c 为下降区，故空载电动势 e_a 为负，$e_b=0$，e_c 为正。有负载又有提前换相角 α 时，ψ_a 在 $0\sim\left(\frac{2\pi}{3}-\alpha\right)$ 区间处于上升区，在 $\left(\frac{2\pi}{3}-\alpha\right)$ 处发生转折，在 $\left(\frac{2\pi}{3}-\alpha\right)\sim\frac{2\pi}{3}$ ψ_a 处于下降区，同样 ψ_b 和 ψ_c 也在 $\left(\frac{2\pi}{3}-\alpha\right)$ 处发生转折。相磁链的变化同样引起相电势的变化，引起相励磁转矩的变化，导致电机转矩 T 的变化，表 3-6 列出了 $\theta=0\sim\frac{2\pi}{3}$ 区间相磁链、相电势、各相转矩的变化趋势。各相转矩有两个分量，一是励磁转矩，由励磁和电枢电流产生；二是磁阻转矩，仅由电枢电流产生。换相提前角过大时，转出相的续流时间很长，见式(3-11)，有一部分产生负转矩，导致最小转矩逐渐减小，加大了转矩脉动。

表 3-6　换相提前控制时在 0～2π/3 区间的相磁链

序号	转子转角 θ	$0\sim(2\pi/3-\alpha)$	$(2\pi/3-\alpha)\sim\theta_1$	$\theta_1\sim2\pi/3$
1	a 相磁链 ψ_a	上升区	下降区	下降区
2	a 相电势 e_a	－	＋	＋
3	b 相磁链 ψ_b	ψ_{bmin}	上升区	上升区
4	b 相电势 e_b	0	－	－
5	c 相磁链 ψ_c	下降区	上升区	上升区
6	c 相电势 e_c	＋	－	－
7	a 相电流	－	－→0	＋
8	b 相电流	0	－	－
9	c 相电流	＋	＋	＋
10	a 相励磁转矩	＋	－	＋
11	b 相励磁转矩	0	＋	＋
12	c 相励磁转矩	＋	－	－

续 表

序号	转子转角 θ	$0\sim(2\pi/3-\alpha)$	$(2\pi/3-\alpha)\sim\theta_1$	$\theta_1\sim2\pi/3$
13	a 相磁阻转矩	+	+	+
14	b 相磁阻转矩	−	$-(\alpha<60°)$	$+(\theta_1>60°)$
15	c 相磁阻转矩	−	−	−

注：θ_1 是 a 相电流 i_a 降到 0 的转子转角。

图 3-18 和表 3-7 是 24/16 结构双凸极电动机在电源电压、励磁电流和电机转速和图 3-17 在相同情况下，电机相电流、电磁转矩和转矩电流比与提前换相角间的关系。由图 3-18 的转矩曲线可见，$\alpha\leqslant72°$时，电动机的相电流和电磁转矩几乎和换相提前角 α 成正比增长，当 $\alpha>72°$后转矩增长减慢，这是因为 $\alpha\leqslant72°$时，转出相均在电流降为零之前形成负的励磁转矩，α 角越大，退出相续流的时间越长，负转矩也越大。转矩电流比先增加后减小，在 $\alpha=24°$时转矩电流比达到最大值。$\alpha=64°$时转矩脉动达最小值。

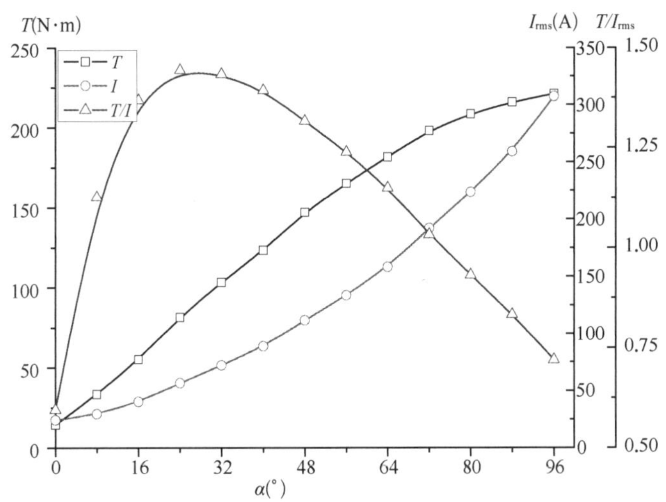

图 3-18　24/16 电动机相电流和电磁转矩和提前换相角 α 间的关系
($u_{dc}=510$ VDC, $i_f=8$ A, $n=3\,000$ r/min)

表 3-7　24/16 电动机相电流和电磁转矩和换相提前角的关系
($u=510$ V, $i_f=8$ A, $n=3\,000$ r/min)

换相提前角 α (°)	相电流 (A)	电磁转矩 (N·m)	转矩电流比 (N·m/A)	最大转矩 (N·m)	最小转矩 (N·m)	转矩脉动 (%)
0	24.37	14.51	0.6	83.46	−54.56	951
8	29.79	33.54	1.13	103.31	−43.77	439
16	40.31	55.15	1.37	118.19	−22.79	256

续 表

换相提前角 α (°)	相电流 (A)	电磁转矩 (N•m)	转矩电流比 (N•m/A)	最大转矩 (N•m)	最小转矩 (N•m)	转矩脉动 (%)
24	56.55	81.62	1.44	141.59	0.66	173
32	72.09	103.33	1.43	166.92	6.05	156
40	89.06	123.95	1.39	194.53	2.73	155
48	111.67	147.02	1.32	237.28	5.33	158
56	133.33	165.20	1.24	278.70	20.13	157
64	158.07	181.68	1.15	320.80	51.04	148
72	191.88	198.09	1.03	367.58	65.47	153
80	223.72	208.48	0.93	399.83	65.36	160
88	259.14	215.81	0.83	426.10	56.52	171

3.3.2 提前换相控制时的电枢反应

表 3-8 为不同提前换相角时的 b 相磁链最大值与最小值，其中增磁量为电动状态磁链最大值与空载状态磁链最大值之差，去磁量为电动状态磁链最小值与空载状态磁链最小值之差。

表 3-8 不同换相提前角时的 b 相磁链

换相提前角 α(°)	磁链最大值(Wb)	磁链最小值(Wb)	增磁(Wb)	去磁(Wb)
0	0.131 4	0.018 9	0.016 9	0.000 1
16	0.129 9	0.018 5	0.015 4	0.000 5
48	0.123 4	0.017 3	0.008 9	0.001 7
80	0.105 6	−0.017 2	−0.008 9	0.036 2
96	0.093 5	−0.044 6	−0.021 0	0.063 6

由表可见，随着提前角的增大，增磁量越来越小，去磁量越来越大，当提前角过大时，电枢反应甚至只有去磁作用，而没有增磁作用。这是因为 α 角的加入，Q_4 提前关断，i_a 提前续流下降，使 ψ_a 未到其最大值即停止上升。

3.3.3 第二种换相提前

观察图 3-17，在 0～2π/3 区间，随换相提前角 α 的加大，Q_4Q_5 提前关断，c 相电流续流，i_c 的下降使 c 相磁链由随 θ 角的加大从下降状态转为上升状态，c 相电动势 e_c 极性变化，从而导致 c 相励磁转矩变负，降低了电机转矩。若在(2π/3−α)时刻关断 Q_4，

开通 Q_1 而不关断 Q_5，Q_5 在 $2\pi/3$ 时才关断；同样，在 $(4\pi/3-\alpha)$ 时关断 Q_2 开通 Q_3 而不关断 Q_1……这就是第二种换相提前控制方法。

图 3-19a 是双凸极电动机三相电动势的理想波形，由此波形可得三相三状态工作的开关管导通规律，如图 3-19b 所示，图 3-19c 是第二种换相提前的开关管导通规律。与图 3-16 不同之处仅在于正侧开关管 $Q_1Q_3Q_5$ 导通的时间不同，三相三状态正侧开关管导通 120°电角（负侧的也为 120°电角），第二种提前换相则正侧开关管导通 $(120°+\alpha)$ 角，α 为换相提前角。如图 3-19c 所示，在 $t=t_4$ 时 Q_1 导通，但原导通管 Q_5 此刻并不关断，而是在 $t=t_6$（即 $\omega t=2\pi/3$ 时）才关断，故 Q_5 的导通时间延长到 $120°+\alpha$。

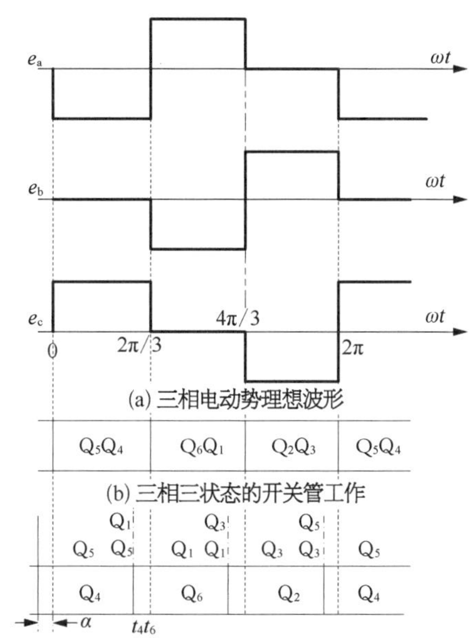

图 3-19　第二种换相提前的开关管导通规律

图 3-20 是换相提前第二种方法工作模态分解。图 3-20a 是工作模态 1，Q_5Q_4 导通，ca 相通电，由于相电流方向与相电势方向相反，励磁转矩为正，与转子旋转方向相同。电压平衡方程为：

$$L_a\frac{di_a}{dt}+L_c\frac{di_c}{dt}=u_{dc}-e_c-e_a \tag{3-13}$$

$$i_a=i_c$$

在 $\omega t=2\pi/3-\alpha$ 时，关断 Q_4，导通 Q_1Q_6，Q_5 继续导通，进入模态 2，如图 3-20b 所示。Q_4 关断，D_1 续流，Q_1 零电流开通，在 D_1 续流期间，Q_1 不通过电流。由于 Q_6 开通，b 相电流 i_b 自零增长。模态 2 的电压方程为：

$$L_a\frac{di_a}{dt}+L_c\frac{di_c}{dt}=e_a-e_c \tag{3-14}$$

$$L_c\frac{di_c}{dt}+L_b\frac{di_b}{dt}=u_{dc}-e_c-e_b$$

$$i_c=i_b+i_a$$

a 相电流在电源电压 u_{dc}的作用下减小，b 相电流则自零增大。

若电流 i_a 在提前换相期间降为零，$i_a=0$，则转入模态 3：

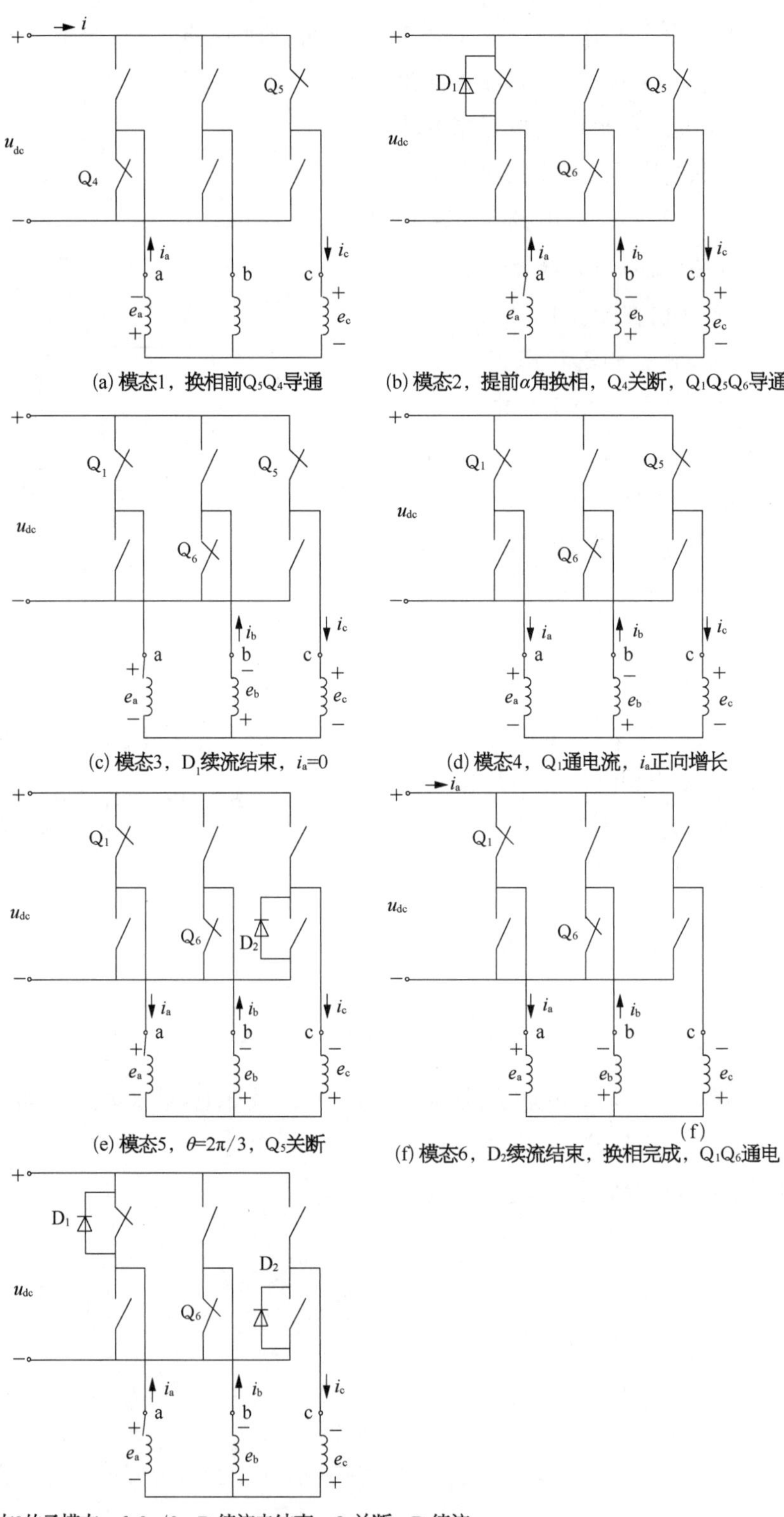

(a) 模态1，换相前Q_5Q_4导通

(b) 模态2，提前α角换相，Q_4关断，$Q_1Q_5Q_6$导通

(c) 模态3，D_1续流结束，i_a=0

(d) 模态4，Q_1通电流，i_a正向增长

(e) 模态5，$\theta=2\pi/3$，Q_5关断

(f) 模态6，D_2续流结束，换相完成，Q_1Q_6通电

(g) 模态2的子模态，$\theta=2\pi/3$，D_1续流未结束，Q_5关断，D_2续流

图 3-20　第二种换相提前控制的工作模态

$$L_c \frac{di_c}{dt} + L_b \frac{di_b}{dt} = u_{dc} - e_c - e_b \tag{3-15}$$

$$i_c = i_b$$

由于此时 Q_1 已导通，故模态 3 持续时间极短，如图 3－20c 所示。

图 3－20d 为模态 4，i_a 自零增长，电路方程为：

$$L_a \frac{di_a}{dt} + L_b \frac{di_b}{dt} = u_{dc} - e_a - e_b \tag{3-16}$$

$$L_c \frac{di_c}{dt} + L_b \frac{di_b}{dt} = u_{dc} - e_c - e_b$$

$$i_b = i_c + i_a$$

$\omega t = 2\pi/3$ 时，Q_5 关断，D_2 续流，进入模态 5，如图 3－20e 所示：

$$L_a \frac{di_a}{dt} + L_b \frac{di_b}{dt} = u_{dc} - e_a - e_b \tag{3-17}$$

$$L_c \frac{di_c}{dt} + L_b \frac{di_b}{dt} = -e_b + e_c$$

$$i_b = i_c + i_a$$

当 i_c 在电动势 e_b 的作用下降为零时，换相结束，进入 a、b 两相导通模态，即模态 7，如图 3－20f 所示。若模态 2 时 D_1 续流时间较长，到 $\omega t = 2\pi/3$ 电动势极性转换时仍在续流，则转入模态 2 的子模态，如图 3－20g 所示：

$$L_c \frac{di_c}{dt} + L_b \frac{di_b}{dt} = -e_b \tag{3-18}$$

$$L_c \frac{di_c}{dt} + L_a \frac{di_a}{dt} = -(u_{dc} - e_a)$$

$$i_c = i_a + i_b$$

为了与三相三状态换相提前控制对比，图 3－21 列出了与图 3－17 同样提前角下的仿真波形。

对比图 3－21a 和图 3－17a 中的磁链波形，第二种换相提前时增磁和去磁反应均强于三相三状态提前换相时，因此其反电势更高。在转子区间（120°－α，120°）范围内，图 3－21a 中 c 相电流继续上升，图 3－17a 中 c 相电流下降，因此第二种提前换相时输出转矩继续增加，最大值明显大于图 3－17a 中的转矩最大值。

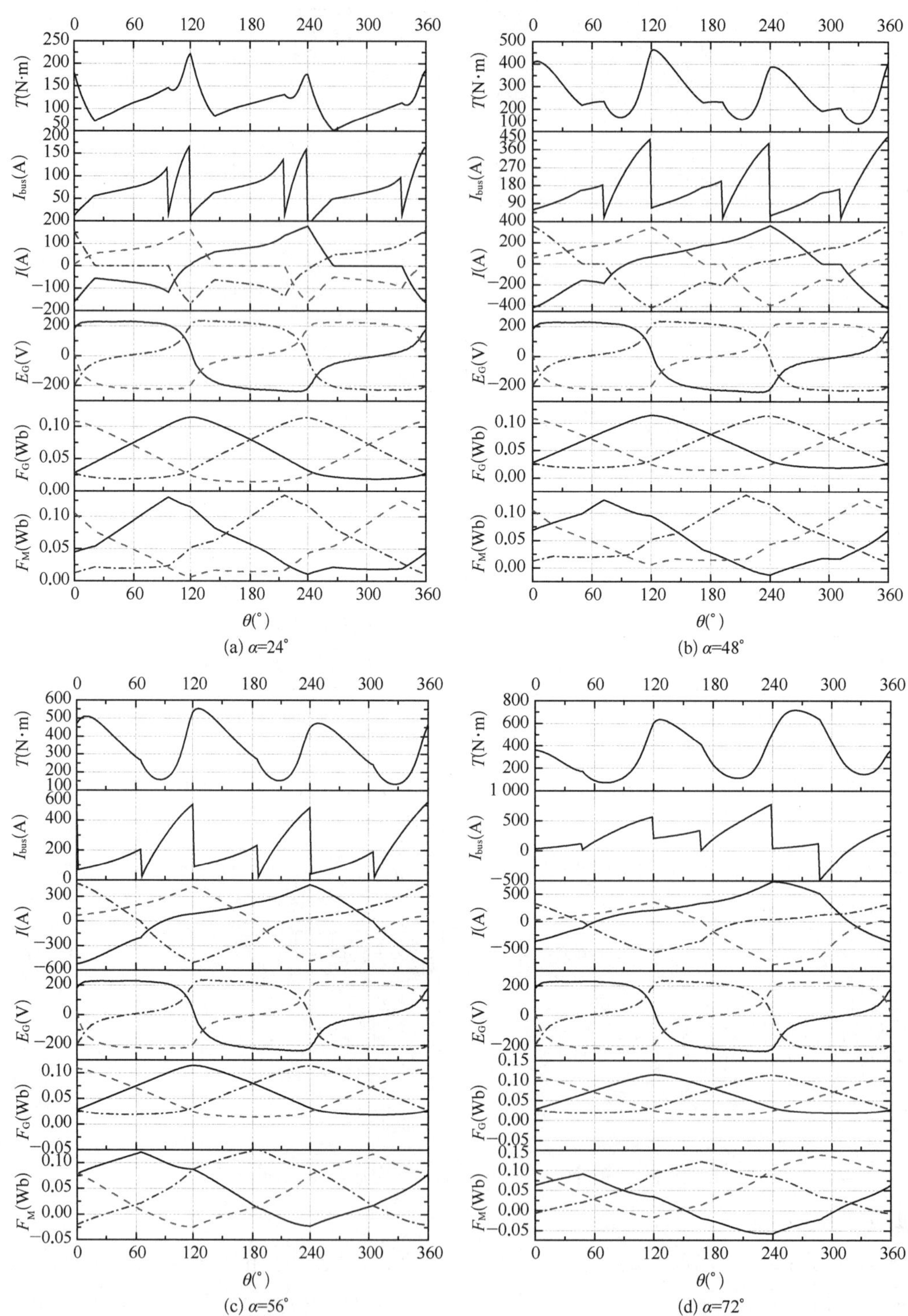

图 3-21　24/16 电机第二种换相提前时的转矩 T、母线电流 I_{bus}、相电流 I 和相磁链 F_M 波形

但是当 α 角过大时，由于 a 相电流上升区间为 $120°+\alpha$，在换相时 a 相电流值较大，续流时相电流下降到 0 所需的时间增加，在 $360°-\alpha$ 时刻开通开关管 Q_4Q_5 时，a 相电流仍为正，ac 相通过 D_4D_5 续流，母线电流出现负值(对应图 3-20g)，如图 3-21d 所示的 288°时刻。b 相电流继续上升，但由于三相绕组星形连接，b 相电流上升速度受到限制，导致三相电流严重不对称，增加转矩脉动，不利于电机运行。因此这种换相提前控制方式时的 α 角不能过大。

表 3-9 列出了不同 α 时的电机输出数据。

表 3-9　24/16 电动机相电流和电磁转矩和换相提前角的关系
(u=510 V, i_f=8 A, n=3 000 r/min)

换相提前角 α (°)	相电流 (A)	电磁转矩 (N·m)	转矩电流比 (N·m/A)	最大转矩 (N·m)	最小转矩 (N·m)	转矩脉动 (%)
0	24.37	14.51	0.6	83.46	−54.56	951
8	33.73	38.86	1.15	105.03	−27.29	341
16	50.19	69.47	1.38	146.22	6.34	201
24	79.06	113.88	1.44	221.56	52.13	149
32	110.19	155.39	1.41	289.22	92.35	127
40	149.25	202.57	1.36	365.07	132.02	115
48	207.81	265.89	1.28	463.78	136.93	123
56	270.57	325.33	1.20	553.48	133.98	129
64	295.92	336.64	1.14	593.07	118.43	141
72	344.63	337.36	0.98	718.37	71.35	192
80	409.02	323.55	0.93	836.8	24.31	251

将表 3-9 和表 3-7 中的数据对比，发现同一 α 角度下，第二种提前换相方式下的电磁转矩更大，转矩脉动更小，但转矩电流比相差较小。观察图 3-21c 中 $\alpha=56°$时的电流波形，正向电流的续流时间恰好等于 64°，即在该相对应的负侧开关管提前开通时该相电流恰好下降到 0。$\alpha>56°$时，三相电流出现不对称的情况，不利于电机运行。

当 α 的取值满足条件"正向电流续流时间不大于 $120°-\alpha$"时，第二种换相方式更有优势。

3.4　三相六状态控制

三相三状态控制方式的不足：一是在换相时有能量回馈，电枢绕组的磁储能返回直流电源；二是电机转矩脉动较大。

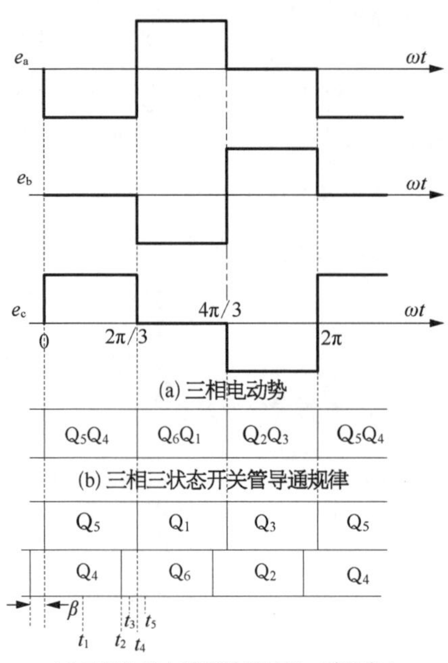

图 3-22　三相六状态控制方式

图 3-22 是三相六状态控制方式开关管导通规律图。图 3-22b 是三相三状态开关规律，图 3-22c 是三相六状态开关规律，比较两分图可见，三相六状态的 DC/AC 变换器正侧三个开关管的导通时间相同，仅负侧的三个开关管提前 β 角导通，称 β 角为移相角。

图 3-23 是三相六状态控制时的电路拓扑，共有五个工作模态，其中模态 4 有一个子模态。

图 3-23a 是换相前的工作模态，即模态 1，这时 Q_5Q_4 导通，c 和 a 相通电，i_c 和 i_a 的方向与 e_c 和 e_a 反向，实现电能向机械能转换，电磁转矩与转向相同。

图 3-23b 中，当 $t=t_2$ 时，负侧换相提前 β 角开始，Q_4 关断，D_1 续流，Q_6 导通，i_a 减小，i_b 从零开始增长，Q_5 保持导通。电路方程为：

$$L_c\frac{di_c}{dt}+L_b\frac{di_b}{dt}=u_{dc}-e_c-e_b \tag{3-19}$$

$$L_a\frac{di_a}{dt}+L_c\frac{di_c}{dt}=e_a-e_c$$

$$i_c=i_a+i_b$$

由式(3-19)可见，由于移相角 $\beta\neq0$，负侧换相时加快了 a 相电流衰减速度，也加快了进入 b 相相电流的上升速度。

在 $t=t_3$ 时，i_a 降到零，D_1 截止，进入模态 3，如图 3-23c 所示。由该分图可见，此时 e_a 仍为负。电路方程为

$$L_c\frac{di_c}{dt}+L_b\frac{di_b}{dt}=u_{dc}-e_c-e_b \tag{3-20}$$

$$i_b=i_c$$

磁阻转矩是仅由电枢电流和磁阻变化导致的转矩，若用 T_r 表示磁阻转矩，则由 a 相电流产生的磁阻转矩 $T_{ra}=\frac{1}{2}i_a^2\frac{dL_a}{d\theta}$。磁阻转矩的方向与 i_a 方向无关，仅取决于磁阻的变化，若$\frac{dL_a}{d\theta}$为正，产生正转矩，否则为负转矩，由于此刻 $i_a=0$，故 $T_{ra}=0$。借助于电机的磁路局部展开图(图 3-23c 的下图)可见，转子极将离开 c 相定子极，$\frac{dL_c}{d\theta}$为

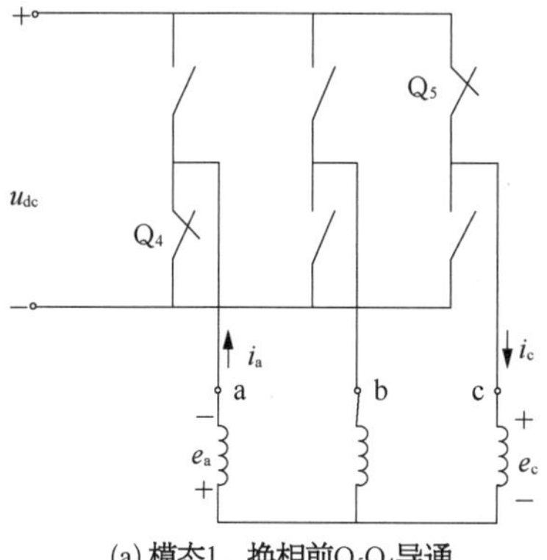

(a) 模态1，换相前Q_5Q_4导通

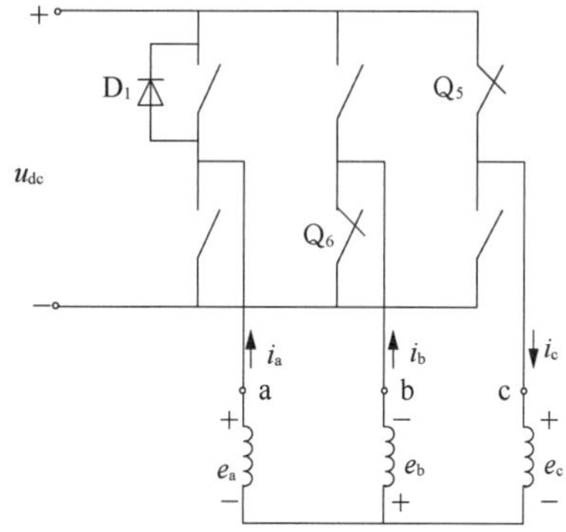

(b) 模态2，负侧换相开始，Q_4关断，Q_5Q_6导通，D_1续流

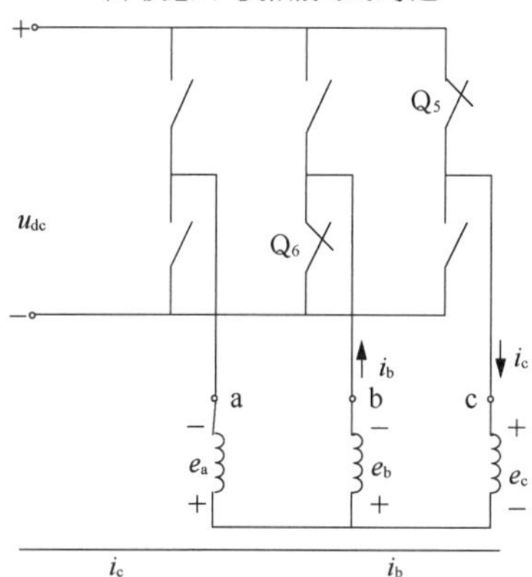

(c) 模态3，$t=t_3$，$t_3<t_4$时，$i_a=0$，Q_5Q_6导通

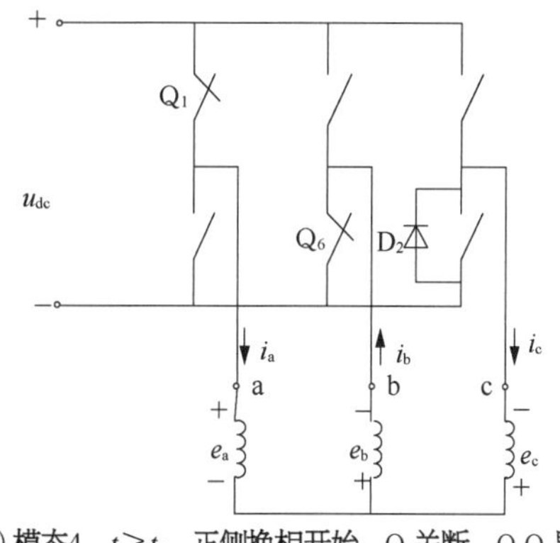

(d) 模态4，$t \geqslant t_4$，正侧换相开始，Q_5关断，Q_1Q_6导通，D_2续流，ac相电势极性转换

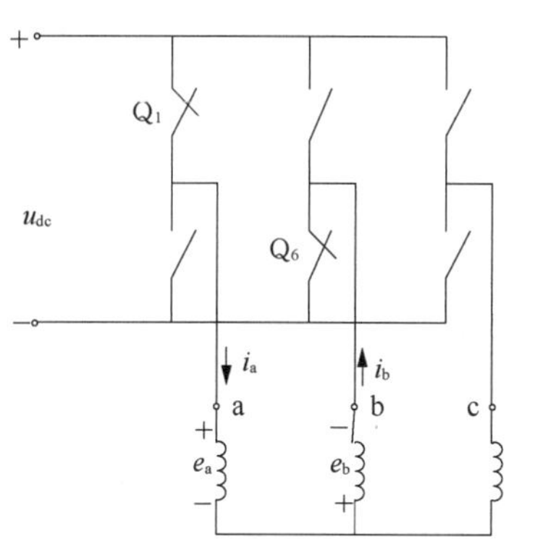

(e) 模态5，$t=t_5$，D_2续流结束，$i_c=0$，Q_1Q_6导通，进入ab两相工作状态

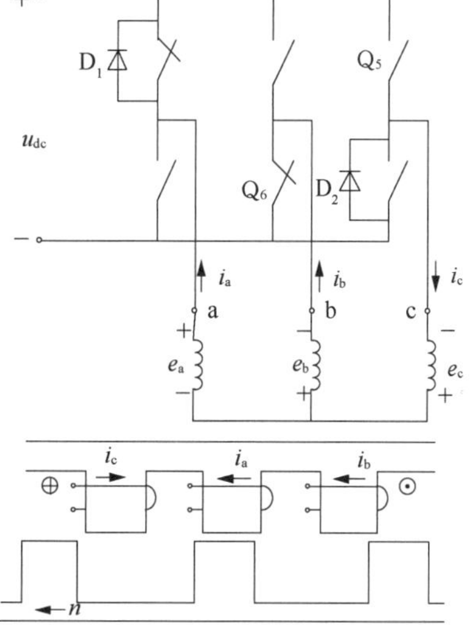

(f) 模态4.1，$t=t_4$，正侧换相开始，Q_5关断，Q_1Q_6导通，但a相续流未结束

图3-23　三相六状态的电路拓扑

负,c 相电流的磁阻转矩 T_{rc} 也为负,与转子转向相反。相电流 i_b 形成正的磁阻转矩 T_{rb}。由此可知 i_c 产生的转矩 T_c 由两部分构成,$T_c=T_{fc}-T_{rc}$。类似地,$T_a=T_{fa}+T_{ra}$,$T_b=T_{fb}+T_{rb}$,可见 b 相电动势和电流的励磁转矩和磁阻转矩均为正。

实际上,磁阻转矩在各个模态都存在着。

$t=t_4$ 时,$\theta=2\pi/3$,Q_5 关断,Q_1Q_6 导通,$t\geqslant t_4$ 时电机进入模态 4。此时 T_{fa} 由零转为正,因 e_a 极性变化而 i_a 自零正向增长,b 相形成正的励磁转矩 T_{fb},c 相形成负的励磁转矩,如图 3-23d 所示。电路方程为:

$$L_a\frac{di_a}{dt}+L_b\frac{di_b}{dt}=u_{dc}-e_a-e_b \tag{3-21}$$

$$L_c\frac{di_c}{dt}+L_b\frac{di_b}{dt}=-e_b+e_c$$

$$i_b=i_a+i_c$$

c 相电流在 bc 相电动势 e_be_c 作用下逐渐降为零,其电流衰减速度主要由 e_b 和 e_c 大小决定,随 β 角加大,i_c 衰减时间加长。

在 $t=t_5$,i_c 降到零后,转入模态 5,如图 3-23e 所示,正侧换相结束,电机再次进入两相通电状态,这时为 ab 相和 Q_1Q_6 通电。

以上讨论中,实际上默认了负侧换相 Q_4 关断后电流 i_a 续流时间较短的条件,即 $i_a=0$ 的时刻 $t=t_3<t_4$。实际上,i_a 续流时间延长到大于 $t=t_4$ 时刻是有可能的。图 3-23f 是 i_a 在正侧开关管转换时刻仍在续流的工作模态,是模态 4 的子模态 4.1。此时 Q_5 关断,Q_1 导通,Q_6 导通,D_1 续流,故 Q_1 暂时没有电流,D_2 续流:

$$L_a\frac{di_a}{dt}+L_c\frac{di_c}{dt}=-(u_{dc}-e_a-e_c) \tag{3-22}$$

$$L_b\frac{di_b}{dt}+L_c\frac{di_c}{dt}=-e_b+e_c$$

$$i_c=i_a+i_b$$

模态 4.1 中 a 相励磁转矩 T_{fa} 为负,b 相 T_{fb} 为正,T_{fc} 为负。磁阻转矩 T_{ra} 为负,T_{rb} 为正,T_{rc} 为负。

当电流 $i_a=0$ 时,模态 4.1 转为模态 4(图 3-23d),i_c 续流结束后再转入模态 5,正负侧换相结束,电机进入两相通电模态。

3.4.1 转子极宽为 120°的电动机三相六状态工作过程

图 3-24 是在四种 β 角下电动机换相时的仿真波形。由相电流的波形可见,换相

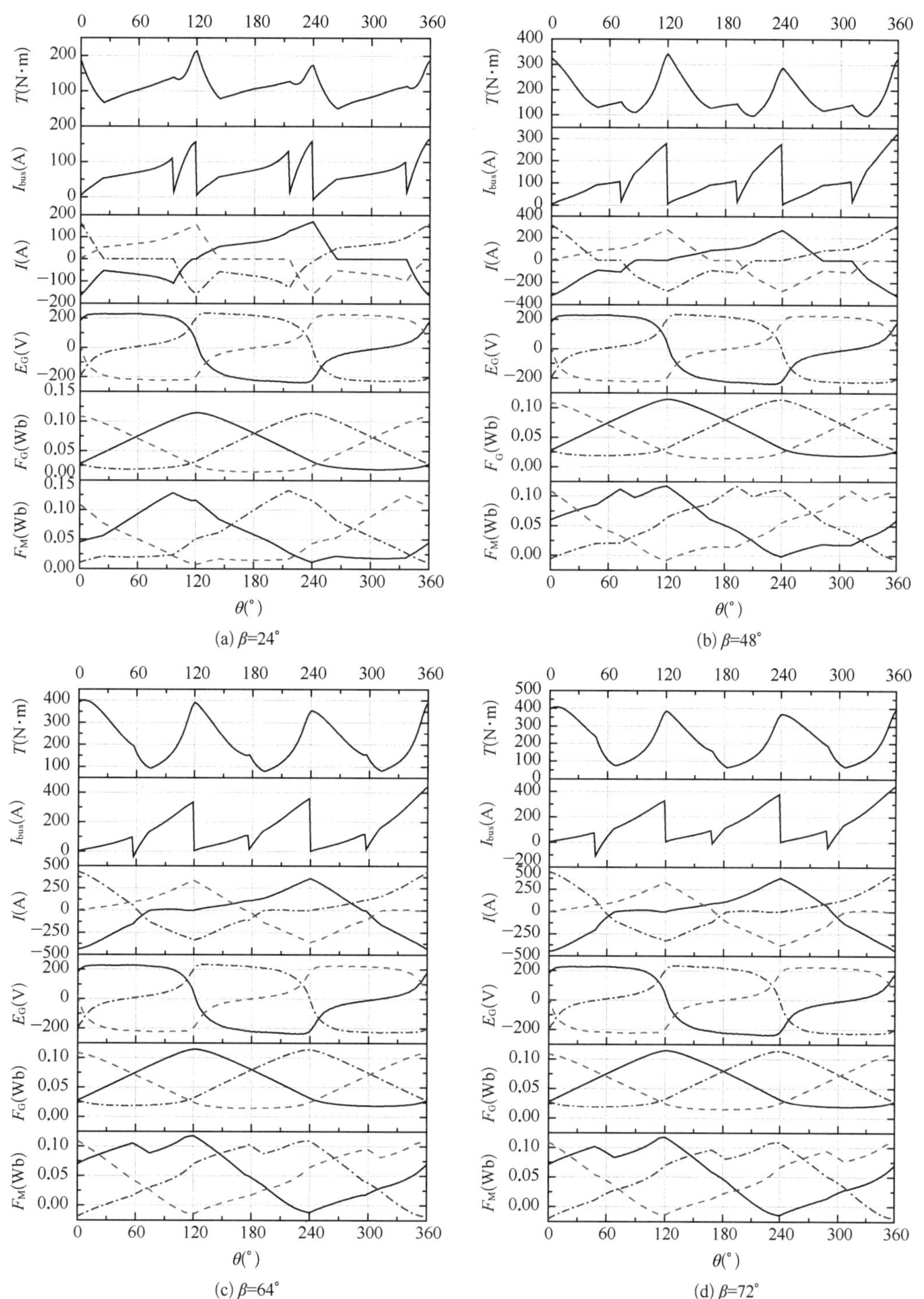

图 3-24　24/16 电动机三相六状态工作波形

提前使进入相的电流上升速度加快，从而加大了电机的电磁转矩，不出现负转矩(请与图 3-8a 比较)。有助于减小或消除换相时的能量回馈，减小损耗。

由图 3-24 可得：

(1) 图 3-24a、b 中，$\theta=120°-\beta$ 时，Q_4 关断，D_1 续流，因此时 $|i_a|\approx|i_c|$，所以 $I_{bus}\approx 0$。

(2) 图 3-24a 转子角度为 240°时，$i_a=i_b+i_c$，因此时 $i_b\neq 0$，故当 Q_1 关断时 I_{bus} 有很小的负值，小部分能量返回直流电源。

(3) 图 3-24b、c、d 因移相角 β 较大，退出相相电流下降速度均较快，均在正侧开关管开通之前下降为零，并未出现环流，因此 I_{bus} 为正。

(4) 提前角过大，如图 3-24d 和式(3-21)所示，导致正侧退出相电流续流时间较长。以转子角度 120°时刻为例，续流电路方程为 $L_c\dfrac{di_c}{dt}+L_b\dfrac{di_a}{dt}=-e_b+e_c$，$e_c$ 阻碍 i_c 的下降。在图 3-24a 中，$\beta=24°$，$e_c\approx 0$；在图 3-24b 中，$\beta=48°$，e_c 大了些；在图 3-24c、d 中，$\beta=64°$ 和 72°，e_c 更大，故 i_c 衰减到零的时间越长，它产生的负转矩 $-T_{fc}$ 也越大。

(5) 相磁链的变化导致相电势的变化，由图 3-24 知，随着 β 角的增加，相磁链的上升区不断扩大，相磁链为最小值的区间不断减小，在图 3-24c 和 d 中，ψ_{min} 区已减小为一个点，且其值已为负。同时在上升区的退出相相电流降为零的区间，出现磁链下降区(相电势为正，导致负转矩)。磁链的连续下降区宽度保持在 120°电角。电机转速不变时，相电势与相电流的积决定了励磁转矩的大小。

比较图 3-24b 和图 3-17b 可得：

(1) $\beta=48°$ 时，相电流上升到 300 A 只需 48°电角度，而 $\alpha=48°$ 时相电流最大只上升到 200 A，且需要 120°电角度，因此移相角更能提高换相后的电流上升率。

(2) $\beta=48°$，相电流上升率一直都较大，导致其电流波形为三角形，而 $\alpha=48°$ 时相电流成梯形状，因此仅加入移相角时的输出转矩有尖峰，但因为其换相过程中没有负转矩产生，其转矩脉动反而小于仅加入换相提前角的情况。

(3) $\beta=48°$ 时母线电流均为正，而 $\alpha=48°$ 时母线电流有较大的负值，可见加入 β 能减少能量回馈。

比较图 3-24d 的 $\beta=72°$ 和图 3-17c 的 $\alpha=72°$ 时也能得到以上结论。

比较表 3-10 和表 3-7 可见，两种情况下均在 24°电角度时转矩电流比达到最大值 1.44，但加入移相角 β 时的输出转矩比加入换相提前角时大 36%，而转矩脉动却小 16%，因此加入 β 角比加入 α 角好。另外，加入移相角时同时有两相换相，而加入换相提前角时是三相绕组同时换相，因此加入移相角的控制方式的换相转矩脉动降低，总的转矩脉动也降低。

表 3-10　24/16 电机三相六状态工作的数据(u=510 VDC, n=3 000 r/min, i_f=8 A)

移相角 β (°)	相电流 (A)	电磁转矩 (N·m)	转矩电流比 (N·m/A)	最大转矩 (N·m)	最小转矩 (N·m)	转矩脉动 (%)
0	24.37	14.51	0.6	83.46	−54.56	951
8	33.87	38.81	1.15	105.35	−28.44	345
16	50.36	69.38	1.38	146.50	4.92	204
24	77.01	110.63	1.44	212.82	51.40	146
32	93.99	130.95	1.39	251.83	76.49	134
40	113.16	149.01	1.32	291.51	94.48	132
48	143.09	174.82	1.22	341.30	96.83	140
56	174.63	200.31	1.15	383.74	89.05	147
64	198.95	215.73	1.08	399.60	78.58	149
72	201.34	212.42	1.06	407.78	65.50	161

3.4.2　转子极宽为 120°的电动机三相六状态控制时的电枢反应

表 3-11 为不同移相角时的 b 相磁链变化值。

表 3-11　不同移相角时的 b 相磁链

移相角 β(°)	磁链最大值(Wb)	磁链最小值(Wb)	增磁(Wb)	去磁(Wb)
0	0.131 4	0.018 9	0.016 9	0.000 1
16	0.130 0	0.016 0	0.015 5	0.003 0
48	0.117 2	−0.001 6	0.002 7	0.020 6
80	0.117 7	−0.014 5	0.003 2	0.033 5
96	0.115 0	−0.015 9	0.000 5	0.034 9

由表可见，随着移相角的增大，增磁量越来越小，去磁量越来越大，励磁电流不变时，磁链变化量 $\Delta\psi=\psi_{max}-\psi_{min}$ 随移相角的增加而加大。

3.4.3　转子极宽大于 120°的电动机三相六状态控制的工作过程

观察图 3-25 中不同转子极宽时空载相电势波形，图 3-25a 极宽为 120°，图 3-25b 为 130°，图 3-25c 为 140°，图 3-25d 为 150°。该波形图与本书设定(图 3-2)的电动势正方向是反向的。

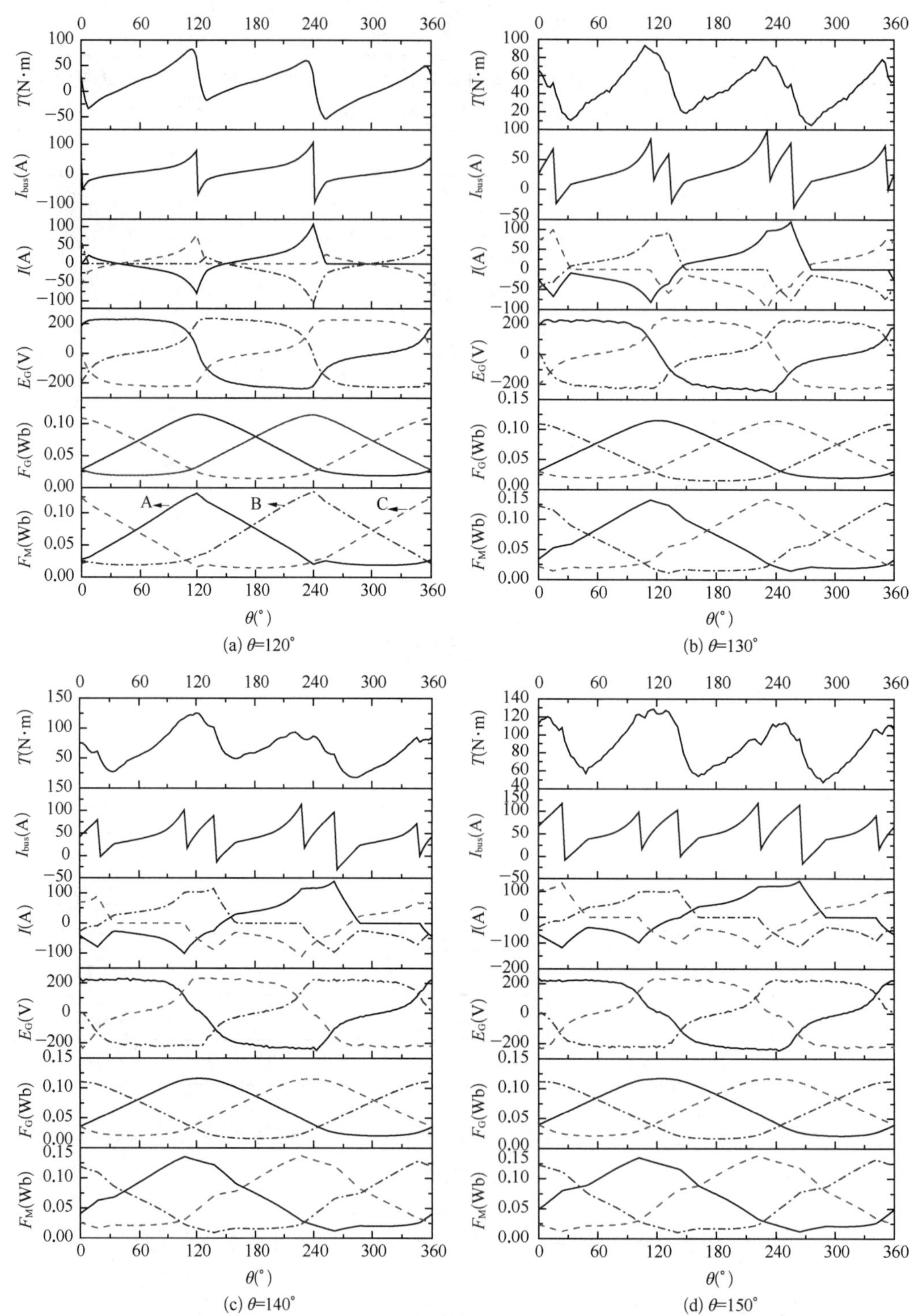

(a) θ=120°
(b) θ=130°
(c) θ=140°
(d) θ=150°

图 3-25　24/16 双凸极电机不同转子极宽时的工作波形

图 3 - 25a 中负电动势的自然换相点约在 $\omega t = 105°$、225°和 345°处，正电动势的自然换相点约在 $\omega t = 135°$、255°和 15°处，上下两相近自然换相点差 30°电角，故可用三相三状态工作方式。显然设置合理的 β 角会更有利于电机的工作。

图 3 - 25b 和 c 是 24/16 结构电机转子极宽加宽至 130°和 140°时电机的工作波形。由图可见，转子极的加宽改变了相磁链和相电势波形，导致自然换相点的变化。图 3 - 25d 转子极弧宽度为 150°，负电动势的自然换相点约在 100°、220°和 340°处，正电动势的自然换相点在 140°、260°和 20°处，负正电动势近邻的自然换相点差 40°电角。由于自然换相点间的电动势最大，采用三相三状态工作方式显得很不合理，必须采用三相六状态工作方式，让开关管在自然换相点转换，实现电机换相。

按自然换相点实现开关管转换的三相六状态工作方式是加宽转子极的双凸极电动机的基本工作方式。如果进一步增加 β 角，开关管在进入相的电动势更低时开通，有助于加快进入相电流上升速度，和 3.4.1 节一样，可提高输出转矩。

图 3 - 25d 转子极宽为 150°时，在转子角度为 100°时开始换相，a 相电流开始减小，b 相电流开始增加，使得 a 相电动势为正时相电流很小或已变为负值，b 相电动势为负时 b 相电流已经增加到一个较大的负值，减小了换相时的负转矩，提高了电机出力。

表 3 - 12 是 24/16 电机不同转子极宽的计算数据，电源电压为 510 VDC，$n = 3\,000$ r/min，$i_f = 8$ A。随着转子极宽增加，输出转矩最大值和最小值均增加。数据表明适当增加转子极宽有利于增加电机出力和转矩电流比，同时说明在自然换相点处换相的工作方式优于三相三状态的工作方式。

表 3 - 12　24/16 结构电机不同转子极宽时在自然换相点转换的数据

转子极宽 (°)	相电流 (A)	输出转矩 (N・m)	转矩电流比 (N・m/A)	最小输出转矩 (N・m)	最大输出转矩 (N・m)
120	24.35	14.36	0.60	−53.53	82.13
130	41.68	46.57	1.12	4.75	93.49
140	54.23	66.05	1.22	17.81	125.49
150	65.41	88.69	1.36	47.20	128.70

3.5　三相六状态的提前角度控制

前两节分别讨论了换相提前控制和移相控制，本节将综合上述两种控制方式，称为三相六状态的提前角控制，简称 $\alpha + \beta$ 控制。

3.5.1 $\alpha+\beta$ 控制的工作模态

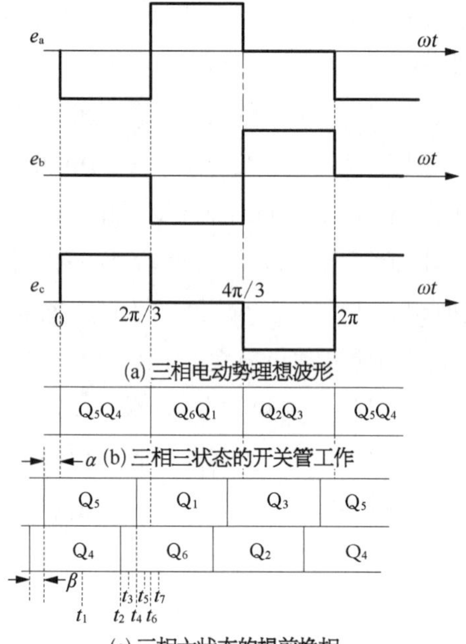

图 3-26　三相六状态的换相提前控制开关管导通规律

α—提前换相角；β—移相角

图 3-26 是三相六状态提前换相控制开关管导通规律图。由图可见，先实现 DC/AC 变换负侧换相（$t=t_2$ 时），经 β 角后转入正侧换相（$t=t_4$ 时），故负侧开关管的换相角与三相三状态的换相角相比提前了 $\alpha+\beta$ 角，正侧换相角提前 α 角，使正负侧的换相过程都得到加快。

图 3-27 是该控制方式下的电路模态，观察模态 1、模态 2、模态 3 和模态 4.1 和图 3-23 的三相六状态控制的模态相同，为换相前模态和 β 角移相的负侧换相工作模态，如图 3-23 和图 3-27a、b、c 所示。图 3-27d 为 $t=t_4$ 时，正侧换相开始，Q_5 关断，D_2 续流，Q_1 导通，由于正侧提前换相，进入模态 4。

$$L_a\frac{di_a}{dt}+L_b\frac{di_b}{dt}=u_{dc}-e_a-e_b \tag{3-23}$$

$$L_b\frac{di_b}{dt}+L_c\frac{di_c}{dt}=e_c-e_b$$

$$i_a+i_c=i_b$$

i_c 在电动势 e_b 和 e_c 的作用下减小，e_b 越大，i_c 下降越快。

$t=t_5$，$i_c=0$，D_2 续流结束，转入模态 5，如图 3-27e 所示。由于 $i_c=0$，$T_{fc}=0$。

图 3-27b 是负侧换流时，Q_4 关断，D_1 续流时的情况，若在 D_1 未续流结束时，正侧换相开始，Q_5 关断，Q_1 导通，则从模态 2 直接进入子模态 4.1（图 3-27f），二极管 D_1 和 D_2 同时导通续流，直流电流 i 反向，电机电感储能的一部分返回直流电源。

$$L_a\frac{di_a}{dt}+L_c\frac{di_c}{dt}=-(u_{dc}-e_a-e_c) \tag{3-24}$$

$$L_b\frac{di_b}{dt}+L_c\frac{di_c}{dt}=e_c-e_b$$

$$i_c=i_a+i_b$$

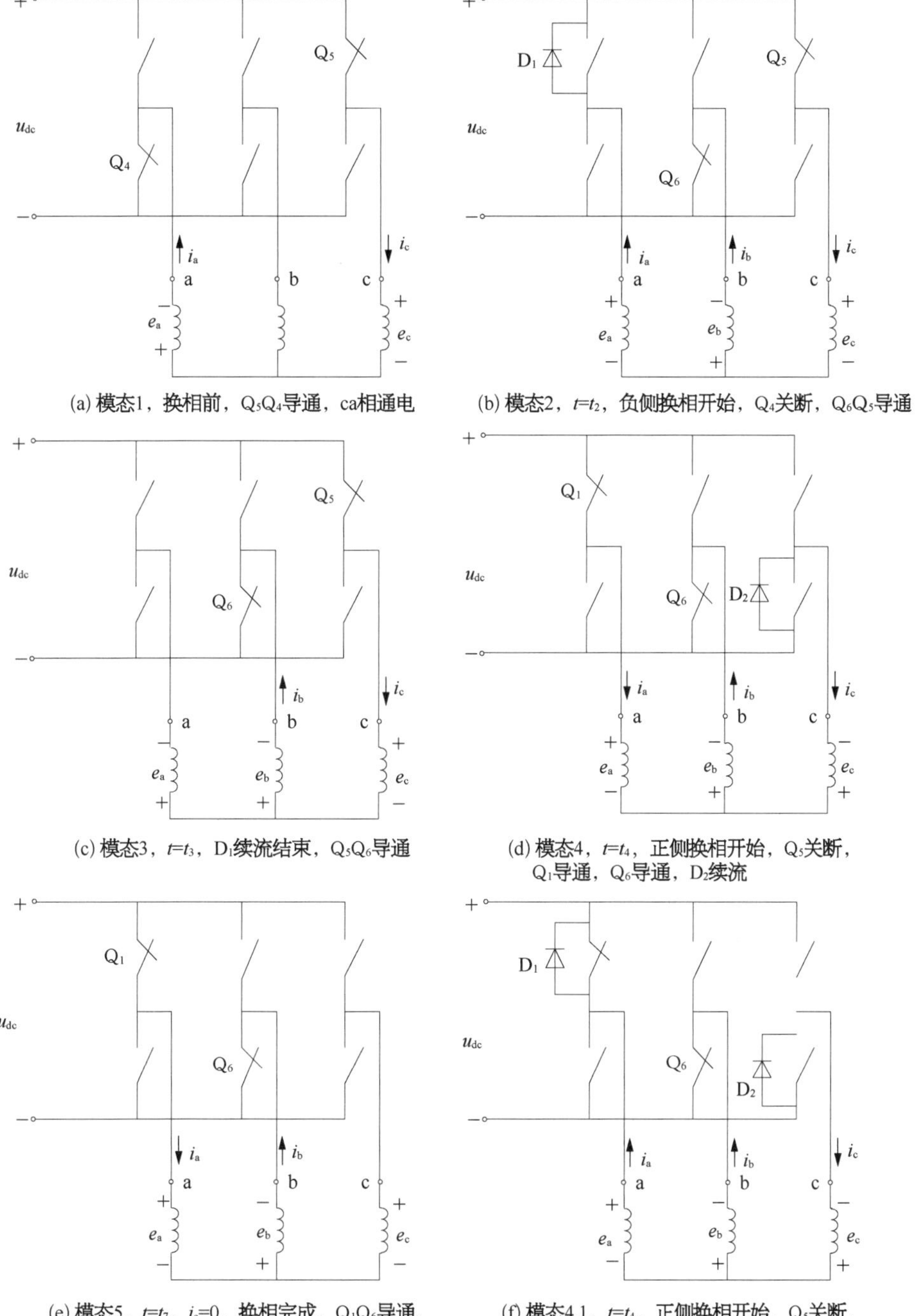

(a) 模态1，换相前，Q_5Q_4导通，ca相通电

(b) 模态2，$t=t_2$，负侧换相开始，Q_4关断，Q_6Q_5导通

(c) 模态3，$t=t_3$，D_1续流结束，Q_5Q_6导通

(d) 模态4，$t=t_4$，正侧换相开始，Q_5关断，Q_1导通，Q_6导通，D_2续流

(e) 模态5，$t=t_7$，$i_c=0$，换相完成，Q_1Q_6导通，ab两相导通

(f) 模态4.1，$t=t_4$，正侧换相开始，Q_5关断，D_2续流，Q_1导通，但D_1续流尚未结束

图 3－27　三相六状态换相提前控制的工作模态

a 相电流在电源电压 u_{dc} 和 e_ae_c 作用下快速衰减，在 $i_a=0$ 后，转入模态 4(图 3－27d)，续流结束，$i_c=0$，其后进入模态 5，正负侧换相结束。

由此可见，β 和 α 的引入，正负侧换相均得到加快，有助于在电动机高转速时提高电磁转矩，增加输出功率。

3.5.2 三相六状态换相提前控制的工作特性

本节仍以 45 kW 双凸极电动机为例讨论 $\alpha+\beta$ 控制下的工作特性。

表 3-13 是 24/16 双凸极电机励磁电流 $i_f=8$ A，直流输入电压 510 VDC 和转速 3 000 r/min时的仿真结果。

表 3-13　24/16 电动机在三相六状态加提前角工作方式下的仿真结果

$\alpha+\beta$ (°)	α (°)	β (°)	相电流 (A)	电磁转矩 (N·m)	转矩电流比 (N·m/A)	转矩最大值 (N·m)	转矩最小值 (N·m)	转矩脉动比 (N·m)
24	0	24	77.01	110.63	1.44	212.82	51.42	146
	8	16	70.62	102.33	1.45	176.71	34.77	139
	16	8	63.42	92.07	1.45	141.25	11.49	141
	24	0	56.56	81.63	1.44	141.60	0.70	173
48	0	48	143.10	174.84	1.22	341.33	96.83	140
	8	40	138.29	174.58	1.26	316.53	108.83	119
	16	32	143.31	185.55	1.29	298.72	126.47	93
	24	24	149.96	195.93	1.31	277.34	137.13	72
	32	16	136.74	179.40	1.31	237.34	122.14	64
	40	8	124.15	163.62	1.32	237.32	78.97	97
	48	0	111.66	147.01	1.32	237.27	5.34	158
64	0	64	198.96	215.74	1.08	399.62	78.59	149
	8	56	198.70	218.15	1.10	404.35	89.38	144
	16	48	196.78	220.75	1.12	393.36	99.42	133
	24	40	205.63	234.38	1.14	394.77	113.90	120
	32	32	217.80	248.73	1.14	401.77	123.07	112
	40	24	212.32	242.35	1.14	378.07	120.65	106
	48	16	189.42	217.35	1.15	320.88	107.48	98
	56	8	172.69	198.72	1.15	320.84	86.64	118
	64	0	158.07	181.68	1.15	320.80	51.04	148

由表 3-13 可见：

(1) 当 $\alpha+\beta=\beta''$ 时，$\alpha+\beta$ 控制方式下的转矩电流比均大于 β'' 控制方式；$\alpha+\beta=24°$ 时，$\alpha=8°$，$\beta=16°$；$\alpha=16°$，$\beta=8°$ 时，T/I_{rms} 达最大；$\alpha+\beta=48°$ 时，$\alpha=40°$，$\beta=8°$；

$\alpha=48°$, $\beta=0°$ 时,T/I_{rms} 达最大。

(2) 在 $\alpha+\beta$ 控制方式下,随着 $\alpha+\beta$ 值的增大,输出转矩增大,$\alpha+\beta=24°$,$T_{max}=110$ N·m,小于额定转矩 143 N·m;$\alpha+\beta=48°$ 时,$T_{max}=195$ N·m$=136\% T_N$;$\alpha+\beta=64°$ 时,$T_{max}=248$ N·m$=170\% T_N$;$\alpha+\beta=64°$ 的转矩电流比反而减小,这是因为随着 $\alpha+\beta$ 的增大,相电流有效区间减小。

(3) 当 $\alpha+\beta$ 为定值时,$\alpha=\beta$ 时输出转矩达最大值 T_{max}。

(4) $\alpha+\beta$ 控制的转矩脉动比 α 控制或 β 控制更小,$\alpha+\beta$ 控制在 α 角与 β 角接近时瞬态转矩最小值较大。由此可见,$\alpha+\beta$ 控制优于 α 控制也优于 β 控制。

为了进一步分析 $\alpha+\beta$ 控制时电机的工作状态,图 3-28 列出了几种不同 α 和不同 β 时电机的输出转矩、相电流等波形。图中三相电动势依次为实线 a 相、虚线 c 相、点划线 b 相。

比较各图发现,当 $\alpha+\beta$ 为定值时,若 $\alpha<\beta$,则 I_{bus} 没有负值或负值很小;若 $\alpha>\beta$,则 I_{bus} 有较大的负值,即有较多能量返回直流电源。以图 3-28d 为例,转子角度 $120°-\alpha$ 时刻,D_1 续流还未结束,$i_a<0$,Q_5 关断,D_2 续流,导致 a 相电流和 c 相电流通过 D_1D_2 续流,电感储能返回直流电源。而在 i_a 续流的时间段里,由于电枢反应,a 相电动势为正,导致 a 相励磁转矩 T_{fa} 为负。

$\alpha+\beta$ 一定,$\alpha<\beta$ 时电机出力更大一些,这是因为相电流有效值更大。以图 3-28c、d 为例,在转子角度区间为(72°, 88°)时,b 相电流上升速度一样,而当 $\theta>88°$ 后,考虑电枢反应的影响,图 3-28c 中 b 相电流上升率 $L_c\dfrac{di_c}{dt}+L_b\dfrac{di_b}{dt}=u_{dc}-e_b-e_c$,图 3-28d 中 b 相电流上升率 $L_c\dfrac{di_c}{dt}+L_b\dfrac{di_b}{dt}=e_c-e_b$,显然图 3-28c 中 b 相电流上升率更大一些,因此相电流有效值更大。另外,$\alpha<\beta$ 时,负侧相电流要换相时均有一段区间为零,即二极管续流结束后,该相对应的正侧开关管还未开通,在这段区间内,该相相磁链又开始增加,相电动势转为负值。

以图 3-28c 为例,转子角度为 $120°-\alpha$ 时,Q_5 关断,Q_1 开通,c 相电流 i_c 在 e_be_c 的作用下开始减小,但下降较慢(图 3-27d)。当 α 较小时,i_c 在转子角度 120°时刻仍存在较大的值,但此时 i_c 经 D_2Q_6 与 i_b 形成环流,所以没有电流回馈直流电源,从图中 I_{bus} 的波形也可以看出,此时虽然 I_{bus} 突降,但仍然大于零。分析图 3-28 中其他各图,均是如此。在转子角度 120°时退出相相电流续流均未结束,相当于图 3-27d 的情况。

图 3-28 中,$\alpha<\beta$ 时,转矩最大值基本上出现在接近 120°时刻处,转矩最小值基本上出现在正相电流续流结束的时刻。以图 3-28c 为例分析,将转矩波形与相电流波形对应起来看,可以发现转矩变化情况与负侧相电流变化趋势接近。转子角度为 $120°-\alpha-\beta$ 时,Q_4 关断,Q_6 开通,a 相电流开始减小,T_{fa} 由正转为负,b 相电流开始增加,T_{fb}

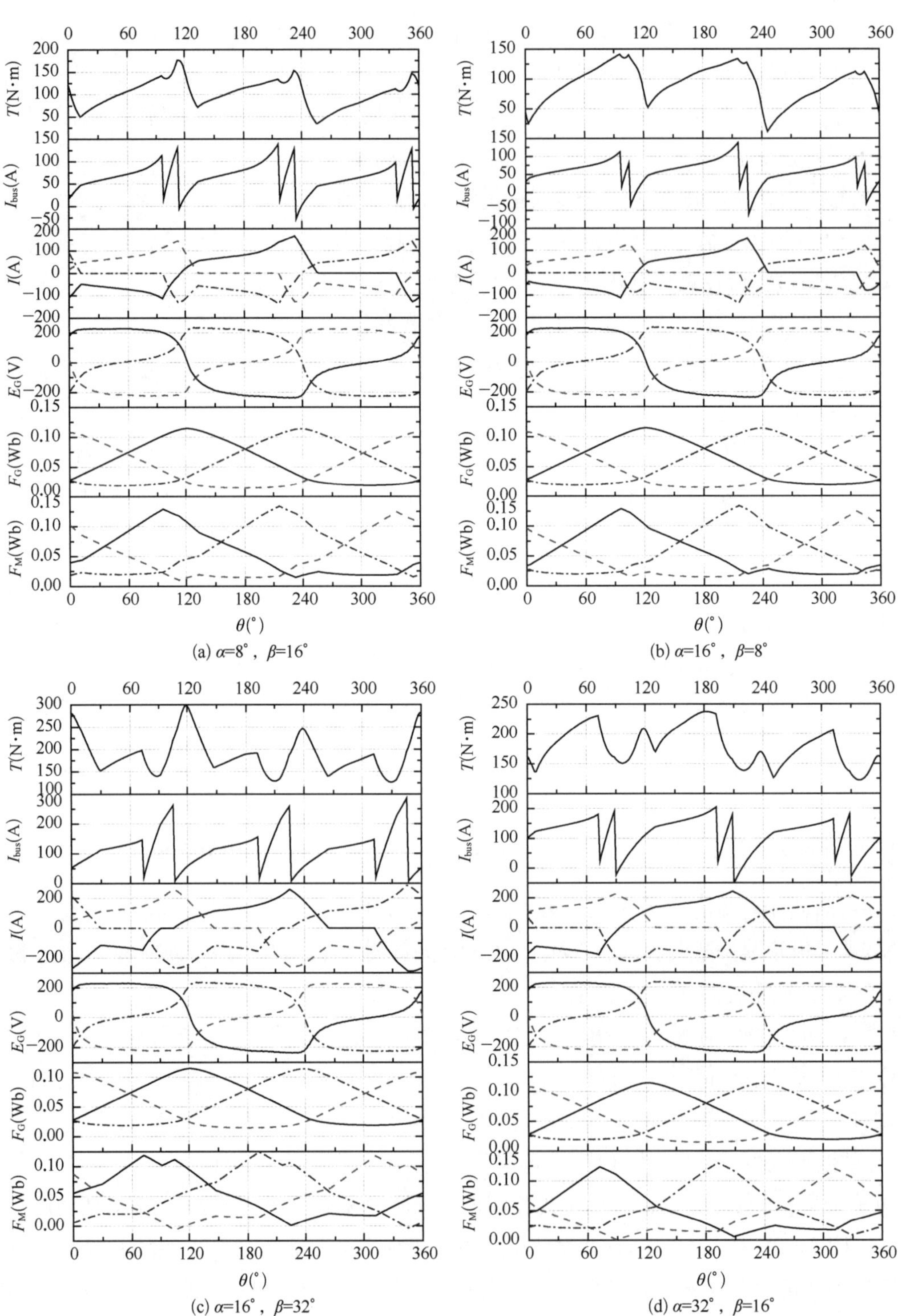

(a) $\alpha=8^\circ$，$\beta=16^\circ$

(b) $\alpha=16^\circ$，$\beta=8^\circ$

(c) $\alpha=16^\circ$，$\beta=32^\circ$

(d) $\alpha=32^\circ$，$\beta=16^\circ$

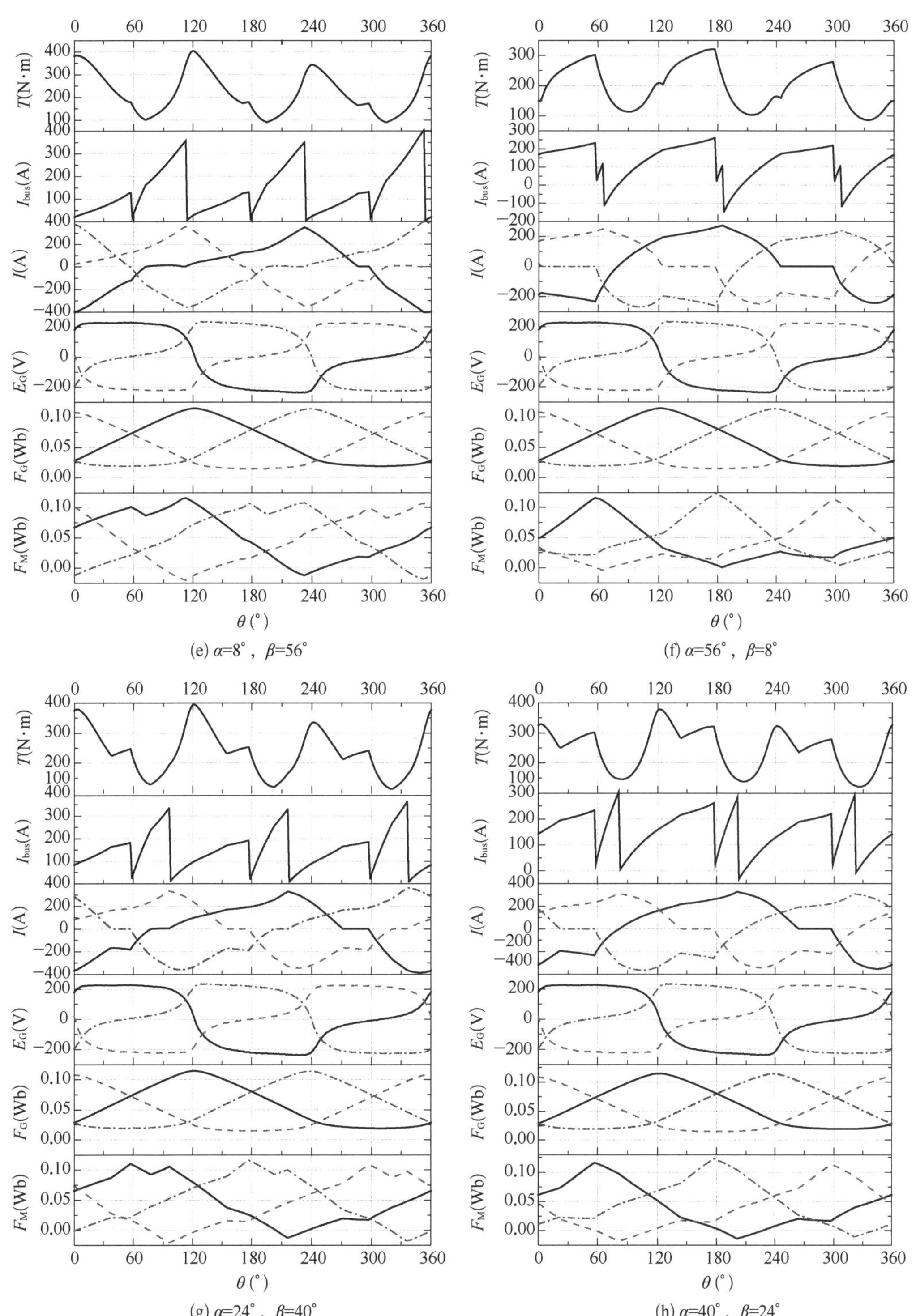

图 3-28　不同 **α**、**β** 角控制时电机的工作波形(i_f=8 A, u_{dc}=510 V, n=3 000 r/min)

由零转为正，随 i_b 的增大，T_{fb}继续增加，输出转矩开始减小。a 相电流续流结束时，T_{fa}变为零，T_{fb}、T_{fc}随 i_b 和 i_c 的增加而继续增加，因此输出转矩也开始增加。转子角度为 $120°-\alpha$ 时，Q_5 关断，i_c 下降，Q_1 开通，i_a 自零增加，故 T_{fa}由零开始增加，T_{fc}由正转为负，随着 c 相电流缓慢减小，$-T_{fc}$也逐渐减小，因此输出转矩继续上升。随着 $i_a i_b$ 的增大，i_c 的减小，在 $2\pi/3$ 附近，输出转矩达最大值。然后因 i_c 和 i_b 的减小，输出转矩减小，当 c 相电流续流结束，$i_c=0$，$T_{fc}=0$ 时输出转矩最小，换相结束。随后因 i_a 和 i_b 的增加输出转矩上升，到下一时刻转子角度为 $240°-\alpha-\beta$ 又开始重复以上的变化。

比较图 3-28 左右两侧的转矩波形可见，$\alpha>\beta$ 时转矩波形大致上为馒头波，而 $\alpha<\beta$ 时转矩波形大致为三角波，尤其当 α 与 β 相差较大时更为明显。从转矩脉动的角度考虑，$\alpha+\beta$ 控制优于 α 或 β 控制，且以 $\alpha>\beta$ 为好。比较图 3-28 中各图在表 3-13 中对应的数据可见，$\alpha+\beta$ 一定时，除了图 3-28g、h 外，$\alpha>\beta$ 的转矩脉动更小一些，两者的输出转矩最小值相差不大，而输出转矩最大值相差比较大。$\alpha>\beta$ 时输出转矩的最大值基本上出现在负侧电流开始换相处，即 $120°-\alpha-\beta$ 时或 $240°-\alpha-\beta$ 或 $360°-\alpha-\beta$。此时仅有两相电枢绕组出力，且相电流不是最大值，因此输出转矩小于 $\alpha<\beta$ 时的输出转矩。

3.6 三相九状态控制

图 3-29a 是双凸极电动机三相电动势的理想波形，由此波形可得三相三状态工作的开关管导通规律，如图 3-29b 所示，图 3-29c 是三相九状态开关管导通规律。与图 3-22 不同之处仅在于正侧开关管 $Q_1Q_3Q_5$ 导通时间不同，三相三状态正侧开关管导通 120°电角（负侧的也为 120°电角），三相九状态则正侧开关管导通 $120°+\alpha$ 角，α 为换相提前角。如图 3-29c 所示，在 $t=t_4$ 时 Q_1 导通，但原导通管 Q_5 此刻并不关断，而是在 $t=t_6$（即 $\omega t=2\pi/3$ 时）才关断，故 Q_5 的导通时间延长到 $120°+\alpha$。

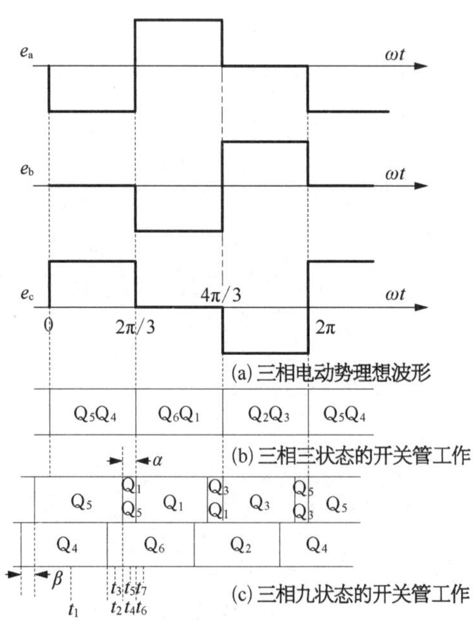

图 3-29　三相九状态的开关管导通规律

由图 3-29 可见，Q_5 导通延长时间 α 电角内 c 相电动势并不为零，这样避免了这部分电动势在提前换相控制时不能得到充分利用的缺陷。

3.6.1　三相九状态仿真分析

表 3-14 是 24/16 电机在不同 α 和 β 角时的三相九状态控制方式下的仿真数据，励磁电流为 8 A，直流输入电压 510 V，转速 3 000 r/min。

表 3-14　24/16 电动机在三相九状态控制方式下的仿真结果

$\alpha+\beta$ (°)	α (°)	β (°)	相电流 (A)	电磁转矩 (N·m)	转矩电流比 (N·m/A)	转矩最大值 (N·m)	转矩最小值 (N·m)	转矩脉动比 (N·m)
24	0	24	76.79	110.77	1.44	212.93	52.53	145
	8	16	78.92	113.45	1.44	218.77	51.66	147
	16	8	78.89	113.41	1.44	218.75	51.63	147
	24	0	78.86	113.36	1.44	218.68	51.58	147
48	0	48	143.45	175.81	1.23	341.32	96.54	139
	8	40	155.95	194.51	1.25	365.29	109.14	132
	16	32	178.77	227.03	1.27	404.51	127.50	122
	24	24	207.02	264.73	1.28	458.56	137.71	121
	32	16	208.38	266.25	1.28	461.66	136.95	122
	40	8	208.32	266.18	1.28	461.56	136.96	122
	48	0	208.27	266.13	1.28	461.48	136.97	122
64	0	64	199.70	217.10	1.09	400.92	78.91	148
	8	56	209.17	230.49	1.10	420.61	85.36	145
	16	48	228.27	256.61	1.12	458.51	97.05	141
	24	40	258.10	298.34	1.16	507.85	115.30	132
	32	32	286.11	334.60	1.17	562.21	127.45	130
	40	24	290.70	338.87	1.17	565.73	133.52	128
	48	16	295.79	336.36	1.14	592.78	118.16	141
	56	8	295.07	335.22	1.14	591.36	117.44	141
	64	0	294.76	334.75	1.14	590.76	117.14	141

由表 3-14 可见，当 $\alpha+\beta$ 的和一定时，随着 α 的增大，输出转矩逐渐增加，转矩电流比逐渐增加，转矩脉动逐渐减小，当 α 增加到和的一半后，输出转矩基本上不再变化，转矩电流比基本不变，转矩脉动不变或略有增加。与表 3-13 相比，三相九状态显著增加了电磁转矩，在 $\alpha+\beta=48°$时，最大转矩达 266 N·m$=1.86T_N$；$\alpha+\beta=64°$ 时，$T_{max}=$ 338 N·m$=2.36T_N$，T_N 为额定转矩，$T_N=143$ N·m。

为了进一步分析三相九状态控制下电机各相的工作情况，图 3-30 列出了几种不

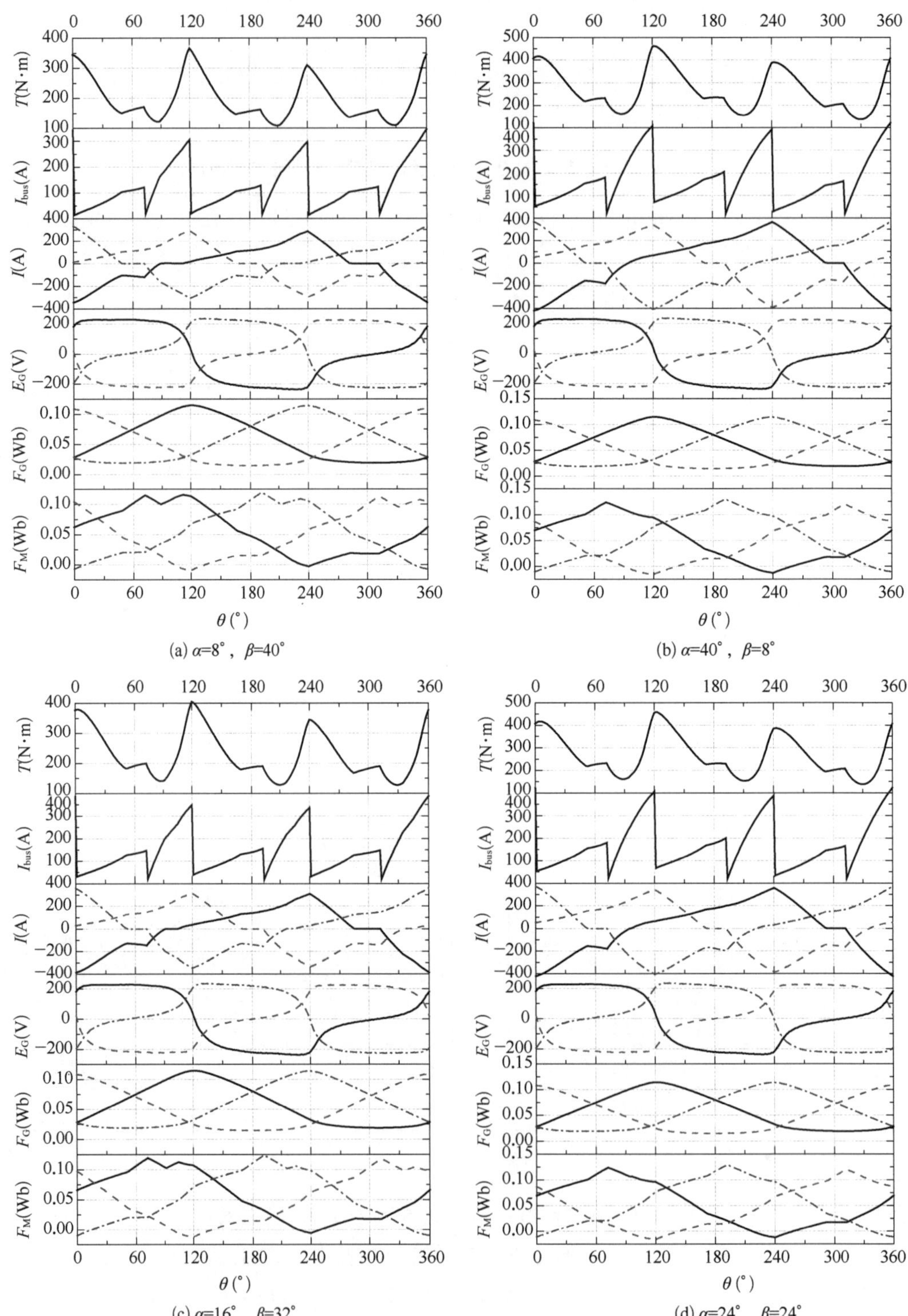

(a) α=8°，β=40°

(b) α=40°，β=8°

(c) α=16°，β=32°

(d) α=24°，β=24°

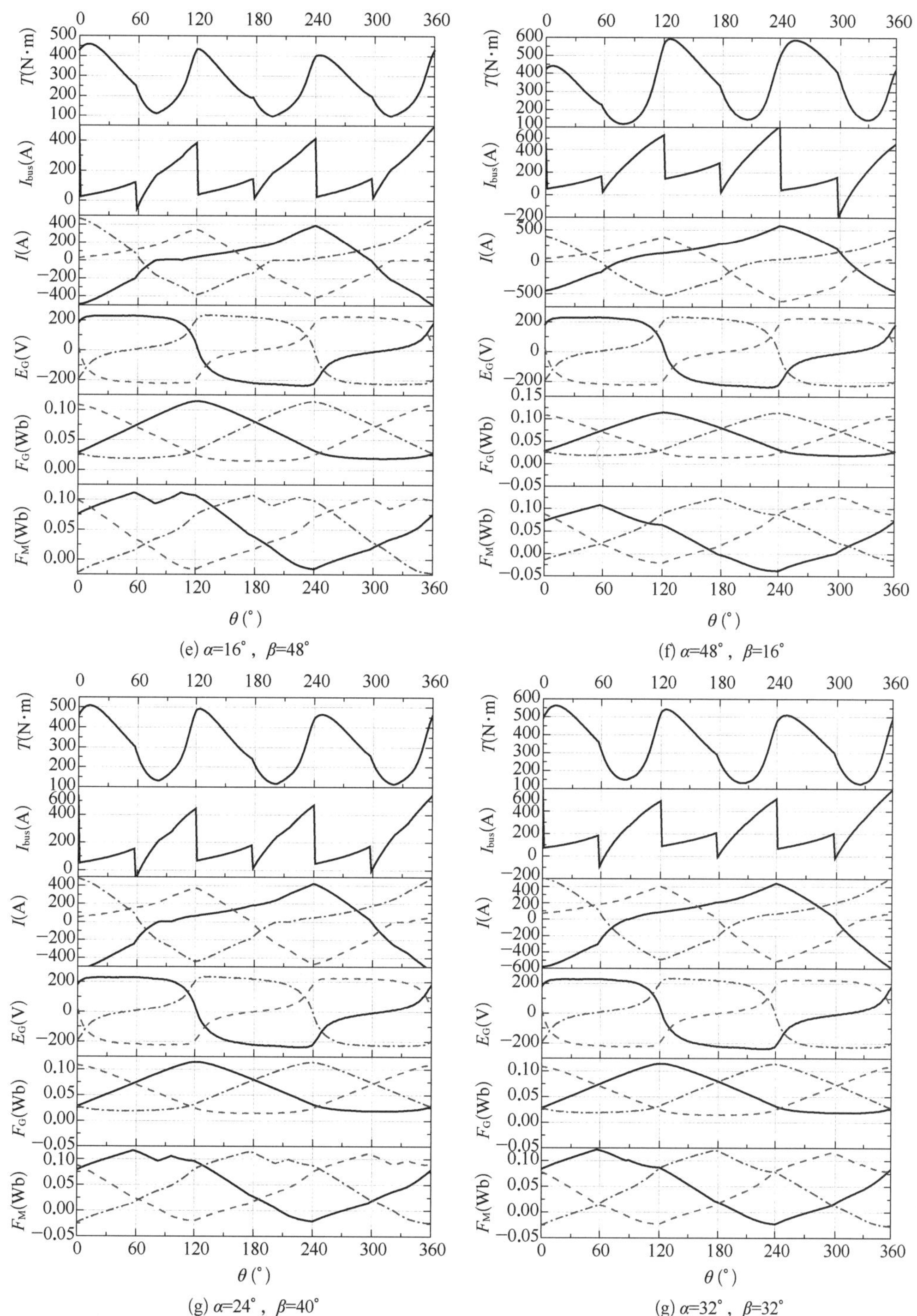

(e) α=16°，β=48°

(f) α=48°，β=16°

(g) α=24°，β=40°

(g) α=32°，β=32°

图 3-30　不同 α、β 角时三相九状态控制时的输出波形

同 α 和 β 角下的转矩、相电流等的波形。

比较各图的输出转矩波形可以发现，输出转矩的最大值均出现在 120°附近，最小值均出现在负侧退出相电流续流结束的时刻。以图 3－30c 为例分析，在转子角度 72°时刻，Q_4 关断，Q_6 开通，a 相电流通过 D_1 续流开始减小，b 相电流开始增加，T_{fa} 由正转为负，T_{fb} 为正随 i_b 的增加而加大，T_{fc} 为正，输出转矩开始减小；当 a 相续流结束时，$i_a=0$，$T_{fa}=0$，而 bc 相电流一直增加，$T_{fb}T_{fc}$ 也一直增加，因此输出转矩开始增大；当转子电角度为 104°时，Q_1 导通，a 相电流反向增长，T_{fa} 也开始增长，而 $T_{fb}T_{fc}$ 仍在增大，此时输出转矩继续增长；当转子角度为 120°时，Q_5 关断，i_c 通过 D_2 续流，T_{fc} 由正转为负，i_b 开始减小，T_{fb} 也减小。而 $i_b=i_a+i_c$，a 相电流的上升率小于 c 相电流的下降率。T_{fa} 仍然缓慢增大，因此输出转矩开始减小；当 c 相电流续流结束时，T_{fc} 变为零，换相结束，$i_a=i_b$。由于 ab 相电流增长缓慢，$T_{fa}T_{fb}$ 增加较小，所以输出转矩增加缓慢。转子角度为 192°时，Q_6 关断，Q_2 导通，进入新的换相过程。

比较各图发现，$\alpha+\beta=48°$ 时，负侧换相时，进入相电流为零，使直流侧输入电流 I_{bus} 均大于零；$\alpha+\beta=64°$ 时，负侧换流时，进入相电流不为零，I_{bus} 有负值，即有电感储能返回直流电源。

3.6.2 三相九状态实验验证

为了验证三相九状态控制方式的优势，本节以一 12/8 结构双凸极电动机为例，分别测试了该电机在三相六状态和三相九状态控制方式下的性能。该电机定子冲片外径 145 mm，内径 81.5 mm，叠片长 100 mm，外加直流电源电压 24 V。

表 3－15 为励磁电流 6 A 时三相六状态的测试数据，表 3－16 为励磁电流 6 A 时三相九状态的测试数据。

表 3－15 外径 145 mm 12/8 结构电机三相六状态工作特性（$U_{dc}=24$ VDC, $i_f=6$ ADC）

序号	转矩 (N·m)	转速 (r/min)	输出功率 (W)	输入电流 (ADC)	输入功率 (W)	效率 (%)	提前角 α(°)	提前角 β(°)	占空比 D(%)
1	0.87	3 664	335	28.1	674	49.7	48	48	50
2	1.0	3 247	373	29.8	715	52.2	48	48	50
3	1.22	2 919	373	31.4	754	49.5	48	48	50
4	1.48	2 531	393	29.2	701	55.9	40	40	50
5	1.82	2 203	420	28.9	694	60.6	32	32	50
6	2.21	1 917	442	32.3	775	57.0	32	32	50
7	2.37	1 800	446	33.7	809	55.1	24	24	50

表 3-16　12/8 结构外径 145 mm 电机三相九状态工作特性($u_{dc}=24$ VDC, $i_f=6$ ADC)

序号	转矩(N·m)	转速(r/min)	功率(W)	直流电流(ADC)	输入功率(W)	效率(%)	α(°)	β(°)	D(%)
1	0.67	4 787	387	29.3	703	47.9	48	48	50
2	0.99	4 176	481	32.6	782	61.5	48	48	50
3	1.21	3 837	532	35.6	854	62.3	48	48	50
4	1.52	3 441	589	39.7	953	61.8	48	48	50
5	1.99	2 968	656	45.2	1 085	60.5	40	40	50
6	2.61	2 527	716	50.9	1 222	58.6	40	40	50
7	3.04	2 253	714	52.3	1 255	56.9	32	32	50

图 3-31 是 145 mm 12/8 结构双凸极电动机的机械特性比较,图 3-31a 是该电机的空载特性曲线,转速为 3 600 r/min,图 3-31b 是根据表 3-15 和表 3-16 画出的机械特性曲线。由图可见,双凸极电动机的机械特性较软,即输出转矩增大时电机转速下降较多。图 3-31b 中曲线 1 是三相六状态时的机械特性,曲线 2 是三相九状态的机械特性,九状态的特性均高于六状态的,可见九状态工作方式更充分地利用了电机的潜在能力。

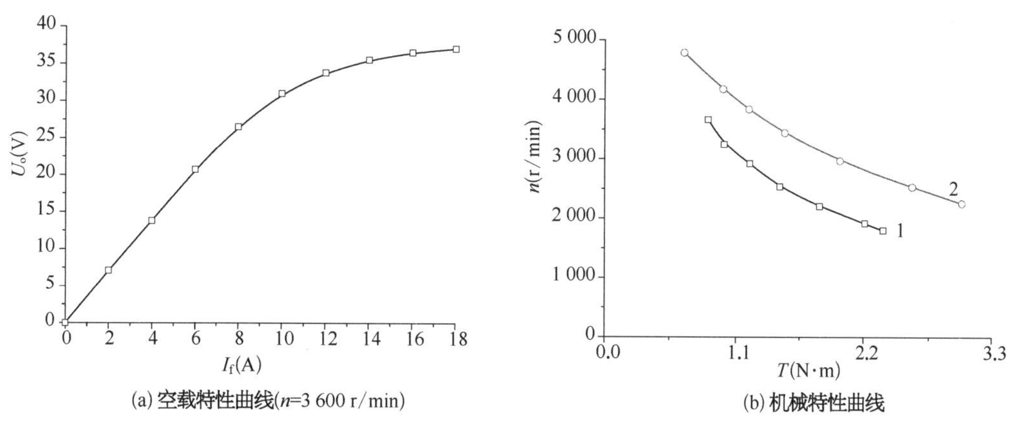

(a) 空载特性曲线(n=3 600 r/min)　　(b) 机械特性曲线

图 3-31　145 mm 12/8 结构双凸极电动机特性

考察表 3-16 序号 91 的转速 $n=4\ 787$ r/min, $i_f=6$ A, 该转速时空载电势为 27.5 VDC,已高于电源电压 $u_{dc}=24$ VDC。为什么电动机能在空载电势高于电源电压下工作?且此时 DC/AC 变换器的占空比仅为 50%。其关键是采用了移相角 β 和换相提前角 α,由于 α 和 β 的存在,电机换相时进入相的电动势为零,甚至为负,从而不仅实现了电机快速换相,而且换相后电流快速上升,使相电感储能急剧增大,保证了电动机的正常工作。

考察表 3-15 和表 3-16，电动机负载转矩越小，转速则越高，电动机反电动势越大，为此必须加大 α 和 β 角，表中所列的数据表明，转速低时，α、β 角约为 24°～32°，随转速升高，α 和 β 相应增大。表中电动机的转速均大于 1 000 r/min，若电动机转速小于 1 000 r/min，α 和 β 将进一步减小，因为这时电动机的反电动势已远小于电源电压，电源电压与反电势之差已相当大，换相不提前（$\alpha=0$），换相后电流上升速度也足够快了。因此 α 和 β 应按电机转速合理的调节。

3.7 单相工作方式

三相双凸极电动机的单相工作方式是一种特殊工作方式，仅用于电机高速运行时。由于 DC/AC 变换器为三相逆变器，不可能只给电机一相通电。三相逆变器给三相星形连接的电机供电，只有两种通电方式：两相通电和三相通电。

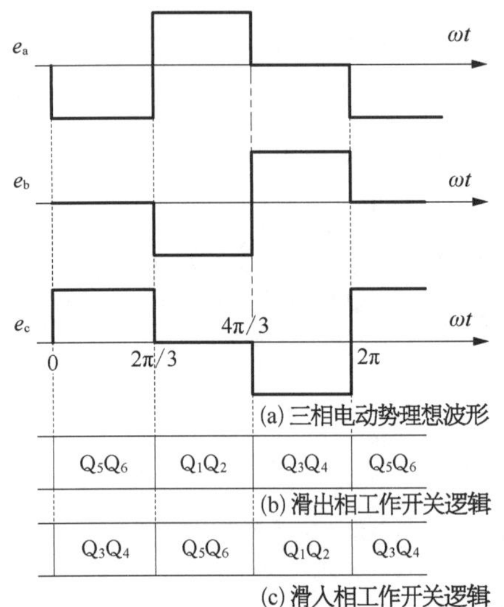

图 3-32 三相双凸极电动机单相工作方式

如图 3-32 所示，为了实现电机单相工作，有两种通电方式：一是给电机滑出相通电；二是向电机滑入相通电。图 3-32b 是滑出相工作时开关管的导通逻辑，在 $\omega t=0\sim 2\pi/3$ 时，a 相转子极滑入定子极，e_a 为负，$e_b=0$，e_c 为正，即 c 相转子极处于滑离 c 相定子极状态，故应导通开关管 Q_5Q_6，让 cb 相通电，由于 $e_b=0$，$i_b\neq 0$，但 b 相励磁转矩 $T_{fb}=0$，仅 c 相有正励磁转矩 T_{fc}。

图 3-32c 是滑入相工作方式，在 $\omega t=0\sim 2\pi/3$ 期间，导通 Q_3Q_4 管，让 ba 相通电。

图 3-33 是滑出相单相工作模态。图 3-33a 是换相前的模态 1，e_c 为正，$e_b=0$，Q_5Q_6 导通，由于 a 相电势 e_a 为负，故在 e_a 作用下，构成 D_4abQ_6 回路的环流 i_a，a 相形成励磁负转矩，c 相为正励磁转矩。

$$L_c\frac{di_c}{dt}+L_b\frac{di_b}{dt}=u_{dc}-e_c \tag{3-25}$$

$$L_a\frac{di_a}{dt}+L_b\frac{di_b}{dt}=e_a$$

$$i_b=i_a+i_c$$

双凸极电动机两相工作方式时，仅在三相六状态或三相换相提前控制时才有负励磁转矩，单相工作时由电源供电形成的正励磁转矩却总和另一相的发电工作负转矩相伴，使总转矩降低。但从式(3－25)的电压平衡方程来看，单相工作方式电机的转速可比两相工作高1倍。

图3－33b是在电动势 e_a 极性转换时刻同时转换开关管时的换相模态2，由于 Q_5Q_6 关断，导致 D_2D_3 续流。因 D_2 续流，Q_2 尽管导通，但暂时没有电流流过。而 i_b 经 D_3Q_1ab与 i_a 形成环流，i_a 减小。

$$L_c\frac{\mathrm{d}i_c}{\mathrm{d}t}+L_b\frac{\mathrm{d}i_b}{\mathrm{d}t}=-u_{dc}+e_b+e_c \tag{3-26}$$

$$L_a\frac{\mathrm{d}i_a}{\mathrm{d}t}+L_b\frac{\mathrm{d}i_b}{\mathrm{d}t}=-e_a+e_b$$

$$i_b=i_a+i_c$$

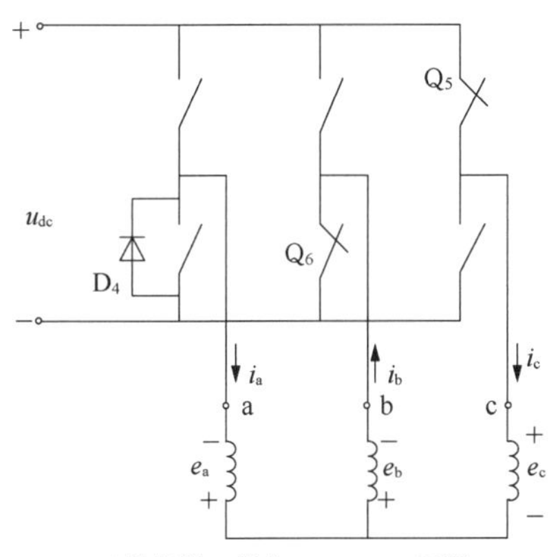

(a) 换相前，模态1，$Q_5Q_6D_4$ 导通

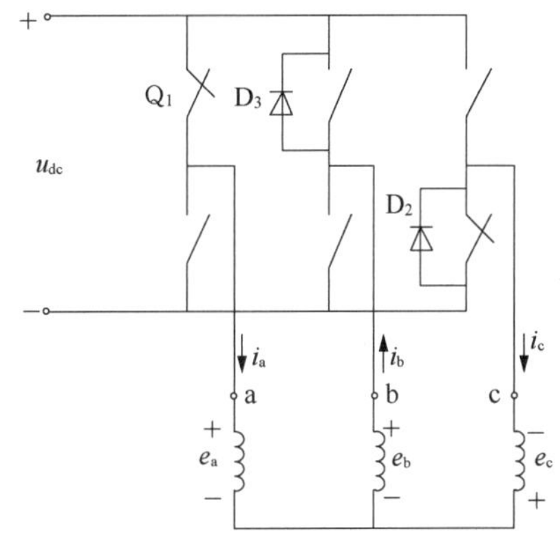

(b) 模态2，换相开始，Q_5Q_6 关断，D_2D_3 续流，D_4 截止

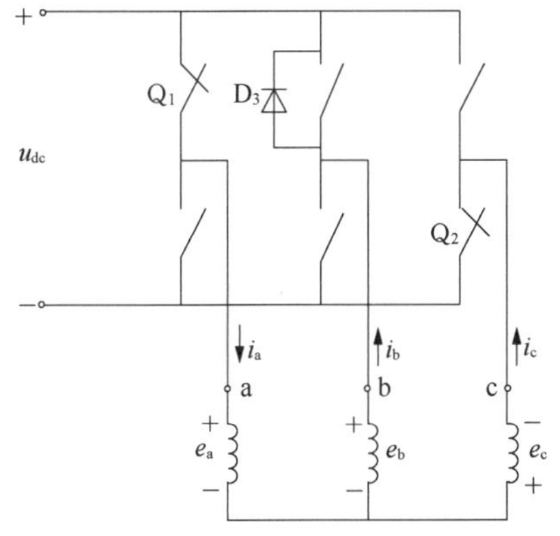

(c) 子模态2.1，D_2 续流结束，i_c 反向增长

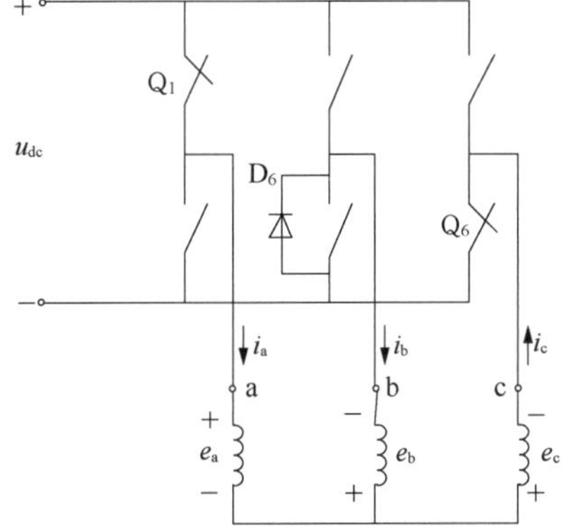

(d) 模态3，换相结束，$Q_1Q_2D_6$ 导通

图3－33　滑出相单相电动工作模态

i_c 降为零后，有 $i_a = i_b$，随即 i_c 在电源电压 u_{dc} 的作用下反向增长，转入子模态2.1，$i_a = i_b + i_c$，i_b 经 D_3Q_1ab 续流，继续减小直到为零。这段时间电动势极性未发生变化，i_a 和 i_b 仍产生正的励磁转矩。i_b 下降为零后转入模态 3，换相结束，如图 3－33d 所示。

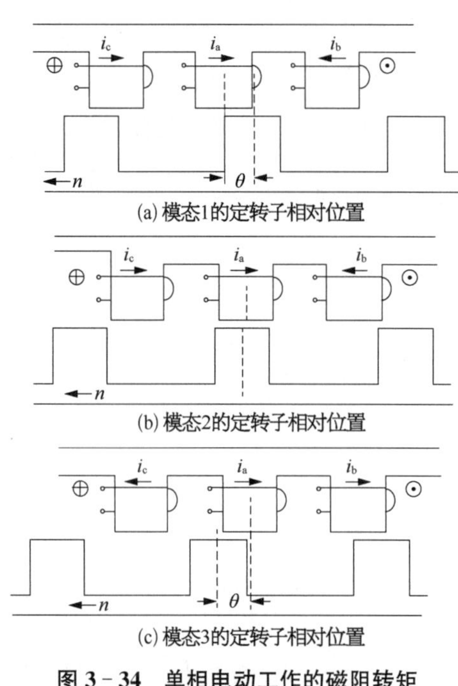

图 3－34　单相电动工作的磁阻转矩（滑出相工作）

图 3－34 是单相工作（工作相转子极滑出定子极）双凸极电动机在 $\omega t = 2\pi/3$ 的模态 1、2 和 3 时由电枢电流导致的磁阻转矩示意图。图 3－34a 是模态 1 时的电机局部展开图中的各相电流方向和定转子极间相对位置，此时对应于 c 相极的转子极处于滑出定子极位置，电流 i_c 阻止转子极滑出，T_{rc} 为负。a 相转子极处于滑入定子极状态，a 相磁阻转矩 T_{ra} 为正。b 相定子极处于两转子极的中间。设 θ 角为 a 相定子极中心线与转子极中心线的夹角，则在 $\theta > 60°$ 电角时，T_{rb} 为负，因为 b 相定子极对它的左侧转子极的电磁力比对右侧转子极的大，当 $\theta < 60°$ 时 T_{rb} 为正，$\theta = 60°$ 时 $T_{rb} = 0$。

用相同的概念去理解模态 2 和模态 3 时的各相电流的磁阻转矩，见表 3－17。由表 3－17 可知，各相励磁转矩和磁阻转矩的总和为正，电动机可连续正向旋转。

表 3－17　滑出相单相工作电动机的各相转矩

电 路 模 态	1	2	3
T_{fa} a 相励磁转矩	－	＋	＋
T_{ra} a 相磁阻转矩	＋	－/＋	－
T_{fb} b 相励磁转矩	＋	－	－
T_{rb} b 相磁阻转矩	－/＋	＋	＋
T_{fc} c 相励磁转矩	＋	－	＋
T_{rc} c 相磁阻转矩	－	－	－/＋
T 合成转矩	＋	＋	＋

注：转子处于 $\omega t = 2\pi/3$ 前后的区间。

图 3－32c 是滑入相单相工作双凸极电动机的开关管开关逻辑，在 $\omega t = 0 \sim 2\pi/3$ 期间，开关管 Q_3Q_4 导通，a 和 b 相通入电流，此时 $e_a < 0$（滑入相），$e_b = 0$，$e_c > 0$。a 相励

磁转矩 $T_{fa}>0$，$T_{fb}=0$。c 相处于发电状态，$T_{fc}<0$。实际上，由于 i_b 的增加，b 相磁链减小，e_b 为正，$T_{fb}>0$。

图 3－35 是滑入相单相工作的电路模态。

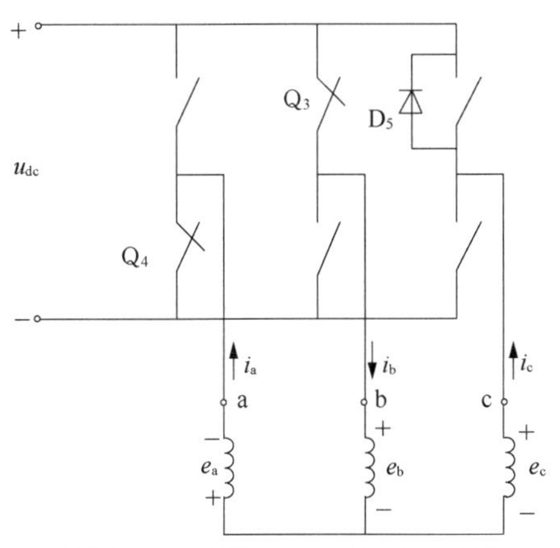

(a) 模态1，Q_3Q_4导通，ab相通电，c相发电工作

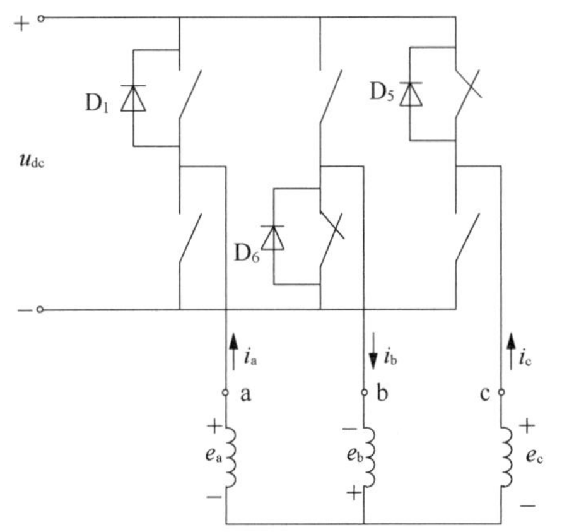

(b) 模态2，换相开始，Q_3Q_4关断，Q_5Q_6导通，D_1D_6续流

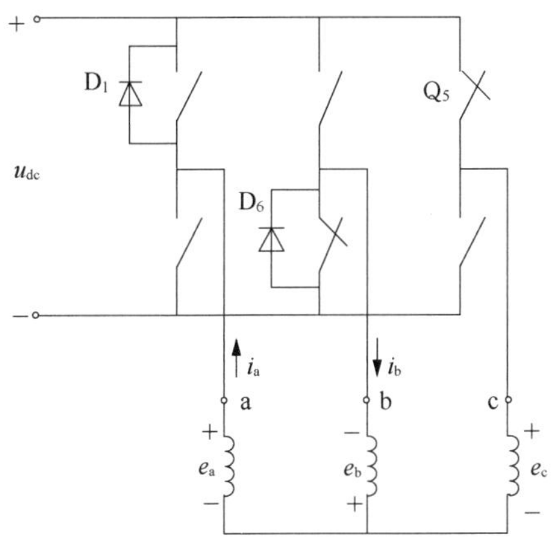

(c) 模态2.1，i_c先降为零，D_5截止

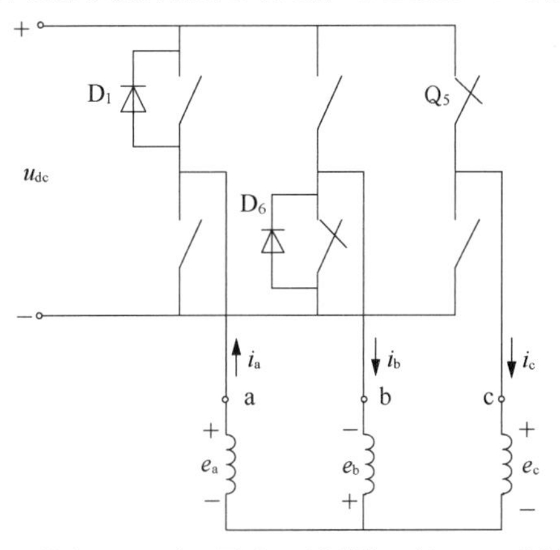

(d) 模态2.2，i_c降为零后，反向增长，经Q_5caD_1形成环路

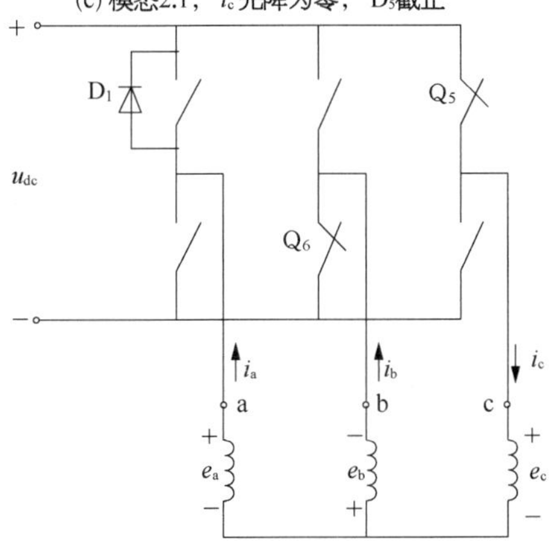

(e) 模态3，i_b降为零，续流结束，a相发电工作

图 3－35　滑入相单相工作双凸极电动机电路模态

模态 1：Q_3Q_4 导通，ba 相通电，e_c 作用形成环流 i_c，如图 3－35a 所示。

$$L_b\frac{di_b}{dt}+L_a\frac{di_a}{dt}=u_{dc}-e_a-e_b \tag{3-27}$$

$$L_c\frac{di_c}{dt}+L_b\frac{di_b}{dt}=e_c-e_b$$

$$i_b=i_a+i_c$$

模态 2：Q_3Q_4 关断，D_1D_6 续流，Q_5Q_6 导通，由于此时 D_5D_6 电流尚未到零，故 Q_5Q_6 为零电流开通，在 i_b 和 i_c 到零前，Q_5Q_6 不通过电流，如图 3－35b 所示。

$$L_a\frac{di_a}{dt}+L_b\frac{di_b}{dt}=-(u_{dc}-e_a-e_b) \tag{3-28}$$

$$L_c\frac{di_c}{dt}+L_b\frac{di_b}{dt}=-(u_{dc}-e_b-e_c)$$

$$i_b=i_a+i_c$$

若 i_c 先降到零，则有 $i_a=i_b$（图 3－35c 为模态 2.1）。由于 Q_5 导通，i_c 反向开始增长，经 Q_5caD$_1$ 形成环路，转入模态 2.2（图 3－35d），而 i_b 经过 D_6D_1 与 i_a 同时续流，电感储能返回直流电源。

$$L_c\frac{di_c}{dt}+L_a\frac{di_a}{dt}=e_a-e_c \tag{3-29}$$

$$L_b\frac{di_b}{dt}+L_a\frac{di_a}{dt}=-(u_{dc}-e_a-e_b)$$

$$i_a=i_b+i_c$$

i_b 降为零后，换流结束，a 相发电工作，转入模态 3（图 3－35e）。

表 3－18 列出了各相转矩在不同工作模态时的正负以及作用于电动机的合成转矩的正负。

表 3－18　滑入相单相工作转矩

电 路 模 态	1	2	3
T_{fa} a 相励磁转矩	+	−	−
T_{ra} a 相磁阻转矩	+	−	−
T_{fb} b 相励磁转矩	+	−	+
T_{rb} b 相磁阻转矩	−/+	+	+

续　表

电路模态	1	2	3
T_{fc} c 相励磁转矩	−	−	+
T_{rc} c 相磁阻转矩	−	−	−/+
T 合成转矩	+	−	+

注：转子处于 $\omega t=2\pi/3$ 前后的区间。

以 24/16 结构 45 kW 电机为例，仿真得到不同励磁电流下单相工作的结果。图 3-36 为不同励磁电流时单相工作的仿真图，$u_{dc}=510$ V，$n=3\,000$ r/min。观察图 3-36 各分图，可以发现随着励磁电流的增大，相电流有效值增大，输出转矩最大值和最小值均逐渐增大，电机出力增大。

电励磁双凸极电动机单相工作时，由于电路中只有一相电动势，因此电流上升率大于两相工作时，相电流更大，电机出力也更大。滑出相单相工作时，相电流的值远大于两相工作时的电流值，其更适合于高速工作。

图 3-37 中列出了励磁电流 8 A 时滑出相单相工作时 $n=6\,000$ r/min、9 000 r/min 的工作波形。比较图 3-36 和图 3-37 可见，滑出相单相工作时，转速升高，相电流减小，转矩最大值变小，转矩最小值基本不变，输出转矩减小，母线电流在 0 轴以下的面积减小，电感储能返回直流电源的能量也减小。

图 3-38 是滑入相单相工作仿真波形。图 3-38a 的电机转速为 1 000 r/min，在 $\theta=60°\sim120°$ 区间，Q_3Q_4 导通，i_b 为正，i_a 为负，c 相电动势为正，形成 D_5Q_3bc 回路，c 相处于发电状态，i_c 为负，励磁转矩 T_{fc} 为负。因 e_a 为负，e_b 有小的正电势，故 T_{fa} 和 T_{fb} 为正，形成正的合成励磁转矩。在 $\theta=2\pi/3$ 时，Q_3Q_4 关断，D_1D_6 续流，c 相电流继续经 D_5 流动，D_1 续流使 i_a 快速降低，e_a 电势极性转换，T_{fa} 转为负，i_b 经 D_6 续流也使 i_b 快速下降，e_b 极性也转换，导致 T_{fb} 也为负，从而使电机在续流期间合成转矩为负。当 i_b 和 i_c 降到 0 时，D_5D_6 截止，Q_5Q_6 通电，i_c 和 i_b 电流反向，形成正的励磁转矩 T_{fc} 和 T_{fb}，a 相则进入发电工作，D_1 继续导通，T_{fa} 为负，在 i_c 和 i_b 从反向开始到 $2\pi/3$ 期间，合成转矩为正，使电机连续转动。由于电机转速低，电动势小，换相结束后电流幅值较大，故采用斩波限幅，限制相电流负幅值为 550 A。

随着电机转速的升高，电机相电势增加，相电流减小。转速 $n=3\,000$ r/min 时，一个周期内大部分时间中电机线电势大于直流电源电压，电机能量通过二极管返回直流电源，如图 3-38b 所示。电机转速为 6 000 r/min 时，一个周期中电机电势均大于直流电源电压，直流电流 I_{bus} 均为负。

电机高速运行时，若工作在滑出相单相工作状态，电机出力降低，相电流基本不变，转矩电流比降低，但功率仍可以达到额定功率，此时无须弱磁也可以升速。

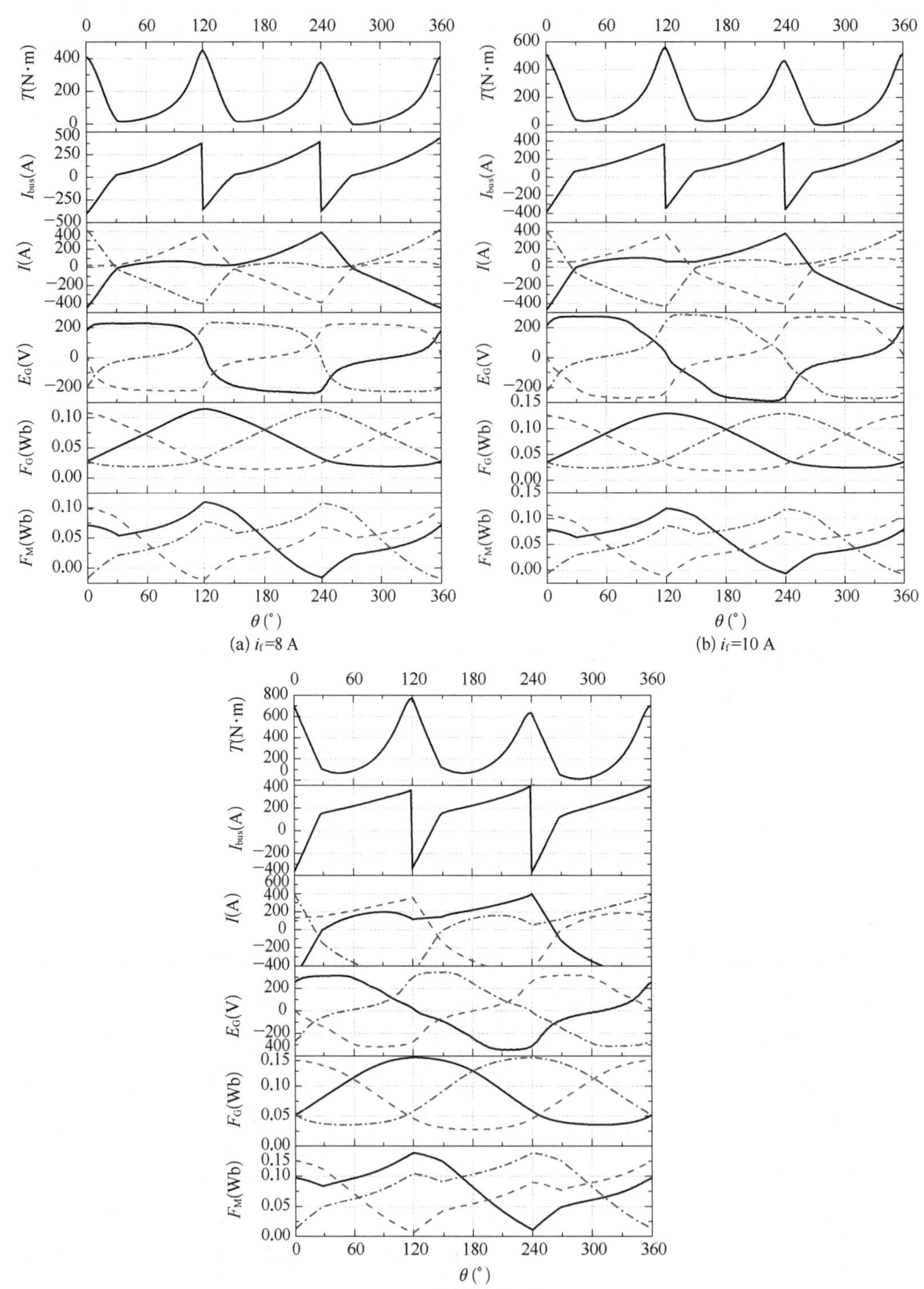

(a) i_f=8 A

(b) i_f=10 A

(c) i_f=15 A

图 3-36　滑出相单相工作的仿真波形图

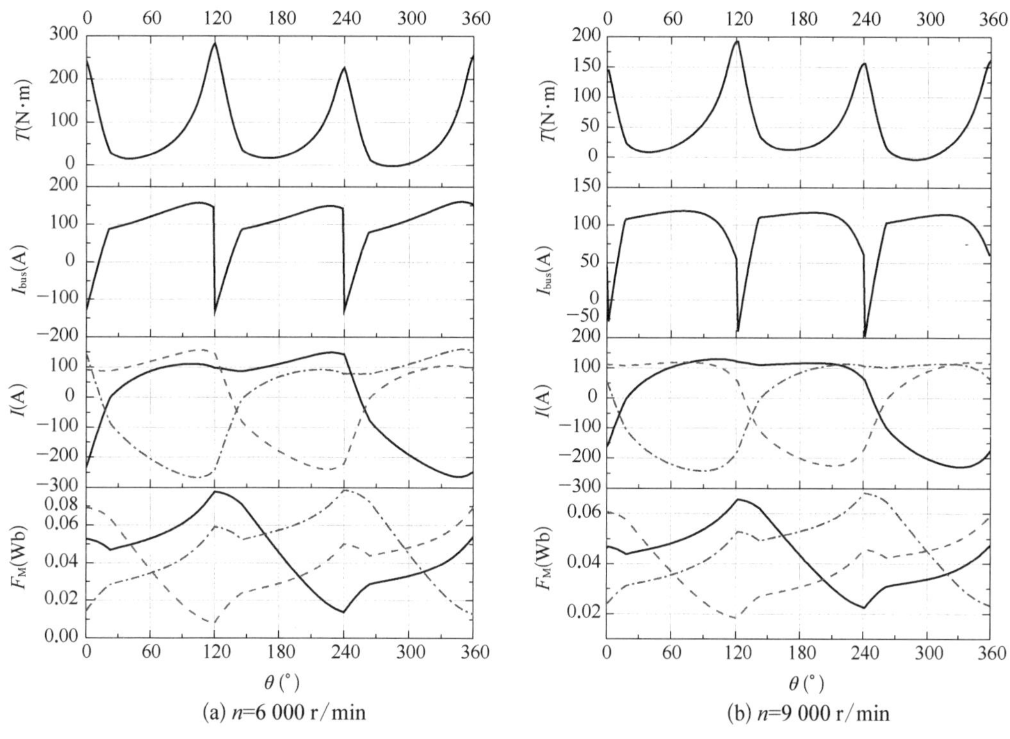

(a) n=6 000 r/min　　(b) n=9 000 r/min

图 3-37　滑出相单相工作在高速时的工作波形

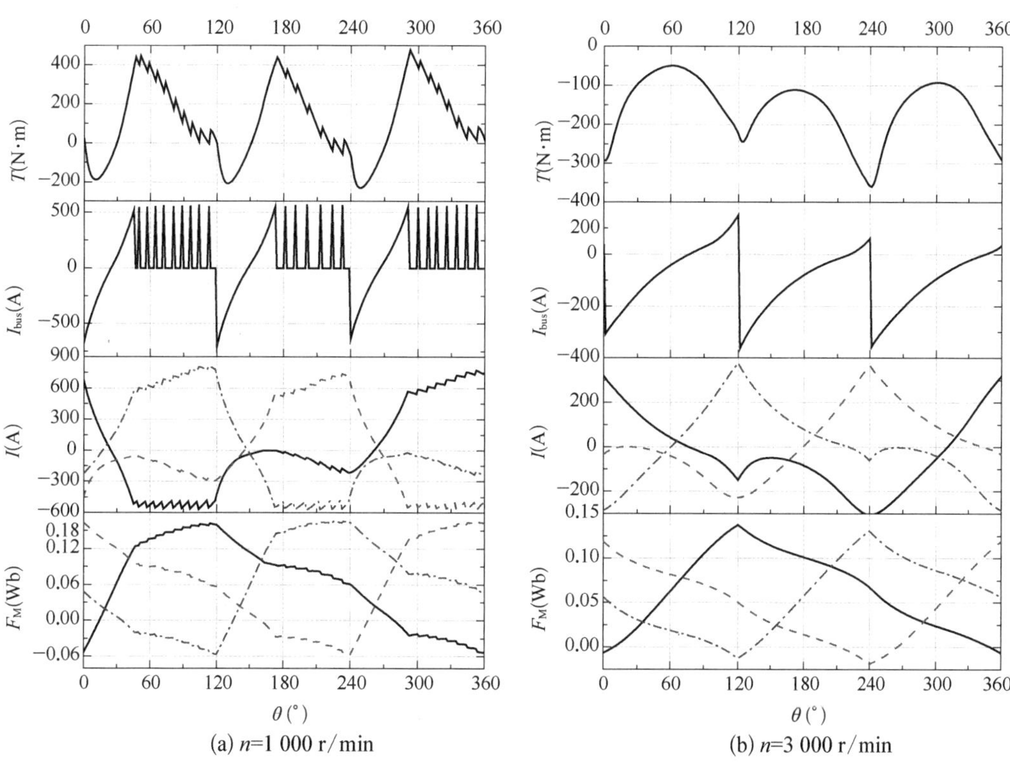

(a) n=1 000 r/min　　(b) n=3 000 r/min

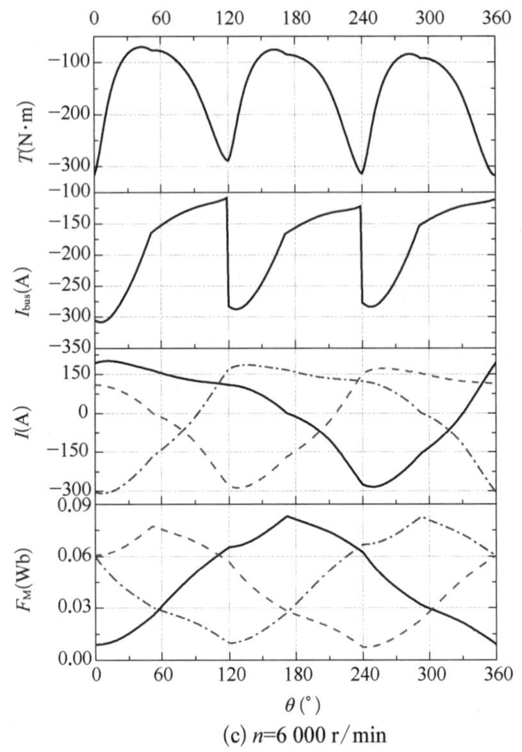

(c) n=6 000 r/min

图 3-38 滑入相单相工作在低速和高速时的工作波形

考虑滑出相单相工作时开关管提前导通的工作状态，在图 3-32b 中提前导通 α 角，则在$(120°-\alpha,\ 120°)$区间，ac 相均发电工作，产生负转矩，因此滑出相单相工作不适宜加入提前角。在图 3-32c 中，提前导通 α 角，相当于转出相单相工作时滞后导通，当 α 足够大时，电机出力可以达到正值。

单相工作时电机出力减小，输出转矩波形接近三角波，而两相出力时输出转矩波形接近馒头波，出力明显大于单相工作状态，因此不建议让电机单相工作。

3.8 双凸极电动机的过载能力

双凸极电动机的过载能力是指在额定电源电压和额定转速下，电机最大平均转矩 T_{max}与额定转矩 T_N 的比。若 $T_{max}/T_N=2$，则其过载能力为额定值的 1 倍，或称有 100%的过载能力。过载能力通常均指为瞬时过载，通常电机的额定工作状态为长期连续工作状态，主要受电机温升的限制。瞬时过载则主要受电机电磁参数的约束。

双凸极电动机的过载能力受两类因素的制约，一类是结构参数，另一类是控制参数。为了得到强的过载能力，首先需从结构参数着手，取决于电机设计的出发点。从控制参数研究电机的过载能力，则是在电机结构已定的条件下通过改变控制参数，提高过载能力。

本节仅从控制参数着手讨论。双凸极电动机的控制变量有四个：占空比 D、励磁电流 i_f、移相角 β 和换相提前角 α。电机在额定电压和额定转速下运行时，DC/AC 变换器的占空比 D 已等于 1.0，即 DC/AC 变换器的开关管此时仅受电机转子位置信号控制，不再工作于脉宽调制工作方式，故控制变量减为三个。于是可用三维空间曲面来描述电机转矩 T 与励磁电流 i_f、移相角 β、换相提前角 α 间的关系。

拟用平面图形来描述，能更清晰地表示它们间的关系。图 3－39 是 45 kW 电动机在电源电压 $u_{dc}=510$ V，$n=3\,000$ r/min 时转矩 T 和励磁电流 i_f 的关系曲线，参变量为移相角 β。由图可见，$i_f=5\sim10$ A 时，若 $\alpha\leqslant16°$，在同一 α、β 下，输出转矩随励磁电流增加不多或略减小，而相电流随励磁电流的增加而减小，因此转矩电流比增加很快。$\alpha>16°$ 时，输出转矩线性增长，相电流基本不变，因此转矩电流比也增加很快。$i_f>10$ A 时，输出转矩和相电流均随着励磁电流的增加而线性增加，因此转矩电流比变化很小。比较四幅分图中的转矩电流比，可以发现随着 α 角的增加，转矩电流比减小；而当 α 较小时，转矩电流比随着 β 的增加先增加后减小，α 较大时，转矩电流比随着 β 的增加而减小。因此在电机达到出力的前提下，应该尽量选择较小的 α 和 β 角和较大的励磁电流。

图 3－39b、c、d 中，$\beta>16°$ 时要想达到额定输出转矩，只需要小于 5 A 的励磁电流，但此时相电流大，转矩电流比很低，不可取。比较各个达到额定转矩的工作点，观察图 3－39b，在 $i_f=9.6$ A，$\alpha=16°$，$\beta=16°$ 时转矩电流比最大为 1.6。图 3－39a 中，$i_f=15$ A，$\beta=32°$ 时转矩电流比最大为 1.8。

在图 3－39b、c、d 中，电机均能达到 2 倍过载状态，图 3－39b 中转矩电流比最大(1.7)的点为 $i_f=15.8$ A，$\beta=32°$；图 3－39c 中转矩电流比最大(1.6)的点为 $i_f=12.8$ A，$\beta=16°$；图 3－39d 中转矩电流比最大的点(1.43)为 $i_f=15.8$ A，$\beta=0°$。宜选取图 3－39b 中的点为 2 倍过载工作点。图 3－39c、d 中，电机能达到 3 倍过载状态，其中图 3－39c 中的转矩电流比最大为 1.56，$i_f=17.1$ A，$\beta=32°$。图 3－39d 中，电机在两个工作点能达到 4 倍过载状态，其中转矩电流比大(1.36)的工作点为 $i_f=19.4$ A，$\beta=32°$。

对选取的四个工作点进行仿真，得到如图 3－40 所示的工作波形，从上至下依次为相磁链、母线电流、相电流和输出转矩，图 3－40 分别是输出转矩为 T_N、$2T_N$、$3T_N$ 和 $4T_N$ 时的输出波形，励磁电流增加较少，移相角 β 不变，提前角 α 增加 16°，输出转矩提高 1 倍，可见 α 能显著提高有效出力区间的电枢电流值，从而提高电机出力。观察各图中的电流波形，可以发现随着提前角 α 的增加，换相后的反向电流缺口逐渐减小，减小了负转矩的产生，提高电机出力。

图 3－40 中在电机换相时，均有一段时间相电流为零，相反电势没有得到利用，为了充分利用这一部分相电势，图 3－41 计算了三相九状态控制方式下输出转矩、相电流

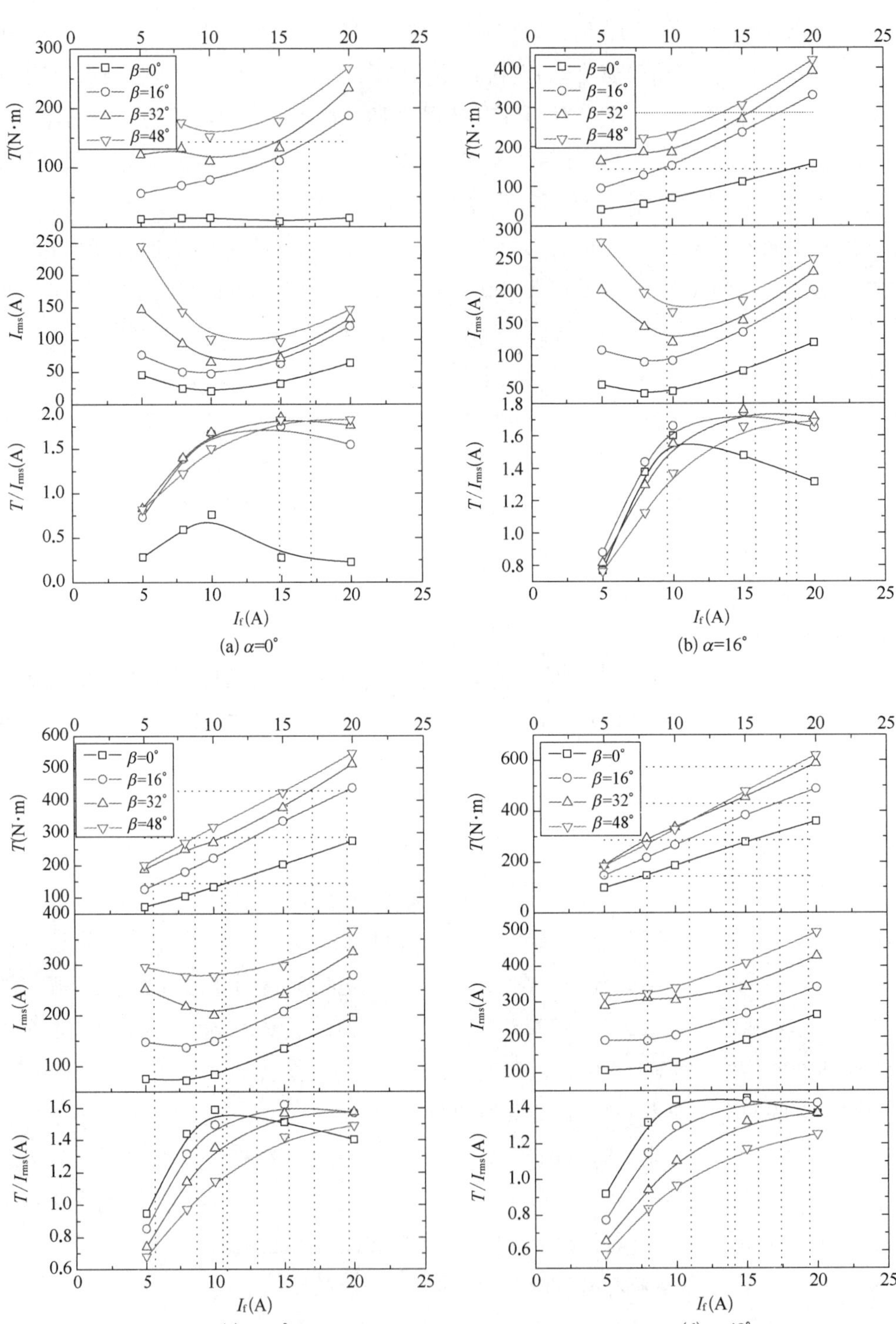

图 3-39　45 kW 电动机在三相六状态工作时转矩和励磁电流的关系曲线

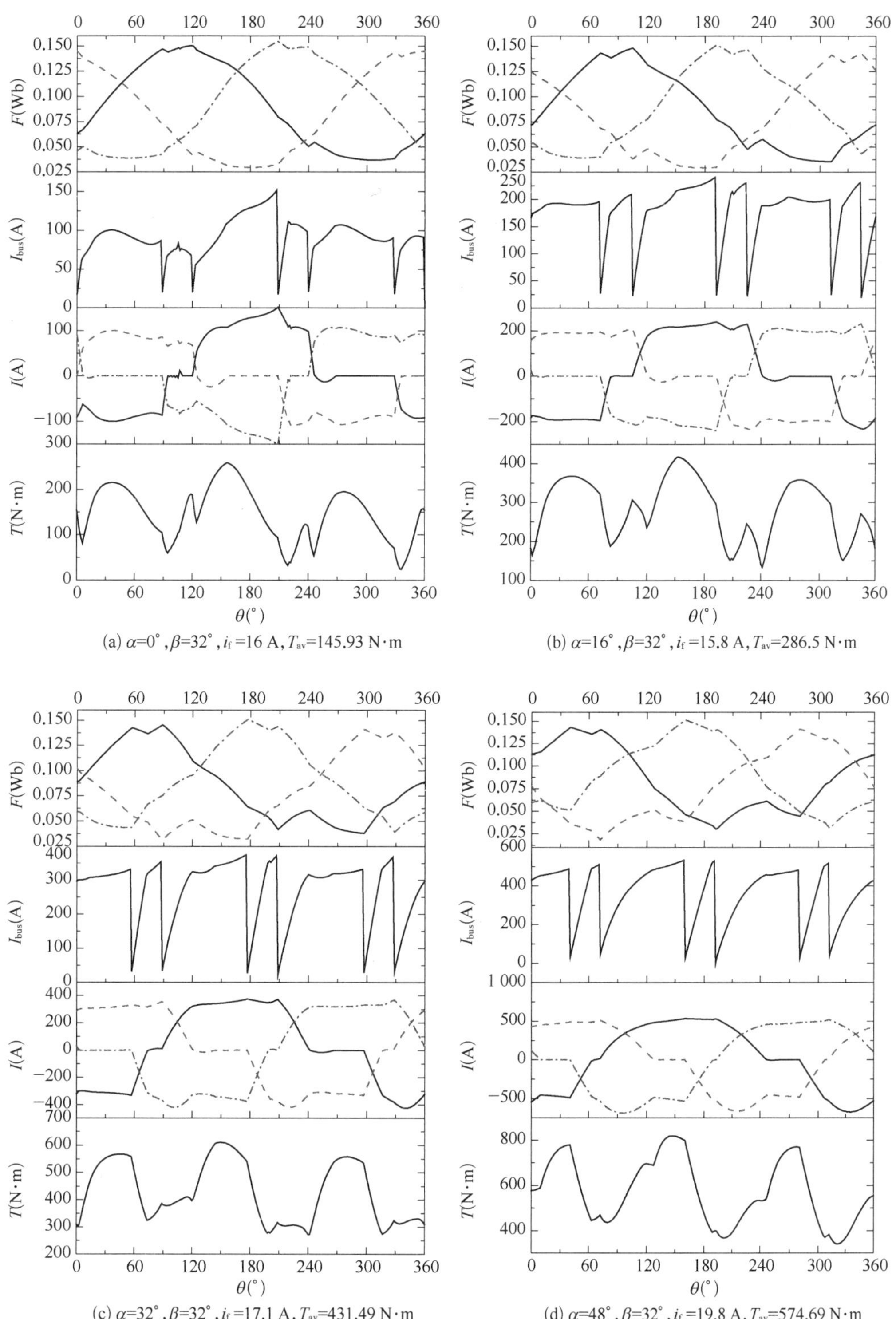

(a) α=0°, β=32°, i_f=16 A, T_{av}=145.93 N·m

(b) α=16°, β=32°, i_f=15.8 A, T_{av}=286.5 N·m

(c) α=32°, β=32°, i_f=17.1 A, T_{av}=431.49 N·m

(d) α=48°, β=32°, i_f=19.8 A, T_{av}=574.69 N·m

图 3-40 额定负载过载时三相六状态控制方式下的输出波形

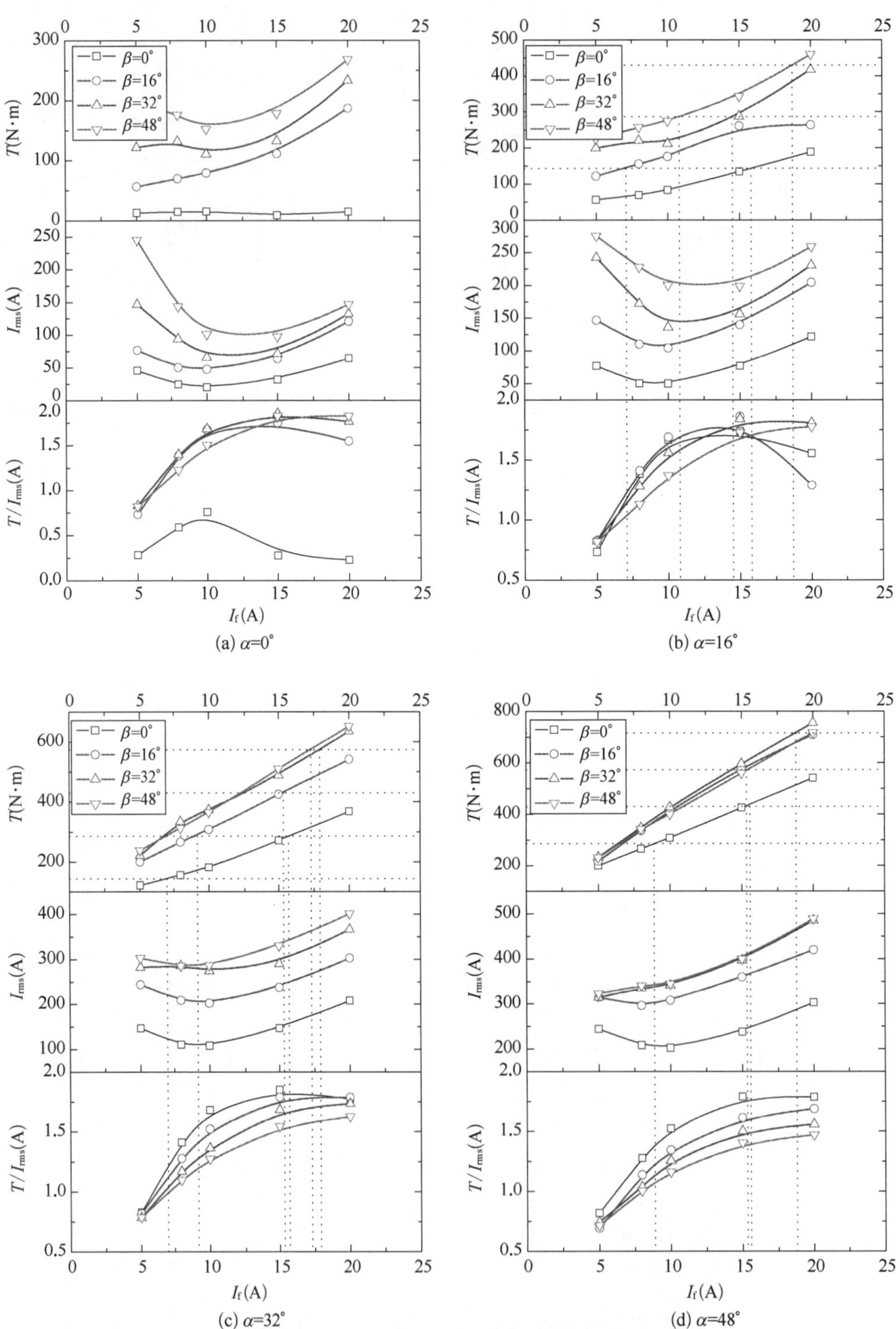

(a) $\alpha=0°$

(b) $\alpha=16°$

(c) $\alpha=32°$

(d) $\alpha=48°$

图 3-41　45 kW 电动机在三相九状态工作时转矩和励磁电流的关系曲线

以及转矩电流比随着励磁电流的变化情况，$u_{dc}=510$ V，$n=3\,000$ r/min。图 3-41a 中由于 $\alpha=0°$，相当于三相六状态控制方式，分析图 3-41b、c、d 可见，同一 α 和 β 下，三相九状态控制方式下的输出转矩和转矩电流比均比三相六状态大，这说明三相九状态控制方式能够充分利用相反电势，提高有效区间的电流值，增加电机出力。但比较各图中的转矩电流比的曲线可以发现，α 与 β 之和越大，转矩电流比越小，因此应该尽可能选择较小的提前角和移相角。

图 3-41b 中，同一励磁电流下，输出转矩和相电流随着 β 的增大而增大，转矩电流比基本不变(仅在 $i_f=15$ A 时)；图 3-41c 中，$\beta=32°$ 和 $\beta=48°$ 的输出转矩随励磁电流的变化波形基本重合，而相电流随着 β 的增大而增大，因此转矩电流比减小；图 3-41d 中，$\beta=16°$、32° 和 48°的输出转矩随励磁电流的变化波形基本重合，相电流随 β 的增大而增大，因此转矩电流比减小。当提前角 α 足够大时，再增加 β 值相电流不再增加，电机出力也不再增加，因此三相九状态控制方式下，所取的 α 值和 β 值应能使电机出力和相电流同时增加，才能得到大转矩电流比。

选取输出转矩为 $2T_N$、$3T_N$、$4T_N$ 和 $5T_N$ 时转矩电流比最大的工作点：$T=2T_N$ 时，转矩电流比最大值 $(T/i_{rms})_{max}=1.81$，$\alpha=32°$，$\beta=0°$，$i_f=15.8$ A，如图 3-41c 所示；$T=3T_N$ 时，$(T/i_{rms})_{max}=1.77$，$\alpha=48°$，$\beta=0°$，$i_f=15.6$ A，如图 3-41d 所示；$T=4T_N$ 时，$(T/i_{rms})_{max}=1.69$，$\alpha=32°$，$\beta=32°$，$i_f=17.85$ A，如图 3-41c 所示；$T=5T_N$ 时，$(T/i_{rms})_{max}=1.55$，$\alpha=48°$，$\beta=32°$，$i_f=18.8$ A，如图 3-41d 所示。仿真这四个点的工作状态，可以得到图 3-42 的工作波形。比较图 3-42c 和图 3-40c，可发现三相九状态控制时励磁电流仅比三相六状态大 0.9 A，输出转矩却提高了 143 N·m，比较两个图中的电流波形，三相九状态时负侧电流的有效区间为 122°，而三相六状态时负侧电流的有效区间仅 90°，将电流波形与磁链波形上下对应起来观察，以转子角度区间(208°, 240°)为例，三相六状态控制时 a 相在该区间输出负转矩，总的输出转矩维持在较低值，而三相九状态控制时 a 相在该区间输出正转矩，总的输出转矩逐渐增加。图 3-42d 中，由于 $\alpha+\beta$ 的值过大，负侧相电流还未续流结束，正侧开关管便导通，产生了负的母线电流值，有一部分能量反馈到直流电源。

图 3-43 为三相六状态工作时的转矩电流关系，图 3-44 为三相九状态工作时的转矩电流关系。比较两图中的转矩变化波形，三相六状态控制时的转矩增加速度明显小于三相九状态时，因此其转矩电流比下降得更快一些。

表 3-19 为各个工作点不同控制方式下的输出数据。比较表中数据可以发现，当输出转矩相同时，三相九状态所需的励磁电流和 $\alpha+\beta$ 的值更小，电枢电流也更小，因此转矩电流比更大一些。但三相九状态的转矩脉动明显大于三相六状态时的转矩脉动。

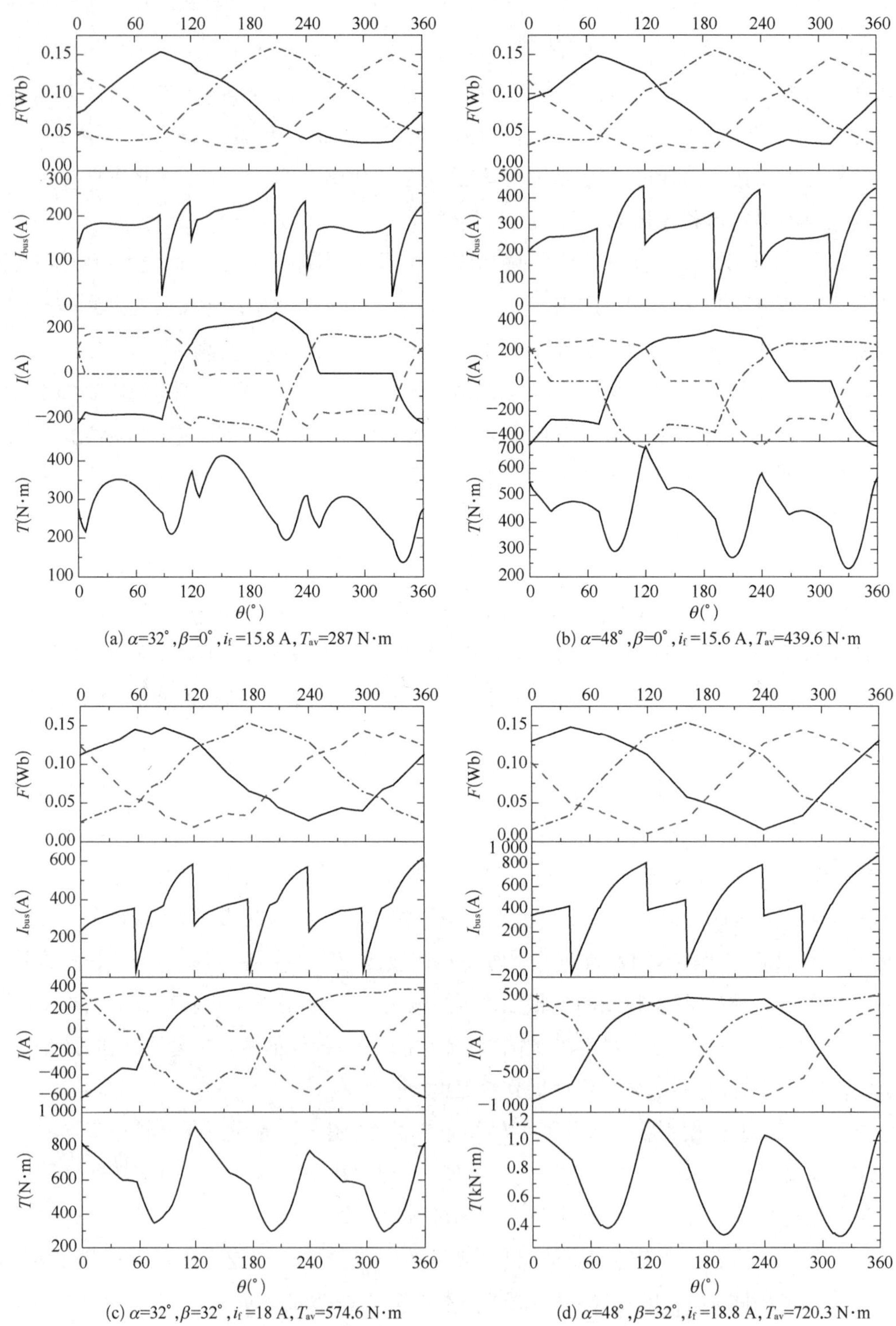

(a) α=32°, β=0°, i_f =15.8 A, T_{av}=287 N·m

(b) α=48°, β=0°, i_f =15.6 A, T_{av}=439.6 N·m

(c) α=32°, β=32°, i_f =18 A, T_{av}=574.6 N·m

(d) α=48°, β=32°, i_f =18.8 A, T_{av}=720.3 N·m

图 3-42　过载时三相九状态控制方式下的输出波形

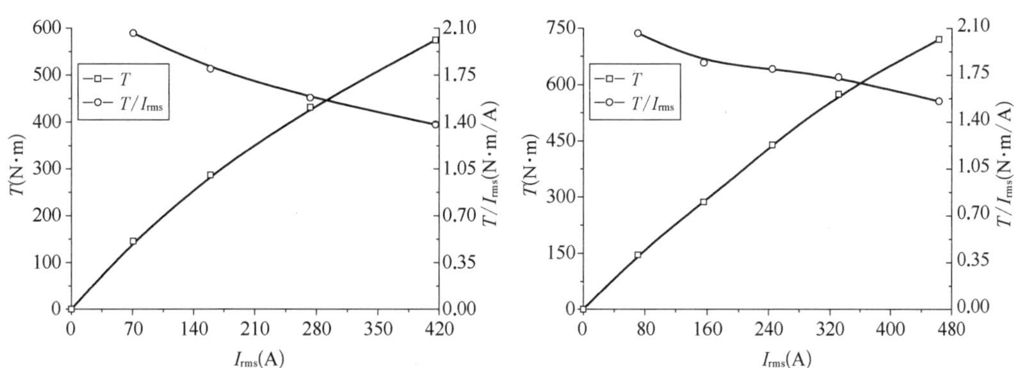

图 3-43　三相六状态工作时的转矩电流关系　　**图 3-44　三相九状态工作时的转矩电流关系**

表 3-19　各个工作点不同控制方式下的输出数据

转 矩	工作状态	控 制 参 数			工 作 参 数		
		α	β	i_f	i_{rms}	T/I_{rms}	ΔT
T_N	6	0	32	16	70.75	2.06	235.34
	9	0	32	16	70.75	2.06	235.34
$2T_N$	6	16	32	15.8	159.49	1.80	284.06
	9	32	0	15.8	155.72	1.84	276.3
$3T_N$	6	32	32	17.1	272.79	1.58	338.97
	9	48	0	15.6	244.67	1.80	451.5
$4T_N$	6	48	32	19.5	415.75	1.38	473.66
	9	32	32	18	331.18	1.74	619.4
$5T_N$	6						
	9	48	32	18.8	462.86	1.56	822.8

3.9　恒转矩调速和恒功率调速

和直流电动机、异步电动机和同步电动机一样，双凸极电动机的调速特性也分为两部分，在基速 n_b 以下为恒转矩调速区，n_b 以上为恒功率调速区，如图 3-45 所示。

在恒功率调速区，电源电压不变，为额定值，电枢电流也为额定值，电动机转速为 n_b 时，电动机反电动势与电源电压相近，故电机电磁功率不随电机转速的增加而改变。如第 1 章所述，直流电动机是借助减弱励磁实现电机转速的提升，常称为弱磁升速。

双凸极电动机不能简单地采用弱磁升速方法，因为电机的励磁电流减小时，电枢电

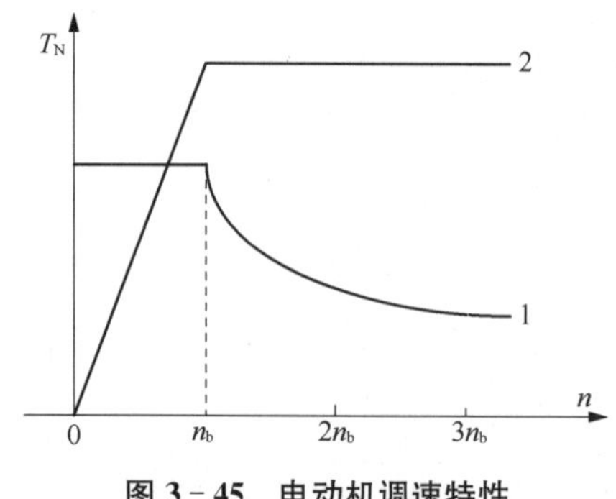

图 3-45 电动机调速特性
曲线 1—转矩转速曲线;
曲线 2—功率转速曲线

感也相应加大,使电机换相后退出相相电流下降速度减慢,进入相电流上升速度减慢,从而使相电流下降较多,难以实现恒功率。因此双凸极电动机的升速必须将弱磁和 α、β 角调节共同实现。

双凸极电动机既可在三相六状态时,也可在三相九状态时实现转速提升。本节仍以 45 kW 电机为例进行讨论。表 3-20 是该电机不同转速时的转矩和功率数值。

表 3-20 45 kW 电动机在恒功率区的转速和转矩数值

转速(r/min)	转矩(N·m)	功率(kW)	转矩(N·m)	功率(kW)
3 000	143	45	286	90
4 000	107.4	45	215	90
5 000	86	45	172	90
6 000	71.6	45	143	90
7 000	61.4	45	123	90
8 000	53.7	45	107	90
9 000	47.8	45	96	90

与图 3-39 采用同样的方法,选取不同转速下的最佳额定功率工作点,得到 45 kW 电动机在三相六状态工作时不同转速下的输出数据,见表 3-21。

表 3-21 24/16 电机转速不同、功率 45 kW 时三相六状态控制方式下的输出数据

转速(r/min)	输出转矩(N·m)	提前角(°)	移相角(°)	励磁电流(A)	相电流(A)	转矩电流比	输出转矩最大值(N·m)	输出转矩最小值(N·m)	转矩脉动(%)
3 000	145.93	0	32	16	70.75	2.06	258.97	23.63	161
4 000	108.62	16	48	14.5	111.17	0.98	220.88	12.86	192
5 000	88.35	16	56	11.8	116.43	0.76	151.28	22.52	146
6 000	72.37	20	56	10	111.99	0.65	118.88	28.09	124
7 000	63.02	20	60	9.2	112.95	0.56	100.55	24.59	121
8 000	54.60	20	64	8.2	107.79	0.51	89.87	20.42	127
9 000	50.72	24	64	7.6	109.01	0.47	84.79	21.25	125

图 3-46 为表 3-20 中不同转速下恒功率的调速特性仿真波形图。

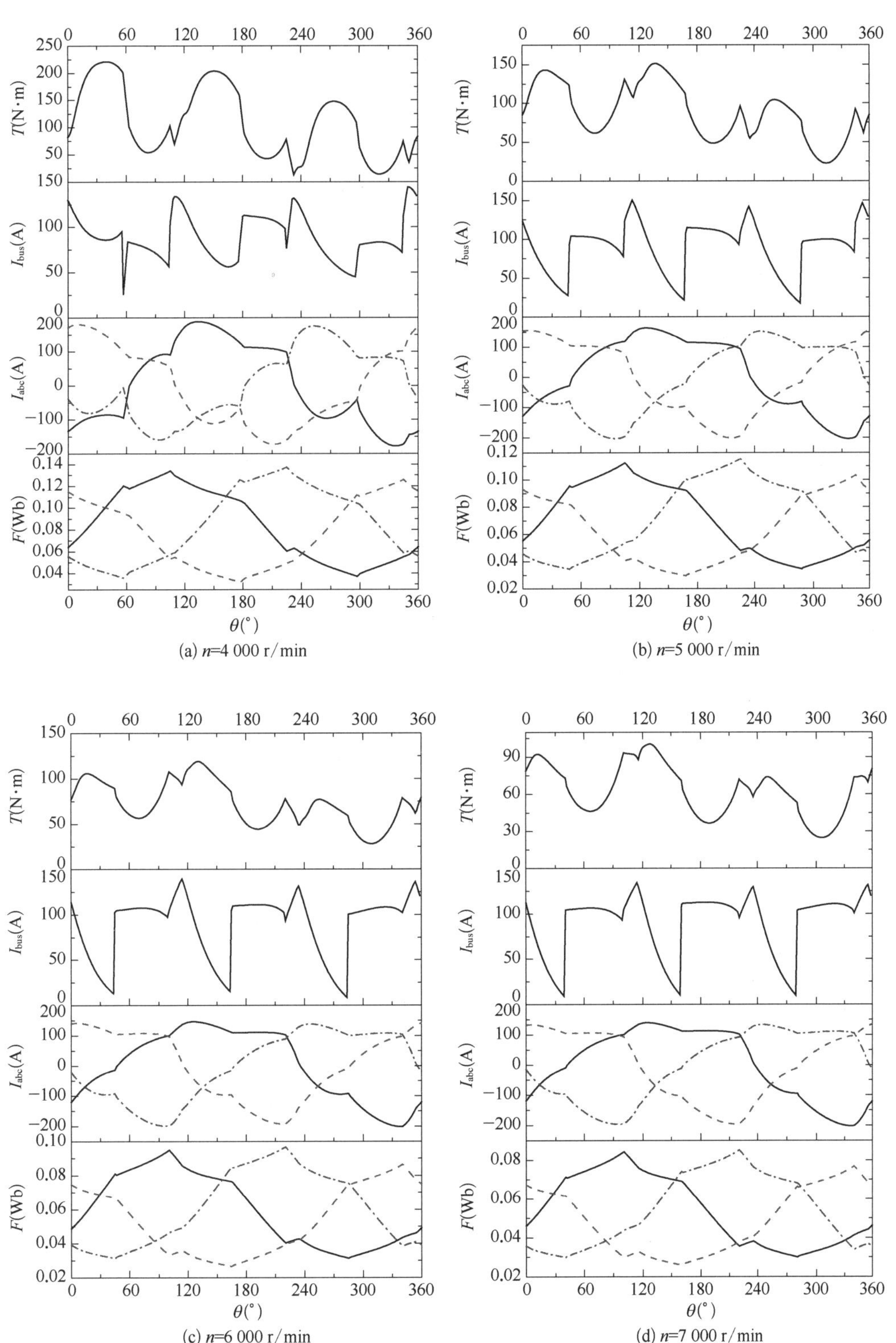

(a) n=4 000 r/min

(b) n=5 000 r/min

(c) n=6 000 r/min

(d) n=7 000 r/min

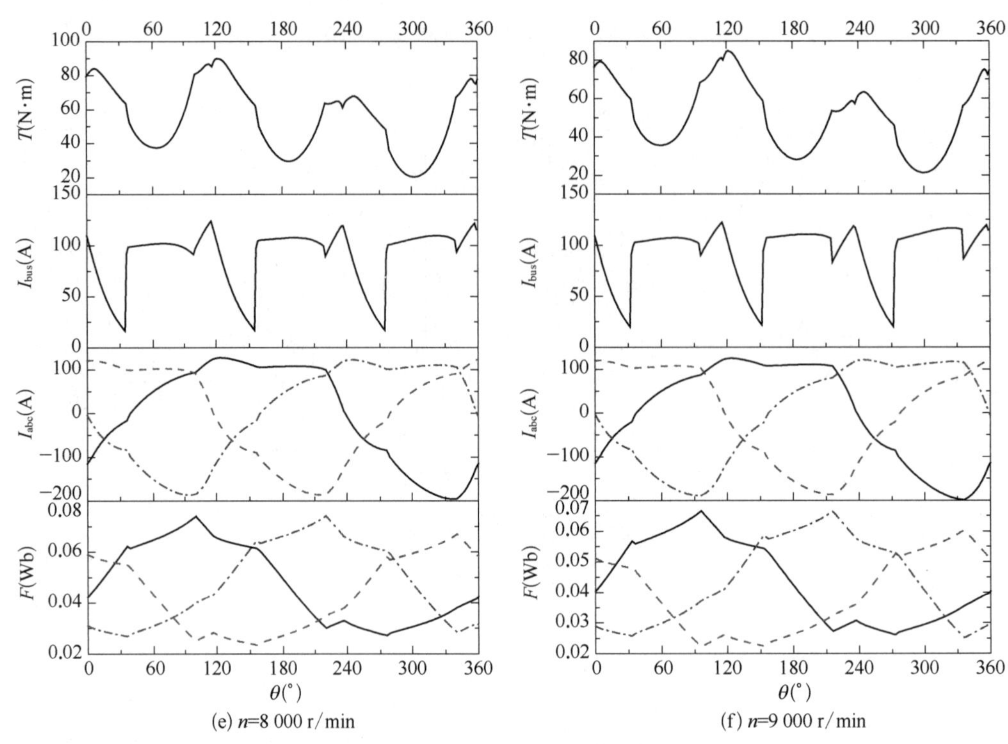

图 3-46　45 kW 电机恒功率调速特性仿真波形(u_{dc}=510 V)

比较不同转速下的磁链波形,随着转速的升高,励磁电流降低,磁链最大值明显降低,最小值降低较少,反电势也降低。由于提前角和移相角均随着转速的升高而增加,相电流上升的速度几乎不变,相电流有效值几乎不变,而输出转矩减小,转矩电流比大大减小。

与图 3-41 采用同样的方法,选取不同转速下的最佳额定功率工作点,得到 45 kW 电动机在三相九状态工作时不同转速下的输出数据,见表 3-22。

表 3-22　24/16 电机转速不同、功率 45 kW 时三相九状态控制方式下的输出数据

转速(r/min)	输出转矩(N·m)	提前角(°)	移相角(°)	励磁电流(A)	相电流(A)	转矩电流比	输出转矩最大值(N·m)	输出转矩最小值(N·m)	转矩脉动(%)
3 000	145.93	0	32	16	70.75	2.06	258.97	23.63	161
4 000	110.99	16	48	11.5	85.46	1.30	202.13	18.26	166
5 000	87.36	16	60	9	87.91	0.99	192.65	20.15	197
6 000	74.77	20	60	7.4	87.66	0.85	173.67	23.60	201
7 000	63.24	20	64	7	87.48	0.72	154.95	18.26	216
8 000	55.68	24	64	6	85.92	0.65	138.69	17.80	217
9 000	48.75	24	66	6	84.93	0.57	124.08	14.51	225

对比表 3－22 和表 3－21 的数据可以发现，同一转速下，三相九状态控制方式下的电流比三相六状态控制方式下的电流小 25 A，因此转矩电流比高。

图 3－47 为表 3－22 中不同转速下恒功率的调速特性仿真波形图。

对比图 3－47 和图 3－46 中同一转速下的磁链波形，九状态控制时的磁链最大值

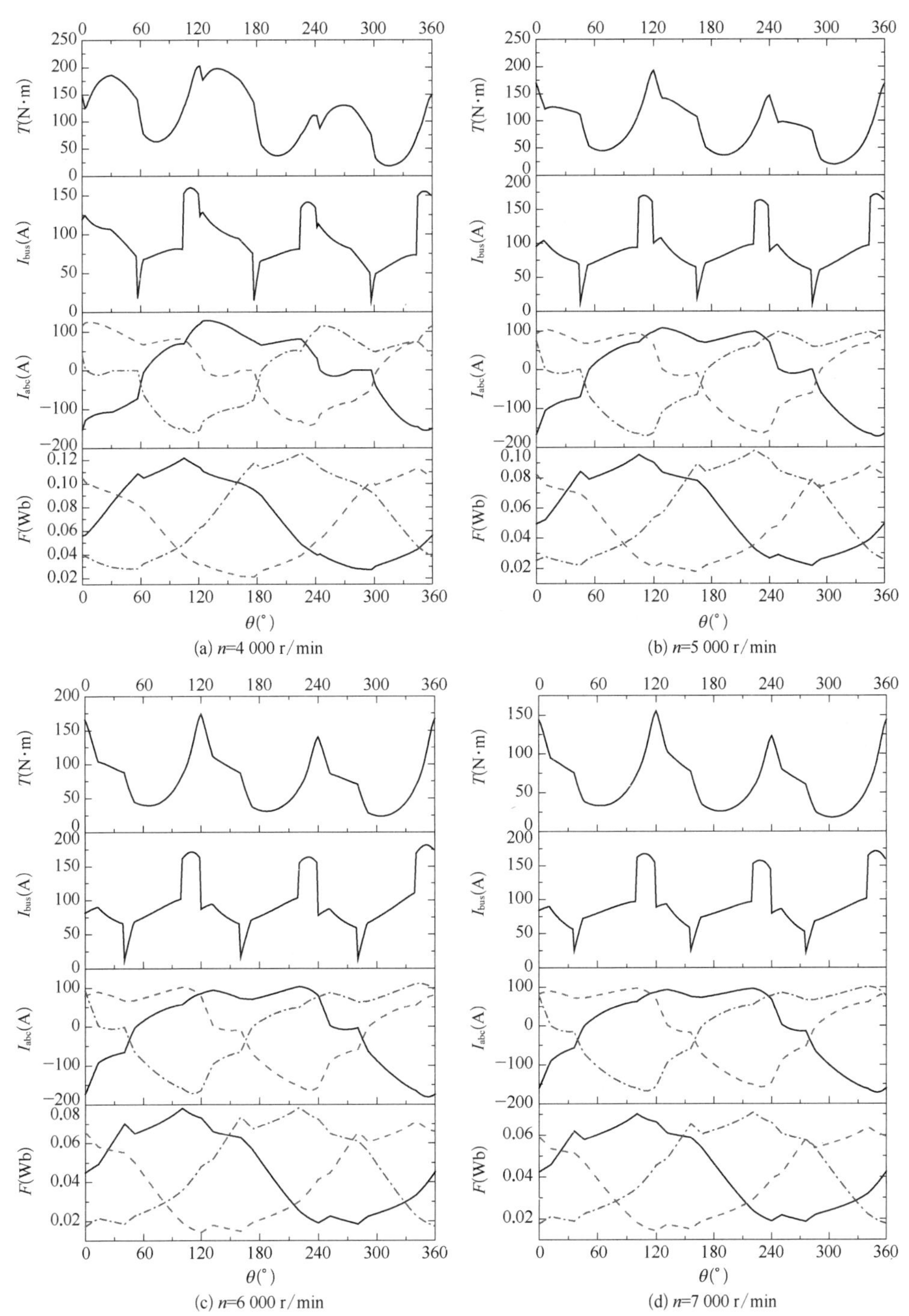

(a) n=4 000 r/min (b) n=5 000 r/min (c) n=6 000 r/min (d) n=7 000 r/min

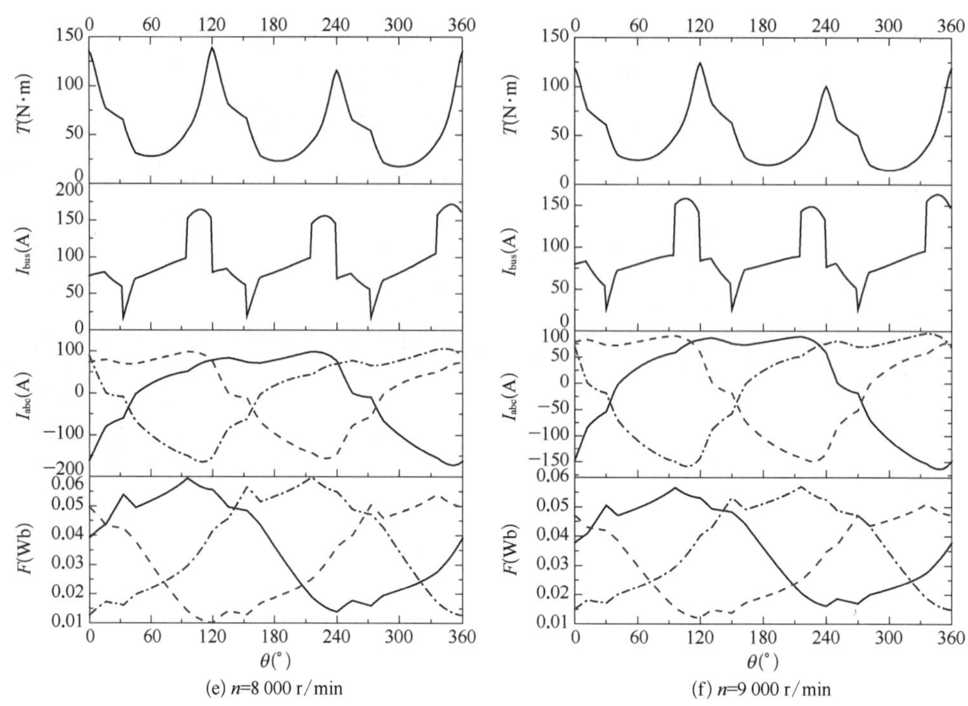

(e) n=8 000 r/min　　(f) n=9 000 r/min

图 3-47　45 kW 电机恒功率调速特性仿真波形(u_{dc}=510 V)

小于六状态控制时的磁链最大值,这是因为九状态控制时的励磁电流小于六状态控制时的励磁电流。而九状态控制时的输出转矩波形均有转矩尖峰,这是因为三相九状态控制时在转子位置角 120°、240°、360°时刻三相输出转矩均为正,而过了这三个时刻后由于续流,仅有一相输出正转矩。而三相六状态控制时在 120°$-\alpha$ 时刻负相电流侧开始换相,因此输出转矩近似为馒头波。三相九状态控制时负相电流续流时下降速度明显快于三相六状态时的电流下降速度,相电流的利用率远大于三相六状态,因此转矩电流比更大。

为了更直观地表现两种控制方式下电机的调速特性,图 3-48 和图 3-49 画出了

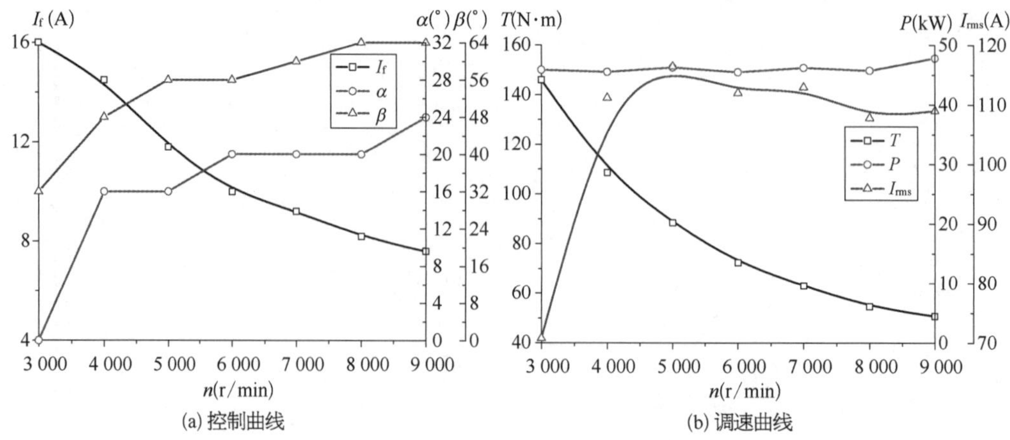

(a) 控制曲线　　(b) 调速曲线

图 3-48　三相六状态控制时电机的控制曲线

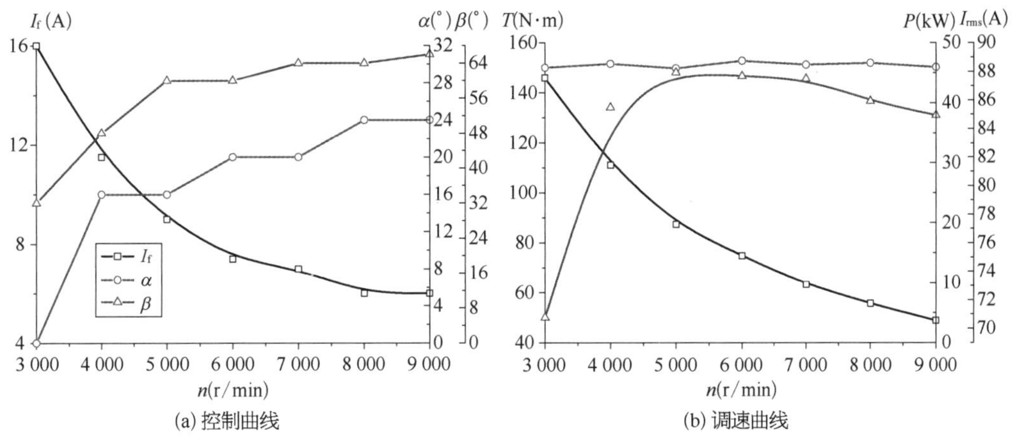

图 3-49　三相九状态控制时电机的控制曲线

它们的控制曲线和调速特性曲线。随着转速的增加，励磁电流降低，同时需要更大的提前角和移相角来得到最大的转矩电流比。而三相九状态下的励磁电流小，移相角大，是因为该控制方式能输出更大的功率。表 3-23 为 2 倍过载时电机调速的输出数据。

表 3-23　24/16 电机转速不同、功率 90 kW 时三相九状态控制方式下的输出数据

转速(r/min)	输出转矩(N·m)	提前角(°)	移相角(°)	励磁电流(A)	相电流(A)	转矩电流比	输出转矩最大值(N·m)	输出转矩最小值(N·m)	转矩脉动(%)
3 000	287	32	0	15.8	155.72	1.84	413.3	137.0	96
4 000	221.22	32	36	13	154.00	1.44	366.82	86.72	127
5 000	172.03	32	48	12	156.31	1.10	320.78	61.35	151
6 000	144.37	32	56	11.4	161.37	0.89	286.82	46.72	166
7 000	124.03	32	64	10.4	163.99	0.76	279.26	34.04	198
8 000	107.40	36	64	9.7	159.86	0.67	246.92	30.49	202
9 000	96.37	40	64	9.4	162.09	0.59	222.71	28.94	201

比较表 3-22 和表 3-23，发现同一转速下，只需增加励磁电流和 12°～16°的换相提前角即可达到 2 倍过载状态。电机 2 倍过载调速时，随着转速升高，转矩最大值和最小值均减小，转矩脉动增加，电枢电流基本不变，转矩电流比减小。2 倍过载时的电枢电流为额定负载时的 2 倍。

通过前九节的讨论可见，电励磁双凸极电动机有多个控制变量，即 DC/AC 变换器的开关管占空比 D、励磁电流 I_f、换相提前角 α 和移相角 β。合理控制这些变量可使电机在宽的转速和功率范围内工作。

(1) α 控制和β 控制均能提高输出转矩，但同一α 和β 下，β 控制时的转矩最大值和最小值均大于α 控制，输出转矩大，转矩脉动小。

(2) 三相六状态控制时，$\alpha+\beta(<60^\circ)$一定时，随着α 增大，T_{max}减小，T_{min}先增大后减小，T_{av}和ΔT 分别在T_{min}最大时最大和最小。三相九状态控制时，$\alpha+\beta(<60^\circ)$一定时，随着α 增大，T_{max}和T_{min}均先增大后不变，ΔT 变化不大，T_{av}先增加后不变。两者转矩电流比相差不大。说明三相九状态控制时，α 增加到一定值后，无法继续增加电流有效值，对电机转矩的增加已经不再起作用。

(3) 三相九状态控制方式与第二种提前换相控制方式。$\alpha+\beta=\alpha''$时，T_{max}、T_{min}、T_{av}、ΔT 以及T/I_{rms}均相等。说明只要延长换相提前相的导通区间(由原来的 120°增加为 $120^\circ+\alpha$)，移相角对电机的控制优化并没有作用。

3.10 双凸极电动机的制动

3.10.1 双凸极电动机的制动方式

为了降低电动机的转速，有两种方法：一种是不控的降速，另一种是可控的降速。不控的降速很简单，将开关管关断，但不切除励磁电流，电机转速将因铁心损耗和摩擦损耗或工作机械的反作用而下降，但下降的速度和时间均不能控制。

现代调速系统都采用可控制动方式，用于控制制动时间和制动转矩。电励磁双凸极电动机与直流电动机和无刷直流电动机一样，有两种制动方式：再生制动和反接制动。可控制动的另一优点是可回收存储于转动系统中的机械能。

3.10.2 再生制动

双凸极电动机的再生制动时让电机工作于发电状态，借助于 DC/AC 变换器控制制动电流从而控制制动转矩。

图 3－50 是电动机再生制动的电路拓扑和工作波形。图 3－50a 是制动前的电动工作状态，此时电动机的转子极正滑入 a 相定子极，滑出 c 相定子极，$e_a<0$，$e_c>0$，电源电流 i 经 Q_5 进入 cz 和 xa 绕组，经 Q_4 返回负电源。为了实现制动，应关断 Q_5Q_4，于是 D_1D_2 续流(图 3－50b)，电机电枢的磁场能量返回电源。在电源电压 u_{dc}的作用下，i_ai_c 将降为零，如图 3－50c 所示。

i_ai_c 降为零后，开通 Q_2 管(也可开通 Q_1 管)，在相电势 e_ae_c 的作用下，相电流形成 Q_2、D_4、ax、zc 回路，i_ai_c 反向增长。此时 i_ai_c 方向与 e_ae_c 方向相同，电机进入发电工作状态，形成制动力矩，如图 3－50d 所示，电路方程为：

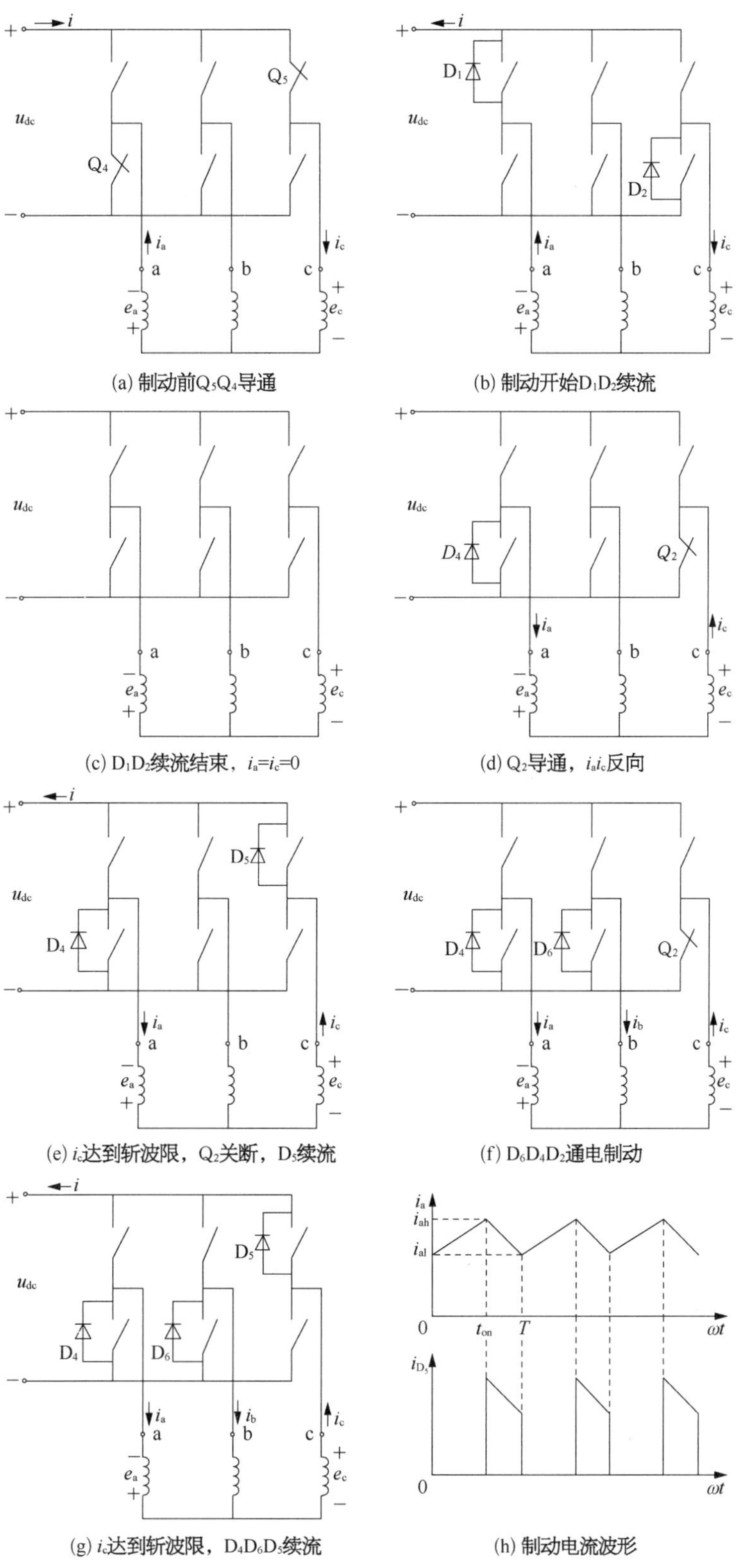

(a) 制动前Q_5Q_4导通　(b) 制动开始D_1D_2续流

(c) D_1D_2续流结束，$i_a=i_c=0$　(d) Q_2导通，i_ai_c反向

(e) i_c达到斩波限，Q_2关断，D_5续流　(f) $D_6D_4D_2$通电制动

(g) i_c达到斩波限，$D_4D_6D_5$续流　(h) 制动电流波形

图 3－50　双凸极电动机再生制动过程

$$L_a \frac{di_a}{dt} + L_c \frac{di_c}{dt} = e_a + e_c \tag{3-30}$$

$$i_a = i_c,\ i_b = 0$$

当 i_c 达到限流值 i_{ah} 时，关断 Q_2，D_5 与 D_4 续流，电机能量返回直流电源，$i<0$，如图 3-50e 所示。该模态的电路方程为：

$$L_a \frac{di_a}{dt} + L_c \frac{di_c}{dt} = -(u_{dc} - e_a - e_c) \tag{3-31}$$

$$i_a = i_c,\ i_b = 0$$

相电流在电源电压的作用下减小，当减小到限流值 i_{al} 时，开关管 Q_2 再次开通，转入图 3-50d 中的模态。开关管 Q_2 不断开通和关断，使相电流在 i_{ah} 和 i_{al} 间变化，电机将存于转动部分的能量转为电能，返回电源。

制动过程中，还可能出现三相同时有电流的情况，即图 3-50f，a 相和 b 相同时续流，电路方程为：

$$L_a \frac{di_a}{dt} + L_c \frac{di_c}{dt} = e_a + e_c \tag{3-32}$$

$$L_b \frac{di_b}{dt} + L_c \frac{di_c}{dt} = e_c$$

$$i_c = i_a + i_b$$

同样当 c 相电流达到限流值时，开关管 Q_2 关断，D_5 续流，转入图 3-50g 的模态，电路方程为：

$$L_a \frac{di_a}{dt} + L_c \frac{di_c}{dt} = -(u_{dc} - e_a - e_c) \tag{3-33}$$

$$L_b \frac{di_b}{dt} + L_c \frac{di_c}{dt} = -(u_{dc} - e_c)$$

$$i_c = i_a + i_b$$

三相电流在 u_{dc} 的作用下逐渐降低，当流经 c 相的电流低于开关管的限流值时，开关管会再次导通，回到图 3-50f 中的模态。与只有 ac 相有电流时一样，开关管 Q_2 不断开通和关断。

控制 i_{ah} 和 i_{al} 的大小，即控制了制动电流值，控制了制动转矩。

制动工作期间，电动机的旋转方向和原电动工作时相同，故当电机转子转过一定电角度后，e_c 降为零，$e_a > 0$，$e_b < 0$，相应地电机转子位置信号也随之变化，转为 Q_4PWM

工作，D_6D_1 续流。

在制动转矩作用下，电动机转速快速下降。

制动电流 i_{ah} 越大，制动转矩也越大，电机转速下降越快。

随着电机转速的降低，电机的电动势相应降低，开关管导通时间必须加长，才能使相电流达到限制值 i_{ah}（或 i_{bh}、i_{ch}），因此开关管的占空比是随电机转速的降低而自动增大的。

但是当电机转速很低时，即使开关管全导通，电机相电流也达不到 i_{ah} 值，从而导致制动转矩的降低，电机由再生制动转为能耗制动。因此再生制动的缺点是不能在整个转速范围内实现可控制动。

图 3-51 是以 45 kW 电机为例，用有限元仿真软件计算得到的各转速下的电枢电流、母线电流以及制动转矩随转子位置角的变化情况。电枢电流的上限 $i_{ah}=200$ A，下限 $i_{al}=170$ A，励磁电流 $i_f=15$ A。 $n=3\,000$ r/min 时，空载反电势小于但接近 500 V，由式(3-31)可知开关管关断后电流下降速度很慢，占空比很小，开关管仅在电机换相和相电流低于 200 A 时才导通，开关管关断时电流回馈值 I_{bus} 近 200 A，如图 3-51a 所示。转速降低，反电势下降，开关管关断后，电流下降速度变快，电流斩波次数增多，如图 3-51b 和 c 所示。在图 3-51 中，电流斩波的上限值和下限值与设定值并不完全一致，这是因为有限元仿真软件计算时，仿真步长与 PWM 斩波频率不同步所致。

观察图 3-51d、e、f 中的相电流波形和母线电流波形，开关管关断后，相电流很快下降

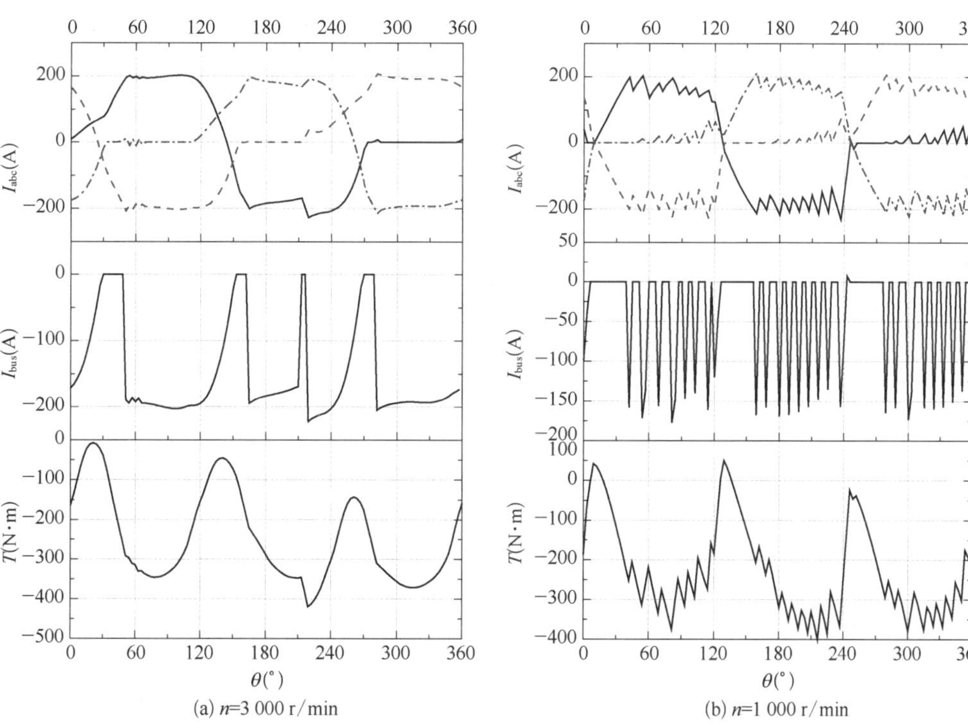

(a) n=3 000 r/min　　(b) n=1 000 r/min

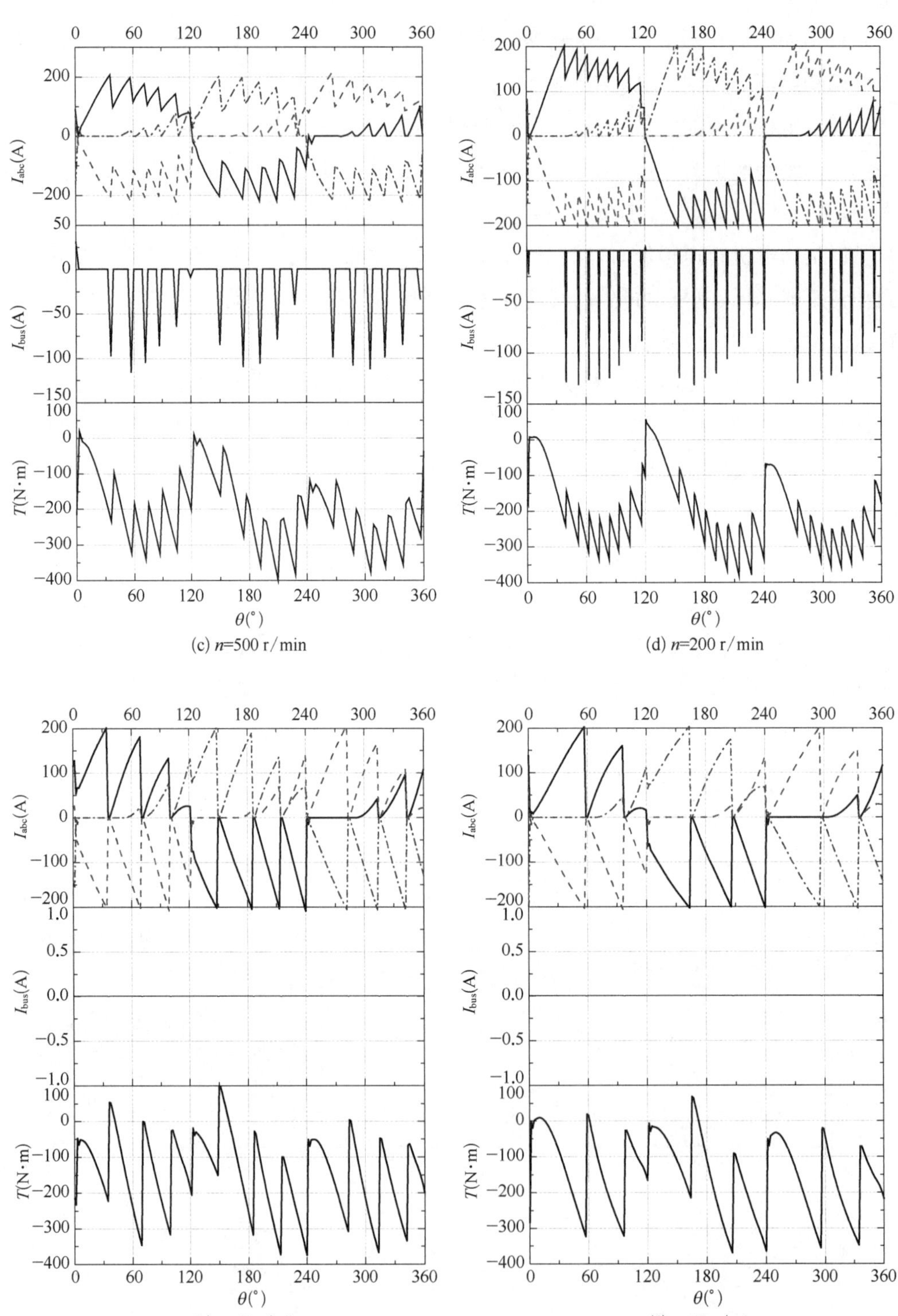

(c) n=500 r/min

(d) n=200 r/min

(e) n=50 r/min

(f) n=20 r/min

图 3-51　不同转速下的电枢电流、相电流及再生制动转矩随转子位置角的变化(i_f=15 A)

至零，脱离了斩波下限 i_{al} 的约束，说明低速时电机中储存的能量很少，被电机本身消耗，无法返回直流电源，再生制动转为能耗制动，制动过程为不可控。观察图 3-51d、e、f 中的转矩波形，在(0°, 180°)区间内均有两处出现正转矩，这是因为在这两处三相电流为 0，输出转矩只由齿槽转矩组成，而齿槽转矩在这两个时刻为正。

表 3-24 为不同转速下的制动转矩、相电流、母线电流及占空比。随着转速的降低，电机反电势减小，电流上升率降低，相电流增长到斩波上限 i_{ah} 所需的时间加长，有效值减小，制动转矩减小，电流下降率增大，占空比增加。当电机转速低至 200 r/min 时，母线电流由负值减小接近零值，电流达到限流值开关管关断后，回馈能量可以忽略不计，电机从再生制动退化为能耗制动，制动转矩基本不变。

表 3-24 不同转速下电机的制动转矩、电枢电流及母线电流值

电机转速 n(r/min)	空载输出电压 u_0(VDC)	电周期 T(ms)	制动转矩 T_{av}(N·m)	相电流有效值 i_{rms}(A)	母线电流 i_{dc}(A)	回馈功率 P(kW)	占空比 D
3 000	500	1.25	−247.25	141.87	−149.23	76.11	1/9
1 000	166.7	3.76	−225.26	130.21	−41.86	21.35	2/3
500	83.3	7.52	−220.95	126.71	−17.74	9.05	6/7
200	33.4	18.7	−151.65	94.01	−5.71	2.91	1
50	8.3	75.2	−147.44	93.23	0	0	1
20	3.3	187	−148.08	92.43	0	0	1

图 3-52 是 24/16 电机由再生制动转为能耗制动后，相电流有效值和制动转矩随着励磁电流的变化情况。转速为 50 r/min和 20 r/min 时，随着励磁电流的增加，反电势增加，电流上升速度加快，相电流增加，制动转矩也增加。转速为 200 r/min 时，电机制动转矩随励磁电流增加到 $i_f=10$ A 达到最大值，在 $i_f=15$ A 时制动转矩反而略有减小，这是因为电机未深度饱和时，相电感较大，电机储能较大，仍为再生制动，而深度饱和后，相电感减小，电感储能减小，转为能耗制动。

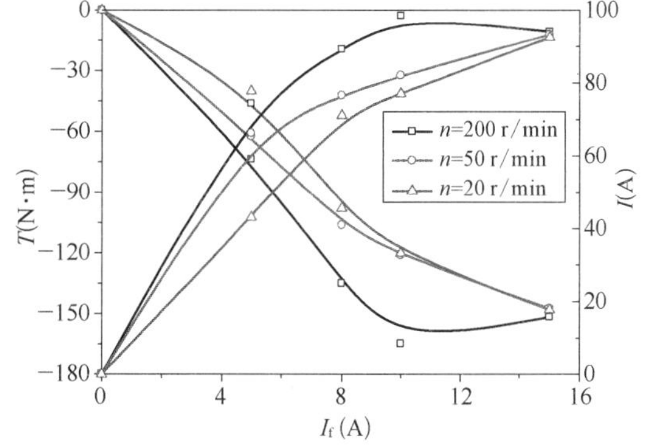

图 3-52 能耗制动时相电流和制动转矩与励磁电流的关系

3.10.3 反接制动

由于再生制动在低速时转为能耗制动，制动转矩不可控，而反接制动可克服再生制动的不足，是更好的制动方式。

图 3－53 是反接制动时电机的工作模态。图 3－53a 为电动工作，图 3－53b 为制动开始，图 3－53c 为电流均降低为零，图 3－53d 为开关管 Q_1Q_2 导通，相电流反向，与相

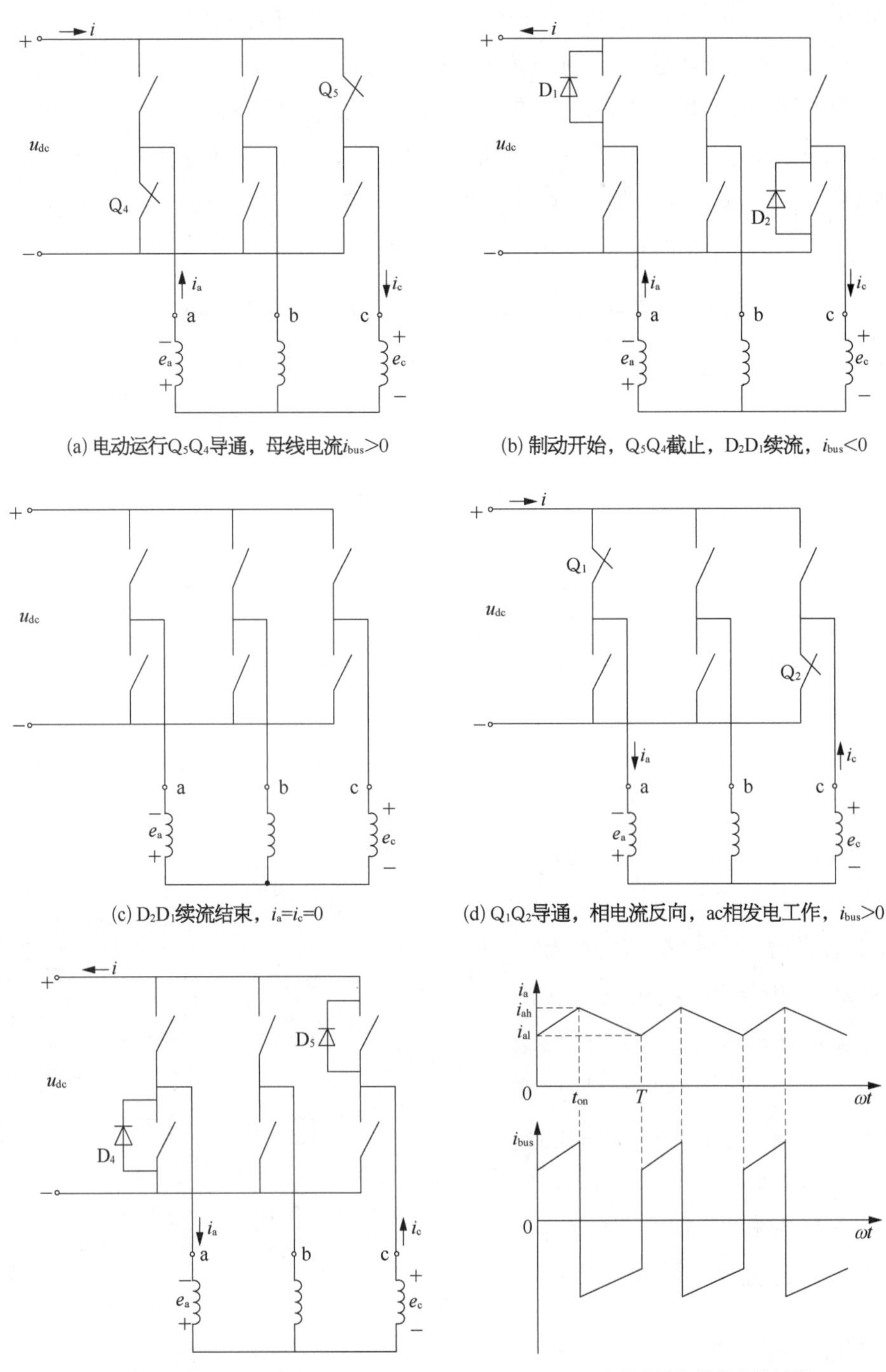

(a) 电动运行Q_5Q_4导通，母线电流$i_{bus}>0$

(b) 制动开始，Q_5Q_4截止，D_2D_1续流，$i_{bus}<0$

(c) D_2D_1续流结束，$i_a=i_c=0$

(d) Q_1Q_2导通，相电流反向，ac相发电工作，$i_{bus}>0$

(e) 相电流达到斩波上限，Q_1Q_2关断，D_5D_4续流，$i_{bus}<0$

(f) 相电流和母线电流波形

图 3－53　反接制动的工作模态

电势方向相同，相绕组发电工作，电路模态方程为

$$L_a \frac{di_a}{dt} + L_c \frac{di_c}{dt} = u_{dc} + e_a + e_c \tag{3-34}$$

$$i_a = i_c,\ i_b = 0$$

相电流在 u_{dc}、e_a 和 e_c 的作用下快速上升，达到斩波上限 i_{ah}时，两个开关管均需要关断，否则转为再生制动，相电流继续上升。

开关管 Q_1Q_2 关断，D_5D_4 续流，电路模态如图 3-53e 所示：

$$L_a \frac{di_a}{dt} + L_c \frac{di_c}{dt} = -(u_{dc} - e_a - e_c) \tag{3-35}$$

$$i_a = i_c,\ i_b = 0$$

相电流在 u_{dc}的作用下减小。当相电流降低到斩波下限 i_{al}时，开关管再次开通，转入图 3-53d 中的模态。开关管不断开通和关断，使相电流在斩波上下限之间来回波动，如图 3-53f 所示的电流波形。

比较式(3-34)和式(3-35)，相电流上升的速度大于电流下降的速度，因此开关管导通时间小于其截止时间，故直流电源是吸收了电机的回馈能量。电机转动部分的能量 $W = J\omega^2/2$，其中，J 为电机运动部分(含有电机传动的负载)的转动惯量，ω 为电机的角速度。电机的转速越高时，转速降低一个值 Δn，比低速时同样降低 Δn 值回馈的能量要大，故高转速时 t_{off} 比 t_{on}大得多，因为当制动电流限幅值一定时，$(t_{off} - t_{on})$和回馈能量成正比。随着电机转速的降低，$(t_{off} - t_{on})$逐渐减小。转速为零时理想情况下 $t_{off} = t_{on}$，实际上由于电机损耗，$t_{off} < t_{on}$。

如果电机转速为零时，负载转矩不为零(如提升机在转速为零时，提升机仍有向下的重力存在)，为了让电机转矩和负载转矩相平衡，电机必须在转速为零时仍有和负载转矩大小相等方向相反的电磁转矩。若此时电机转子位置正处于图 3-53a 的位置，则应使 Q_5Q_4 工作于 PWM 状态，保持电机相电流为一定值，该电机形成的电磁转矩正好与负载转矩平衡。

如果负载转矩的方向反了，为了使电机产生的电磁转矩平衡负载转矩，保持电机转速为零，若此时电机转子位置仍处于图 3-53a 的位置，应让开关管 Q_1Q_2 做 PWM 工作，让其电流形成的电磁转矩与方向反了的负载转矩相平衡。

为了与再生制动对比，图 3-54 画出了不同转速下电机反接制动时的相电流、母线电流以及转矩的波形图。

由图 3-54 知，随着转速的降低，开关管斩波次数明显增加，而转速为3 000 r/min 时，电流并未被斩波，这是因为此时电机空载输出电压接近 500 V，由式(3-35)可知，

相电流在 10 V 左右的电压作用下下降，下降速度很慢。以图 3－54a 中转子区间(0, 120°)为例，在转子角度 $\theta=28°$左右，i_c 上升到 200 A，开关管 Q_1Q_2 关断，i_ai_c 经过 D_4D_5 续流，但此时 i_b 还未下降到零，因此 i_ai_b 经过 D_4D_3 续流，$i_a=i_c+i_b$。

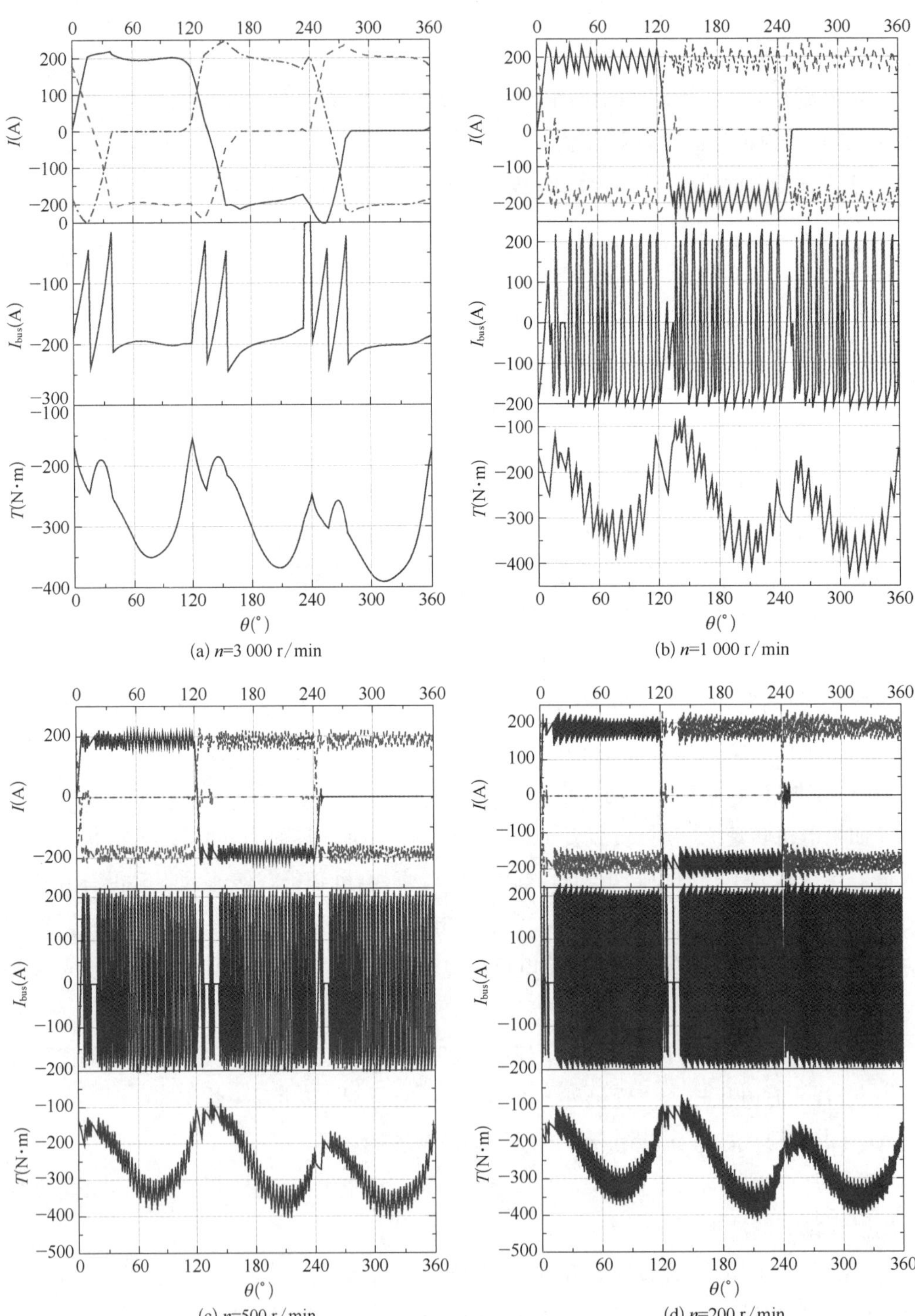

(a) n=3 000 r/min
(b) n=1 000 r/min
(c) n=500 r/min
(d) n=200 r/min

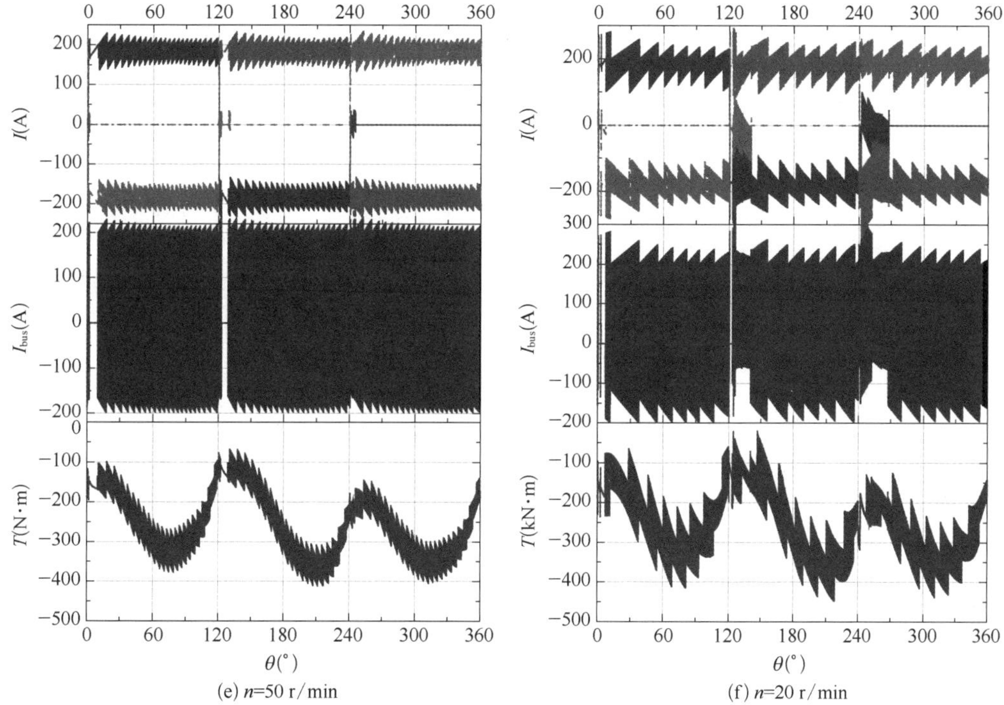

图 3-54　不同转速下的电枢电流、相电流及反接制动转矩随转子位置角的变化($i_f=15$ A)

理想情况下,同一励磁电流下的电机转速降低,反电势 $e=-\dfrac{d\psi}{dt}=-\dfrac{d\psi}{d\theta}\cdot\omega$ 成比例降低。将式(3-34)两边同时除以角速度 ω, $L_a\dfrac{di_a}{d\theta}+L_c\dfrac{di_c}{d\theta}=\dfrac{u_{dc}}{\omega}+\dfrac{-d\psi_a}{d\theta}+\dfrac{-d\psi_c}{d\theta}$,可见转速降低时,相电流随转子位置角变化的速度增加,相电流很快上升到斩波限,斩波次数增加。

表 3-25 为斩波限 $i_{ah}=200$ A, $i_{al}=170$ A 时的反接制动输出数据, $i_f=15$ A。

表 3-25　反接制动时不同转速下电机的输出数据
($i_f=15$ A, $i_{ah}=200$ A, $i_{al}=170$ A)

电机转速 n(r/min)	电周期 T(ms)	制动转矩 T_{av}(N·m)	相电流有效值 i_{rms}(A)	母线电流 i_{dc}(A)	占空比 D
3 000	1.25	−293.18	165.33	−175.79	0
1 000	3.75	−272.89	155.99	−42.16	0.25
500	7.5	−261.57	151.73	−16.71	0.33
200	18.75	−256.44	151.58	1.30	0.5
50	75	−255.39	151.57	9.47	0.5
20	187.5	−254.48	153.41	34.22	0.5

由表可见，随着转速降低，制动转矩降低，占空比增加，转速 200 r/min 时，占空比增加到最大值 0.5，继续降低转速，制动转矩基本不变，这是反接制动优于再生制动之处，但母线电流平均值为正，电机不再回馈能量。

3.11 转子静止时的转矩

双凸极电动机转子静止时($n=0$)的转矩由三部分组成。一是由励磁电流产生的定位力矩(或称齿槽转矩，英文名 cogging torque)。在电励磁电机中由励磁线圈电感随转子转角变化导致 $T_c=\frac{1}{2}i_f^2\frac{dL_f}{d\theta}$，其中，$i_f$ 为励磁电流，L_f 为励磁线圈电感。不论是电励磁电机、混合励磁电机还是永磁励磁双凸极电机，定位力矩均存在，仅表达形式不同。二是磁阻转矩，这是励磁电流 $i_f=0$，仅有电枢电流时形成的转矩，包括自感转矩 T_{pr1} 和互感转矩 T_{pr2}，$T_{pr1}=\sum\frac{1}{2}i_p^2\frac{dL_p}{d\theta}$，$p=a、b、c$ [见式(2-4)]，$T_{pr2}=i_ai_b\frac{dL_{ab}}{d\theta}+i_bi_c\frac{dL_{bc}}{d\theta}+i_ci_a\frac{dL_{ca}}{d\theta}$ [见式(2-5)]。三是励磁转矩，是励磁电流与电枢电流共同形成的转矩，$T_{pf}=T_{af}+T_{bf}+T_{cf}$，$T_{af}=i_ai_f\frac{dL_{af}}{d\theta}$，$T_{bf}=i_bi_f\frac{dL_{bf}}{d\theta}$，$T_{cf}=i_ci_f\frac{dL_{cf}}{d\theta}$ [见式(2-6)]。当 $n=0$ 时，在电压平衡方程中，可以不计电流随时间变化的项，即 $\frac{di_p}{dt}=0$，$p=a、b、c$，$\frac{di_f}{dt}=0$，从而使分析更为简单，在用有限元电磁场数值计算软件计算时，i_f 和 i_p($p=a、b、c$) 可直接用电流源输入。同时，$n=0$ 是电动机起动时($t=0$)的基本状态，是计算起动过程中转矩的第一步，为保证每次成功起动，$n=0$ 的转矩计算十分重要。

在 2.7 节中的图 2-15 示出了 11 kW 双凸极电机不同励磁电流时的齿槽转矩，励磁电流足够大后，齿槽转矩和转子转角间关系十分清楚，在 360°电角内，正负变化三次，在 $\theta=0°$、60°、120°、180°、240°、300° 等处 $T_c=0$，其中 60°、180°和 300°为稳定的点，0°、120°、240°为不稳定点，稍受干扰即向稳定点运动。在 $\theta=180°$前后，约在 $\theta=135°$ 和 $\theta=225°$ 处，齿槽转矩达正负最大值 $+T_{cmax}$ 和 $-T_{cmax}$，在这里定义正的 T_c 力图使转子向增加 θ 角方向运动，负的 T_c 力图使转子向减小 θ 角方向运动。由图 2-17 和图 3-55 可见，在 $\theta=180°$ 时，转子所处位置励磁电流形成的磁力线最短，励磁电感 L_f 达最大值。

图 3-55 是对一台 45 kW 双凸极电动机齿槽转矩的计算曲线，图中虚线为齿槽转

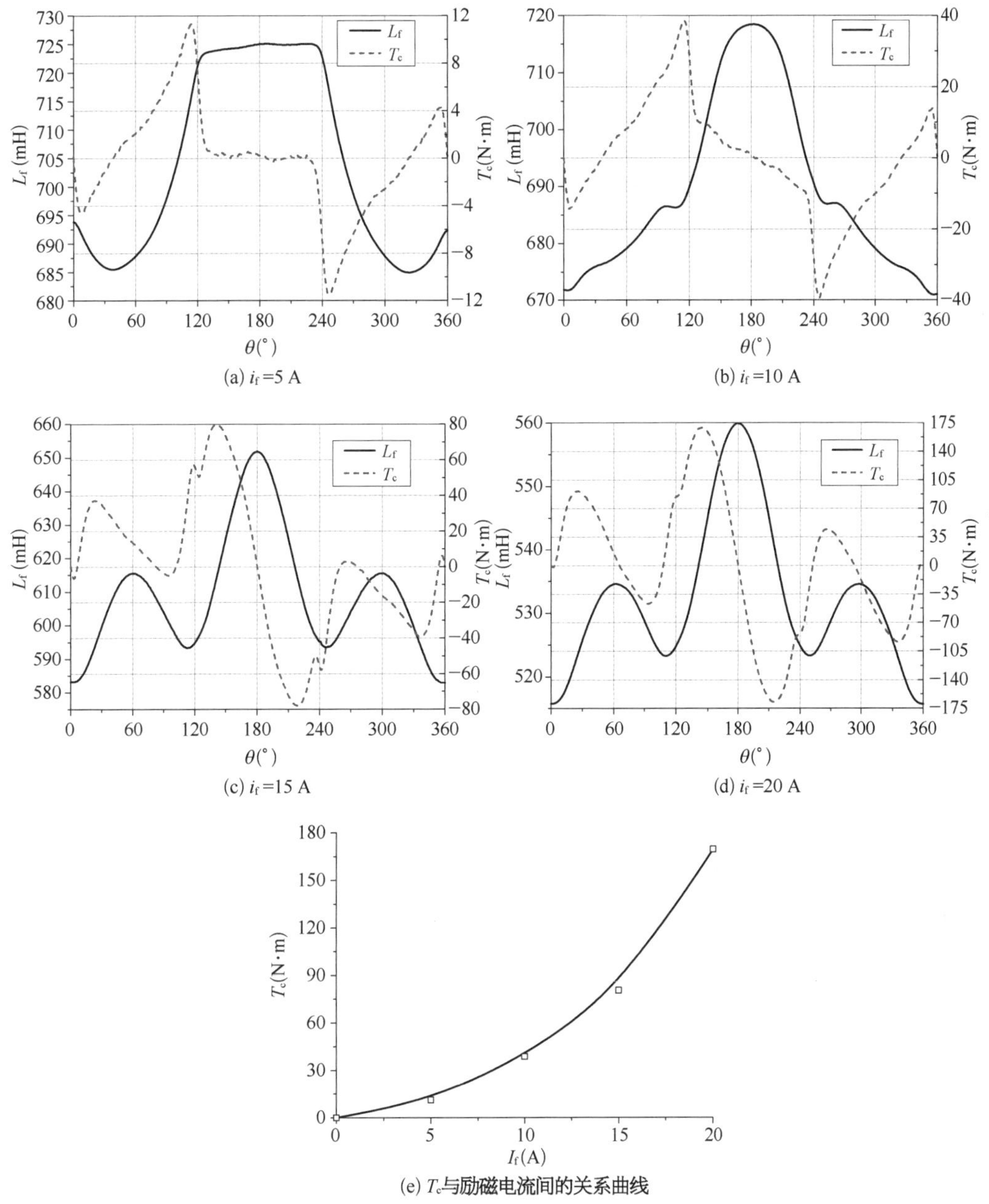

图 3-55　45 kW 双凸极电机齿槽转矩随角度变化的关系

矩 T_c，实线为励磁线圈的电感 L_f。在 $\theta=180°$ 处，$L_f=L_{fmax}$，$T_c=0$。图 3-55e 是 T_c 的最大值与励磁电流的关系曲线。

图 3-56 画出了 45 kW 电机在 $i_f=15$ A 不同转子极宽时齿槽转矩随转角 θ 的变化曲线。由图可见，当电机饱和时，随着转子极宽的增加，励磁绕组自感值逐渐变大，这是因为转子极宽的增加导致总磁路的磁导增大。齿槽转矩的脉动随着转子极宽的增加而增加，但是总的峰值却降低。

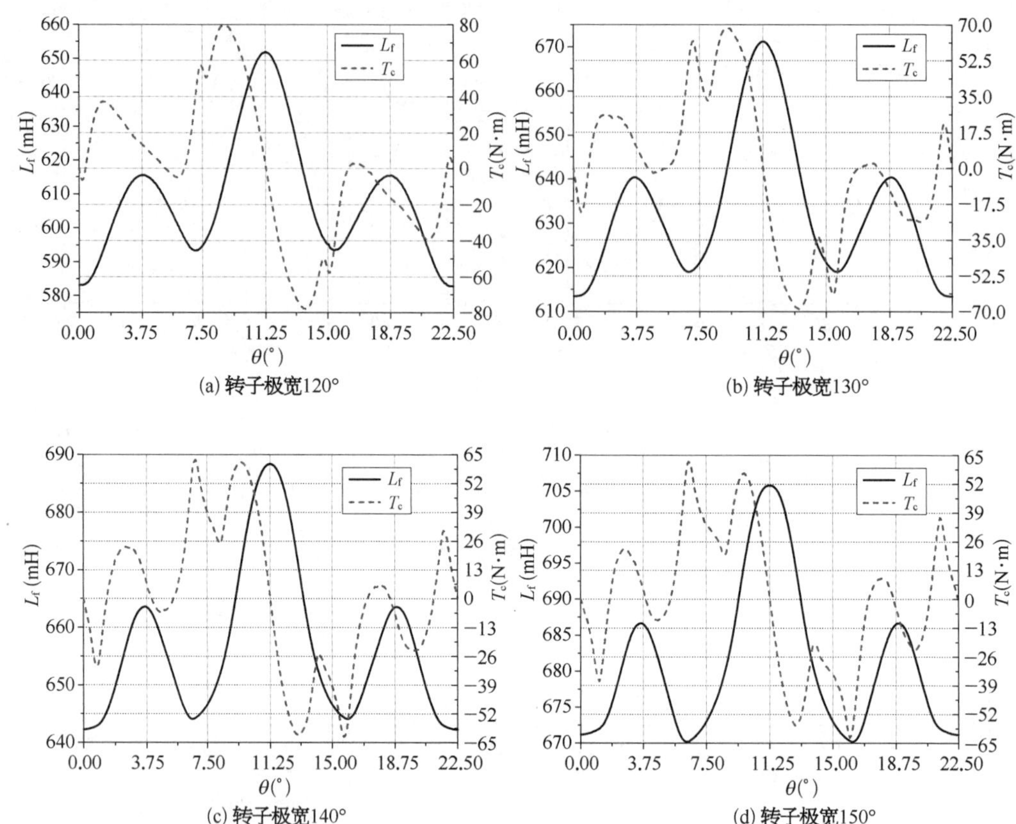

图 3-56　45 kW 电机齿槽转矩与转角间的关系($i_f=15$ A)

表 3-26 列出了励磁电流 $i_f=15$ A 时齿槽转矩最大值与转子极弧宽度间的关系。由表可见，当电机深度饱和时，齿槽转矩的最大值会随着转子极宽的增加而减小。

表 3-26　齿槽转矩最大值与转子极宽间的关系($i_f=15$ A)

转子极宽	120°	130°	140°	150°
T_c(N·m)	80.29	68.53	62.52	62.14

若励磁线圈电流为零，$i_f=0$，电枢绕组通电形成电枢电流引起的磁阻转矩，在双凸极电机中，电枢通电模式有两种：两相通电和三相通电。两相通电时，两相电流相等，如 $i_a=i_b$，$i_b=i_c$ 或 $i_c=i_a$。三相通电时必有 $i_a+i_b+i_c=0$。

图 3-57 是 $\theta=0°$、60°、120° 和 180°四种情况下电枢绕组两相通电时的电枢自感转矩与互感转矩(通称电枢磁阻转矩 T_{pr})的方向。由图可见每个角度下有三种情况：一是 $T_{pr}=0$，二是 T_{pr}向左方向，三是 T_{pr}向右方向，即电枢电流的磁阻转矩不仅和转子位置有关，还和电枢通电方式有关。

为了确切计算电枢磁阻转矩，必须从计算电枢电感 L_p($p=a$、b、c)、电枢电流对

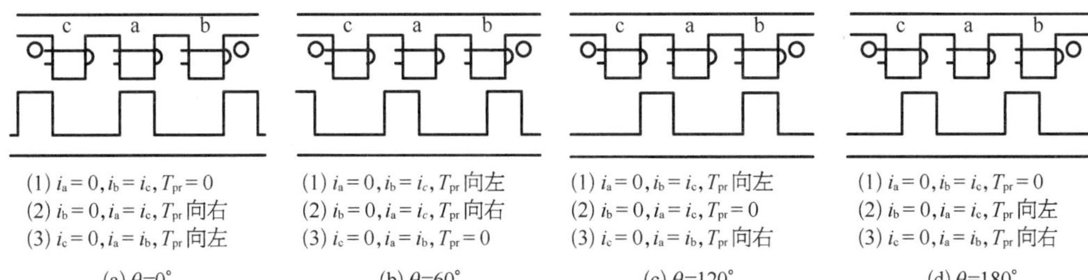

图 3-57　不同转子位置时电枢电流的磁阻转矩(转子极弧宽度等于定子极弧宽度,两相通电)

L_p 的影响和$\frac{dL_p}{d\theta}$入手,求取各相电流导致的矩角特性 $i_a\frac{dL_a}{d\theta}$、$i_b\frac{dL_b}{d\theta}$、$i_c\frac{dL_c}{d\theta}$,再在此基础上求取 $T_{pr}(\theta)$,如图 3-58 所示。

忽略相电流对电枢绕组自感的影响,取电枢电流为 121 A,图 3-58 是 45 kW 电机的相电感 $L_p(p=a、b、c)$ 曲线和相电感对 θ 角的导数$\frac{dL_p}{d\theta}$曲线,由于电枢自感转矩 $T_{pra}=\frac{1}{2}i_a^2\frac{dL_a}{d\theta}$, $T_{prb}=\frac{1}{2}i_b^2\frac{dL_b}{d\theta}$, $T_{prc}=\frac{1}{2}i_c^2\frac{dL_c}{d\theta}$,故由相电流产生的转矩 T_{pra}、T_{prb}、T_{prc}与$\frac{dL_a}{d\theta}$、$\frac{dL_b}{d\theta}$、$\frac{dL_c}{d\theta}$形状相同,仅差比例系数 $\frac{1}{2}i_p^2(p=a、b、c)$。$\frac{dL_p}{d\theta}$实际表示了电枢各相在恒定电枢电流下的自感磁阻转矩。

图 3-58 也提供了利用磁阻转矩的机会,若在 0～360°范围内均不施加电枢电流,则 $T_{pr}=0$。若仅在电感上升区通入相应的相电流,则三相合成转矩均为正,电机即可旋转,这就是开关磁阻电动机的工作方式。若仅在电感下降区通入相应的电枢电流,则三相合成转矩均为负。若加入相电流的角度不合理,则各相电流可能有正的磁阻转矩,也可能有负的磁阻转矩,从而加大了电机的转矩脉动,这是不希望的。

在双凸极电机中,一般不使用像开关磁阻电机那样的单相通电方式,而采用两相同时通电的方法,有时有三相通电。在两相通电时,电枢磁阻转矩 $T_{pra}+T_{prc}=\frac{1}{2}i_a^2\frac{dL_a}{d\theta}+\frac{1}{2}i_c^2\frac{dL_c}{d\theta}=\frac{1}{2}i_a^2\left(\frac{dL_a}{d\theta}+\frac{dL_c}{d\theta}\right)$, $T_{prb}+T_{pra}=\frac{1}{2}i_b^2\left(\frac{dL_b}{d\theta}+\frac{dL_a}{d\theta}\right)$, $T_{prc}+T_{prb}=\frac{1}{2}i_c^2\left(\frac{dL_c}{d\theta}+\frac{dL_b}{d\theta}\right)$,图 3-59a 是在图 3-58 的基础上得到的合成电感变化率$\frac{dL_a}{d\theta}+\frac{dL_c}{d\theta}$曲线,若通过 a 和 c 相绕组的电流为恒定值,则该变化率曲线就代表了电枢磁阻转矩。图 3-59d 是在 $\theta=0\sim120°$ 区间 ac 相通电流、120°～240° ba 相通电流、240°～360° cb 相通电流时的磁阻转矩仿真曲线 T 和根据电感计算出的磁阻转矩曲线 $T-L$。

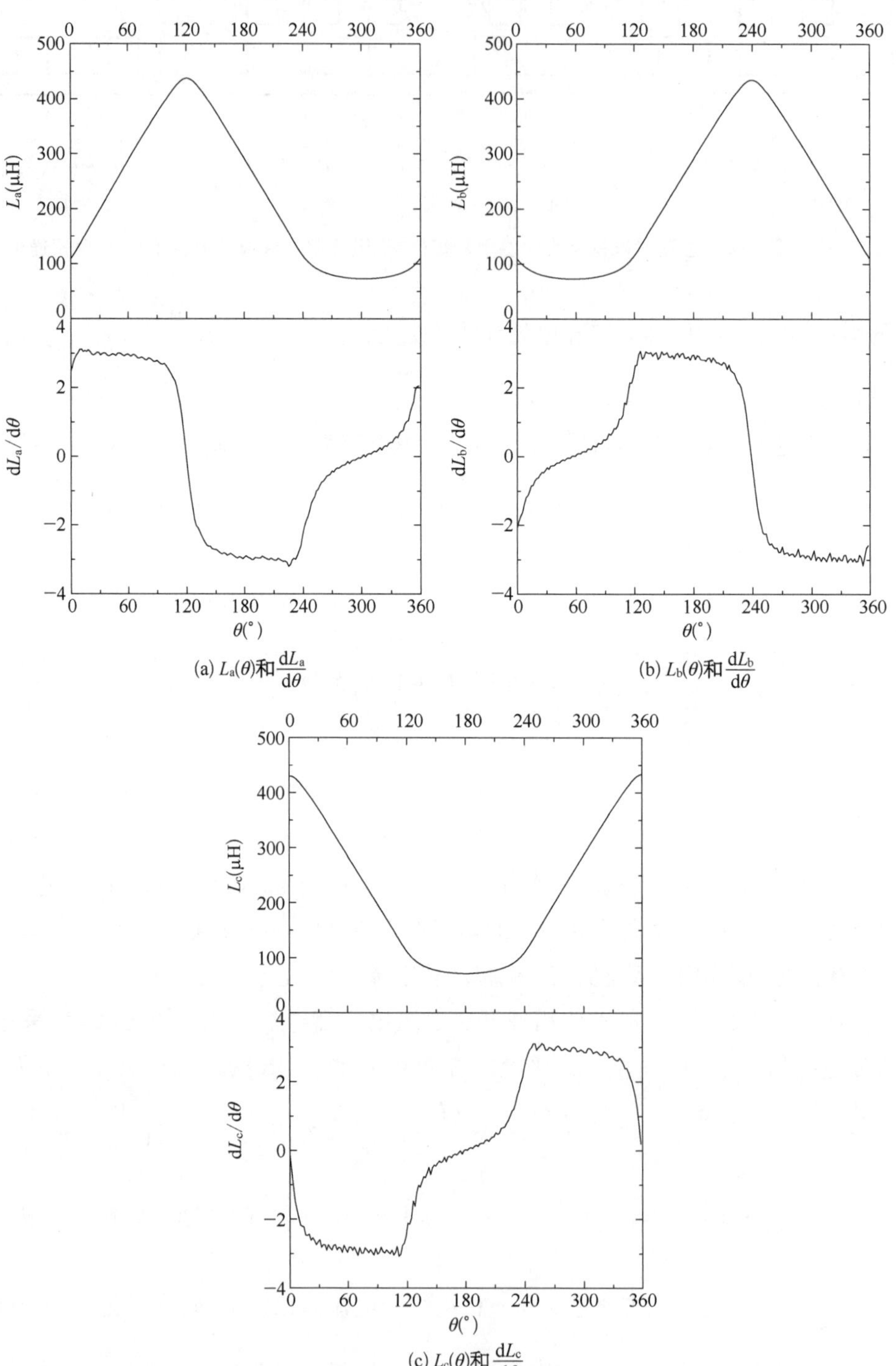

(a) $L_a(\theta)$和$\frac{dL_a}{d\theta}$　　(b) $L_b(\theta)$和$\frac{dL_b}{d\theta}$

(c) $L_c(\theta)$和$\frac{dL_c}{d\theta}$

图 3-58　电枢绕组自感 L_p、$dL_p/d\theta$ 与转子转角 θ 间的关系(i_p=121 A)

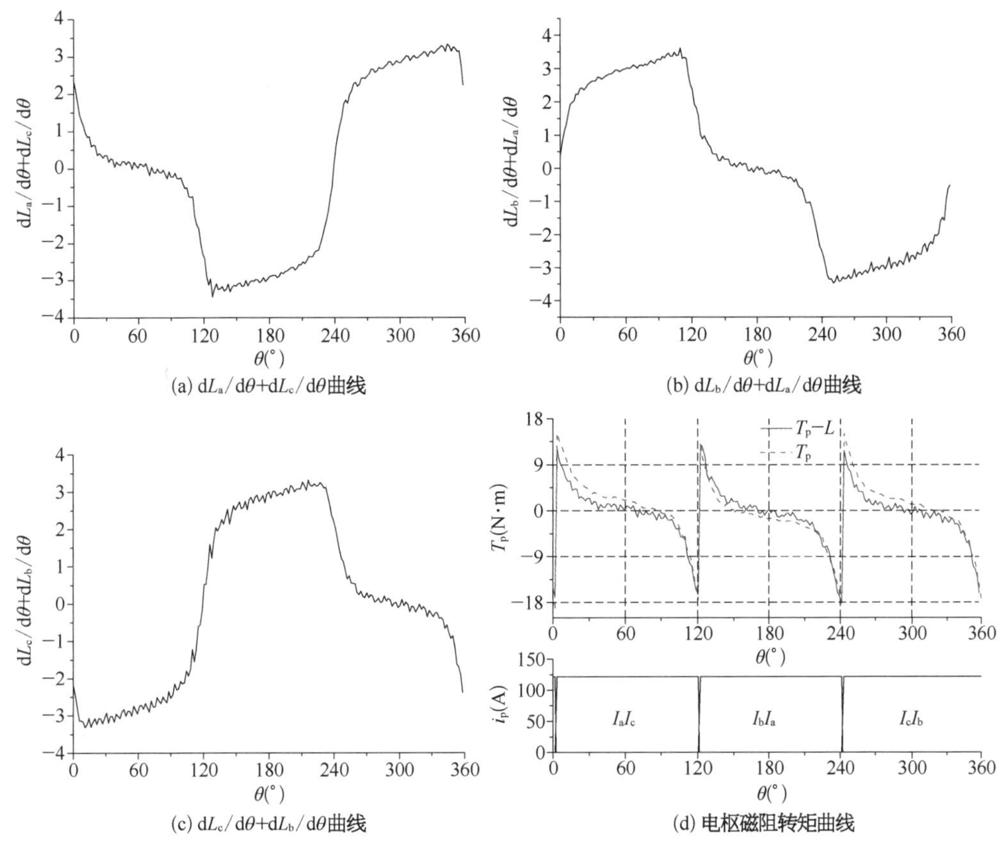

(a) $dL_a/d\theta+dL_c/d\theta$曲线　(b) $dL_b/d\theta+dL_a/d\theta$曲线

(c) $dL_c/d\theta+dL_b/d\theta$曲线　(d) 电枢磁阻转矩曲线

图 3－59　相电感变化率合成曲线与相相通电的磁阻转矩(i_a＝121 A)

由图可见，在 $\theta=0\sim120°$ 区间，磁阻转矩由正最大值逐渐减小并转而反向，在 120°时达负最大值。对照图 3－57a($\theta=0$)和图 3－58c($\theta=120°$)可见，在 $\theta=0$，$i_a=i_b$ 的作用下产生向左的磁阻转矩，而 $\theta=120°$时同样的电流产生相反(向右)的磁阻转矩。理论上 $i_a i_b$ 的合成磁阻转矩的平均值为零，不会使电机连续旋转，其缺点是加大了电机转矩的脉动。图 3－59d 的 T 曲线是在两相通电情况下借助于电磁场数字仿真软件计算得到的，计算中实际上已计了电枢绕组的互感导致的磁阻转矩，故与曲线 $T-L$ 有些差别，后者仅计算了电枢自感磁阻转矩。

改变图 3－59d 的相电流通电方式可以改变磁阻转矩的大小。最简单的方式是实现提前换相，图 3－59d 中提前换相角 $\alpha=0$。若让提前角 $\alpha=16°$、32°、64°，则磁阻转矩 $T_{pr}(\theta)$曲线如图 3－60 所示。随着 α 角的加大，负磁阻转矩不断减小，从而使磁阻转矩平均值不断增加。由图 3－60d 和 e 可见，换相提前有助于加大磁阻转矩和减小转矩脉动。

以上讨论的电枢磁阻转矩 $T_{pr}(\theta)$都是在转子极弧宽为 120°电角时的。由于相电感 $L_p(p=a、b、c)$ 也是转子极弧宽度的函数，故 $T_{pr}(\theta)$也和转子极弧宽度相关。图 3－61 和图 3－62 分别是转子极弧宽度为 130°和 140°时的相电感和三相三状态通电方式时的磁阻转矩矩角特性。比较图 3－60、图 3－61 和图 3－62 可见，转子极弧的加宽改变了相电感(也改变了相间互感)的形状，导致 $\dfrac{\mathrm{d}L_{\mathrm{a}}}{\mathrm{d}\theta}$、$\dfrac{\mathrm{d}L_{\mathrm{b}}}{\mathrm{d}\theta}$、$\dfrac{\mathrm{d}L_{\mathrm{c}}}{\mathrm{d}\theta}$ 的变化，也使 $\dfrac{\mathrm{d}L_{\mathrm{a}}}{\mathrm{d}\theta}+\dfrac{\mathrm{d}L_{\mathrm{c}}}{\mathrm{d}\theta}$ 发生变化，其变化不仅在图形的形状上，也改变了数值的大小，故使磁阻转矩矩角特性形状和磁阻转矩的峰值加大。

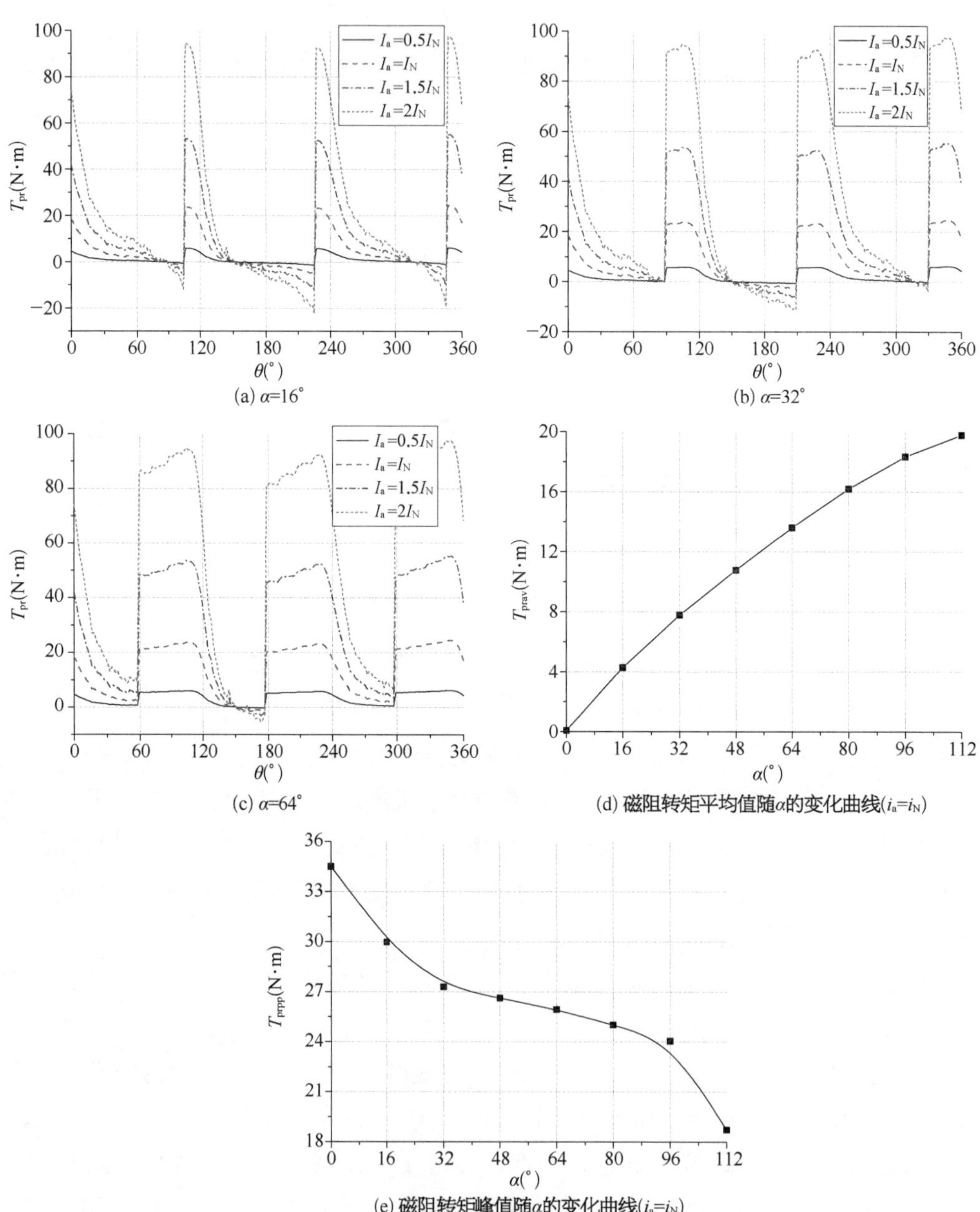

图 3－60　具有换相提前角时三相三状态电流方式的磁阻转矩曲线

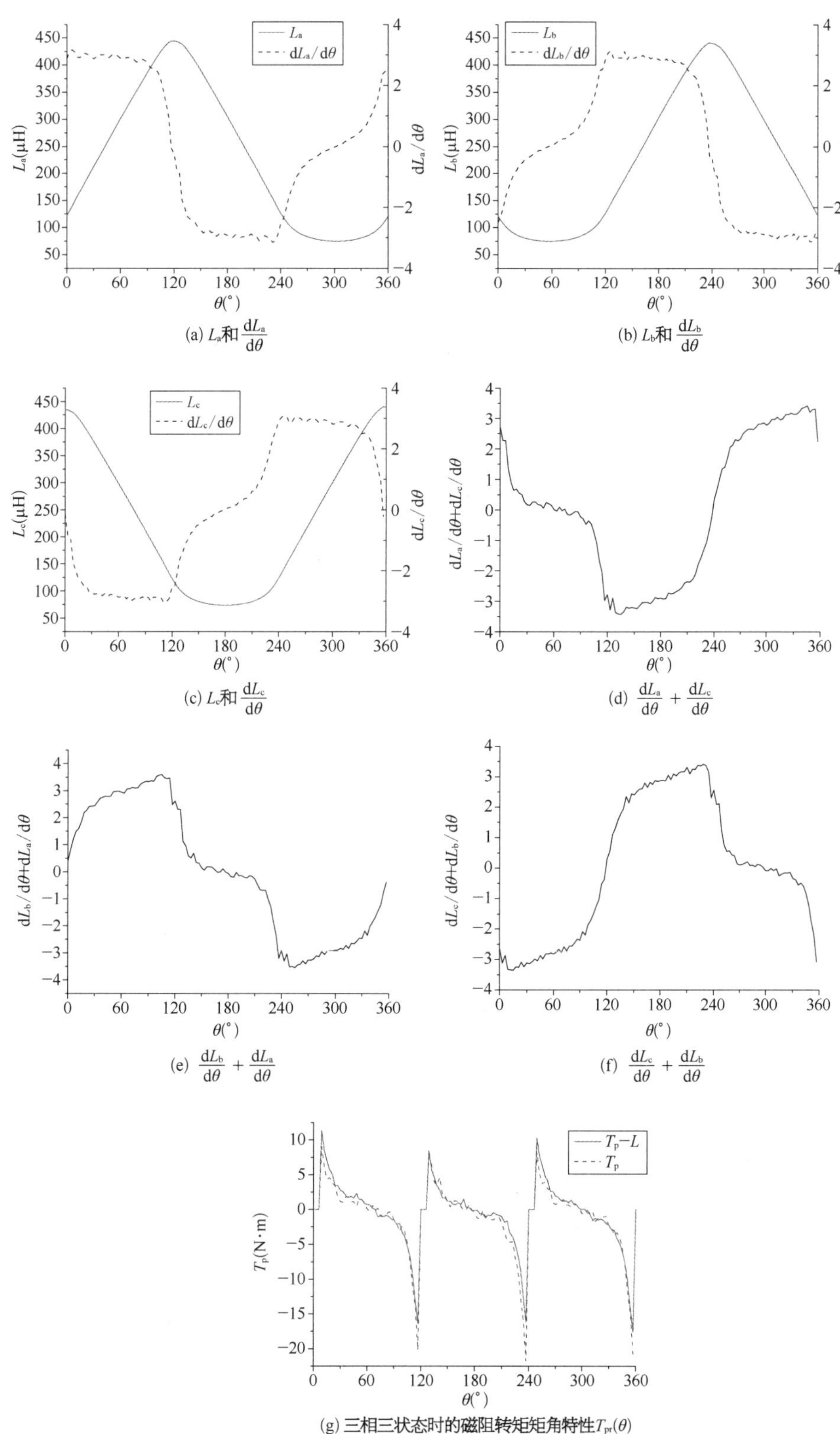

(a) L_a和 $\frac{dL_a}{d\theta}$
(b) L_b和 $\frac{dL_b}{d\theta}$
(c) L_c和 $\frac{dL_c}{d\theta}$
(d) $\frac{dL_a}{d\theta}+\frac{dL_c}{d\theta}$
(e) $\frac{dL_b}{d\theta}+\frac{dL_a}{d\theta}$
(f) $\frac{dL_c}{d\theta}+\frac{dL_b}{d\theta}$
(g) 三相三状态时的磁阻转矩矩角特性$T_{pr}(\theta)$

图 3-61　转子极弧为 130°时的相电感、相电感的变化率和磁阻转矩的矩角特性

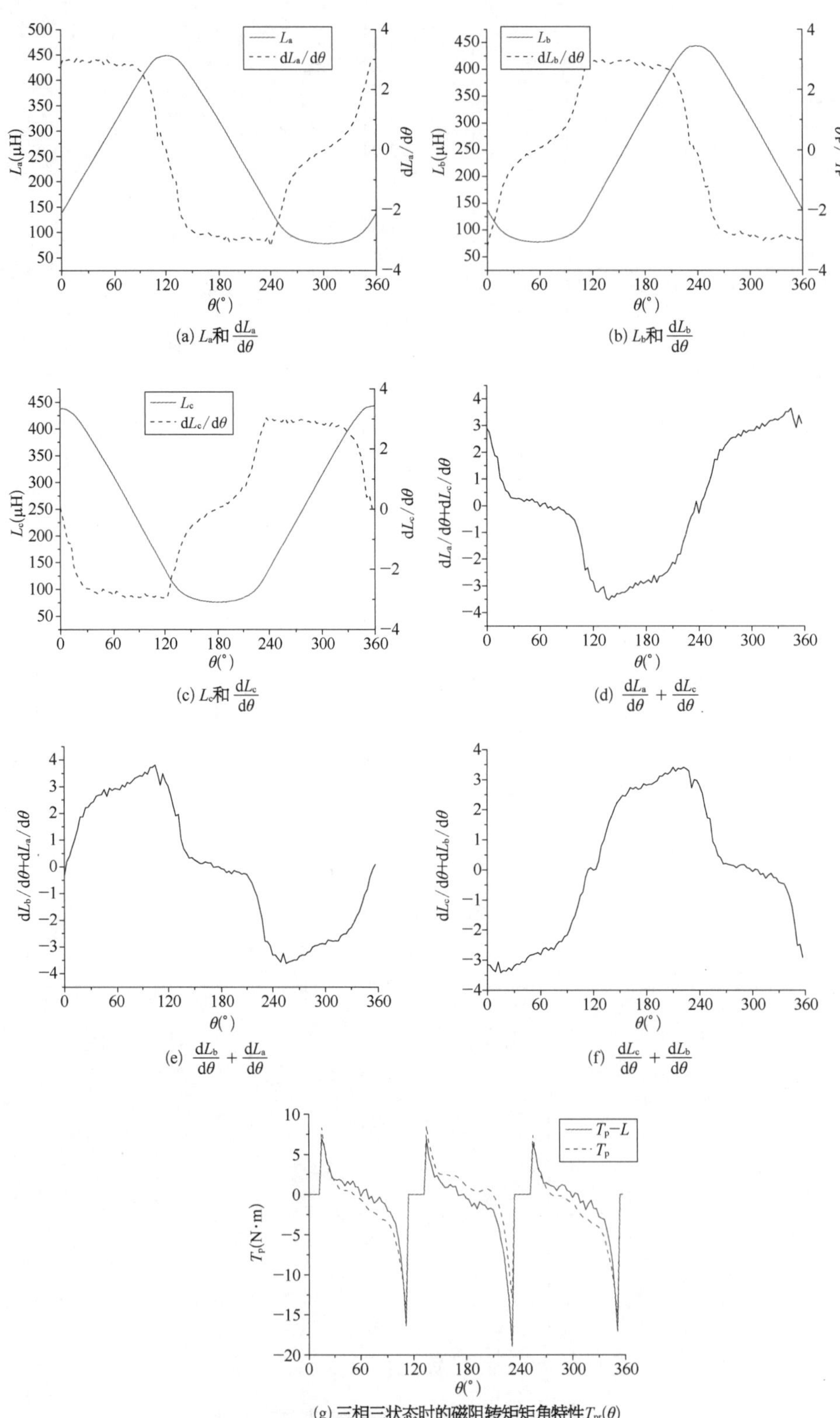

图 3-62　转子极弧为 140°时的相电感、相电感的变化率和磁阻转矩的矩角特性

表 3-27 列出了 45 kW 电机在不同转子极弧宽度时磁阻转矩的峰峰值和平均值。表 3-27 的磁阻转矩是在相电流如图 3-59d 的三相三状态通电方式下计算得到的。改变通电方式可以改变磁阻转矩。显然目的是为了使磁阻转矩有利于增加电磁转矩，有利于电机起动，而又可降低电机的转矩脉动。

表 3-27　不同转子极宽时磁阻转矩的峰峰值 T_{prpp} 和平均值 T_{prav}

α_r(°)	i_a(A)							
	61		121		182		243	
	T_{prpp} (N·m)	T_{prav} (N·m)	T_{prpp} (N·m)	T_{prav} (N·m)	T_{prpp} (N·m)	T_{prav} (N·m)	T_{prpp} (N·m)	T_{prav} (N·m)
120	8.62	0.019 5	34.50	0.081 5	77.68	0.179 4	138.24	0.304 8
130	7.24	−0.128 3	28.92	−0.509 0	65.09	−1.151 8	116.79	−2.080 3
140	5.95	−0.230 9	23.75	−0.922 1	53.43	−2.080 5	96.26	−3.725 1
150	5.67	−0.024 3	22.73	−0.092 5	51.96	−0.362 9	93.71	−0.693 6

和磁阻转矩一样，励磁转矩 T_{pf} 由三相励磁转矩构成，$T_{pf}=T_{af}+T_{bf}+T_{cf}$，而 T_{af}、T_{bf} 和 T_{cf} 又和相绕组与励磁绕组间互感相关，即与 L_{af}、L_{bf} 和 L_{cf} 相关，该互感既是转子位置角 θ 的函数，也是励磁电流的函数。图 3-63 是 45 kW 电机 a 相励磁转矩的计算过程，图 3-63a 计算不同励磁电流时的相绕组与励磁绕组间互感 L_{af}。铁心饱和程度和 L_{af} 的关系十分密切。因此导致 $\frac{dL_{af}}{d\theta}$ 也是 θ 和 i_f 的函数，如图 3-63b 所示。励磁电流增大，L_{af} 减小，$\frac{dL_{af}}{d\theta}$ 也减小，故乘积 $i_f\frac{dL_{af}}{d\theta}$ 和 i_f 间关系减弱，如图 3-63c 所示。在一个电周期中，通常励磁电流可认为不变，故 $i_f\frac{dL_{af}}{d\theta}$ 仅与转角 θ 相关。

电枢电流受开关管控制，可以为正、为负、为零，从而可以控制励磁转矩。若给 a 相通正电流 $+i_a$，则励磁转矩 T_{af} 如图 3-63d 所示，T_{af} 的形状与 $i_f\frac{dL_{af}}{d\theta}$ 相同，但幅值不同，T_{af} 的幅值和 i_f 的幅值成正比。若给 a 相通负电流 $-i_a$，当 $-i_a$ 的幅值与 i_a 相同时，负电流的 T_{af} 是正电流的镜像。

显然，在一个电周期内电枢中通直流电是不合理的，其平均转矩几乎为零，DC/AC 变换器的作用就是向 a 相电枢绕组提供适当的电流 i_a，以让电机产生所需的励磁转矩 T_{af}。例如，在 $i_f\frac{dL_{af}}{d\theta}$ 为正时让 i_a 也为正，在 $i_f\frac{dL_{af}}{d\theta}$ 为负时让 i_a 也为负，则可得到在一个周期内均为正的励磁转矩 T_{af}。反之，若在 $i_f\frac{dL_{af}}{d\theta}$ 为正时让 i_a 为负，在 $i_f\frac{dL_{af}}{d\theta}$ 为

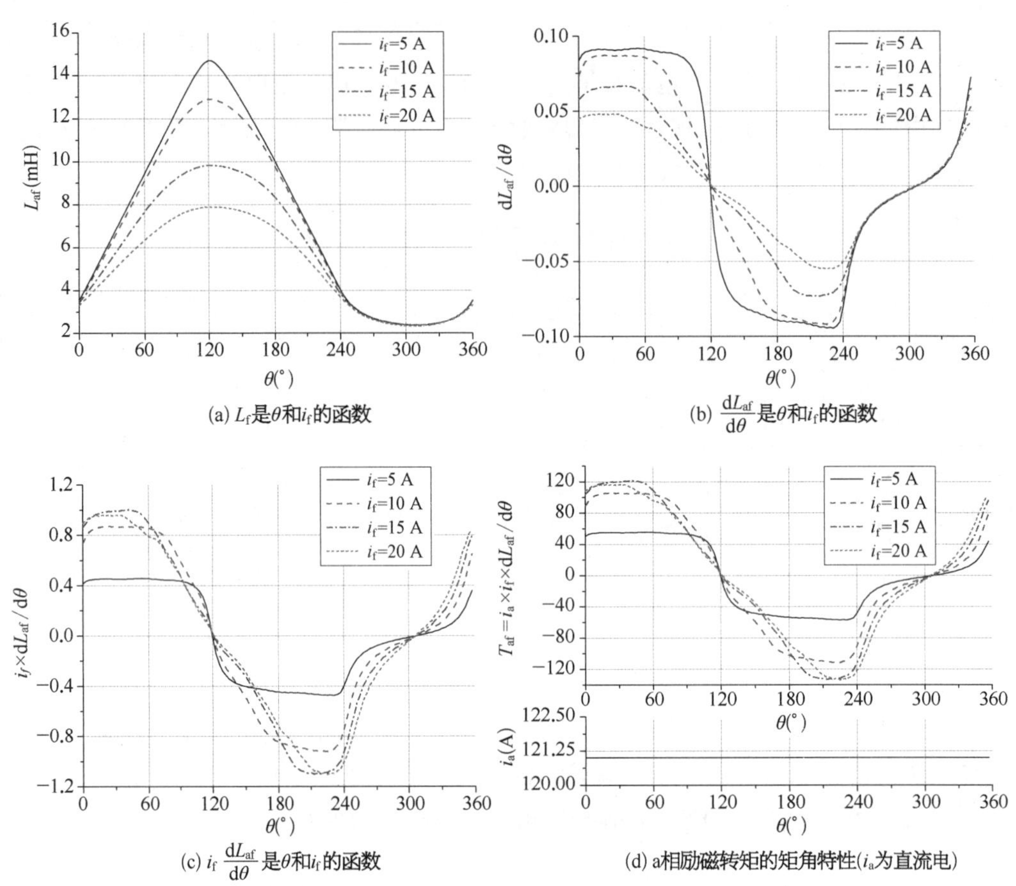

(a) L_f是θ和i_f的函数　(b) $\frac{dL_{af}}{d\theta}$是θ和i_f的函数

(c) $i_f\frac{dL_{af}}{d\theta}$是$\theta$和$i_f$的函数　(d) a相励磁转矩的矩角特性($i_a$为直流电)

图 3-63　45 kW 电机 a 相励磁转矩 T_{af}的计算

负时让 i_a 为正，则在一个周期内的励磁转矩 T_{af}均为负。

用和图 3-63 同样的方法可得到 $i_f\frac{dL_{bf}}{d\theta}$和 $i_f\frac{dL_{cf}}{d\theta}$与 θ 的关系曲线，如图 3-64 所示。励磁线圈与电枢绕组间互感 L_{af}和励磁线圈匝数 N_f 和相绕组等效匝数 N_a 成正比，即：

$$L_{af}=\mu\frac{l}{S}\cdot N_f\cdot N_a$$

式中，μ 为磁路等效磁导率，因为磁路中既有空气隙和硅钢片，是励磁安匝的函数，励磁大，铁心饱和程度高，μ 减小；l 为磁路有效长度；S 为磁路等效面积。由于转子的旋转，面积 S 不断变化，从而导致互感 L_{af}的变化。故 L_{af}可表示为

$$L_{af}=K_{af}\cdot N_f\cdot N_a$$

式中，$K_{af}=\mu\frac{l}{S}$。于是励磁转矩 T_{af}可表示为：

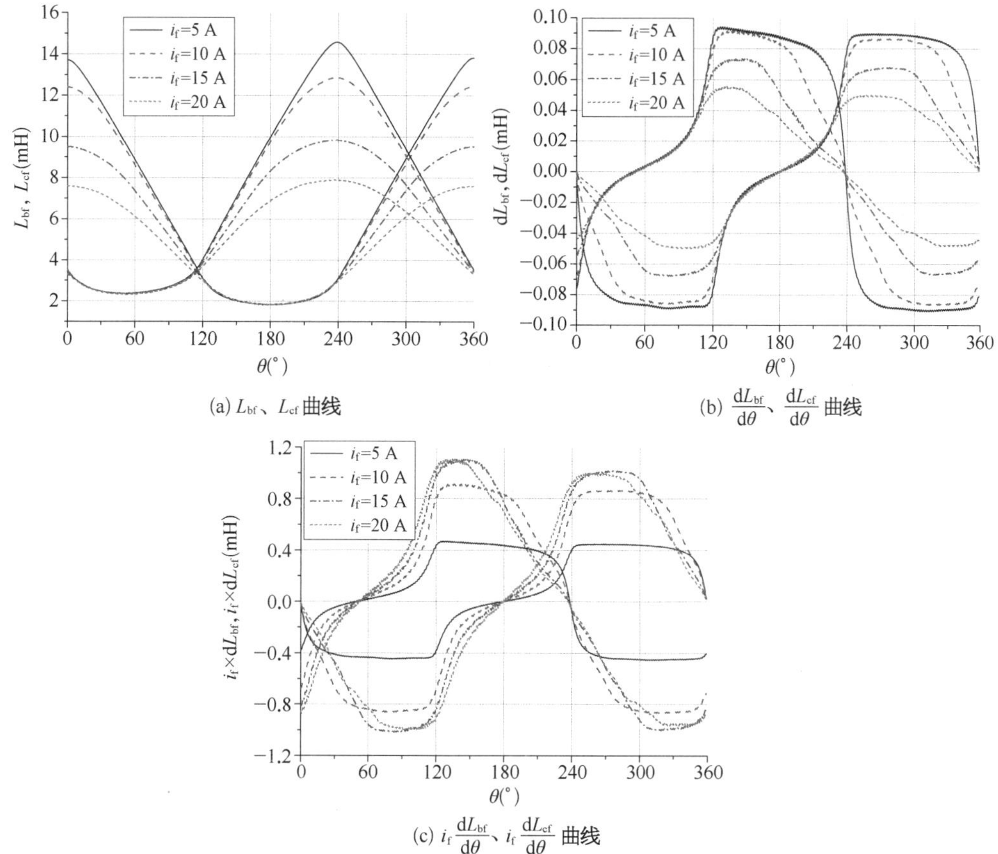

(a) L_{bf}、L_{cf} 曲线　(b) $\frac{dL_{bf}}{d\theta}$、$\frac{dL_{cf}}{d\theta}$ 曲线

(c) $i_f\frac{dL_{bf}}{d\theta}$、$i_f\frac{dL_{cf}}{d\theta}$ 曲线

图 3－64　45 kW 电机的 $i_f \cdot dL_{bf}/d\theta$、$i_f \cdot dL_{cf}/d\theta$ 曲线

$$T_{af}=i_aN_ai_fN_f\frac{dK_{af}}{d\theta}$$

由此可知电枢磁势 i_aN_a 和励磁磁势 i_fN_f 对励磁转矩的贡献是等效的，增加电枢安匝可以增加 T_{af}。若增加与电枢磁势相同的励磁磁势，T_{af}的增加量是相同的。同时增加电枢和励磁磁势可以有效增大 T_{af}，但因磁势的加大，铁心趋于饱和，$\frac{dK_{af}}{d\theta}$减小，故不宜过分加大电枢与励磁磁势，磁势过大伴随着损耗的加大。对于永磁双凸极电机，为了增大励磁转矩，可尽量加大励磁磁势，这增大了电机成本和铁耗。

若把图 3－63 和图 3－64 的 $i_f\frac{dL_{af}}{d\theta}$、$i_f\frac{dL_{bf}}{d\theta}$、$i_f\frac{dL_{cf}}{d\theta}$ 画于一幅图上，就可以按这幅图来设计各相电枢电流的通电规律，以期在同样大小的电枢电流下得到尽量大的合成励磁转矩或得到尽量小的励磁转矩脉动。图 3－65 是 45 kW 电机励磁电流为15 A的电感导数曲线，即 $15\frac{dL_{af}}{d\theta}$、$15\frac{dL_{bf}}{d\theta}$ 和 $15\frac{dL_{cf}}{d\theta}$ 与 θ 间的关系曲线。

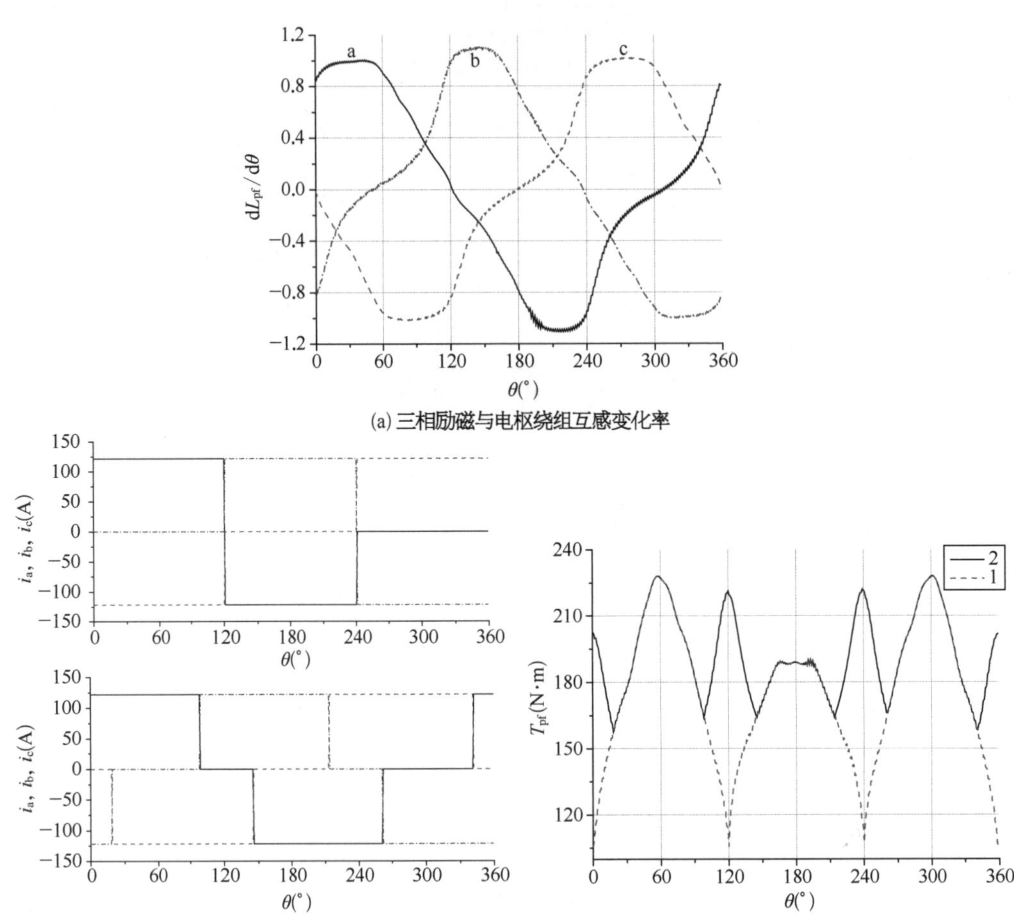

(a) 三相励磁与电枢绕组互感变化率

(b) 两种不同通电方式下的励磁转矩

图 3-65　45 kW 电机借助于 $dL_{pf}/d\theta$ 曲线设计通电方式

对于由六只开关管构成的 DC/AC 三相变换器最简单的工作方式是三相三状态，即桥臂正负侧同时有一个开关管导通，导通时间 120°电角，两同时导通的开关管导通时刻(相当于 θ 角)可调。若取 $\theta=0°$ 时导通 Q_1Q_6 管，120°时关断 Q_1Q_6 导通 Q_2Q_3，240°时关断 Q_2Q_3 导通 Q_4Q_5，通电电流为 121 A，就可得到三相合成励磁转矩 T_{pf0}，如图 3-65b 的曲线 1 所示。若采用三相六状态导通方式，即在相反电势最大的区间通入正向电流，相反电势最小的区间通入负向电流，可得到合成励磁转矩如图 3-65b 的曲线 2 所示。三相六状态导通方式输出的励磁转矩明显大于三相三状态导通方式。

以 $i_f=15$ A 为例，验证计算的正确性。图 3-66 从上至下依次为齿槽转矩 T_c、$i_a=121$ A 时根据电枢自感计算得到的磁阻转矩 T_{pr}、由电枢与励磁互感计算得到的励磁转矩 T_{pf}和 $T_c+T_{pr}+T_{pf}=T-L$ 与 Ansoft 仿真得到的输出转矩 T 的对比。由图可见，仿真结果与计算结果几乎重合，表明这种研究方法在电机转速为 0 时是可行的。

由图 3-55 可得到 $i_f=15$ A时的齿槽转矩最大值为 $T_c=104.4$ N·m，为使电机连续旋转，励磁转矩在 $\theta=225°$处(此时 $T_c=-104.5$ N·m) 的值 T_{pf}必须大于 $T_c=104.5$ N·m，

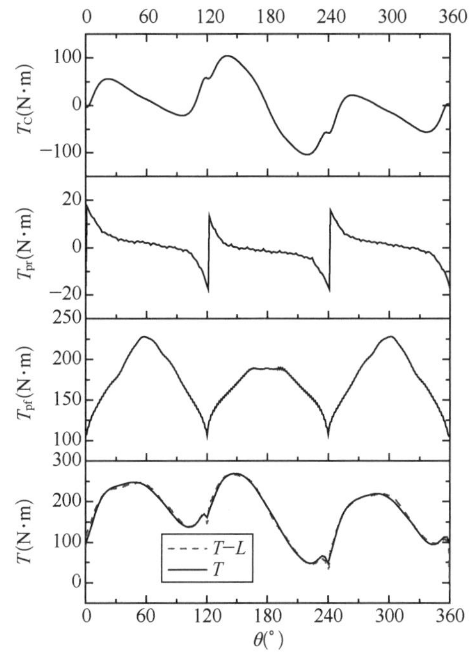

图 3－66 计算得到的输出转矩与仿真结果对比(i_f=15 A, i_a=121 A)

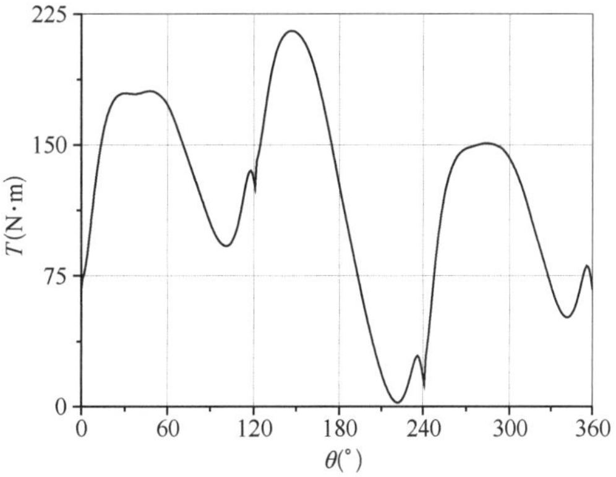

图 3－67 相电流为 84 A 时电机的输出转矩波形(i_f=15 A)

由此可得所需最小电枢电流 $i_{a\min}=84$ A (设 DC/AC 变换器 120°导通,$\alpha=0°$),再由 Ansoft 软件计算得到的输出转矩波形如图 3－67 所示。由图可见,输出转矩的最小值大于 0,因此电机必能连续空载旋转。

3.12 电动机的正反转运行

若电动机反钟向(称为正转)电动运行,现欲使其转向相反,为顺时针旋转,如何实现?

为了使正向旋转的电动机反转,第一步让电机实现正转制动,使电机转速降为零,然后再让其反转。

若在转子极滑出 a 相定子极和滑入 b 相定子极时开始制动,因制动前为 Q_1Q_6 导通,必须立即使 Q_1Q_6 截止,让 D_4D_3 续流,然后让 Q_3Q_4 导通,使电机电枢电流反向,形成制动转矩。由于此时电机转向未变,故开关管导通规律未变,仍依 $Q_1Q_2Q_3Q_4Q_5Q_6$ 次序导通,故 Q_3Q_4 导通后应转为 Q_5Q_6 导通,以实现电机的换相,然后是 Q_1Q_2 导通……由此可见,电机从正转电动到正转制动开关管导通规律是不相同的,但电机转子位置信号未变,故必定有一个电动/制动信号来帮助实现开关管的转换。

若电机正转制动到转速为零,且到零的时刻电机转子正处于 Q_3Q_4 导通的状态(反接制动模式)，即转子极正在滑出 a 相定子极，转子极正滑入 b 相定子极。若有反转信号让 Q_3Q_4 导通，电源电流进入电机 by 和 xa 相，电机仍将产生和正转制动同方向的电磁转矩，这个转矩正和正转电动转矩方向相反，使电动机进入反转电动状态。

正转电动时，电机相序为 abc，电机转子位置传感器的相序为 PAPBPC，开关管导通次序为 $Q_1Q_2Q_3Q_4Q_5Q_6Q_1$……

反转电动时，电机相序反向为 cba，位置传感器信号也因转向相反而相反，为 PCPBPA，因此开关管导通规律亦相反，为 $Q_6Q_5Q_4Q_3Q_2Q_1Q_6$……若反向刚起动时为 Q_3Q_4 导通，则下次换相应为 Q_1Q_2 导通……

反转制动的目的是使电机反向转动的转速下降。反向制动的过程和正转制动的过程类似。

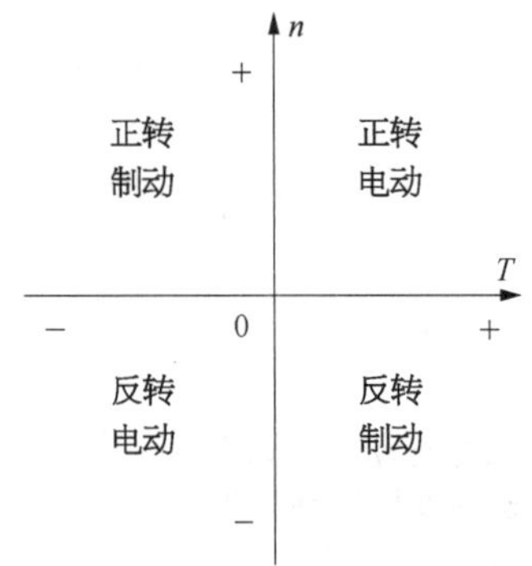

图 3－68　电动机的四象限运行

由此可见，双凸极电动机和直流、异步和同步电机一样可实现四象限运行，如图 3－68 所示。以电机转矩为横坐标、转速为纵坐标的四个象限中，正转电动在第一象限，正转制动在第二象限，反转电动在第三象限，反转制动在第四象限。

电动升降机、电梯、电动车辆等的驱动电动机都必须能四象限运行，甚至在零转速下有足够的转矩，以平衡负载转矩。

3.13　双闭环调速系统

现代电动机调速系统均采用转速和电流双闭环系统，电流环为内环，转速环为外环，转速和电流调节器大多采用比例积分调节器。转速调节器的输入为转速给定信号和电机实际转速的反馈信号。大多数调节系统都有电动机起动加速度限制信号，以让转速给定信号随起动时间的加长而增加。速度调节器的输出为电流给定。电流反馈信号有两种：一是有前级 Buck 电路的调速系统，电流信号自 Buck 的电感电流取出，即使是 Buck 输出有电容 C_2 的电路，由于 C_2 取值一般较小，也不必再提取相电流信号；另一种是没有 Buck 的电路，借助于 DC/AC 变换器开关管的 PWM 工作方式调速，电流反馈信号取自相电流。由于电枢绕组为星形连接，$i_a+i_b+i_c=0$，故提取两相电流信号即可。通常只需采样三相电流的正半周(或负半周)，经滤波后作为电流反馈信号。

转速和电流反馈信号必须经过滤波，以消除反馈信号中的尖峰和高频纹波。进入模拟调节器或数字调节器的电流和转速信号没有滤波都是不好的。在数字控制系统中可以采用数字滤波，也可采用模拟滤波电路。

电流调节器也可用滞环电流调节器，这种调节器的不足在于开关频率是电机转速的函数，在宽调速范围的系统中不宜使用。PI 电流调节器有两个好处：一是开关频率不变；二是调节器形成的零点可与电机电磁惯性的极点对消，加快电流闭环的响应速度。现代调速系统的电流闭环响应速度都在 1 ms 以内。电流环的快速响应可减轻开关管的应力，提高功率变换器的工作可靠性。与此同时，开关管的快速过流保护也是必不可少的。

速度调节器的输出必须限幅，以限制电流给定的最大值，从而使 DC/AC 变换器工作于安全区，但又能发挥变换器的最大效能。

速度调节器的给定也有限幅，以防止电动机过速而导致机械损伤，同时还应有过速保护。

对于不需要正反转的调速系统，应有电动和制动指令信号，以实现电动和制动两种工作状态下开关管的正确转换。对于要求四象限运行的调速系统，应有电动/制动、正转/反转指令。

现代调速系统中还必须有运行参数显示、记录功能，有完善的保护功能和自检功能，还应有和上级计算机通信的功能，并有好的电磁兼容性。

3.14 高速双凸极电动机调速系统的主电路

3.14.1 高速电动机的参数

表 2-2 列出的 12/8 电动机结构参数及以后计算的静态参数都基于其电源电压为 510 VDC，额定转速为 1 500 r/min，这是属于中等转速的电动机。若该电机的额定转速为 15 000 r/min，则电机的电动势在结构参数不变时将升高 10 倍，为了仍能在 510 V 电源电压下工作，电动机相绕组每相串联匝数必须减小到原来的 1/10，相绕组的电感则降为原值的 1/100。因此高速双凸极电机的特点是每匝电动势高，每相串联匝数少，相绕组的电感则按匝数的平方关系减小。

在 DC/AC 变换器开关管开关频率一定时，必导致相电流脉动的大幅度增加，若限制相电流脉动的峰值，会导致相电流的断流，从而引起电动机轻载转速的失控。

图 3-69 是电动机轻载时断流工作电路拓扑和工作波形。图 3-69a 是转子滑出 a 相定子极，滑入 b 相定子极，$e_a>0$，$e_b<0$ 时 Q_1Q_6 导通的模态，为了限制电流脉动过大，开关管 Q_1 在相电流达限幅值时关断，于是 D_4 和 Q_6 续流，续流电流在 e_a 和 e_b 作用下迅速减小，在 $t=t_{off}$ 时 $i_a=i_b=0$，但由于 $t_{off}<T$（T 为开关周期），故在 $t=t_{off}\sim T$ 期间相电流为零，成为电流断续工作状态，图 3-69d 是电流波形。

由图 3-69a 和 b 两电路可见，DC/AC 变换器本质上是属于 Buck 变换器，在 Q_1Q_6 工作区间，Q_1 和 D_4 和 Buck 的开关管和续流二极管等效。

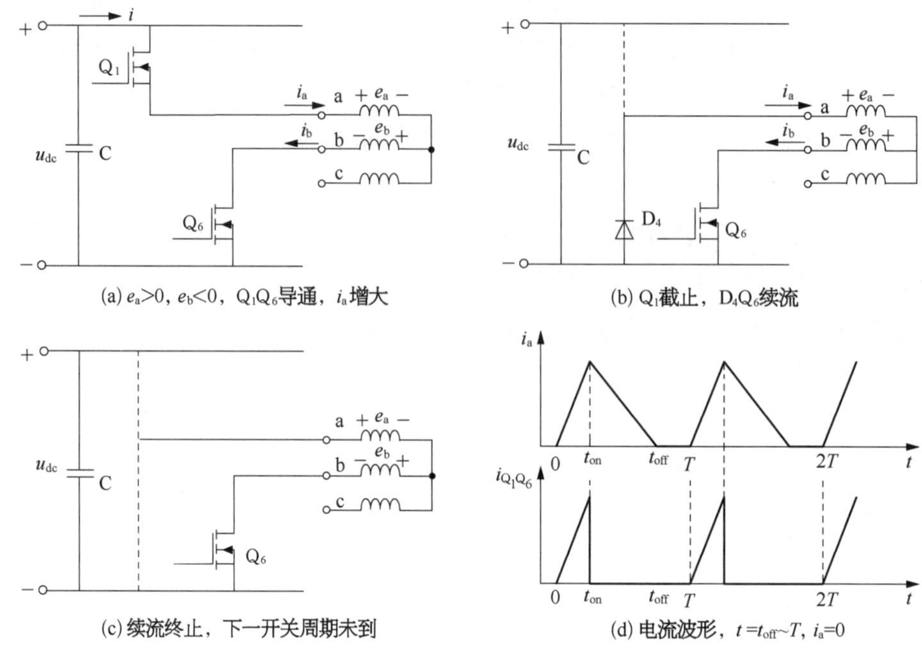

(a) $e_a>0$, $e_b<0$, Q_1Q_6导通, i_a增大
(b) Q_1截止, D_4Q_6续流
(c) 续流终止, 下一开关周期未到
(d) 电流波形, $t=t_{off}\sim T$, $i_a=0$

图 3-69　高速双凸极电动机的高速断流工作

由图 3-69a,$t=0$ 时开关管 Q_1Q_6 导通,电源电流 i 和电机相电流 $i_a=i_b$ 增长,在 $0\sim t_{on}$期间的增长量 Δi_{a1} 为:

$$\Delta i_{a1}=\frac{u_{dc}-e_a-e_b}{L_a+L_b}\cdot t_{on}=\frac{u_{dc}-e_a-e_b}{(L_a+L_b)f}\cdot D \tag{3-36}$$

式中,L_a、L_b 为相绕组电感;$D=t_{on}/T$ 为占空比;T 为开关周期,$f=1/T$。

由图 3-69b,Q_1 截止,D_4Q_6 续流,$i_a=i_b$ 在 e_ae_b 作用下下降,在 $t=t_{off}$时降为零,下降量 Δi_{a2} 为:

$$\Delta i_{a2}=\frac{e_a+e_b}{L_a+L_b}\cdot t_{off} \tag{3-37}$$

实际上稳态时有 $\Delta i_{a1}=\Delta i_{a2}=i_{ap}$,$i_{ap}$ 为 Q_1 截止时 a 相电流的最大值,故:

$$\frac{t_{on}}{t_{on}+t_{off}}=\frac{e_a+e_b}{u_{dc}} \tag{3-38}$$

若 $t_{on}+t_{off}=T$,且在 $t=T$ 时 $i_a=i_b\approx 0$,则此状态为电流临界连续状态,即为电流连续工作和电流断续工作状态的边界。在临界连续时相电流的平均值用 I_g 表示,则有:

$$I_g=\frac{\Delta i_1}{2}=\frac{u_{dc}-e_a-e_b}{2(L_a+L_b)f}\cdot D \tag{3-39}$$

在 $D=1/2$，$(e_a+e_b)=u_{dc}/2$ 时，I_g 达最大值 I_{gm}：

$$I_{gm}=\frac{u_{dc}}{8(L_a+L_b)f} \tag{3-40}$$

电流断续时相电流的平均值 I_{av} 为：

$$I_{av}=\frac{\Delta i_{a1}}{2}\cdot\frac{t_{on}+t_{off}}{T}=\frac{u_{dc}-e_a-e_b}{2(L_a+L_b)f}\cdot D\cdot\frac{t_{on}+t_{off}}{T}=4D^2\frac{u_{dc}-e_a-e_b}{e_a+e_b}\cdot I_{gm} \tag{3-41}$$

由此得到相电动势 e_a+e_b 与电源电压 u_{dc} 间的关系：

$$e_a+e_b=\frac{u_{dc}}{1+I_{av}/4D^2I_{gm}} \tag{3-42}$$

可见电机电动势与电源电压间的关系不是简单的占空比 D 大小的关系，而与电机相电流的平均值 I_{av} 相关，电动机负载大小也和电动机的电动势即电机的转速相关。这就是说简单地改变占空比并不能直接控制电机的转速。由此可见，对于高速电动机，由于电机电枢电感很小，易出现断流工作，DC/AC 变换器已不能在很宽的转速范围和负载范围内控制电动机。

3.14.2 改善高速电动机可控性的方法

电枢绕组电感小，导致轻载时控制性能变差，调速范围减小，是高速电动机的特点。改善电机控制性能有两种办法：一种是在电动机的电枢电路串接外接电感；另一种是在电机的直流电路（即 DC/AC 变换器的直流侧）加电感，以免出现相电流断续。

在交流侧加电感，必在电感上有电压降 $u_L=\omega LI_a=2\pi fLI_a$，电机电枢电流 I_a 一定时，转速越高，电感电压降越大；电机负载越大，电感压降也越大，故外加的电感减小了电机的最高工作转速，即降低了调速范围。

图 3-70 是一种高速电动机 DC/AC 变换器的电路结构，变换器由 DC/DC 和 DC/AC 两部分构成，DC/DC 变换器为 Buck 变换器，DC/AC 变换器仍为三相桥式变换器。

图 3-70a 是功率只能单向流动的电路，前级 DC/DC 变换器为 Buck 变换器，工作于电感电流连续状态，故 Buck 的输出电压 $u_{c2}=u_{dc}\cdot D$，D 为开关管 Q_7 的占空比。当 $D=0\sim1.0$ 范围内调节时，u_{c2} 在 $0\sim u_{dc}$ 范围内变化。在该电路中 DC/AC 变换器开关管的开关频率和电机的频率相同，$f=p_rn/60$，其中，n 为电机转速；p_r 为双凸极电机转子极数。开关管 Q_1 至 Q_6 的开关仅由电机转子位置传感器的状态决定，仅取决于电机的转子位置。由于电机励磁电流一定时，反电动势仅和电机转速成正比，故 u_{c2} 大于电动机的线电势就可电动工作。

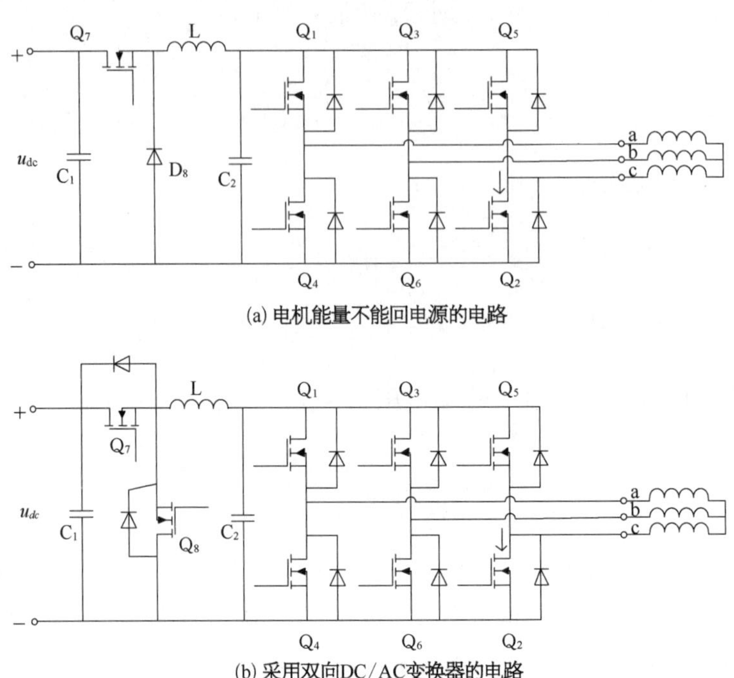

图 3－70　具有 Buck 变换器的高速电动机调速主电路

图 3－70b 的 DC/DC 变换器为 Buck/Boost 双向变换器，因而能将电机制动的能量通过 DC/DC 变换器返回直流电源。在制动工作时，Q_7 不工作，Q_8PWM 工作，将 DC/AC 变换器回传到电容 C_2 的能量通过由 LQ_8Q_7 构成的 Boost 变换器回到直流电源。

3.14.3　不加 C_2 的变换器调速系统的工作

图 3－70 的 DC/AC 变换器的输入端有电容 C_2，故进入 DC/AC 变换器的电流 i_a 是 Buck 的电感电流 i_L 和电容电流 i_{C2} 之和，即 $i_L+i_{C2}+i_a=0$。电动工作时，i_L 和 i_a 均由电源流向电机，i_{C2} 则是双向的，即电容 C_2 可以放电也可以充电，因此流入电机电枢的电流 i_a 的波形和 i_{C2} 的充放电相关，电感电流则为脉动直流电，脉动频率与 Q_7 的开关频率一致。也就是说，有电容 C_2 的 DC/DC 变换器具有电压源的特性。

当图 3－70 的 DC/DC 变换器输出不加 C_2 时，DC/DC 变换器成为电流源变换器，其输出电流 i_L 为一有高频脉动的直流电，DC/AC 变换器的输入电流和 i_L 相同。

在这种情况下，DC/AC 变换器三个正侧的管和三个负侧的管不能均断开，发生断开现象必会引起电压尖峰，从而击穿 DC/AC 变换器的开关管。Buck 的电感电流是一个受控制的电流，不会因 DC/AC 同一桥臂上下管的导通导致直通短路，损坏 DC/AC 变换器的开关管。

图 3－71a 是双凸极电动机在一定励磁电流时的电动势波形及其自然换相点。图 3－71b 是按自然换相点确定的开关管导通规律。图 3－71c 是为保证开关管转换时为

了防止电路开路而使将开通的管提前一个角度 δ 导通的开关规律，因而任两相邻的开关管有一段时间 δ 共同导通。

图 3－72 是不加 C_2 时的 DC/AC 变换器的电路拓扑，图 3－72a 是 Q_1Q_6 导通，ab 通电时电路，图 3－72b 是负侧换相时的电路，由于 Q_2 提前 δ 角开通，提前开通后，因 $e_b < e_c$，在 Q_6byzcQ_2 回路中形成 i_{k-} 环流，环流方向和 i_b 相反，随时间增长，i_{k-} 不断增长，i_b 减小，当 $i_b=0$ 时，$i_a=i_c$，换相结束，如图 3－27c 所示。可见这个换相过程是个电流逐渐转换的过程：

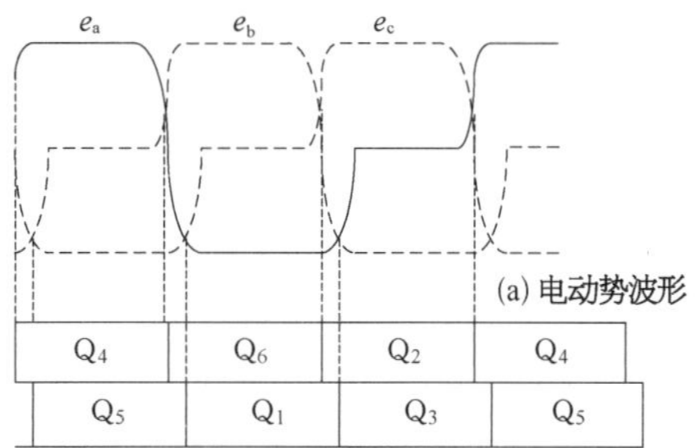

(b) 按自然换相点导通的开关管导通规律

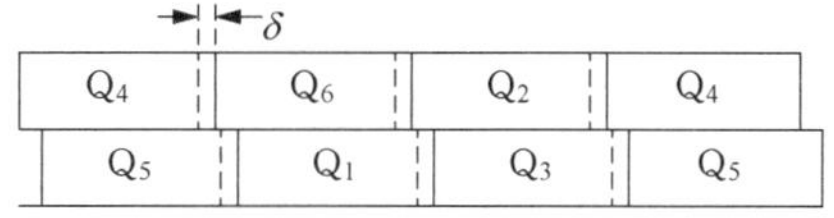

(c) 防止电路开路的开关管导通规律

图 3－71　三相反电势及开关管导通规律

$$\frac{\mathrm{d}i_{k-}}{\mathrm{d}t}=\frac{e_b-e_c}{L_b+L_c} \tag{3-43}$$

Q_2 提前开通角 δ 应保证在负侧自然换相点时，b 相电流为零，并立即关断 Q_6。

图 3－72d 是正侧电机换相的电路拓扑，由于 Q_3 提前开通，$e_a > e_b$，形成环流 i_{k+}，使 i_a 下降，i_b 增加，合理地选择提前角，可在自然换相点前让 i_a 降为零，完成换相，从而零电流断开 Q_1。

由此可见，不论是正侧还是负侧换相，电感电流 $i_L=i_b+i_c$ 或 $i_L=i_a+i_b$，换相时不会导致电感电流 i_L 突变，不会形成电压尖峰。相电流为宽度 $120°+\delta$ 的梯形波。

Buck 电感上的交流电压在一个开关周期内平均值为零，故电感上的电压降仅是其直流电阻压降，因其电阻很小，故对电机的转速几乎没有影响。在开关管 Q_7 导通期间作用在电感上的电压 u_{L1} 为：

$$u_{L1}=u_{dc}-(e_a+e_b) \tag{3-44}$$

该电压作用时间为 t_{on}。Q_7 截止 D_8 续流期间作用在电感上的电压 u_{L2} 为：

$$u_{L2}=-(e_a+e_b) \tag{3-45}$$

作用时间为 t_{off}。Q_7 导通时作用于 L 的伏秒之积 S_1 为：

$$S_1=u_{L1}\cdot t_{on}=u_{dc}(1-D)DT \tag{3-46}$$

Q_7 截止，D_8 续流时作用于 L 的伏秒之积为 S_2：

$$S_2=u_{L2}\cdot t_{off}=u_{dc}\cdot D\cdot t_{off}=u_{dc}D(1-D)T \tag{3-47}$$

由式(3－17)和式(3－18)可知，即作用于电感 L 上的伏秒面积的一个周期平均值为零。这是采用前置 Buck 变换器的另一好处。

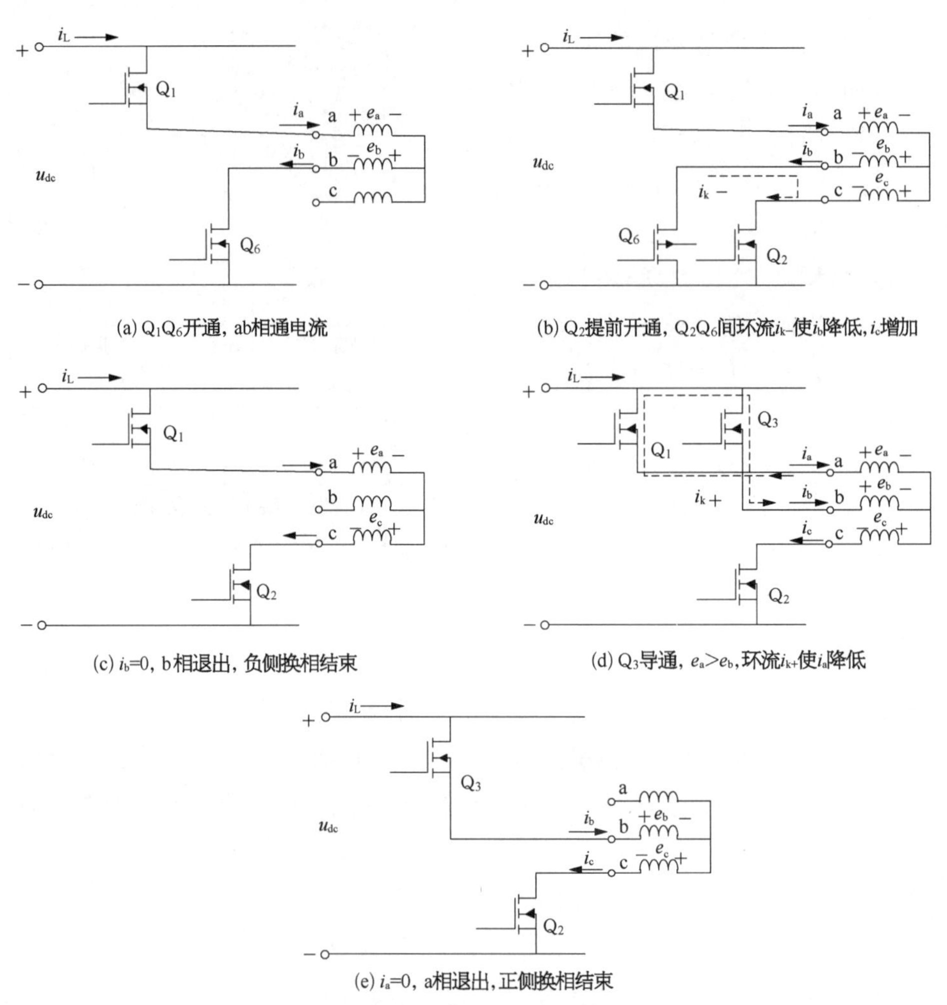

(a) Q_1Q_6开通，ab相通电流

(b) Q_2提前开通，Q_2Q_6间环流i_{k-}使i_b降低，i_c增加

(c) $i_b=0$，b相退出，负侧换相结束

(d) Q_3导通，$e_a>e_b$，环流i_{k+}使i_a降低

(e) $i_a=0$，a相退出，正侧换相结束

图 3-72　不加 C_2 的电动机换相电路

不论是有 C_2 和无 C_2 的电路结构，电动机转速的大小仅由 Q_7 的占空比 D 决定。$D=0$，$n=0$；$D=1$，$n=n_{max}$；$D=1/2$，$n=n_{max}/2$。

但是无 C_2 的结构，电机铁心的磁感应上叠加一个高频调制，该频率为开关管 Q_7 的频率。幸运的是，由于电机相绕组的电感远小于 Buck 的电感，相电感上的高频电压幅值并不大，但应在设计电机时考虑由此导致的铁心损耗。

3.15　串励和复励

3.15.1　有换向器电动机的串励结构

直流电动机的优点是加上直流电压即能运行，使用简单方便。直流电动机有他励、并励、串励和复励等多种励磁方式，励磁方式的不同导致其机械特性的不同，机械特性是电机的转速和转矩的关系曲线。

串励直流电动机的优点是起动转矩大，起动电流小，特性软，不宜空载运行，空载时负载电流小，励磁也小，电机转速相当高，易导致机械损坏。

串励电动机由于励磁线圈和电枢绕组串联，故正向通电和反向通电不会导致电机转向的变化，这个特点为交流单相换向器电动机的诞生创造了条件，大量电动工具用的交流串励电动机尽管供电电压以 50 Hz 或 60 Hz 交变，但其转矩和转向是不变的。图 3－73 是直流串励电动机和交流串励换向器电动机的机械特性曲线。交流电机的曲线在直流电机的左边，这表明同一台电动机在直流供电时的功率比交流供电时大一些，即串励直流电动机既可在直流电源供电工作，也可由交流电源供电工作，常称为通用电动机。但是通用电动机的结构和仅在直流供电的直流串励电动机不同，直流供电的串励电动机的磁极和壳体可由整块钢制成，交流的必须用硅钢片叠压而成。图中的坐标均用额定转速和额定转矩的百分值表示，由图可见，串励电动机的转矩过载能力很强，一般都可达额定转矩的 400%，但此时必须注意电机的发热，不宜长期过载运行。

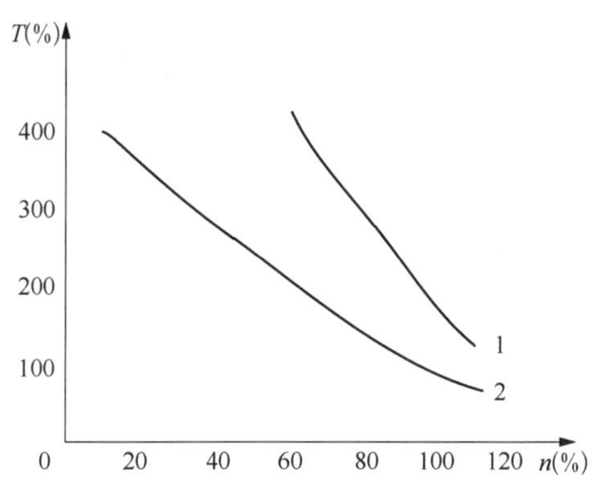

图 3－73 串励通用电动机的机械特性

曲线 1—直流供电；
曲线 2—50 Hz 交流供电

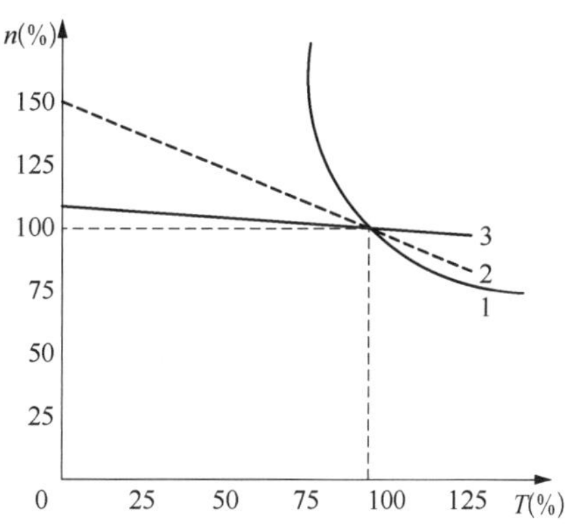

图 3－74 励磁方式对直流电动机机械特性的影响

1—串励；2—复励；3—并励

图 3－74 是串励、复励和并励电动机的机械特性曲线。并励电动机转矩增加时转速仅稍许下降，因并励电机的励磁磁势与电机负载无关。串励电动机的转速随转矩的增大而快速减小，因转矩大，电枢电流和励磁同时增大，电机反电势加大，由于电源电压不变，必使电机转速下降，特性很软。复励电动机则在串励和并励电机特性之间。

有的飞机用直流起动发电机，在起动发电机工作时为复励，以有大的起动转矩，发电工作时为并励，以得到好的调节特性。

3.15.2 直流发电机的复励

直流电机的励磁线圈在电机定子上，可以同时有两个励磁线圈：并励线圈和串励

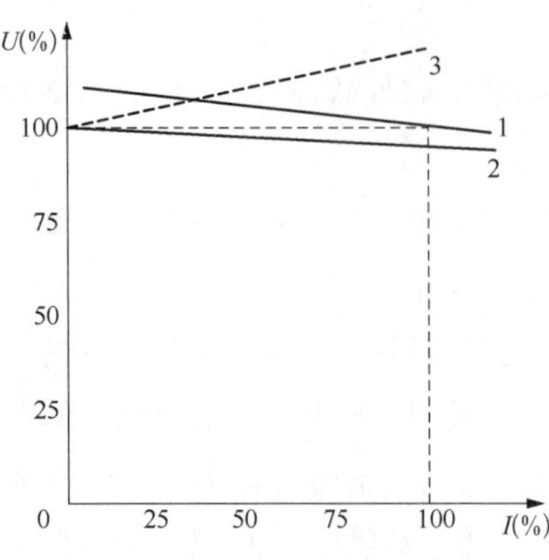

图 3-75　复励直流发电机的外特性

1—自励；2—正常复励；3—过复励

线圈。串励线圈通过电机的电枢电流，即输出电流。具有并励和串励线圈的直流发电机称为复励直流发电机。

图 3-75 是自励、正常复励和过复励直流发电机的外特性。

自励直流发电机的外特性是下坠的，即输出电流加大，输出电压降低。

正常复励的直流发电机串励线圈的匝数较少，负载后其形成的励磁磁势用于补偿自励发电机的电压降低，从而使外特性更为平坦。

过复励是该电机串励线圈的匝数较多，负载后增加的磁势超过了保持电压不变的要求，从而使外特性上翘。

3.15.3　电励磁双凸极直流发电机的复励

交流同步发电机、异步发电机和开关磁阻发电机结构上不能实现串联励磁，只有双凸极直流发电机能设置并励(或他励)和串励两套励磁线圈，并使两线圈的磁势方向相同，用于改善电机的外特性。

图 3-76 是具有串励线圈的双凸极直流发电机的电路原理图。由图可见，直流发电机的励磁磁势由两部分组成：

$$[IW]_f = I_f W_f + IW_s$$

式中，$[IW]_f$ 是发电机励磁磁势(A)；I_f 是他励线圈的电流；W_f 是他励线圈的匝数；IW_s 是串励磁势；I 是发电机输出电流；W_s 是串励线圈匝数。

串励磁场的作用使发电机外特性平坦和过载能力加强。合理选择串励线圈匝数可以补偿电枢反应的去磁作用和换向重叠导致的电压损失，这两部分因素导致的输出电压降低均与发电机负载电流有近似的正比关系。

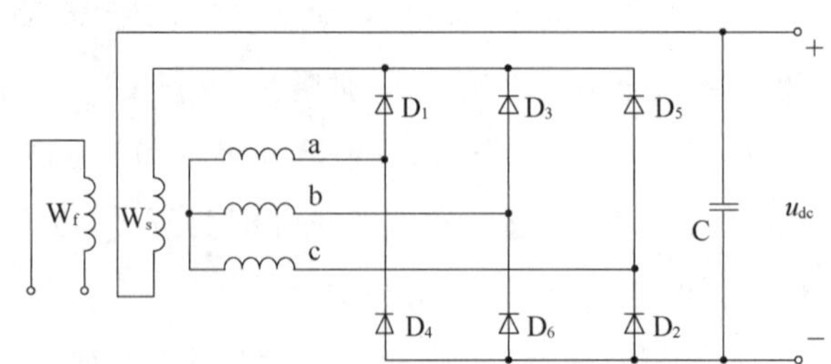

图 3-76　具有串励线圈的双凸极直流发电机

a、b、c—发电机电枢绕组；D_1～D_6—三相整流桥的二极管；

W_f—他励线圈；W_s—串励线圈；C—输出滤波电容

串励磁场的存在可以减小他励线圈的励磁安匝，减小他励线圈的尺寸，减小电压调节器的功率和体积。

串励线圈在发电机的输出侧相当于一个电感，和输出滤波电容 C 构成 LC 滤波器，可以减小电机输出电压的脉动。

串励线圈是一个正反馈线圈，在发电机突加或突卸负载时，励磁磁势和负载电流同时增加或减小，可显著减小突加负载时发电机的瞬态电压降落或减小瞬态电压升高，有助于减小电压恢复过程。

对于变速工作的双凸极直流发电机，为了保持输出电压不因转速和负载大小而变化，必须通过调节励磁电流来实现。低转速时电机铁心饱和，所需励磁电流大，但自然外特性比较平坦，因为换相电抗小，换相电压损失小。高转速时电机铁心不饱和，所需励磁电流小，但因换相电抗大，换相电抗与电机工作转速成正比，换相电抗引起的电压损失大。在这种情况下，若串励磁场能在低速时补偿电枢反应和换相重叠电压损失，则高转速时是不能完全补偿的，故高速时外特性仍有下坠。

值得注意的是，串励线圈做滤波电感使用时，减小了电机输出电压的脉动，必然导致线圈两端电压的脉动，由于他励和串励线圈在同一铁心上，有强的耦合，从而导致他励线圈上的高频电压脉动，导致附加的高频损耗。

3.15.4 电励磁双凸极电动机的复励

参看表 3－2，在其他条件相同时，励磁电流 15 A 时，电动机相电流有效值为 47 A，电磁转矩为 27.2 N·m。励磁电流增加为 25 A 时，相电流有效值增加为 64 A，转矩为 63.6 N·m。可见，励磁电流的加大有利于提高电机的转矩和功率。

因而采用串励线圈让电机的励磁随负载的增加而加大，必有助于提高电动机的输出功率。图 3－77 是两种具有串励线圈的双凸极电动机的电路。

图 3－78 是图 3－77a 复励双凸极电动机的工作模态。图 3－78a 是导通模态，由于转子极处于滑出定子 a 相极和滑入定子 b 相极的位置，$e_a>0$，$e_b<0$，故 Q_1Q_6 导通，电源电流 i_s 经串励线圈、Q_1、ax、yb、Q_6 回电源负，$i_s=i_a=i_b$，电流增长。

图 3－78b 中，DC/AC 变换器正侧开关管 PWM 调制，Q_1 截止，D_4 续流。另一续流回路是串励线圈和 D_7 的续流回路，串励电流 i_s 经 D_7 续流，由于串励线圈的电阻很小，i_s 在 Q_1 截止期间衰减很少。第一个续流回路为 D_4、ax、by、Q_6 回路，电流 $i_a=i_b$ 在 e_ae_b 作用下减小。到下一开关周期，Q_1 再次导通，直流电源供电，D_7 自动截止，回到图 3－78a 状态。

图 3－78c 和 d 是电机负侧换相模态和换相结束后的电路拓扑。换相信号由电机转子位置传感器给出，使 Q_6 关断 Q_2 导通，于是 D_3 和 Q_1 构成续流回路，另一续流回路为 W_s 和 D_7，如图 3－78c 所示。

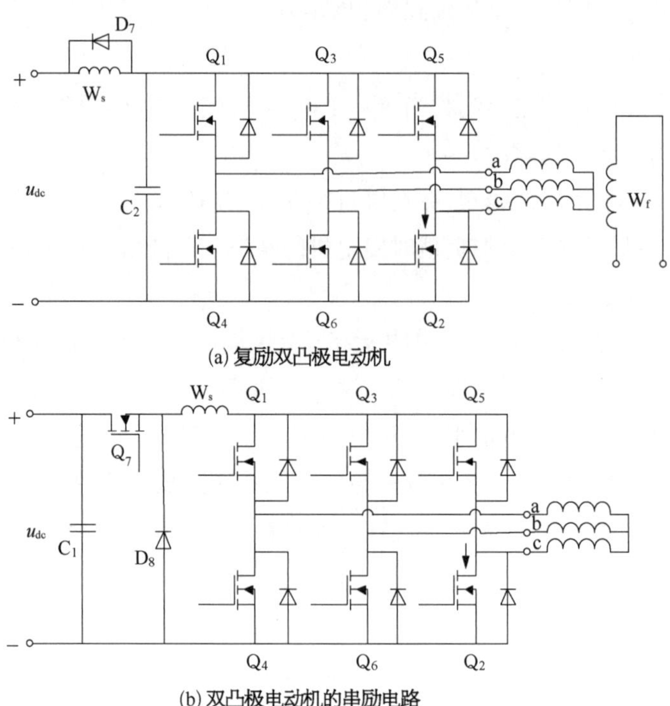

图 3－77　具有串励线圈的双凸极电动机主电路

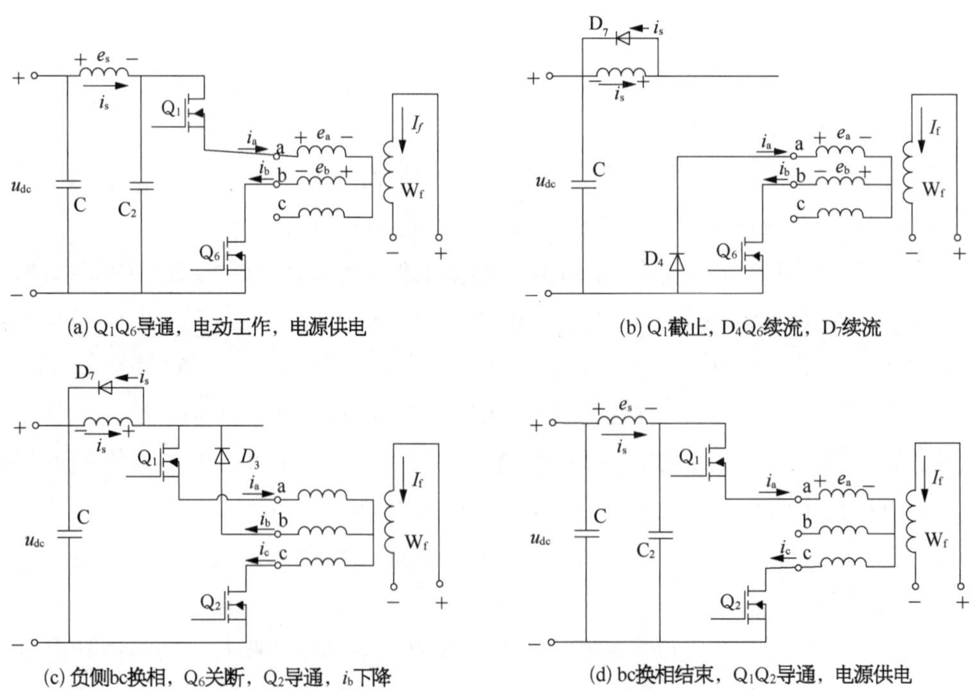

(a) Q1Q6导通，电动工作，电源供电
(b) Q1截止，D4Q6续流，D7续流
(c) 负侧bc换相，Q6关断，Q2导通，ib下降
(d) bc换相结束，Q1Q2导通，电源供电

图 3－78　复励电动机的工作模态

电机串励线圈 W_s 中电流方向不变，与他励线圈 W_f 中的磁势同方向。

电动机起动，为了减小起动电流，借助于 $Q_1Q_3Q_5$ 的 PWM 工作限流，电机工作于图 3-78a、b 模态。由于限流值较大，W_s 增加了励磁，有大的起动转矩。

稳态电动运行，电动机相电流的大小取决于负载转矩大小，负载转矩小，相电流小，W_s 的电流 i_s 也小；负载转矩大，相电流大，i_s 也大。i_s 随负载转矩加大而增加，加强了电机的磁场，从而提高了电动机的反电势，也提高了电机的转矩，故电机转矩的增长是电枢电流和励磁电流共同增长的结果。

串励线圈中的电流大小和电机转速的关系不大。例如，电机空载时由低速增至高速，空载相电流略有增加以平衡损耗的加大，因为高速时电机铁耗和机械损耗增加了，故 i_s 也随之有所增大。

图 3-78a 的复励电动机不适合电机制动运行。制动工作时电机能量返回直流电源，从而使 W_s 中电流反向，使电机磁场减弱，降低了制动转矩。电动机反转电动工作时，两励磁磁场方向一致，和正转电动相同。

因此复励电动机可用于对制动性能要求不高的场合。

若图 3-78a 的复励电动机的 W_f 线圈不通电，则该电机成为仅有串励的电动机，即双凸极串励电动机。

图 3-78b 是有前置 Buck 变换器的串励双凸极电动机电路，Buck 变换器的滤波电感由串励线圈 W_s 代替，串励电动机的优点是不需专门的励磁电源。

3.8.3 节讨论了 Buck 变换器输出端不加电容 C_2 的高速电动机工作方式。串励电动机也可工作在这种方式下。这种工作方式的优点是：

(1) DC/DC 变换器的开关频率等于电机的工作频率。

(2) DC/AC 变换器开关管的转换为零电流转换，开关损耗小，适合于高速电动机。

(3) 由于串励线圈中的电流波形为带有高频脉动的直流电，故电机相电流的波形接近梯形波，改善了相电流波形，减轻了 DC/AC 变换器开关管的电流负荷。

(4) 仅一只开关管 Q_7 处于高频 PWM 工作方式。

3.16 本章小结

电励磁双凸极电机具有结构简单制造成本低的特点，适合于恶劣工作环境下工作。

电励磁双凸极电机既可发电工作，也可电动工作，也易于构成起动发电机。发电工作时电机与二极管整流桥组合构成无刷直流发电机，通过调节励磁电流调节输出电压，是最简单的直流发电机。电动工作时，要与三相 DC/AC 变换器和电机转子位置传感器组合，构成无刷直流电动机。

本章主要讨论电励磁双凸极电动机的工作原理和控制方法。电励磁双凸极电动机的特点是控制变量多：一是开关管的占空比；二是电机的励磁电流；三是开关管开通与关断时刻与电机定子极与转子极间的角度关系。在本书中，控制角有换相提前角 α 和移相角 β。多个控制变量为电机和驱动系统研究人员提供了广阔的空间，为电机运行的优化提供了多个工具。

双凸极电机和开关磁阻电机一样，均属于磁阻电机。磁阻电机是借助气隙磁阻的变化实现机电能量转换的，因此其最小和最大磁阻比越小越有利于能量转换，从而导致最小气隙较小，电枢绕组电感较大。随着电动机转速的增加，在电源电压一定时，电源电压与电机电动势的差越来越小，甚至出现负的差值。在这种情况下必须采用角度控制才能使电动机有足够的转矩。因此占空比控制、励磁电流控制与角度控制将随电机转速的改变而变化，以实现更好的电机工作特性。

本章以 3 000 r/min 45 kW 电励磁双凸极电动机为实例进行讨论，该电机与一种同转速、同尺寸和同功率的异步电动机做参照设计而成。分析计算表明该电机的转矩过载能力达 400%，恒功率调速区达 3∶1(甚至更高)。通过该实例揭示了该电机的结构和控制特点，表明了多参数控制的价值。由于不同功率，不同转速的电励磁双凸极电动机参数变化范围很大，本章实例电机的一些计算结果仅适合于本实例，不宜用于其他双凸极电动机。

双凸极电机的转矩由三部分构成：齿槽转矩、磁阻转矩和励磁转矩。齿槽转矩由励磁电流和励磁电感的变化导致，在铁心未饱和时，与励磁电流的平方成正比，是导致该类电机转矩脉动大的主要因素。磁阻转矩由电枢电流和电枢电感的变化导致，开关磁阻电机的转矩主要为磁阻转矩，励磁转矩由励磁电流、电枢电流和励磁与电枢间互感的变化导致，是双凸极电机转矩的主体。借助于这三个转矩的矩角特性，合理地协调这三个转矩间的相对关系，可增大电机总转矩，或提高电机的效率，或减小转矩脉动，可以裁剪出人们希望的合成转矩。

电励磁双凸极电机的励磁和电枢绕组和直流电机一样在定子铁心上，充分利用这个特点，合理设置串励和并励线圈串联匝数，可以进一步改善电机的发电和电动工作特性。

第 4 章

分布励磁线圈双凸极电机

诸自强教授和他学生的论文《Electromagnetic Performance of Novel Variable Flux Reluctance Machines with DC Field Coil in Stator》中描述了一种每个定子极上都有励磁线圈的电机，被称为变磁通磁阻电机，简称 VFRM，这种电机实际上是分布励磁线圈的双凸极电机，简称 DFDSM(distribution field doubly salient machine)。最简单的三相 DFDSM 为 6/5 结构 DSM 电机。6/5 结构电机与 6/4 结构双凸极电机比较，具有相电势波形正弦和定位力矩小等优点，引起人们的兴趣。

4.1 DFDSM 的结构

三相 6/5 结构电机示意图如图 4 - 1a 所示，定子上均布 6 个定子极，每个定子极上有两套绕组元件，一套是励磁元件，另一套为电枢元件。6 个励磁元件的连接方式如图 4 - 1b 所示，通入直流励磁电流 i_f时，相邻两定子极的磁场极性正好相反，6 个极的空载磁场为交替的 NSNSNS 方式，相邻两定子极、定子轭和转子构成最短的空载磁路。与

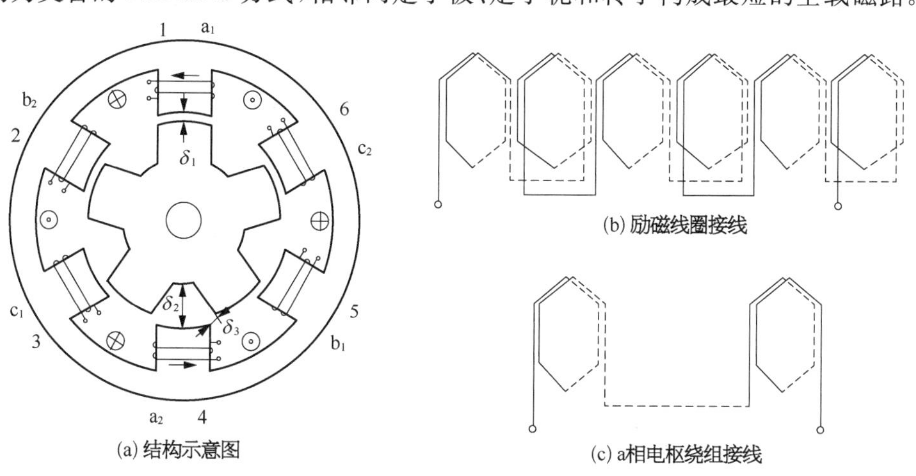

(a) 结构示意图
(b) 励磁线圈接线
(c) a相电枢绕组接线

图 4 - 1　6/5 结构电机示意图

集中励磁的 6/4 结构的双凸极电机比较，6/5 结构电机的磁路要短得多。

图 4-1a 的定子极上的 6 个电枢元件构成三相电枢绕组，设 1 号定子极为 a 相，则 4 号也为 a 相，5 号和 2 号极为 b 相，3 号和 6 号极上的电枢绕组为 c 相。由于 1 号极的定子与转子对齐时，4 号极正好为定子极与转子槽对齐，故 a 相两电枢元件正相串联（图 4-1c）时两 a 相元件的电动势才是叠加的。其他两相相同，相对两极的元件顺串构成一相。

当转子极数 $p_r=5$ 时，为 5 对极电机，故相邻两电枢元件电动势间相位差 $\Delta\phi=\frac{p_r\cdot 360^\circ}{p_s}=\frac{5\times 360^\circ}{6}=300^\circ$。由此可画出电机电动势星形图，如图 4-2 所示。

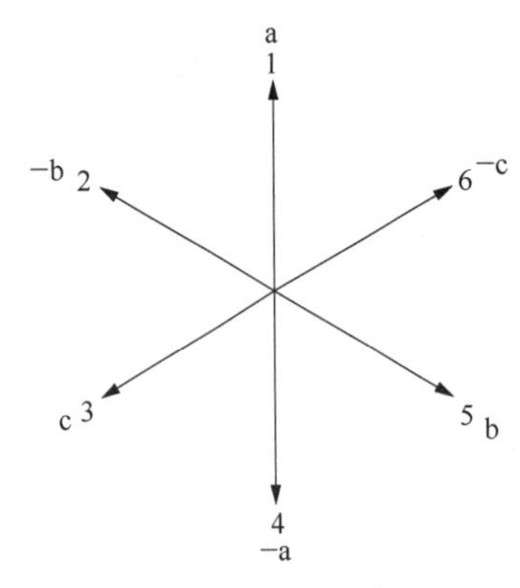

图 4-2　6/5 结构电机的电动势矢量图

定子极的极弧宽度取 30°角，于是定子极弧宽与槽口弧长相等，以减小励磁线圈的电感随转子转角变化而改变的量，减小电机工作时励磁线圈中的感应电势，减小励磁损耗。转子极弧长度可取等于、小于或稍大于定子极弧，合理的转子极弧宽度可进一步降低励磁线圈的电感随转角的变化。由于 6/5 结构电机比 6/4 结构电机的转子极多，故当转子极弧与定子极相同时，在定子极与转子槽对齐时的第三气隙 $\delta_3=6^\circ$，比 6/4 结构电机的 15°小得多，从而使相磁链的最小值 ψ_{min}较大。

表 4-1 是本章讨论的 6/5 结构电机的主要结构参数。

表 4-1　6/5 结构电机的参数

序　号	参　　数	数　　据
1	定子极数 p_s	6
2	转子极数 p_r	5
3	定子外径 D_0	90 mm
4	定子内径 D	47.4 mm
5	定子轭高 h_{js}	8.18 mm
6	定子极高 h_{ps}	13.12 mm
7	定子极弧 α_s	30°
8	铁心长度 L	25 mm
9	转子外径 D_r	46.4 mm
10	转子内径 D_{ri}	16 mm
11	转子极高 h_{pr}	8.68 mm

续 表

序 号	参 数	数 据
12	转子极弧 α_r	≈30°
13	电枢绕组每元件匝数 W_a	3
14	励磁绕组每元件匝数 W_f	100

4.2 6/5 结构电机的空载磁场

设转子极与 a 相定子极对齐时的机械角度 $\theta=0°$。6/5 电机的各相绕组由两个互相串联的元件构成，若其中一个元件的定子极正好和转子极对齐，则另一个元件的定子极正好与转子槽对齐。若设仅 a_1 励磁时，a 相磁链用 ψ_{a1} 表示，仅 a_2 励磁时，a 相磁链用 ψ_{a2} 表示，则 a 相磁链 $\psi_a=\psi_{a1}-\psi_{a2}$。图 4-3 是励磁电流 $i_f=10$ A，转速 $n=3\ 000$ r/min 时 6/5 电机的磁链 ψ_{a1}、ψ_{a2}、ψ_a 以及对应的反电势，反电势 e_a 的波形接近正弦波，$e_{a\max}=1.94$ V，$e_{arms}=1.37$ V，$e_{a\max}/e_{arms}=1.416$，与理想正弦电动势的幅值与有效值的比 1.414 非常接近。

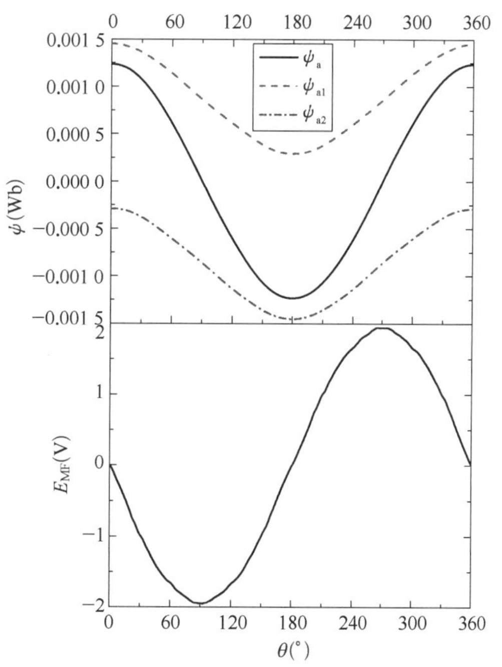

图 4-3 6/5 电机仅 a 相励磁时的相磁链和相电势

图 4-4 画出了 $\theta=0°$、12°、24°、36°、48°、60°和 72°一个极上的励磁安匝为 1 000 A 时的磁力线图。由图可见：

(1) 磁力线平面仅在定转子极对齐时存在对称点，在定转子对齐处附近，磁力线最密，力线长度也最短。

(2) 随着转子反钟向旋转，由 a 相定子极与转子极对齐，转为 c 相定子极与转子极对齐，继而为 b 相定子极与转子极对齐，故空间磁场也跟着旋转，转子转一圈，空间磁场旋转五圈。

(3) 由于转子极与定子极对齐点附近磁力线密度最大，故定子极对转子极的吸力也最大，即电机旋转作用于转子上的径向磁拉力也随之旋转，造成转子的振动和噪声。

因此 6/5 结构电机是不宜实际应用的。为了消除单边磁拉力，最简单的是采用 12/10 结构。

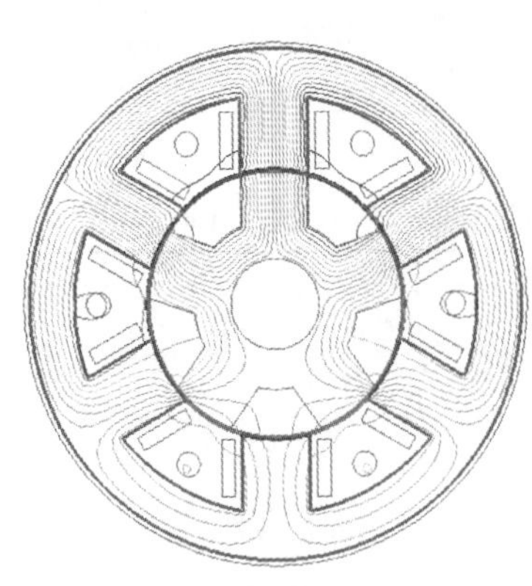

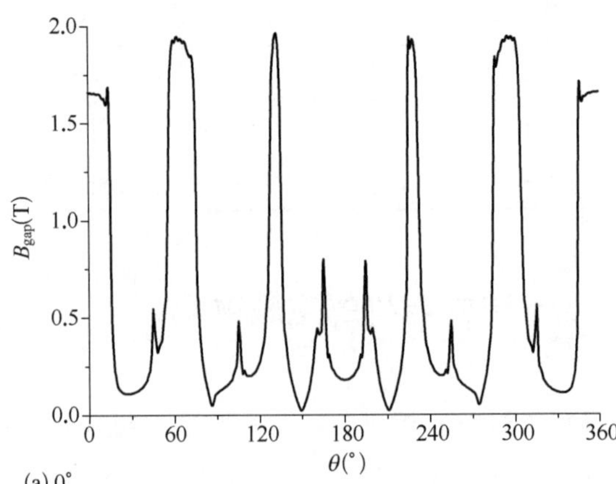

(a) 0°

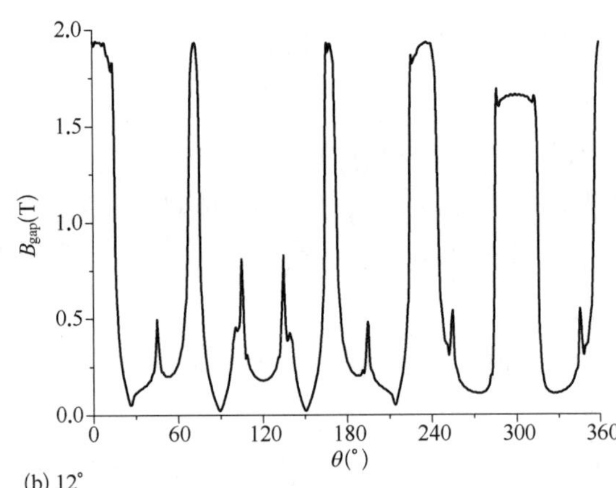

(b) 12°

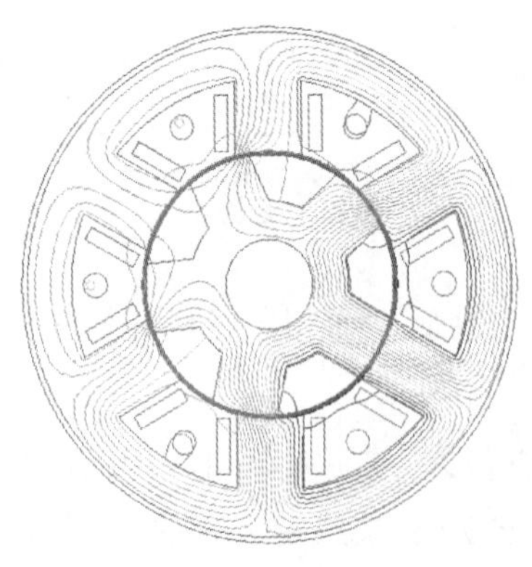

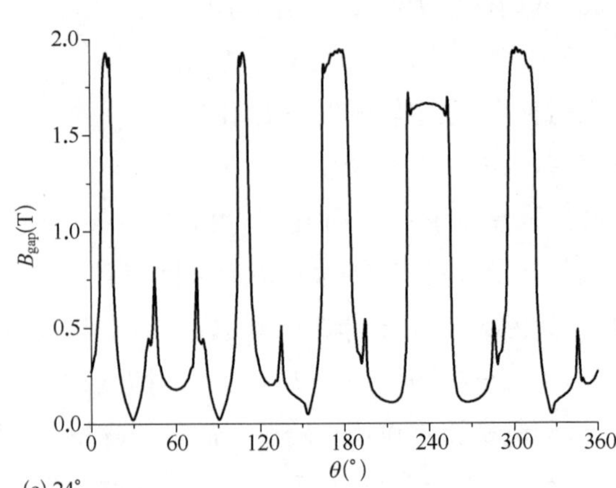

(c) 24°

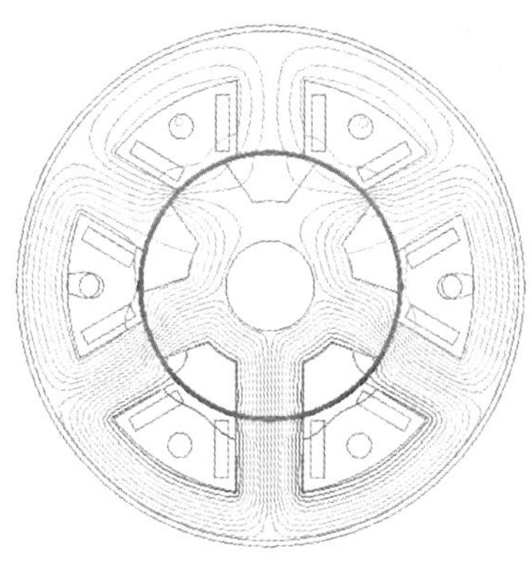
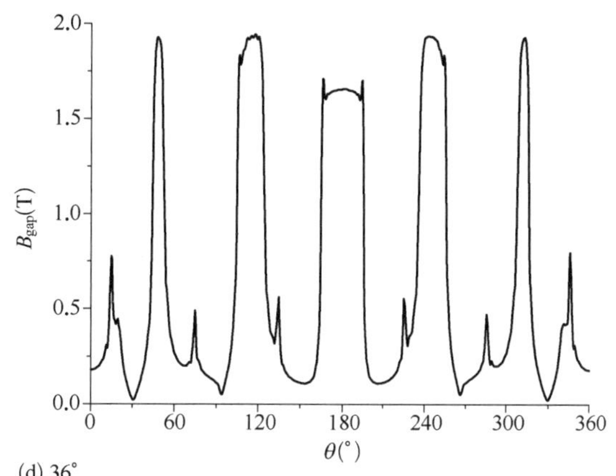

(d) 36°

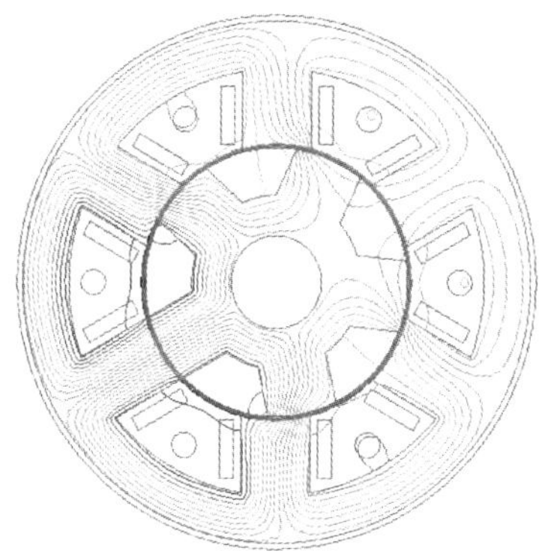
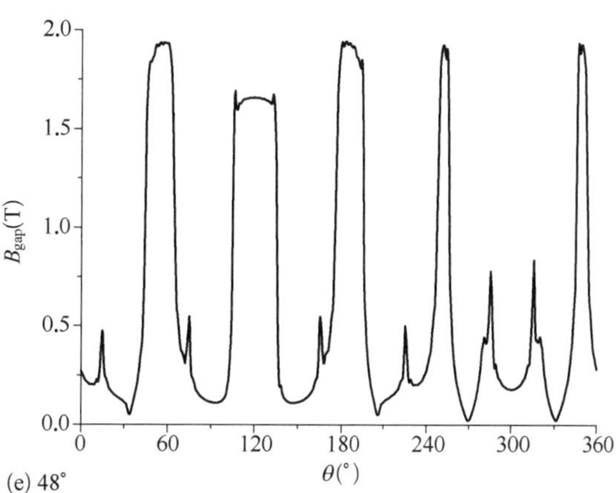

(e) 48°

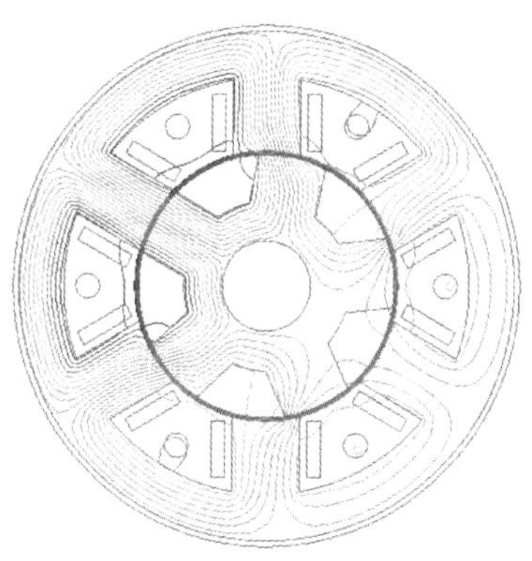
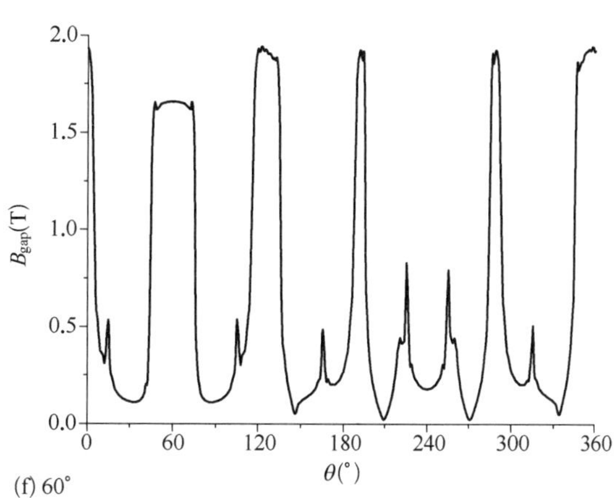

(f) 60°

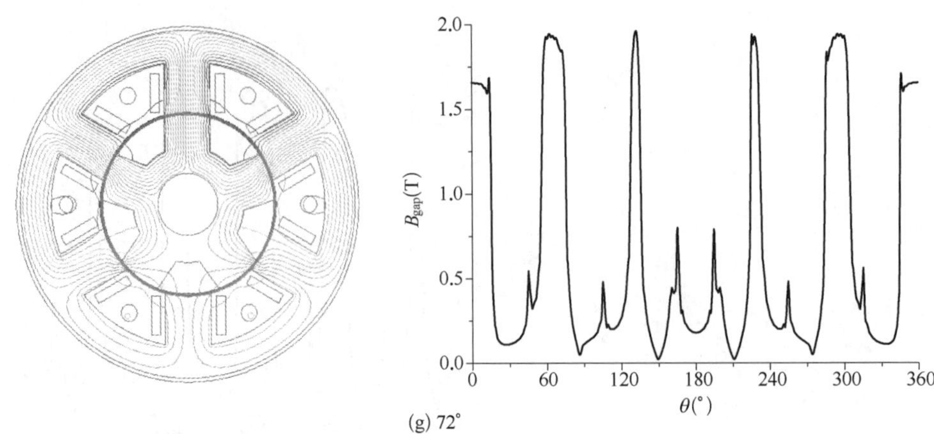

图 4-4　每励磁元件安匝为 1 000 A 时不同转子位置时 6/5 电机磁力线和气隙磁密分布

12/10 结构电机相对两极下磁场状态相同，若电机转子处于几何中心线上，作用于转子上径向力为零，使电机平稳运行。

4.3　24/20 结构电机的静态参数

4.2 节表明 12/10 结构电机消除了作用在转子上的径向力，12/10 电机成为 6/5 电机的基本型。在讨论 6/5 电机的静态参数前，引入 12/10 电机的延伸结构 24/20 电机，目的是为了与 24/16 结构双凸极电机的静态参数进行比较。24/20 结构电机是两台 12/10 电机的组合，其结构参数见表 4-2，用于比较的 24/16 结构电机参数见表 3-15。

表 4-2　24/20 结构电机的参数

序　号	参　　数	数　　据
1	定子极数 p_s	24
2	转子极数 p_r	20
3	定子外径 D_0	368 mm
4	定子内径 D	259.8 mm
5	定子轭高 h_{js}	10.2 mm
6	定子极高 h_{ps}	43.9 mm
7	定子极弧 α_s	7.5°
8	铁心长度 L	200 mm
9	转子外径 D_r	258 mm
10	转子内径 D_{ri}	173.6 mm
11	转子极高 h_{pr}	23.7 mm

续 表

序 号	参 数	数 据
12	转子极弧 α_r	7.5°
13	励磁元件数 N_f	24
14	励磁元件匝数 W_f	100 t
15	电枢元件数 N_a	24
16	电枢元件匝数 W_a	3 t
17	每相串联匝数 W	24 t

如 2.4 节所述，双凸极电机的静态参数有励磁线圈电感 L_f，电枢绕组电感 L_a、L_b、L_c，电枢绕组间互感 M_{ab}、M_{bc}、M_{ca}，励磁和电枢间互感 L_{fa}、L_{fb}、L_{fc}和电枢绕组磁链 ψ_a、ψ_b和 ψ_c。

24/20 结构电机有 24 个励磁元件，24 个元件串联后通入励磁电流 i_f，在电机定子圆周上形成 12 对极的空载磁场。当转子极极弧宽度等于定子极极弧宽度，为 7.5°时，励磁线圈的电感是电机转子转角 θ 和励磁电流 i_f的函数，即 $L_f=L_f(\theta, i_f)$。 转子旋转时，电机气隙磁阻稍有变化，从而导致励磁电感 L_f的变化。随着 i_f的加大，电机铁心逐渐进入饱和，磁路等效磁阻加大，励磁线圈电感 L_f减小，如图 4-5 所示，电机转子转一圈，L_f脉动 6 次，L_f脉动峰峰值 $\Delta L_f=L_{f\max}-L_{f\min}$ 则随 i_f的加大而减小。

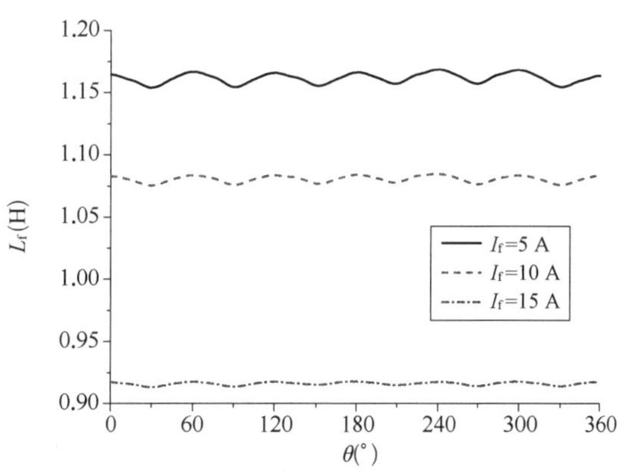

图 4-5　24/20 结构电机励磁电感 L_f

电枢绕组的自感 L_a、L_b、L_c和互感 M_{ab}、M_{bc}、M_{ca}也是转子转角 θ 和励磁电流的函数。由于 24/20 电机当其中一个定子极和转子极对齐时，另一个空间相对的定子极和转子槽对齐，因此该电机电枢绕组电感和转子转角的关系不大，如图 4-6a 所示，故电枢电流导致的磁阻转矩$\frac{1}{2}i_a^2\frac{dL_a}{d\theta}$也很小，这是 6/5 结构电机的一个特点。

励磁绕组与电枢绕组间互感 L_{fa}、L_{fb}和 L_{fc}也是转子转角、励磁电流和电枢电流的函数，图 4-7 是 a 相电枢与励磁绕组间互感 L_{fa}与 θ 间的关系曲线，在 $\theta=180°$ 时 L_{fa}达到最大值，在 $\theta=0°$ 和 360°时 L_{fa}达到负最大值，L_{fa}随 θ 角变化近似为正弦。励磁电流 i_f加大，铁心饱和，L_{fa}减小。

励磁转矩 $i_f i_a\frac{dL_{fa}}{d\theta}$是 24/20 结构电机转矩的主要部分。由于 L_{fa}近似正弦变化，故

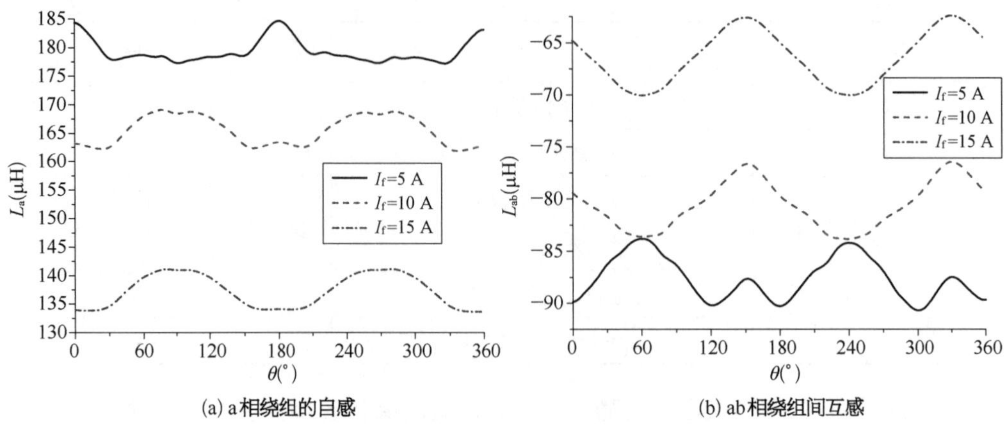

(a) a相绕组的自感 (b) ab相绕组间互感

图 4-6　24/20 结构电机电枢绕组自感和互感

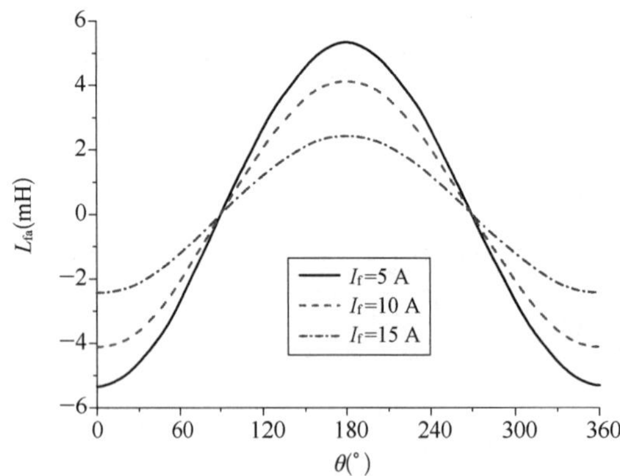

图 4-7　24/20 电机 a 相相绕组与励磁绕组间互感

用于产生转矩的电枢电流也必须正弦变化，在 $\frac{dL_{fa}}{d\theta}>0$ 的区间通入 $+i_a$，$\frac{dL_{fa}}{d\theta}<0$ 的区间送入 $-i_a$，这样励磁转矩为正。

齿槽转矩是由励磁电感 L_f 随转子位置变化而引起的，由于 24/20 电机的励磁电感随转子位置角的变化很小，因此齿槽转矩也很小。图 4-8a 是不同励磁电流下该电机的齿槽转矩波形，图 4-8b 是齿槽转矩峰值以及励磁自感峰峰值随励磁电流的变化情况。

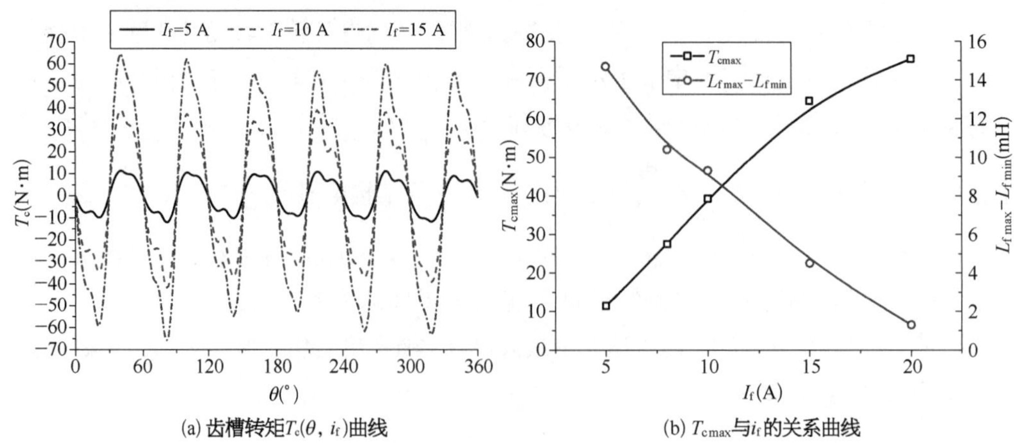

(a) 齿槽转矩 $T_c(\theta, i_f)$ 曲线 (b) T_{cmax} 与 i_f 的关系曲线

图 4-8　24/20 电机的齿槽转矩

在 360°电角内，T_c脉动 6 次，出现 12 次零值，对照图 4－5 可见，$T_c=0$ 的点出现在 $L_f(\theta)$曲线的最大值 $L_{f\max}$和最小值 $L_{f\min}$处。$L_{f\max}$处的 $T_c=0$ 点是稳态工作点，$L_{f\min}$处的 $T_c=0$ 点是不稳定工作点，稍有扰动转子即向 $L_{f\max}$处旋转并停于该点。

适当加宽转子极弧 α_r可减小励磁电感 L_f随转子转角 θ 的变化量，从而可减小齿槽转矩 T_c。图 4－9a 和 b 是转子极弧 $\alpha_r=162°$ 时的 $L_f(\theta)$和 $T_c(\theta)$曲线，与图 4－5 和图 4－8a 相比，在相同的励磁电流下，图 4－9 中的 L_f变化量和 T_c值更小。可见适当加宽转子极弧 α_r有助于减小齿槽转矩。

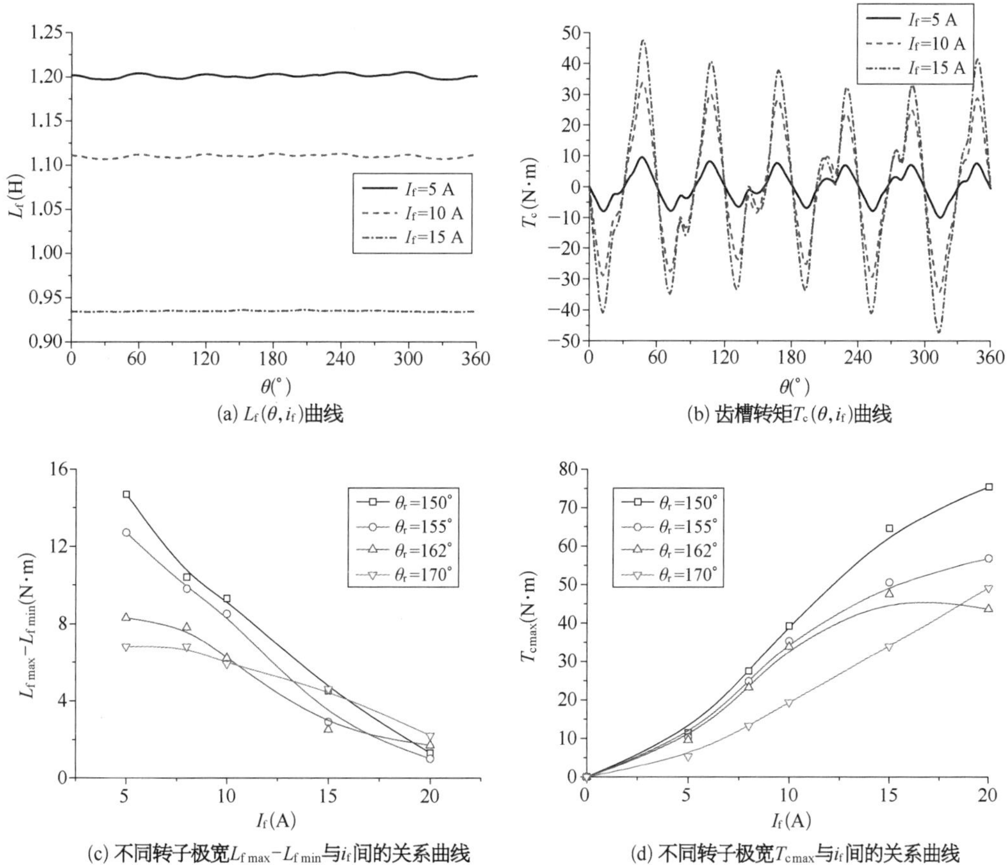

图 4－9　转子极弧宽度对励磁绕组自感 L_f和齿槽转矩 T_c的影响

图 4－9c 是励磁绕组自感峰峰值 $L_{f\max}-L_{f\min}$与励磁电流 i_f间的关系曲线，电机不饱和时，转子极宽增加，$L_{f\max}-L_{f\min}$逐渐减小，电机饱和后，$L_{f\max}-L_{f\min}$随转子极宽的增加先减小后增大。图 4－9d 是 $T_{c\max}$与励磁电流 i_f的关系曲线，当 α_r从 150°电角逐渐加宽时，$T_{c\max}$逐渐降低。但 α_r过大时，电机漏磁很大。由于定转子极弧相同时，第三气隙 δ_3仅 1.5°(即电角度 30°)，故转子极弧的增加量是有限的。

比较 24/20 和 24/16 电机的静态特性可得：

(1) 24/20 电机的电枢绕组互感随磁路的饱和而减小，24/16 电机的电枢绕组互感随磁路的饱和而增大。因为具有分布绕组的 24/20 电机和具有集中励磁绕组的 24/16 电机磁路不同。

(2) 24/20 电机的电枢绕组自感受转子位置角变化的影响很小,24/16 电机的电枢绕组自感受转子位置角变化的影响较大。因为 24/16 结构双凸极电机的 24 个定子极中有 8 个属于 a 相,当转子极与 a 相定子极对齐时,8 个极同时对齐,这时电枢电感达最大值,而当转子槽与定子极对齐时相电感达最小值,因此相电感在最大值与最小值间大幅度变化;24/20 电机则不同,其 8 个 a 相定子极中,若其中 4 个正好和转子极对齐,则另 4 个正好和转子槽对齐,故其相电感随转子角度的变化小。

(3) 24/20 电机的励磁绕组自感随转子位置角的变化很小,24/16 电机的励磁绕组自感随转子位置角的变化较大,但 24/20 电机的励磁绕组自感在一个电周期内的波动次数是 24/16 电机的 2 倍。

24/16 电机在三相桥式电路中工作时,一相电枢极处于转子极滑入状态,则串联的另一相必处于滑出状态,这样两相串联后的电感随转子角的变化变动较小。这表明两电机电枢的磁阻转矩$\frac{1}{2}i_a^2\frac{dL_a}{d\theta}$均不大。但是 24/16 电机可借助改变开关管的导通角改变电枢电流的导通角控制磁阻转矩,加大总电磁转矩,24/20 结构电机则不能。

和同步电机等其他电机一样,电机极数多,在定子外径相同时,定转子的轭较薄,有利于减小电机重量和提高输出功率。

4.4 24/20 发电机工作特性

6/5 结构、12/10 结构和 24/20 结构电机发电机工作时有两种工作方式：一种是交流输出方式,另一种是直流输出方式。表征发电工作的主要特性是空载特性、外特性、短路特性和调节特性。

4.4.1 交流发电空载特性

发电机的空载特性是转速为额定转速 $n=3\,000$ r/min,发电机的 a 相相电势有效值与励磁电流间的关系如图 4-10 所示。图中曲线为 24/20 发电机的空载特性,在铁心未饱和时相电压线性增加,饱和后 i_f增大,空载输出电压 U_a不增反降,这是因为 24/20 电机第三气隙 δ_3较小,相磁链最小值 ψ_{min}随 i_f的加大而快速增大造成。

交流发电机的负载有三种：一是电阻负载,二是电阻电感负载,三是电阻电容负载。阻性负载电机电压和负载电流同相,功率因数 $\cos\varphi=1.0$。纯电感负载电压和电流差 90°电角,电流迟后于电压, $\cos\varphi=0$, $\varphi=90°$。纯电容负载电流则超前于端电压 90°电角, $\cos\varphi=0$, $\varphi=-90°$。负载电流相同时,负载性质的不同导致不同的电枢反应，感性负载为去磁电枢反应，容性负载为增磁电枢反应。

24/20 发电机在 $n=3\,000\ \text{r/min}$ 时，频率 $f=\dfrac{p_r \cdot n}{60}=\dfrac{20 \cdot 3\,000}{60}=1\,000(\text{Hz})$。这样高频的交流发电机仅在极少数场合使用，因此不再赘述其发电负载特性。12/10 和 24/20 发电机常用的方式为直流发电机。

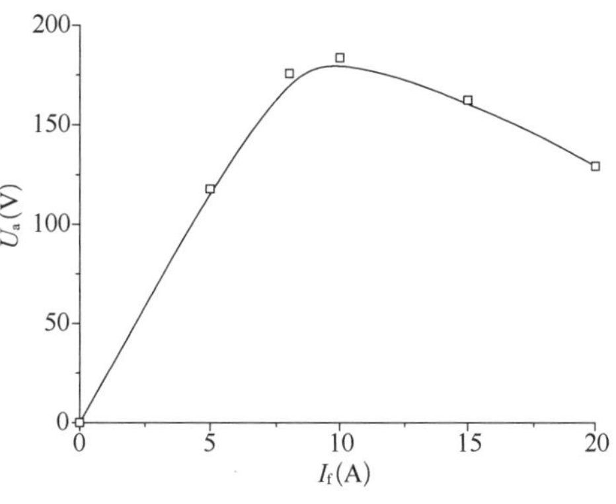

图 4-10　交流发电机的 a 相空载特性

4.4.2　直流发电空载特性

图 4-11 是这类电机加整流器构成无刷直流发电机的接线图，图 4-11a 为三相桥式整流器，图 4-11b 为六相零式整流器的电路。

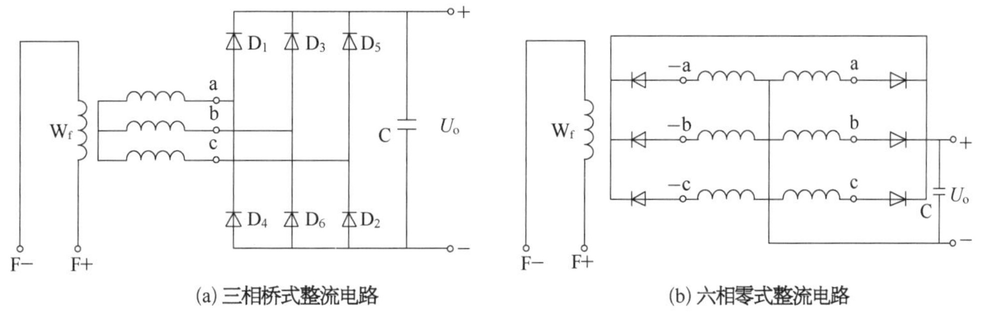

(a) 三相桥式整流电路　　(b) 六相零式整流电路

图 4-11　12/10 和 24/20 无刷直流发电机的接线图

表征无刷直流发电机特性的曲线也为空载特性、外特性和短路特性。

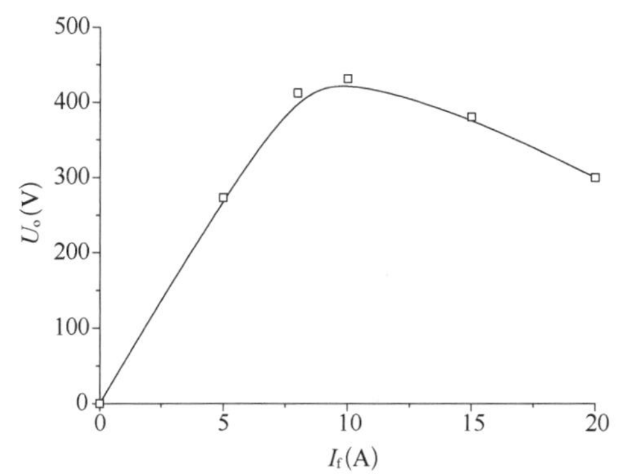

图 4-12　24/20 直流发电机的空载特性

三相正弦交流电的相电势 e_a 可表示为

$$e_a=\sqrt{2}E_a\sin\omega t$$

式中，E_a 为相电势有效值。整流后的直流电压 u_o 与 E_a 的关系为

$$u_o=\frac{3}{\pi}\int_{\frac{\pi}{6}}^{\frac{5\pi}{6}}\sqrt{2}E_a\sin\omega t\,\mathrm{d}\omega t$$

$$=\frac{3\sqrt{6}}{\pi}E_a=2.34E_a \qquad (4-1)$$

因此桥式整流的直流发电机的空载特性曲线与交流发电机的空载特性相似，仅差比例系数 2.34。图 4-12 为 24/20 直流发电机的空载特性曲线。

4.4.3 直流发电机的外特性

图 4 - 13 是励磁电流为 10 A 时 24/20 直流发电机的外特性曲线。无刷直流发电机的外特性曲线走势和交流发电机的外特性不同，因为具有二极管整流桥的直流发电机有强的非线性特性，有四种工作模态，其外特性主要取决于电枢反应和换相重叠两个主要因素。随着负载的加大，外特性曲线急剧下降，功率曲线也急剧下降。

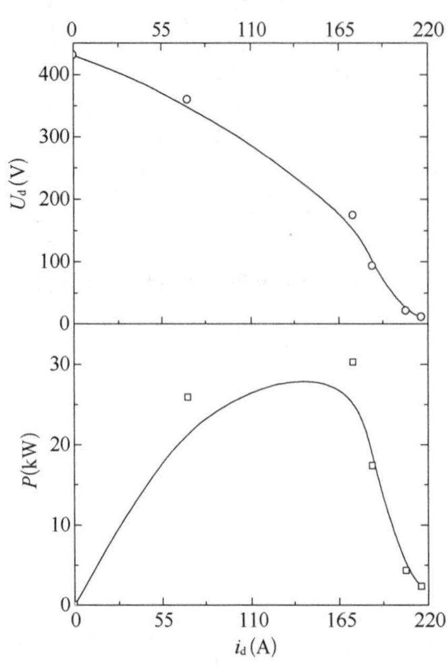

图 4 - 13　直流发电机的外特性曲线(n=3 000 r/min, i_f=10 A)

图 4 - 14 是其中三种工作模态的仿真波形，图 4 - 15 是整流方式 3 的电路模态。

第一种模态是空载模态，发电机不接负载，但有输出滤波电容 C；电容电压 u_c 达发电机交流线电势的峰值，而式(4 - 1)是整流电压的平均值(指不含电容时电压平均值)，故空载电压 u_c 大于式(4 - 1)的 u_o。

第二种工作模态是负载较小时的电流断续模态。小负载时，仅当电机的线电压高于电容电压时，才有相电流。当线电压低于 u_c 后相电流下降并降到零。该模态的特点是相电流为馒头波，电流持续时间小于 60°电角，如图 4 - 14a 所示。

发电机负载加大，相电流由馒头波转为宽度大于 120°的波形，即进入第三种工作模态，如图 4 - 14b 所示。第三种工作模态的特点是出现换相重叠，换相时三管导通，换相后两管导通。图 4 - 15a 是换相前的电路，这时 e_a 为正，e_c 为负，二极管 D_1D_2 导通，a 相电流 i_a，c 相电流 i_c，$i_a=i_c$，$i_b=0$。当 e_b 增加到大于 e_a 时，电流 i_b 从零增加，由于电枢电感，i_a 不会立即降为零，于是出现了 D_1D_2 和 D_3 同时导通，i_a、i_b 和 i_c 同时存在的情况，i_a 减小，i_b 增加，$i_a+i_b=i_c$。由于 D_1D_3 同时导通，故有：

$$u_a=e_a-i_ar_a-L_a\frac{di_a}{dt}$$

$$u_b=e_b-i_br_b-L_b\frac{di_b}{dt}$$

$$i_a+i_b=i_c$$

$$u_a=u_b,\ L_a=L_b$$

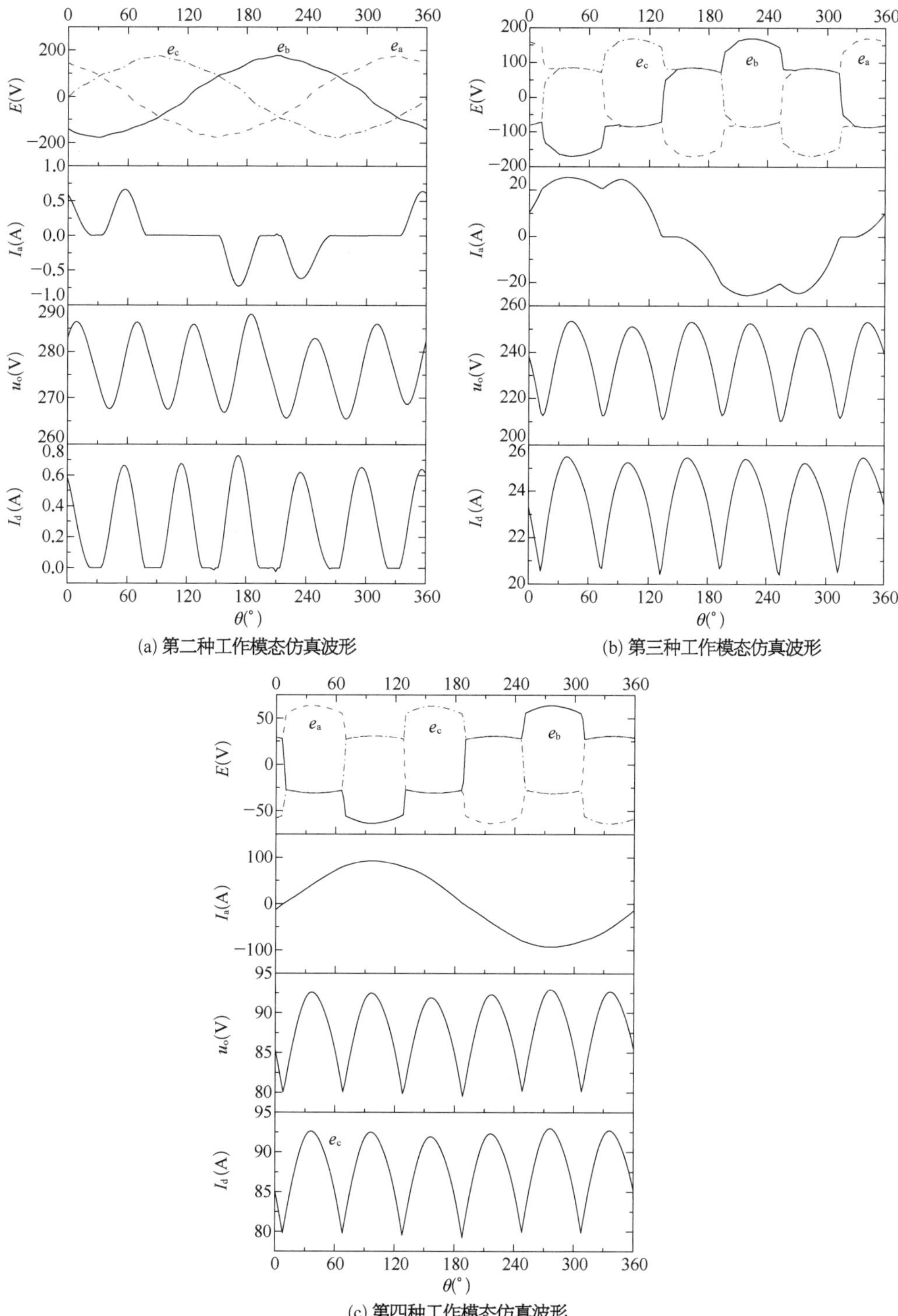

(a) 第二种工作模态仿真波形

(b) 第三种工作模态仿真波形

(c) 第四种工作模态仿真波形

图 4-14 24/20 直流发电机不同工作模态的波形($n=3\,000$ r/min, $i_f=10$ A)

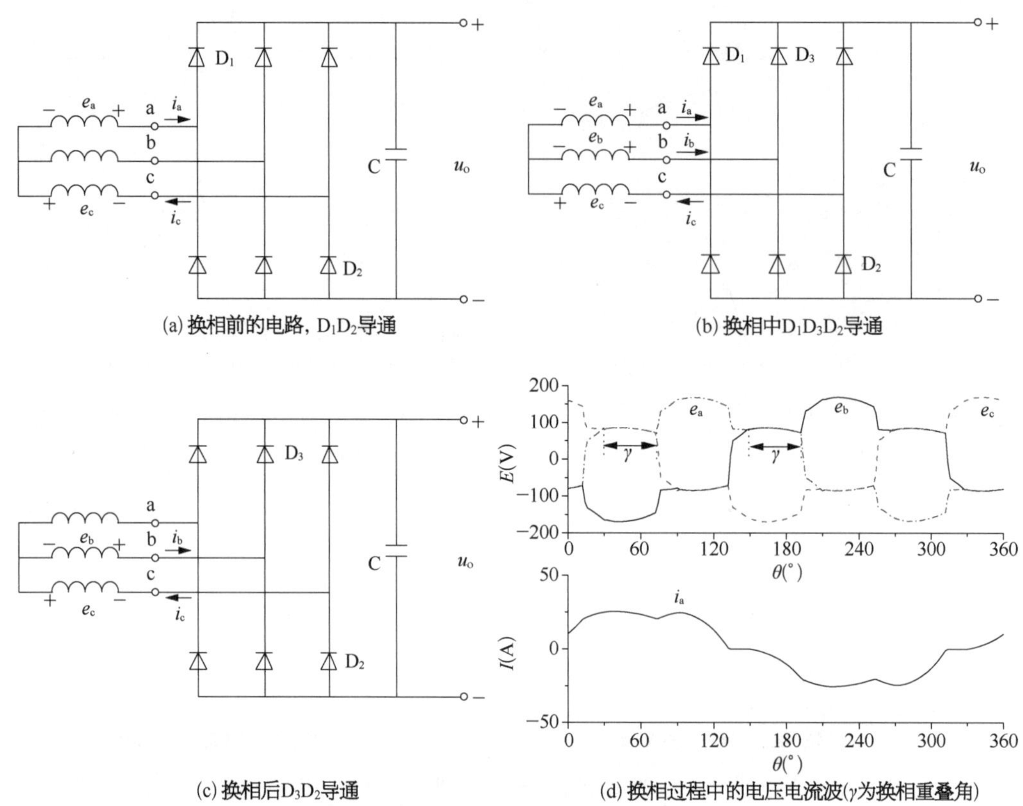

(a) 换相前的电路，D_1D_2导通

(b) 换相中$D_1D_3D_2$导通

(c) 换相后D_3D_2导通

(d) 换相过程中的电压电流波(γ为换相重叠角)

图 4－15　整流方式 3 的电路模态

若设 $r_a=r_b\approx 0$，可得：

$$\frac{\mathrm{d}i_b}{\mathrm{d}t}=\frac{e_b-e_a}{2L_a} \tag{4-2}$$

$$\frac{\mathrm{d}i_a}{\mathrm{d}t}=\frac{e_a-e_b}{2L_a} \tag{4-3}$$

式(4－2)和式(4－3)表示在换向期间，i_b的增长和 i_a的下降速度取决于电动势的差 e_b-e_a和电枢的电感 L_a。换相期间，b 相端电压 $u_b=\frac{e_a+e_b}{2}<e_b$。换相重叠时间用电角度 γ 表示，称 γ 为换相重叠角。电机负载电流越大，换相时间和换相重叠角必加大，b 相电压 u_b在换相时的损失也越大。u_b的损失也就是整流电压的减小，称为换相重叠导致的电压损失，是无刷直流发电机输出电压随负载的增加而降低的重要因素之一。

由图 4－15d 可见，随着负载电流的加大，换相重叠角 γ 加大，当 γ 角达 60°时相电流半周期的宽度达 180°，在一个周期中相电流不再有一段时间为零，这就是整流电路的第四种工作模态了。工作模态 4 的特点是任意时刻均有三个二极管导通，电流接近正弦波。

4.4.4 直流发电机的短路特性

图 4-16 是 24/20 电机的短路特性曲线，短路电流与励磁电流成正比。

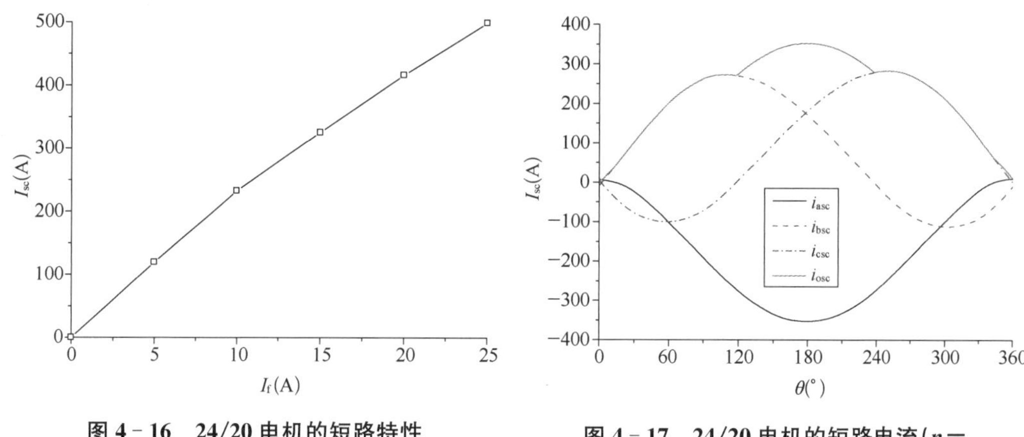

图 4-16 24/20 电机的短路特性

图 4-17 24/20 电机的短路电流(n=3 000 r/min, i_f=10 A)

图 4-17 是短路时的相电流波形。在一个周期内，三相电流均换相两次，但 a 相电流为正的电流值很小，持续时间很短，仅电角度 30°左右。在 120°时，c 相电流换相，bc 相电流均为正，在 120°～240°期间，整流输出的短路电流等于负的 a 相电流；在 240°时，b 相电流换相，ab 相电流均为负，在 240°～360°期间，整流输出的短路电流等于 c 相电流。

4.5 24/20 电机的双通道发电工作

4.5.1 双通道发电的工作电路

24/20 结构双凸极电机可以看成是两个 12/10 电机的组合，故 24/20 电机可分拆为两个电机。将电机定子分为四等份，1、3 部分构成一个 12/10 电机，2、4 部分构成另一个 12/10 电机。若设 1、2、3、4、5、6 和 13、14、15、16、17、18 的 12 个极为 1 号电机的定子极，其上的励磁和电枢元件构成 1 号电机的励磁线圈和电枢绕组，7、8、9、10、11、12 和 19、20、21、22、23、24 极属于 2 号电机，其上的线圈为 2 号电机的励磁和电枢绕组。于是 24/20 电机就分成了两个相同的 12/10 电机，三相绕组分布以及绕组绕制方向如图 4-18 所示，其中 24 个电枢绕组绕制方向相同。

该电机可以作为双通道直流发电机用，如图 4-19 所示，也可作为双通道的电动机用。

图 4-19 的 1～6 和 13～18 号极上的三相电枢绕组、二极管整流桥和励磁线圈构成一组三相发电机，7～12 和 18～24 极上的电枢绕组、二极管整流桥和励磁线圈构成第二组三相发电机。

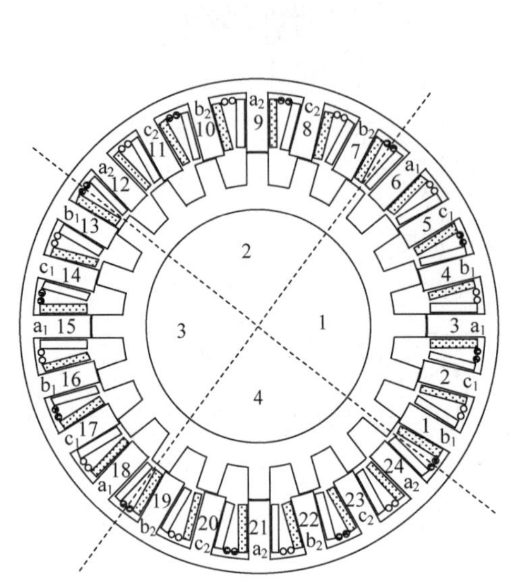

图 4-18　24/20 双通道电机的截面图

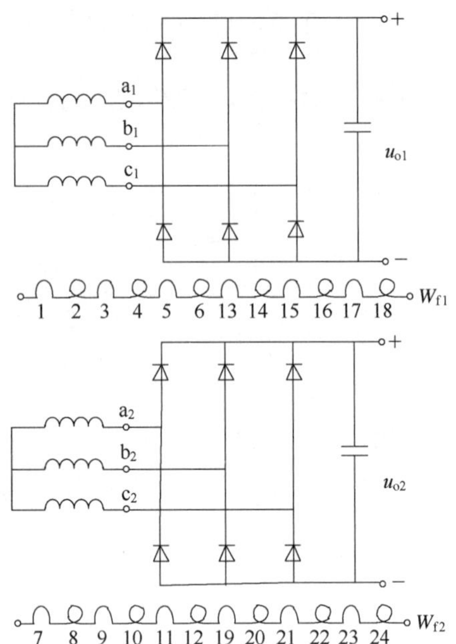

图 4-19　24/20 双通道直流发电机主电路（图中数字是励磁线圈元件号）

4.5.2　双通道发电机的空载特性

图 4-20 画出了 24/20 双通道电机的空载特性。由图 4-20a、b 可见，当仅一个通道的电机励磁时，另一通道电机的空载输出电压很小，接近于 0，励磁通道电机的空载输出电压不受影响，与两个通道同时励磁时的整流输出电压（图 4-20c）几乎相同。

图 4-21 为 1 通道电机励磁电流为 15 A 时电机空载的三相电动势波形。图 4-21a 是 1 通道电机的三相电动势波形，a、b 相的电动势大于 c 相电动势；图 4-21b 是 2 通道电机的三相电动势，它们同相变化。

图 4-22 为 1 通道电机励磁电流为 15 A 时不同转子位置角的磁力线分布图。由图 4-22 可见，1 通道电机 6 和 13、1 和 18 号定子极上的励磁绕组产生的磁通经 2 通道电机的定子和转子形成环路，所以 a_1、b_1 的相磁链少于 c_1 相磁链，饱和程度降低，电动势略高于 c_1 相电动势。

2 通道电机各相绕组匝链的磁链很少。图 4-22a 在转子位置角 $\theta=0°$ 时，缠绕 a_2 相绕组的 12 和 24 号定子极上有少量磁力线经过，缠绕 b_2 相绕组的 7 号和 19 号定子极上有少量漏磁通。随着转子旋转，2 通道电机的三相绕组匝链的磁链先增加后减小，当旋转到图 4-22b 所在的位置时，a_2、b_2 相绕组均匝链漏磁通，c_2 相不匝链磁通，a 相和 c 相电动势为负，b 相电动势为 0；在转子由 $\theta=60°$ 旋转到 120° 的区间内，a_2 相匝链的漏磁通磁路长度一直增加，漏磁通减小，反电势为负，在 $\theta=120°$ 时刻（图 4-22c），转子极与

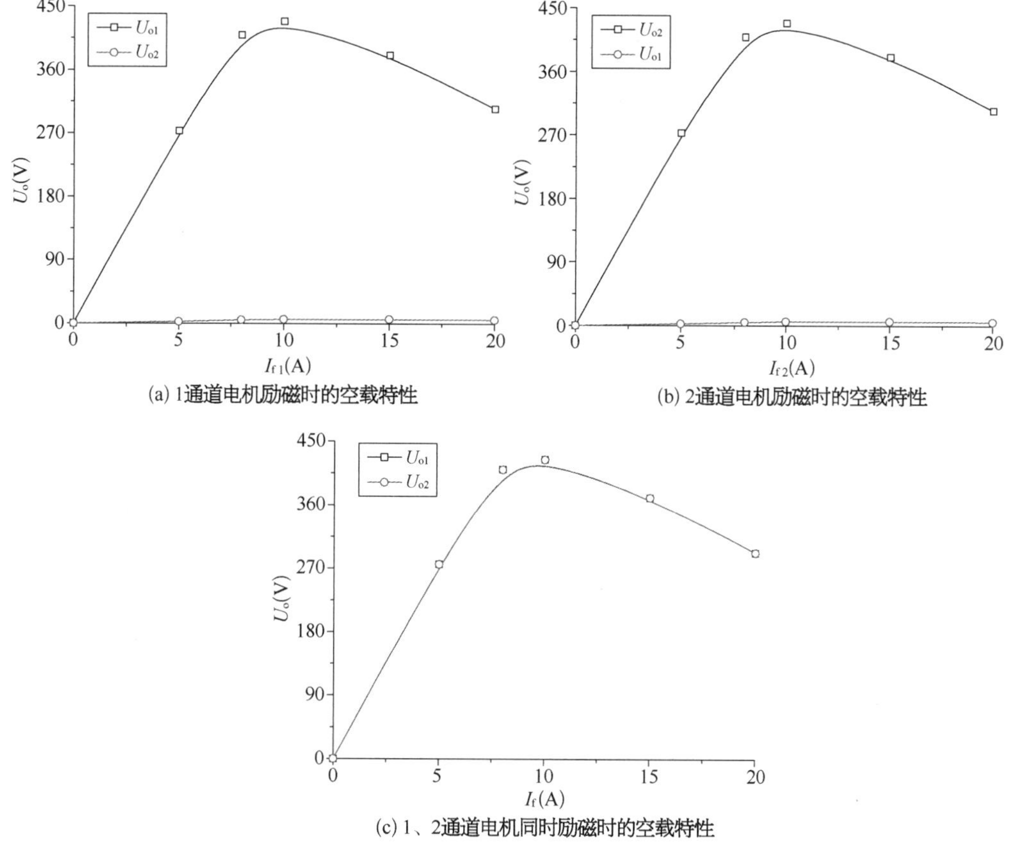

(a) 1通道电机励磁时的空载特性
(b) 2通道电机励磁时的空载特性
(c) 1、2通道电机同时励磁时的空载特性

图 4-20　24/20 双通道电机的空载特性

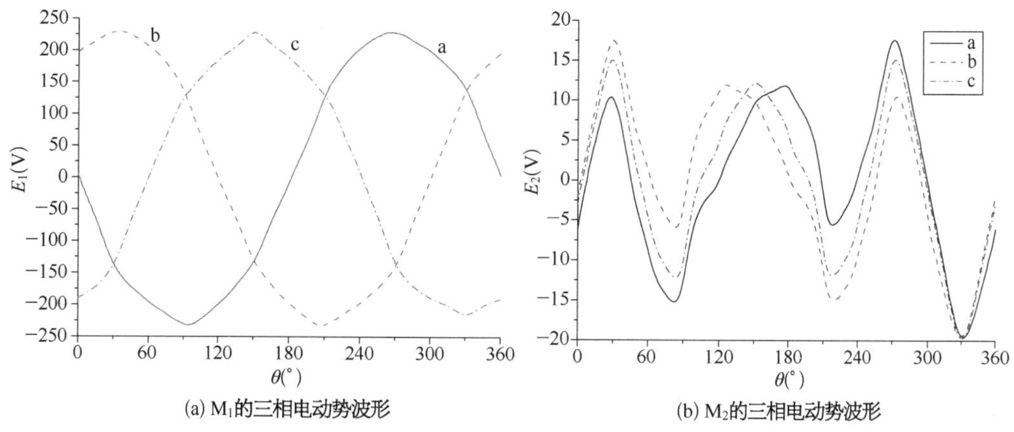

(a) M_1的三相电动势波形
(b) M_2的三相电动势波形

图 4-21　$i_{f1}=15$ A，$i_{f2}=0$ 时电机空载的反电势波形

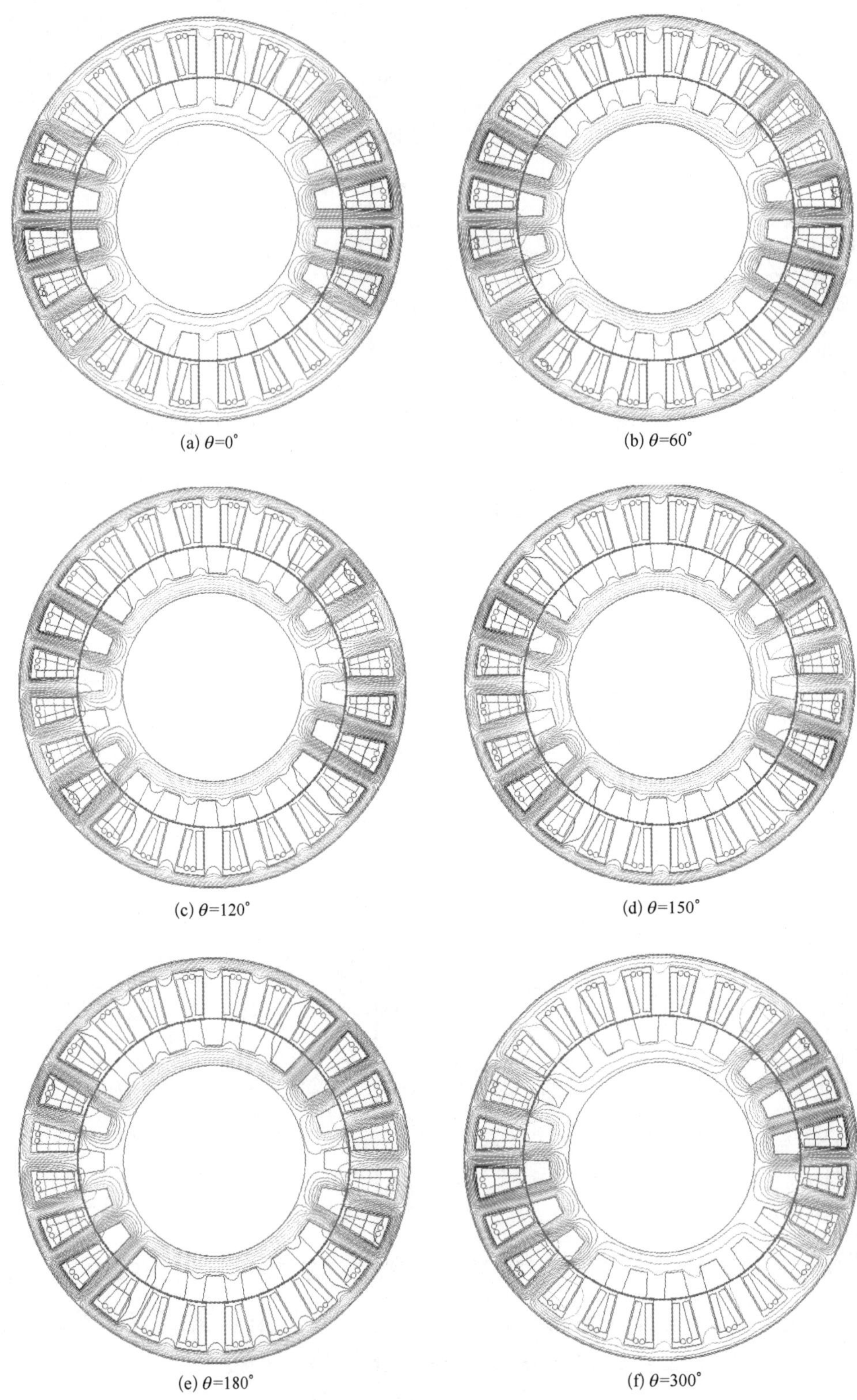

图 4-22　1 通道电机励磁电流为 15 A 时不同转子位置的磁力线分布图

13 号定子极对齐，a_2相磁链达到最小值，反电势为 0。当在 $\theta=150°$时，转子极与 9 号和 10 号定子极间的定子槽对齐，转子极转入 c_2相(11、20 号定子极)和转出 c_2相(8、23 号定子极)与定子极的重合面积相等，c_2相磁链为 0，电动势达到峰值。$\theta=150°$和 300°时刻的磁链分布分别与 $\theta=120°$和 0°时刻类似，不再分析。

图 4-23 是 1 通道电机三相分别开路时两个通道电机的输出电压与励磁电流的关系。由图 4-23a 可见，1 通道电机相绕组开路对 2 通道电机的空载特性无影响，图 4-23b 表明 1 通道电机绕组开路会降低 1 通道电机的整流输出电压。

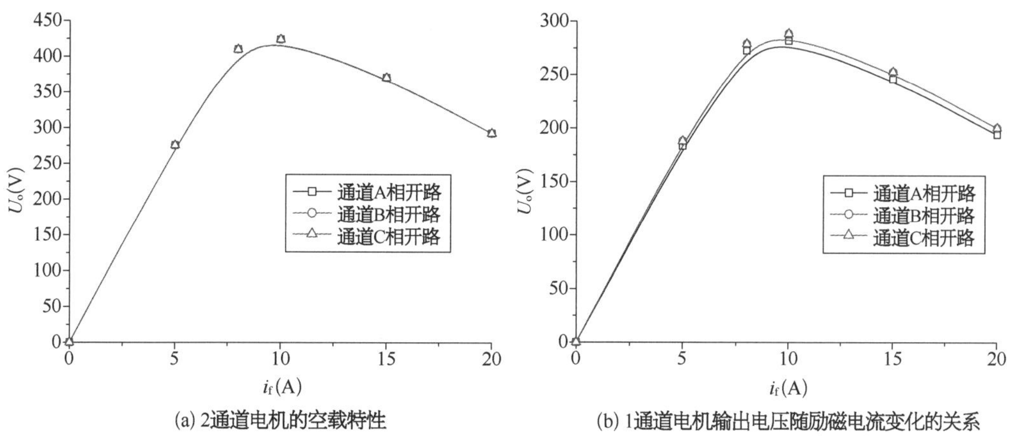

图 4-23　M_1三相分别开路两个电机空载时的输出电压随励磁电流的变化曲线

图 4-24 是励磁电流为 15 A 时 1 通道电机三相开路时的整流电压输出波形。a_1相开路时，整流输出电压的值小于 b_1、c_1相开路时的电压值。

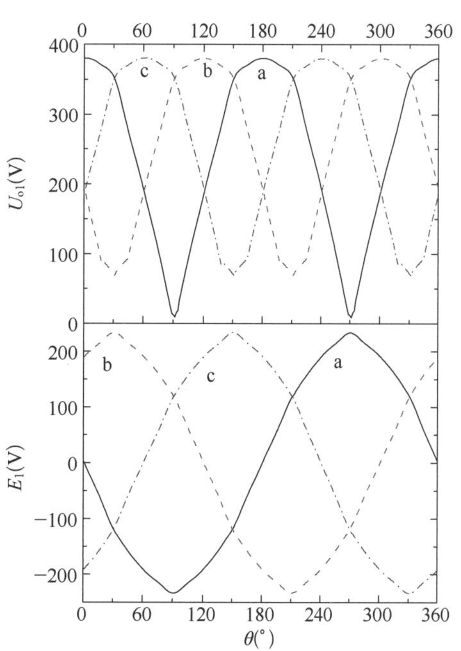

图 4-24　1 通道电机三相开路时的整流输出电压($i_f=15$ A)

图 4-25 是 $i_{f1}=i_{f2}$时 a_1相短路和a_1b_1短路时的电机特性，其中图 4-25a、b 为 2 通道电机的空载特性，与两电机均正常工作时相比，在 $i_{f1}=i_{f2}=5$ A 即电机不饱和时，电机的空载输出电压几乎不变，当电机进入饱和状态，空载输出电压有明显的降低。图 4-25c、d 分别为 a_1相短路时 a_1相电流有效值 i_{rmsa1}和 a_1b_1相短路时 a_1b_1线电流有效值 $i_{rmsa1b1}$随励磁电流的变化情况，i_{rmsa1}、$i_{rmsa1b1}$均与励磁电流成正比，$i_{rmsa1b1}/i_{rmsa1}$约为恒值 1.4。

表 4-3 是 $i_{f1}=i_{f2}$时 1 通道电机 a_1相

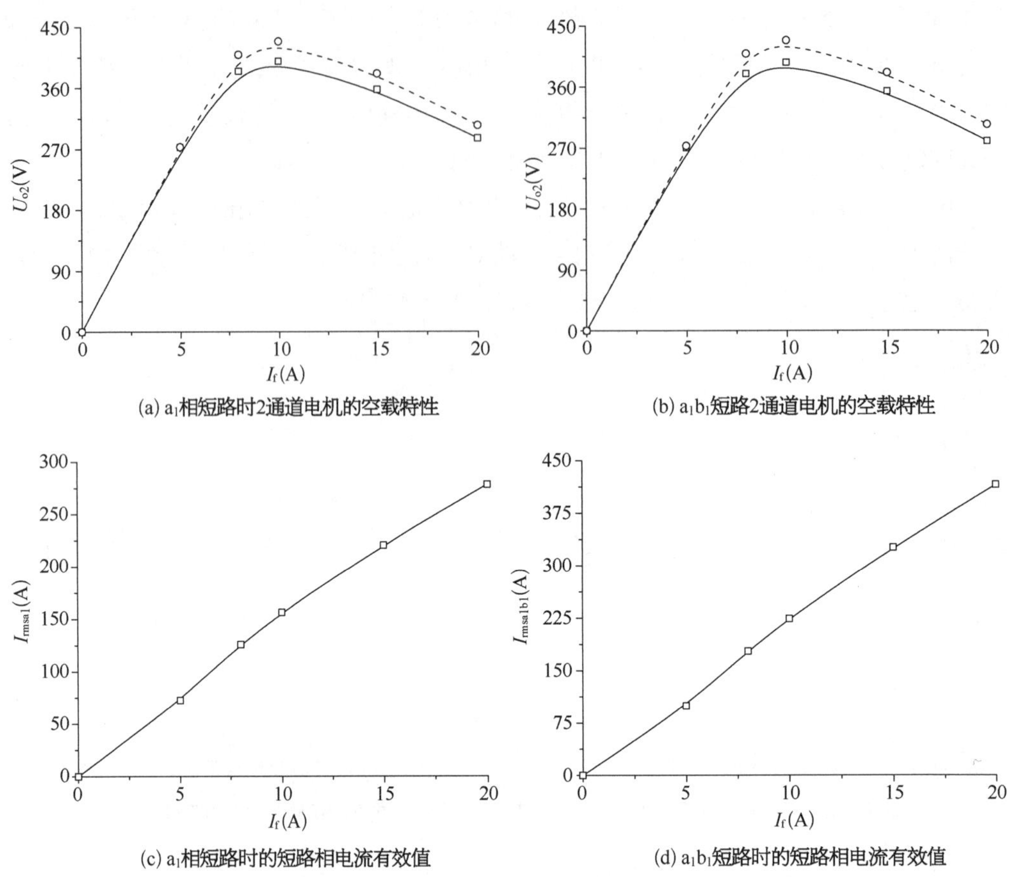

(a) a_1相短路时2通道电机的空载特性

(b) a_1b_1短路2通道电机的空载特性

(c) a_1相短路时的短路相电流有效值

(d) a_1b_1短路时的短路相电流有效值

图 4-25　1 通道电机 a 相短路和 ab 相短路时的电机空载特性($i_{f1}=i_{f2}$, n=3 000 r/min)

短路时 2 通道电机三相磁链值。由表 4-3 可见，a_1相短路电流对 a_2、b_2、c_2三相的电枢反应均表现为去磁。i_{a1}使 a_2相磁链最大值增加，最小值减小，a_2相电动势的值与两通道电机正常工作时的相电动势相比增加了；i_{a1}使 b_2、c_2相磁链最大值和最小值均减小，但最大值降低的量大于最小值降低的量，因此 b_2、c_2相电动势的值与两通道电机正常工作时的相电动势相比减小了。因为 $L_{a1b2}<L_{a1c2}$，因此 i_{a1}对 b_2相产生的去磁反应更大一些，b_2相电动势减小的值更多。电机不饱和时，a_2相电动势增加的值等于 b_2、c_2相电动势减小的值之和，因此整流输出电压不变；电机饱和后，短路电流增大，去磁电枢反应增加，a_2相电动势增加的值小于 b_2、c_2相电动势减小的值之和，因此整流输出电压降低。

表 4-3　1 通道电机 a_1相短路时 2 通道电机三相磁链值($i_{f1}=i_{f2}$)

	i_f(A)		5	8	10	15	20
	i_{a1}(A)		72.59	125.7	156.12	220.39	278.27
a_1相短路	ψ'_{a2}(Wb)	ψ'_{a2max}	0.027 2	0.039 7	0.041 0	0.036 1	0.028 8
		ψ'_{a2min}	−0.036 2	−0.046 0	−0.046 3	−0.040 7	−0.032 7

续 表

a_1 相短路	ψ'_{b2}(Wb)	ψ'_{b2max}	0.018 8	0.022 1	0.023 6	0.024 7	0.021 5
		ψ'_{b2min}	−0.029 6	−0.042 7	−0.044 5	−0.040 8	−0.033 2
	ψ'_{c2}(Wb)	ψ'_{c2max}	0.020 3	0.030 8	0.032 6	0.029 0	0.023 4
		ψ'_{c2min}	−0.029 4	−0.041 6	−0.042 7	−0.037 4	−0.029 6
1/2 通道电机正常工作	ψ_{a2}(Wb)	ψ_{a2max}	0.027 1	0.039 6	0.040 9	0.035 9	0.028 7
		ψ_{a2min}	−0.027 0	−0.039 6	−0.040 9	−0.035 9	−0.028 7
	ψ_{b2}(Wb)	ψ_{b2max}	0.027 0	0.039 6	0.040 9	0.035 9	0.028 7
		ψ_{b2min}	−0.027 0	−0.039 5	−0.040 9	−0.035 9	−0.028 7
	ψ_{c2}(Wb)	ψ_{c2max}	0.027 1	0.039 6	0.040 9	0.035 9	0.028 7
		ψ_{c2min}	−0.027 0	−0.039 5	−0.040 9	−0.035 9	−0.028 7
a_2 相电枢反应	$\psi'_{a2max}-\psi_{a2max}$(Wb)		0.000 1	0.000 1	0.000 1	0.000 2	0.000 1
	$\psi'_{a2min}-\psi_{a2min}$(Wb)		−0.009 2	−0.006 4	−0.005 4	−0.004 8	−0.004
b_2 相电枢反应	$\psi'_{b2max}-\psi_{b2max}$(Wb)		−0.008 2	−0.017 5	−0.017 3	−0.011 2	−0.007 2
	$\psi'_{b2min}-\psi_{b2min}$(Wb)		−0.002 6	−0.003 2	−0.003 6	−0.004 9	−0.004 5
c_2 相电枢反应	$\psi'_{c2max}-\psi_{c2max}$(Wb)		−0.006 8	−0.008 8	−0.008 3	−0.006 9	−0.005 3
	$\psi'_{c2min}-\psi_{c2min}$(Wb)		−0.002 4	−0.002 1	−0.001 8	−0.001 5	−0.000 9

图 4－26 是 $i_{f1}=0$，$i_{f2}=15$ A 时 a_1 相短路和 a_1b_1 相短路时的电机特性。图 4－26a、b为 2 通道电机的空载特性，与两电机均正常工作时相比，电机的空载输出电压几乎不变。图 4－26c、d 分别为 a_1 相短路时 a_1 相电流有效值 i_{rmsa1} 和 a_1b_1 相短路时 a_1b_1 相电流有效值 $i_{rmsa1b1}$ 随励磁电流的变化情况，i_{rmsa1}、$i_{rmsa1b1}$ 的有效值均很小，因为 1 通道电机并未施加励磁电流，其三相电动势仅仅是由与 2 通道电机励磁磁链的少量耦合形成，电动势很小。

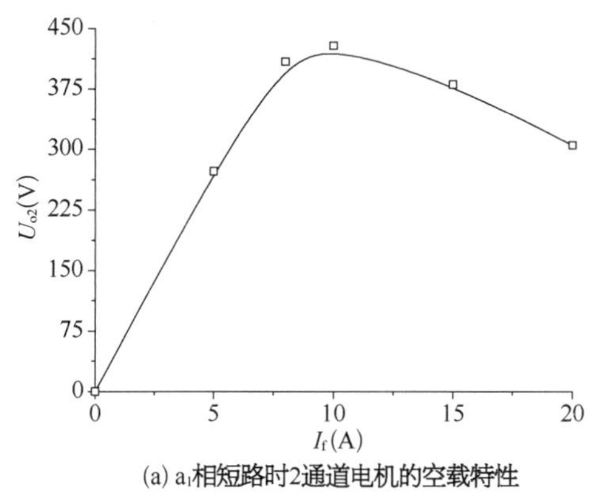

(a) a_1相短路时2通道电机的空载特性

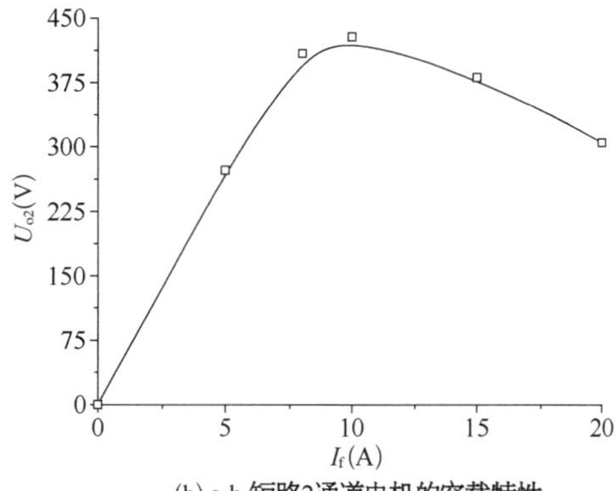

(b) a_1b_1短路2通道电机的空载特性

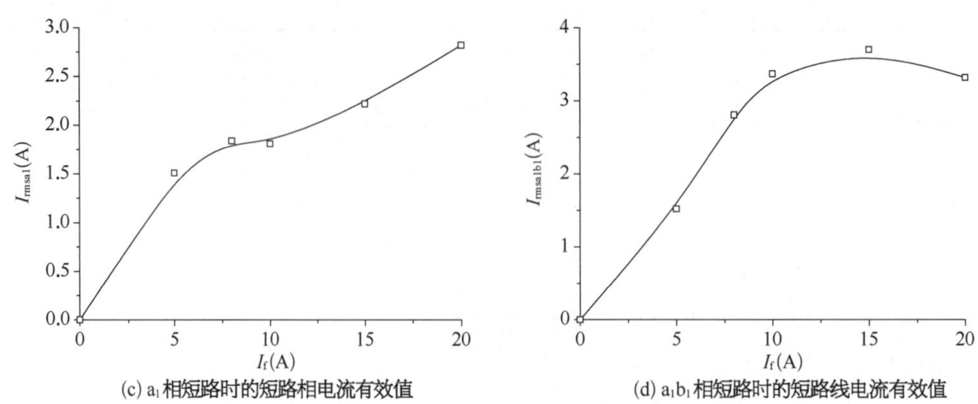

(c) a_1相短路时的短路相电流有效值　　(d) a_1b_1相短路时的短路线电流有效值

图 4－26　1 通道电机 a 相短路和 ab 相短路时的电机空载特性
($i_{f1}=0$, $i_{f2}=15$ A, $n=3\ 000$ r/min)

4.5.3　双通道发电机的外特性

图 4－27 为励磁电流为 15 A 时两个通道电机正常工作时的发电负载特性。由图可见，当负载较小时，发电机外特性较平坦，而当负载较大时，外特性曲线急速下降。两

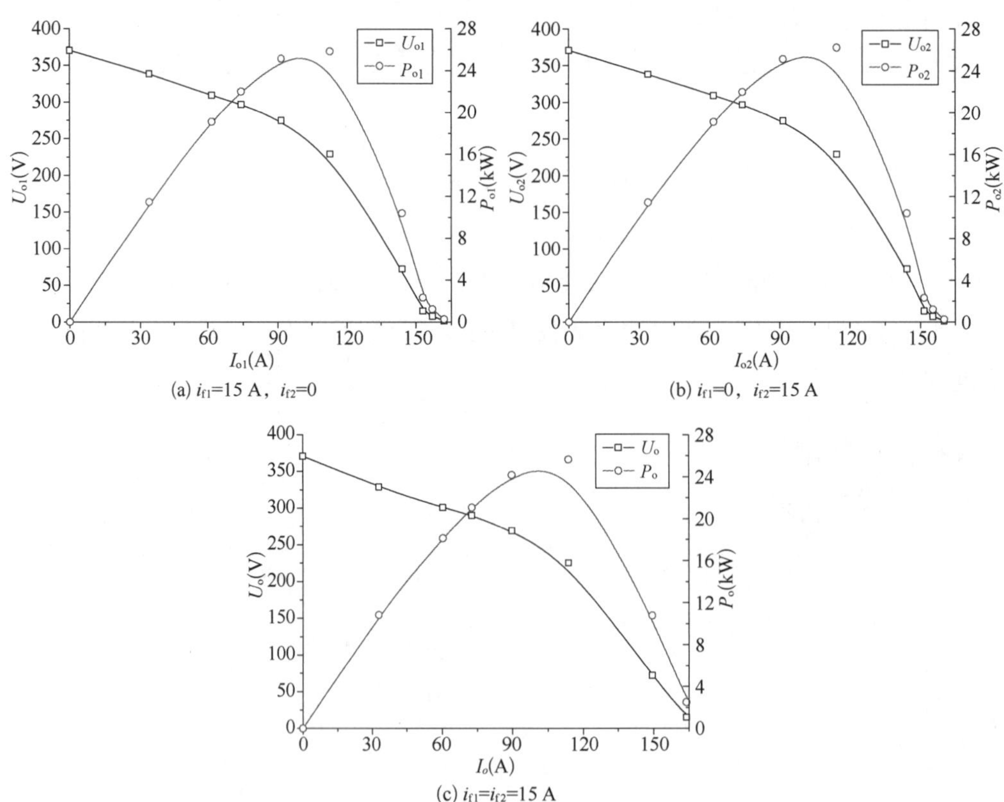

(a) i_{f1}=15 A, i_{f2}=0　　(b) i_{f1}=0, i_{f2}=15 A

(c) $i_{f1}=i_{f2}$=15 A

图 4－27　24/20 双通道电机正常工作时的发电负载特性($n=3\ 000$ r/min)

个通道电机独立工作，互不影响，单独工作的电机输出功率为两个电机同时工作时输出总功率的一半。

图 4－28 是 1 通道电机某一相开路时两个通道电机的外特性和功率特性曲线。由图可见，当其中一通道电机的任一相发生开路故障时，对另一通道电机的外特性和输出功率几乎没有影响，另一个电机的发电输出最大功率仍为 25 kW；而发生开路故障的电机输出功率减小为原来的一半，原来的三相工作变为两相工作，输出电压减小。图 4－28a、b中，电机负载电流较小时，外特性和功率曲线完全重合，电机负载电流较大时，外特性和功率曲线不重合，但由于两个通道电机之间的耦合较小，因此 1 通道三相分别开路时对 2 通道电机的外特性影响很小。

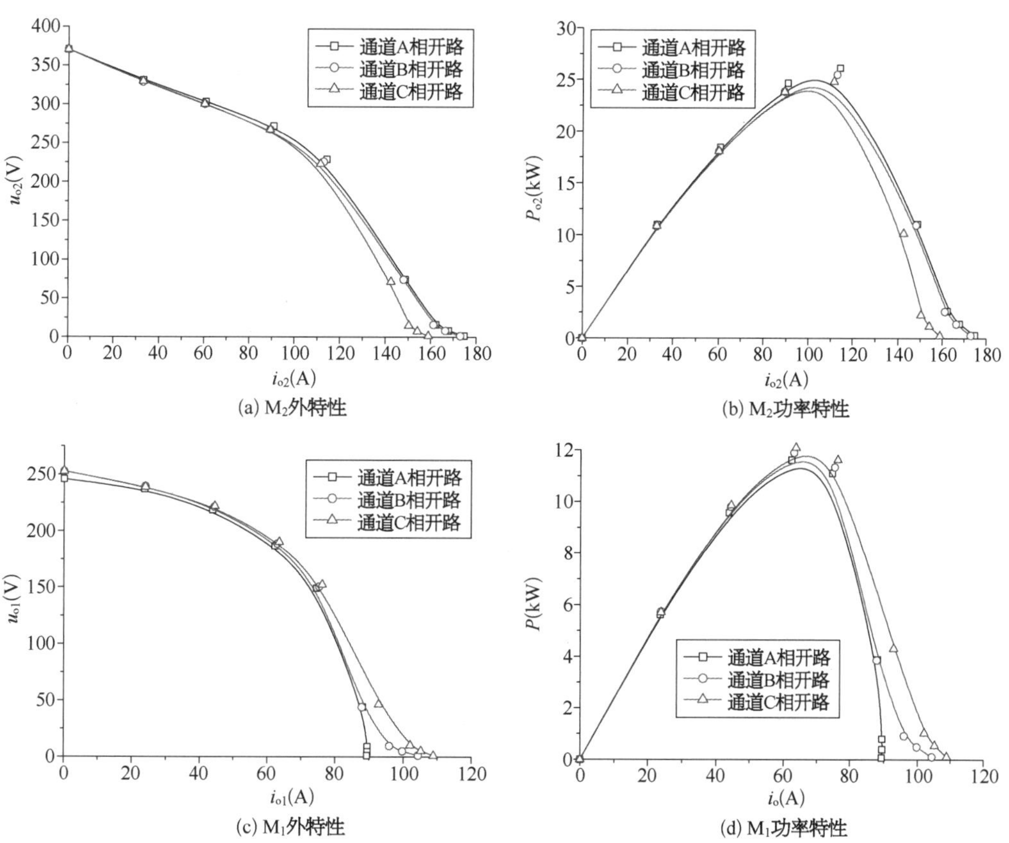

图 4－28　1 通道电机三相分别开路时发电机的外特性和功率特性($n=3\ 000$ r/min, $i_{f1}=i_{f2}=15$ A)

图 4－29 为励磁电流 15 A 时 1 通道电机 a 相开路时两个电机负载的三相端电压和相电流波形。M_1电机的 a 相开路，则电机两相工作，b、c 相电流大小相等、方向相反，端电压方向相同。M_2电机的三相相电流为相差 120°的正弦波，相电流方向与端电压方向相同，电机发电工作，完全不受 M_1电机 a 相开路的影响。

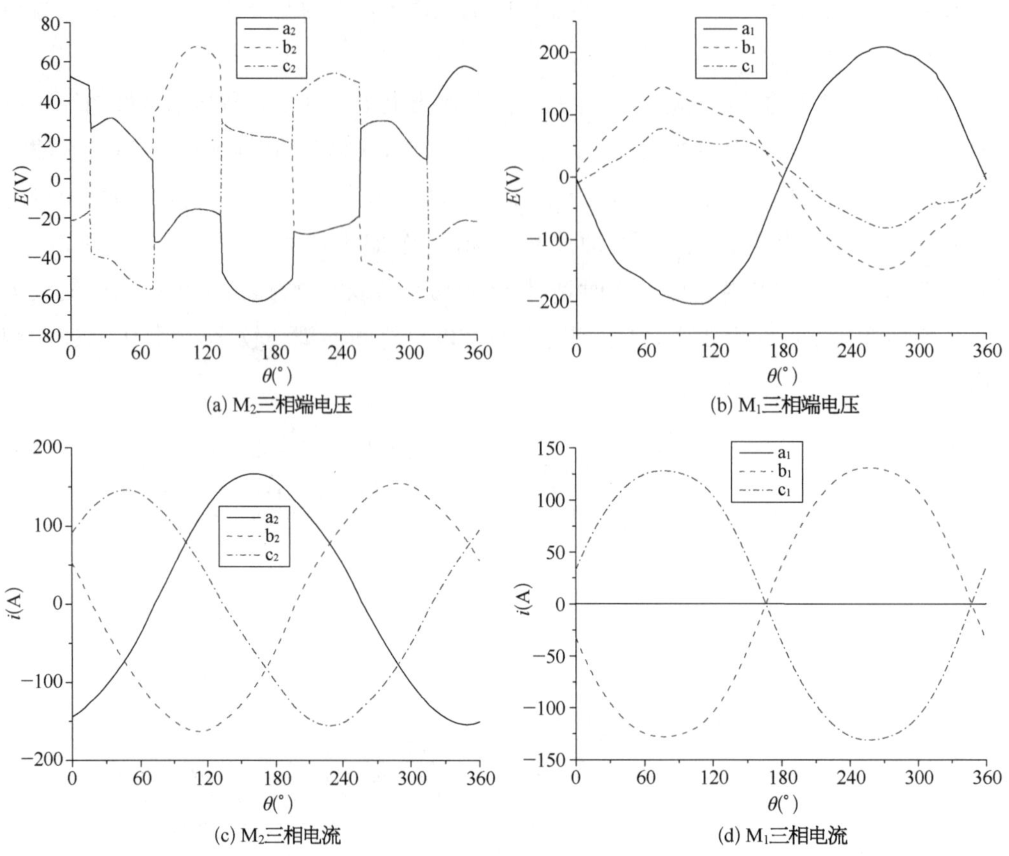

图 4-29　1 通道电机 a 相开路时两个电机的三相端电压和三相电流波形

图 4-30 是 $i_{f1}=i_{f2}=15$ A 时 1 通道电机 a 相和 ab 相短路时电机发电负载特性。

与双通道电机正常工作(图 4-27)时相比,在 $i_{f1}=i_{f2}=15$ A, a_1 相短路时,同一负载电流(轻载)下电机端电压 u_{o2} 下降了 20 V 左右,a_1b_1 相短路时,同一负载电流(轻载)下电机端电压 u_{o2} 下降了 15 V 左右,重载时 u_{o2} 几乎不变,最大输出功率降低了 2 kW 左右。图 4-30c、d 是 2 通道电机负载电流为 86 A 时 1 通道电机的短路电流波形,图 4-30e、f 分别是 2 通道电机空载和负载时电机的磁密云图。发电负载时,短路电流对 a_2 相和 b_2 相起去磁作用,对 c_2 相起增磁作用。

图 4-31 是 $i_{f1}=0$, $i_{f2}=15$ A 时 1 通道电机 a 相和 ab 相短路时电机发电负载特性。与图 4-27 相比,2 通道电机的发电负载外特性和功率特性与双通道电机正常工作时完全相同,因为 $i_{f1}=0$, 短路电流 i_{a1} 和 i_{a1b1} 对 2 通道电机完全没有影响,短路电流 i_{a1} 和 i_{a1b1} 均很小。

由以上分析可知,24/20 双通道电机两个通道之间相互独立工作,当两通道电机通入相同励磁电流,其中一个通道电机发生开路故障时,另一通道电机的输出特性不受影响,发生短路故障时,另一通道电机的输出功率略有降低;当仅一个通道电机通入励磁

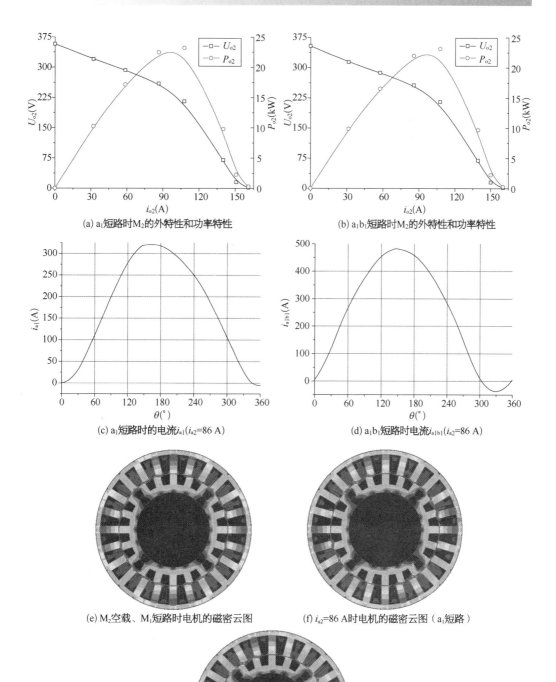

(a) a_1短路时M_2的外特性和功率特性

(b) a_1b_1短路时M_2的外特性和功率特性

(c) a_1短路时的电流i_{a1}(i_{a2}=86 A)

(d) a_1b_1短路时电流i_{a1b1}(i_{a2}=86 A)

(e) M_2空载、M_1短路时电机的磁密云图

(f) i_{a2}=86 A时电机的磁密云图（a_1短路）

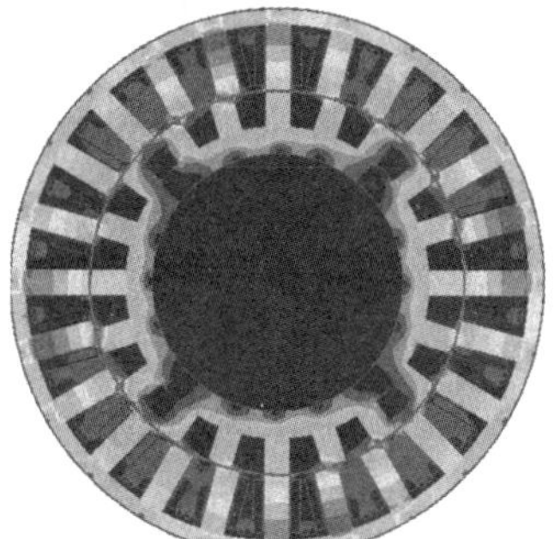

(g) i_{a2}=86 A时电机的磁密云图（a_1b_1短路）

图4-30　1通道电机a相短路和ab相短路时的电机负载特性($i_{f1}=i_{f2}=15$ A, $n=3\,000$ r/min)

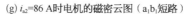

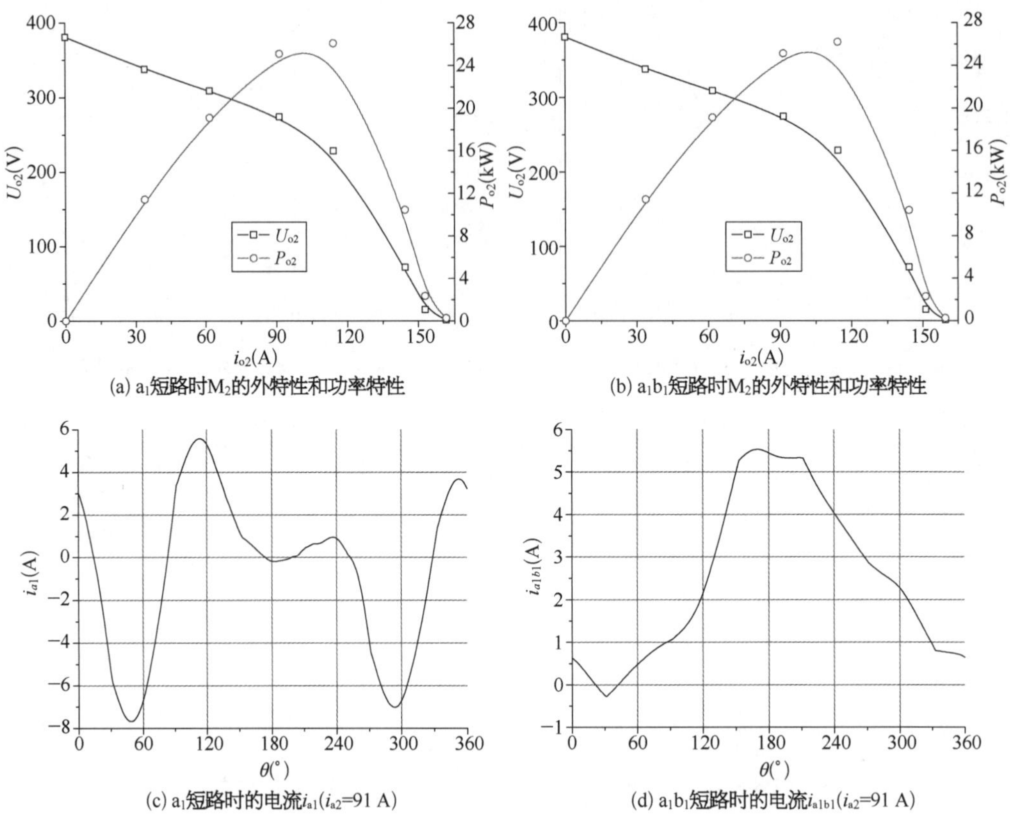

(a) a_1短路时M_2的外特性和功率特性　(b) a_1b_1短路时M_2的外特性和功率特性

(c) a_1短路时的电流i_{a1}(i_{a2}=91 A)　(d) a_1b_1短路时的电流i_{a1b1}(i_{a2}=91 A)

图 4－31　1 通道电机 a 相短路和 ab 相短路时的电机负载特性
($i_{f1}=0$, $i_{f2}=15$ A, $n=3\,000$ r/min)

电流,无论另一个通道的电机发生开路故障还是短路故障,该通道电机的输出特性都不受影响,输出功率为两通道电机正常功率时的 1/2。

4.6　24/20 电机的磁场定向控制调速系统

12/10 和 24/20 电机的相电势为正弦波,若采用与 6/4 电机一样的控制方式(BLDCM),即输入三相互差 120°的方波电流,那么电机损耗和转矩脉动都较大,因为方波电流中含有大量高次谐波电流。为了减少电机的铁心损耗和电机转矩的脉动,12/10 和 24/20 电机电动工作时输入正弦波更合理。

要求 DC/AC 逆变器将直流电转为三相正弦交流电,则该变换器的开关管应工作在正弦脉宽调制方式,英文简称 SPWM 方式。三相逆变器的 SPWM 调制方式有多种,但仅空间电压矢量调制方式(简称 SVPWM)的电压利用率最高,且更易于实现数字化。电压利用率是指逆变器输出正弦相电压最大有效值与输入直流电压 u_d之比,比值大,电压利用率高。

4.6.1 电动机的数学模型

电机电动负载时，相绕组匝链的磁链包括励磁磁链和电枢反应磁链两部分，磁链方程为：

$$\begin{bmatrix}\psi_a\\\psi_b\\\psi_c\end{bmatrix}=\begin{bmatrix}L_a & L_{ab} & L_{ac}\\L_{ba} & L_b & L_{bc}\\L_{ca} & L_{cb} & L_c\end{bmatrix}\begin{bmatrix}i_a\\i_b\\i_c\end{bmatrix}+\begin{bmatrix}L_{fa}\\L_{fb}\\L_{fc}\end{bmatrix}[i_f] \tag{4-4}$$

即：

$$[\psi_p]=[L][i]+[L_{pf}][i_f] \tag{4-5}$$

式中，$p=a、b、c$。

根据相绕组外加电压与绕组内阻压降和相绕组反电势平衡关系，可列出相绕组的电压平衡方程：

$$\begin{bmatrix}u_a\\u_b\\u_c\end{bmatrix}=\begin{bmatrix}r_a & 0 & 0\\0 & r_b & 0\\0 & 0 & r_c\end{bmatrix}\begin{bmatrix}i_a\\i_b\\i_c\end{bmatrix}+\begin{bmatrix}p\psi_a\\p\psi_b\\p\psi_c\end{bmatrix} \tag{4-6}$$

由 4.3 节可知，相绕组自感以及互感随转子位置角的变化很小，励磁绕组与相绕组互感随转子位置角变化很大。由此可得：

$$\begin{bmatrix}p\psi_a\\p\psi_b\\p\psi_c\end{bmatrix}=\begin{bmatrix}L_a & L_{ab} & L_{ac}\\L_{ba} & L_b & L_{bc}\\L_{ca} & L_{cb} & L_c\end{bmatrix}\begin{bmatrix}pi_a\\pi_b\\pi_c\end{bmatrix}+\begin{bmatrix}pL_{af}\\pL_{bf}\\pL_{cf}\end{bmatrix}[i_f] \tag{4-7}$$

因此相电压方程可表示为：

$$[u_p]=[r_p][i_p]+[L_p]\frac{\mathrm{d}[i_p]}{\mathrm{d}t}+\frac{\mathrm{d}[L_{pf}]}{\mathrm{d}\theta}\cdot\omega[i_f] \tag{4-8}$$

通过功率平衡原理可以推导出电机的转矩方程为：

$$T_e=[i_a\quad i_b\quad i_c]\frac{\partial}{\partial\theta}\begin{bmatrix}L_{af}\\L_{bf}\\L_{cf}\end{bmatrix}[i_f] \tag{4-9}$$

系统的运动方程为：

$$T_e=T_L+\frac{J}{n_p}\frac{\mathrm{d}\omega}{\mathrm{d}t} \tag{4-10}$$

式中，T_L 是负载转矩；J 是转动惯量；n_p是电机转速。

由式(4-5)、式(4-8)、式(4-9)、式(4-10)可知，24/20 结构电机是一个非线性系统，其数学模型结构图如图 4-32 所示。由图可见，24/20 电机可以看作一个双输入双输出系统，输入量是电枢绕组端电压 u_p和励磁电流 i_f，输出量是磁链矢量 ψ_a和转子角速度 ω。非线性因素存在于感应电势 e_p，电感矩阵 L_p、L_{pf}以及电磁转矩 T_e中。要想控制电磁转矩，只需控制励磁电流和电枢电流即可，为了简化模型，通常把三相电磁量通过坐标变换转换成两相电磁量，将 24/20 电机的控制等效成直流电机的弱磁控制。

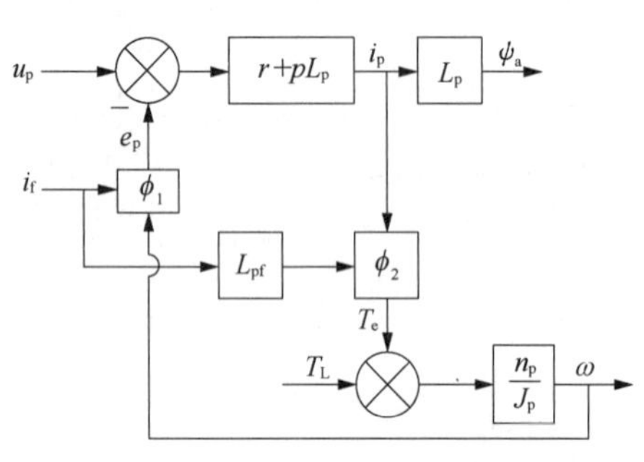

图 4-32　24/20 电机非线性数学模型图

4.6.2　调速系统结构框图

图 4-33 是 DFDSM 的调速系统结构框图，以实现电机的磁场定向控制。图中右上侧部分为 DC/AC 变换器将直流输入电压 u_{dc}转为三相对称正弦电压输出给电机的电枢绕组，于是电机中就有三相电流 i_a、i_b、i_c，经过电流传感器检测 i_a和 i_b，将检测得到的电流经过 Clarke 和 Park 两次坐标变换得到 i_d和 i_q，与给定的电流信号 i_{dref}和 i_{qref}

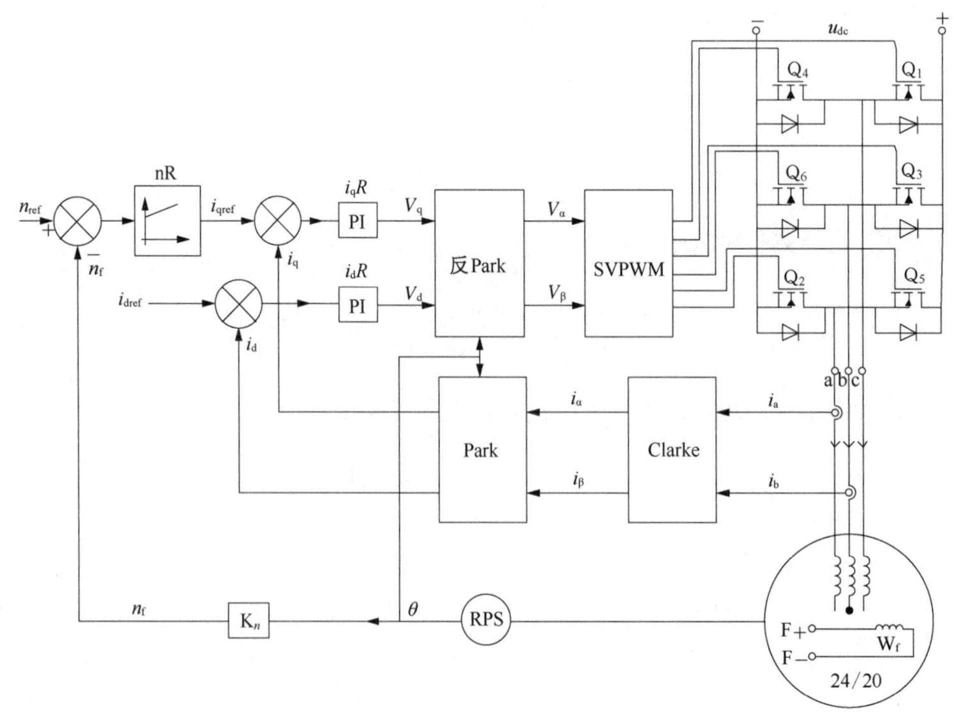

图 4-33　DFDSM 调速系统结构框图

比较后分别送入 d 轴和 q 轴电流比例积分(PI)调节器,调节器的输出信号即为 u_{dref} 和 u_{qref},经过坐标变换后得到 u_α 和 u_β,由此判断电压矢量所处的扇区和获得的旋转矢量,经过 SVPWM 调制方式产生相应的开通信号驱动 DC/AC 变换器的开关管,电动机相绕组中流入三相对称正弦电流。图中 RPS 为电机转子位置传感器,nR 为转速调节器。nR 的输入为转速给定 n_{ref} 和电机转速反馈信号 n_f。

4.6.3 坐标变换

由图 4-33 可知,该调速系统中有两类坐标变换。其中 ABC 坐标系和 $\alpha\beta$ 坐标系间变换常称为 Clarke 变换,$\alpha\beta$ 坐标系与 dq 坐标系间变换常称为 Park 变换,这是交流电机控制中常用的两种变换。Clarke 变换和 Park 变换简化了控制算法,改善了交流电机的控制性能,促进了交流电动机调速系统的发展。

图 4-34 是 ABC 三相坐标系和 $\alpha\beta$ 坐标系间的关系,$\alpha\beta$ 坐标系的 α 轴和 A 轴重合,β 轴超前 α 轴 90°,两者均为固定坐标系。图中 IW_0 为合成磁场空间矢量,变换的原则是 IW_0 在 ABC 和 $\alpha\beta$ 坐标系的投影应相等,即:

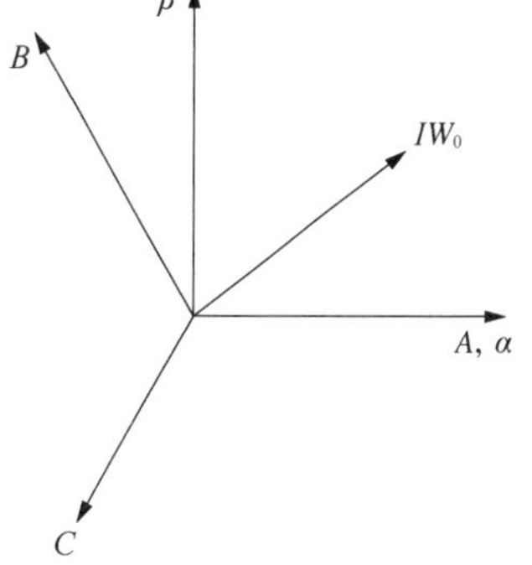

图 4-34 ***ABC* 坐标系和 *αβ* 坐标系**

$$N_2 i_\alpha = N_3 i_A + N_3 i_B \cos 120° + N_3 i_c \cos 240°$$

$$N_2 i_\beta = 0 + N_3 i_B \sin 120° + N_3 i_c \sin 240°$$

式中,N_2 和 N_3 为二相和三相电机电枢绕组有效匝数。上式的矩阵表达式为:

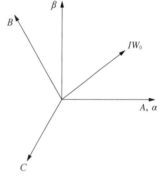

$$\begin{bmatrix} i_\alpha \\ i_\beta \end{bmatrix} = \frac{N_3}{N_2} \begin{bmatrix} 1 & -\frac{1}{2} & -\frac{1}{2} \\ 0 & \frac{\sqrt{3}}{2} & -\frac{\sqrt{3}}{2} \end{bmatrix} \begin{bmatrix} i_A \\ i_B \\ i_C \end{bmatrix}$$

式中等号右侧的系数矩阵不是方阵,无法求逆。为此引入一零矢量 i_0,有:

$$N_2 i_0 = KN_3 i_A + KN_3 i_B + KN_3 i_C$$

式中,K 为待定系数,故有:

$$\begin{bmatrix} i_\alpha \\ i_\beta \\ i_0 \end{bmatrix} = \frac{N_3}{N_2} \begin{bmatrix} 1 & -\frac{1}{2} & -\frac{1}{2} \\ 0 & \frac{\sqrt{3}}{2} & -\frac{\sqrt{3}}{2} \\ K & K & K \end{bmatrix} \begin{bmatrix} i_A \\ i_B \\ i_C \end{bmatrix} = C^{-1} \begin{bmatrix} i_A \\ i_B \\ i_C \end{bmatrix}$$

$$C^{-1}=\frac{N_3}{N_2}\begin{bmatrix}1 & -\frac{1}{2} & -\frac{1}{2}\\ 0 & \frac{\sqrt{3}}{2} & -\frac{\sqrt{3}}{2}\\ K & K & K\end{bmatrix}$$

$$C=\frac{2}{3}\cdot\frac{N_2}{N_3}\begin{bmatrix}1 & 0 & \frac{1}{2K}\\ -\frac{1}{2} & \frac{\sqrt{3}}{2} & \frac{1}{2K}\\ -\frac{1}{2} & -\frac{\sqrt{3}}{2} & \frac{1}{2K}\end{bmatrix}$$

$$C^{\mathrm{T}}=\frac{2}{3}\cdot\frac{N_2}{N_3}\begin{bmatrix}1 & -\frac{1}{2} & -\frac{1}{2}\\ 0 & \frac{\sqrt{3}}{2} & -\frac{\sqrt{3}}{2}\\ \frac{1}{2K} & \frac{1}{2K} & \frac{1}{2K}\end{bmatrix}$$

由功率不变原则，有 $C^{-1}=C^{\mathrm{T}}$，得 $\frac{N_2}{N_3}=\sqrt{\frac{3}{2}}$，$K=\frac{1}{2}$，故：

$$C=\sqrt{\frac{2}{3}}\begin{bmatrix}1 & 0 & \frac{1}{\sqrt{2}}\\ -\frac{1}{2} & \frac{\sqrt{3}}{2} & \frac{1}{\sqrt{2}}\\ -\frac{1}{2} & -\frac{\sqrt{3}}{2} & \frac{1}{\sqrt{2}}\end{bmatrix} \tag{4-11}$$

$$C^{-1}=\sqrt{\frac{2}{3}}\begin{bmatrix}1 & -\frac{1}{2} & -\frac{1}{2}\\ 0 & \frac{\sqrt{3}}{2} & -\frac{\sqrt{3}}{2}\\ \frac{1}{\sqrt{2}} & \frac{1}{\sqrt{2}} & \frac{1}{\sqrt{2}}\end{bmatrix} \tag{4-12}$$

ABC 坐标系到 $\alpha\beta 0$ 坐标系的变换式为：

$$\begin{bmatrix} i_\alpha \\ i_\beta \\ i_0 \end{bmatrix} = \sqrt{\frac{2}{3}} \begin{bmatrix} 1 & -\frac{1}{2} & -\frac{1}{2} \\ 0 & \frac{\sqrt{3}}{2} & -\frac{\sqrt{3}}{2} \\ \frac{1}{\sqrt{2}} & \frac{1}{\sqrt{2}} & \frac{1}{\sqrt{2}} \end{bmatrix} \begin{bmatrix} i_A \\ i_B \\ i_C \end{bmatrix} = C^{-1} \begin{bmatrix} i_A \\ i_B \\ i_C \end{bmatrix} \tag{4-13}$$

$\alpha\beta 0$ 坐标系到 ABC 坐标系的反变换式为：

$$\begin{bmatrix} i_A \\ i_B \\ i_C \end{bmatrix} = \sqrt{\frac{2}{3}} \begin{bmatrix} 1 & 0 & \frac{1}{\sqrt{2}} \\ -\frac{1}{2} & \frac{\sqrt{3}}{2} & \frac{1}{\sqrt{2}} \\ -\frac{1}{2} & -\frac{\sqrt{3}}{2} & \frac{1}{\sqrt{2}} \end{bmatrix} \begin{bmatrix} i_\alpha \\ i_\beta \\ i_0 \end{bmatrix} = C \begin{bmatrix} i_\alpha \\ i_\beta \\ i_0 \end{bmatrix} \tag{4-14}$$

当三相电枢绕组接成星形，$i_A + i_B + i_C = 0$ 时，上式可简化为：

$$\begin{bmatrix} i_\alpha \\ i_\beta \end{bmatrix} = \begin{bmatrix} \frac{\sqrt{3}}{2} & 0 \\ \frac{\sqrt{2}}{2} & \sqrt{2} \end{bmatrix} \begin{bmatrix} i_A \\ i_B \end{bmatrix} \tag{4-15}$$

$$\begin{bmatrix} i_A \\ i_B \end{bmatrix} = \begin{bmatrix} \frac{2}{\sqrt{3}} & 0 \\ -\frac{1}{\sqrt{6}} & \frac{1}{2} \end{bmatrix} \begin{bmatrix} i_\alpha \\ i_\beta \end{bmatrix} \tag{4-16}$$

Park 变换是固定坐标系 $\alpha\beta$ 与旋转坐标系 dq 间的变换，旋转坐标系固定在转子上，其转速与转子转速相同。图 4-35 画出了两坐标系间的关系，α 轴与 d 轴间角度为 φ，该角度以转子转速旋转。空间电流矢量 i_o在 $\alpha\beta$ 坐标系上的分量为 $i_\alpha i_\beta$，由于 i_o是个旋转矢量，与 α 轴间角度为 $\varphi+\theta$，故 $i_\alpha i_\beta$ 也不断变化着。但 i_o与 dq 轴是固定的，i_o与 d 轴间角度为 θ，在一定条件下，θ 为常数。

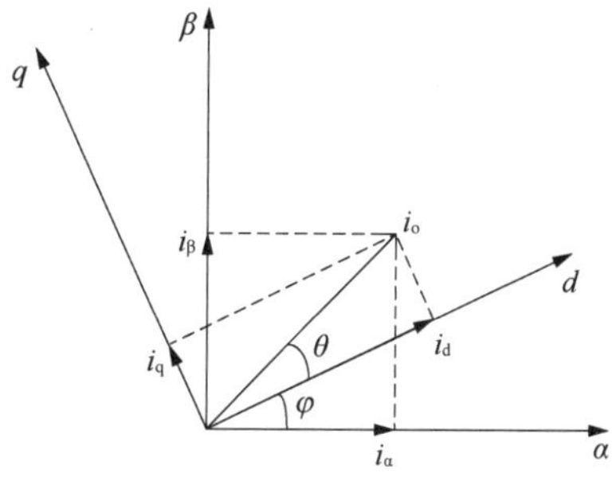

图 4-35　$\alpha\beta$ 和 dq 坐标系间的关系

$$\begin{bmatrix} i_\alpha \\ i_\beta \end{bmatrix} = \begin{bmatrix} \cos\phi & -\sin\phi \\ \sin\phi & \cos\phi \end{bmatrix} \begin{bmatrix} i_d \\ i_q \end{bmatrix} \tag{4-17}$$

其反变换为:

$$\begin{bmatrix} i_d \\ i_q \end{bmatrix} = \begin{bmatrix} \cos\phi & \sin\phi \\ -\sin\phi & \cos\phi \end{bmatrix} \begin{bmatrix} i_\alpha \\ i_\beta \end{bmatrix} \tag{4-18}$$

式(4-13)、式(4-14)、式(4-17)和式(4-18)等变换式是电流变换式,对于电压矢量变换式相同。

4.6.4 SVPWM工作原理

SVPWM的理论基础是平均值等效原理,即在一个开关周期内通过对基本电压矢量加以组合,使其平均值与给定值相等。DC/AC变换器可实现正弦输出电压、频率、相位连续控制,可以用于磁场定向控制。

在图3-1中,讨论了120°导通型三相DC/AC变换器的工作,其输出电流是120°宽方波。图4-33的DC/AC变换器和图3-1a结构相同,但6只开关管的工作方式不同。图4-36a是图4-33的DC/AC变换器开关管的一种工作方式,同一桥臂上下两只开关管轮流导通,在一个电源周期中各导通180°电角。为了防止上下管的直通,上管关断时,下管不立即导通,而要延迟一个小的时间t_d才导通,这个时间延迟常称为死区时间。视开关管关断特性不同而有些不同,一般在1 μs左右。

a相桥臂开关管的开关状态超前于b相120°电角,超前于c相240°电角。故在Q_1Q_6和Q_3Q_4导通时,DC/AC变换器输出线电压u_{ab}为120°宽方波。若不计开关管压降,则u_{ab}的幅值等于直流电源电压u_d。开关管Q_3Q_2和Q_5Q_6导通时,输出线电压u_{bc},u_{bc}也为120°宽方波,但迟后于u_{ab} 120°电角。类似地,Q_5Q_4和Q_1Q_2导通,得u_{ca},u_{ca}迟后于u_{bc} 120°。

由于电动机的相绕组为Y形连接,故当线电压为120°方波时,相电压u_a、u_b和u_c为6阶梯波,阶梯波的幅值为$\frac{2}{3}u_d$和$\frac{1}{3}u_d$,如图4-36b和c。

由图可见,180°导通型三相DC/AC变换器的输出电压是最大的,直接和电源电压u_{dc}成比例。三个线电压和相电压均互差120°电角,为三相对称电压。

若设三相桥的上管导通为1,下管导通用0表示,则图4-36a的开关管导通规律可用一组0和1的数组表示,如图4-36d所示。例如,在$\frac{\pi}{3}\sim\frac{2\pi}{3}$期间为$Q_1Q_6Q_2$导通,表示成100,1表示a相桥上管导通,00分别表示b相和c相桥下管导通。在$\frac{2\pi}{3}\sim\pi$期

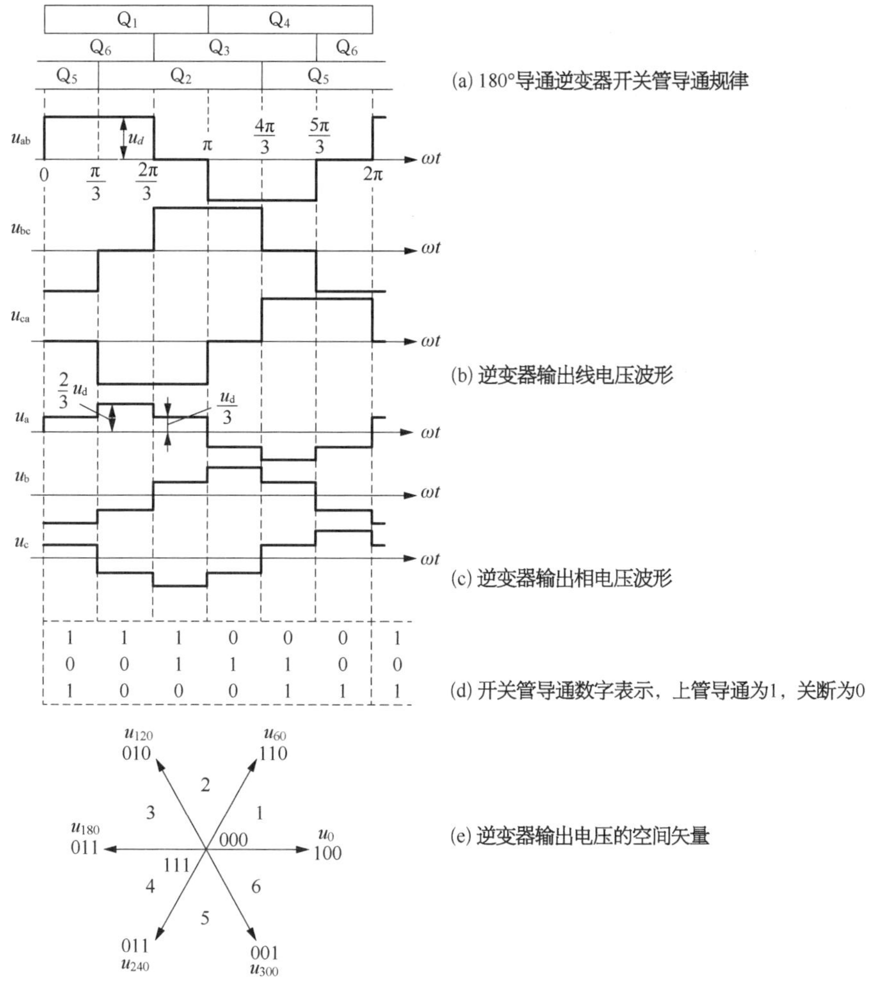

图 4-36　180°导通三相逆变器的输出电压和电压空间矢量

间为 $Q_1Q_3Q_2$ 导通，代号为 110，11 代表 a 和 b 相桥上管导通，0 表示 c 相桥下管导通。

在 $\frac{\pi}{3} \sim \frac{2\pi}{3}$ 时，u_a 达正最大值。在 $\frac{2\pi}{3} \sim \pi$ 期间，u_a 移动了 60°电角，u_c 达负最大值。再下一 60°电角，u_b 达正最大值……在电工学中，$u_a u_b u_c$ 三相对称电压可用一个空间旋转的合成电压矢量 $\dot{u}_o$ 表示，$\dot{u}_o = \dot{u}_a + \dot{u}_b + \dot{u}_c$，显然在 $\frac{\pi}{3} \sim \frac{2\pi}{3}$ 时，$\dot{u}_o$ 与 $\dot{u}_a$ 重合，$\frac{2\pi}{3} \sim \pi$ 时 $\dot{u}_o$ 与 $-\dot{u}_c$ 重合，$\pi \sim \frac{4\pi}{3}$ 时 $\dot{u}_o$ 与 $\dot{u}_b$ 重合，故 DC/AC 变换器的输出电压空间矢量 $\dot{u}_o$ 和开关管的导通规律联系起来了，如图 4-36e 所示。开关管状态的 100，输出电压矢量 u_0 和 u_a 重合，处于水平轴方向。开关状态 110，输出电压矢量为 u_{60}，和 $-u_c$ 重合，与 u_0 相比，逆时针转过 60°。开关状态 010，电压空间矢量为 u_{120}，和 u_b 重合，反钟向转过 120°电

角……电压矢量u_0、u_{60}、u_{120}、u_{180}、u_{240}和u_{300}称为电压基本矢量，是电压矢量的最大值。

电动机的反电动势和电机转速成正比，为了实现电动机转速的调节，DC/AC 变换器的输出电压和频率必须和电动机的电动势和转速相平衡，即 DC/AC 变换器的输出电压应和反电动势平衡，输出频率 f 与电机转速 n 间的关系为 $f=\dfrac{pn}{60}$，其中 p 为电动机极对数，对于磁阻电机 p 为转子极数 p_r，$p=p_r$。由此可见，DC/AC 变换器的输出电压和频率必须是可调的，且频率 f 和电压 u 的比大致为常数 $f/u=\text{ct}$，并与电动机的转速电势比相协调。

为了达到上述目标，DC/AC 变换器仅工作于 180°导通型模式是不行的，必须实现空间电压矢量调制 SVPWM。SVPWM 是在图 4-36 的基础上发展的，图 4-36e 的 6 个基本电压矢量将矢量平面分成 6 个扇区，u_0 与 u_{60} 矢量间的 60°内为第一扇区，u_{60} 与 u_{120} 间为第二扇区……为了讨论的一般性，将 x 扇区的两电压矢量表示成 u_x 和 $u_{x+60°}$，如图 4-37a 所示。图中 u_o 是希望的 DC/AC 变换器输出电压空间矢量，u_o 将由 u_x 和 $u_{x+60°}$ 来组合。若开关管的开关频率为 f_{sw}，则开关周期 $T=\dfrac{1}{f_{sw}}$，为使 u_o 的幅值小于 u_x，必须让 u_x 的作用时间 $t_1<T$，$u_{x+60°}$ 的作用时间 $t_2<T$，让 $\dfrac{t_1}{T}u_x$ 和 $\dfrac{t_2}{T}u_{x+60°}$ 两矢量之和等于 u_o，$u_o=\dfrac{t_1}{T}u_x+\dfrac{t_2}{T}u_{x+60°}$。由电压矢量的空间线性组合原理可见，$u_d$ 不变时，$\dfrac{t_1}{T}u_x$ 和 $\dfrac{t_2}{T}u_{x+60°}$ 也不变，但减小 $t_1 t_2$ 可减小 u_o 的幅值。若 $t_1=t_2=0$，则 $u_o=0$；若 $t_1+t_2=T$，则 u_o 的幅值等于 u_x 或 $u_{x+60°}$ 的幅值。

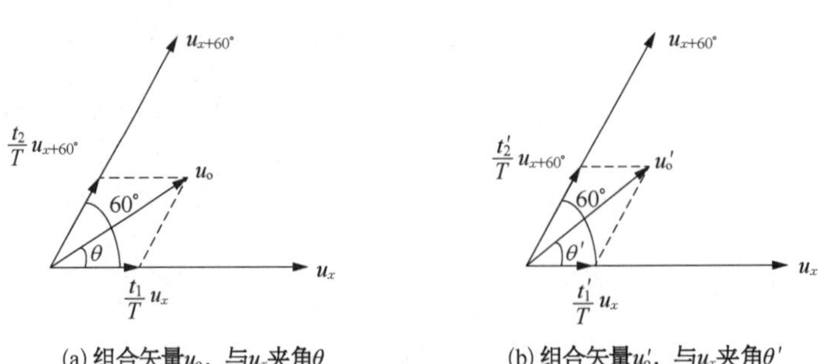

(a) 组合矢量u_o，与u_x夹角θ　　(b) 组合矢量u_o'，与u_x夹角θ'

图 4-37　电压空间矢量的线性组合

改变 t_1 和 t_2，可实现组合空间矢量 u_o 的旋转，如图 4-37b 所示，图中 $t_1'<t_1$，$t_2'>t_2$，则 $\theta'>\theta$，u_o 逆时针方向转了 $\Delta\theta=\theta'-\theta$ 角。

由此可见，借用不同的相邻两基本电压矢量 u_x 和 $u_{x+60°}$ 和改变它们的作用时间 t_1 和 t_2 可使 u_o 在 360°范围内旋转。

观察图 4－36e，除 u_0、u_{60}、u_{120}、u_{180}、u_{240}、u_{300} 6 个基本电压矢量外，还有两个零矢量 000 和 111，前者是 DC/AC 变换器的正侧三个开关管均关断，后者是这三个开关管均开通，不论是 000 还是 111，DC/AC 变换器输出均为零。由此可见，除 6 个基本电压矢量外，其他幅值小于基本电压矢量的空间矢量 u_0 的线性组合时，必然要插入零矢量，从而有 $t_1+t_2+t_0=T$，其中 t_0 是零矢量作用时间。

图 4－38 是常用的七段式电压空间矢量波形图，其中图 4－38a 为第一扇区波形，图 4－38b 为第二扇区波形……6 个扇区电压空间矢量构成相同，第一和第七段的时间为$\frac{t_0}{4}$，为零矢量 000，第四段时间为$\frac{t_0}{2}$，为零矢量 111，故在一个 PWM 周期中零矢量总作用时间为 t_0。第一扇区第二和第六段为 u_0 作用时间，各为$\frac{t_1}{2}$，总作用时间为 t_1。第三和第五段为 u_{60} 作用时间，总作用时间为 t_2。若矢量 u_0 从横坐标轴开始反钟向旋

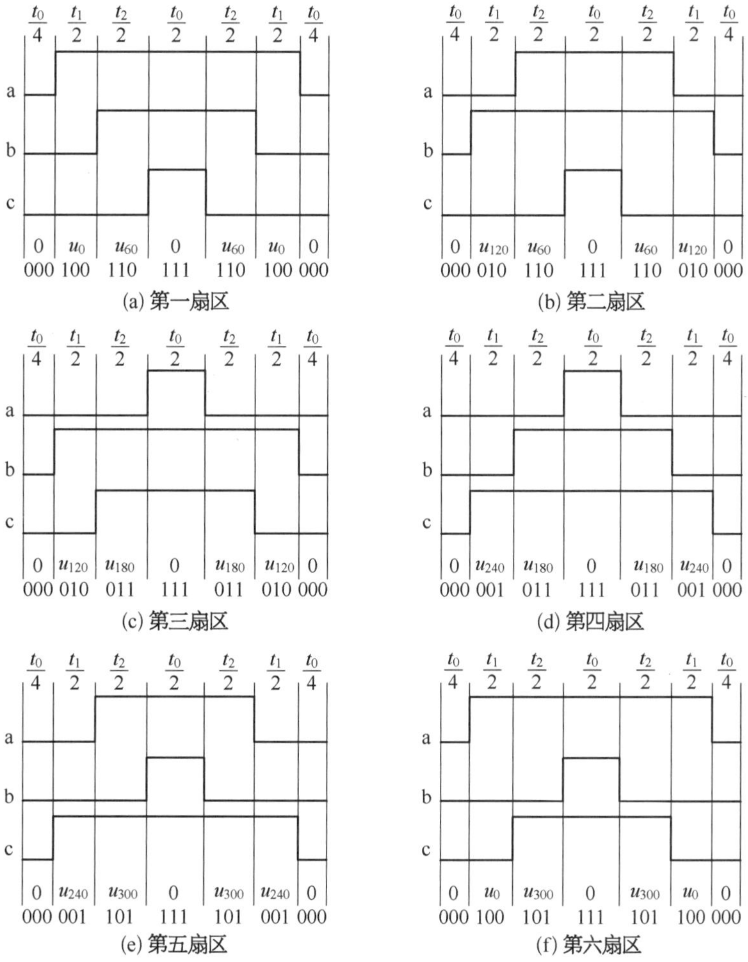

(a) 第一扇区　(b) 第二扇区　(c) 第三扇区　(d) 第四扇区　(e) 第五扇区　(f) 第六扇区

图 4－38　7 段式电压空间矢量在不同扇区的示意图

转，则 u_0 在此轴上时，$t_2=0$，$t_1+t_0=T$，故 t_1作用时间长。当 u_0 旋转 60°电角，达 u_{60} 位置时，$t_1=0$，$t_2+t_0=T$。此时 SVPWM 的波形正好和第二扇区的起始位置波形相同，如图 4-38b 所示。在第二扇区的起始位置，u_{120}的作用时间 $t_1=0$，u_{60}作用时间 t_2 最大，$T=t_2+t_0$。随着 u_0 的反钟向旋转，t_2逐渐减小，t_1逐渐增大。到 u_0 达 u_{120}位置时，$t_2=0$，$t_1+t_0=T$…… 由此可见 7 段式 SVPWM 工作方式一个周期中开关管的开关次数少，由一个扇区转入下一个扇区仅一个桥臂的开关转换，如从第一扇区转入第二扇区，开关状态仅从 110 转为 010，即仅 a 相桥臂上管转换。从第二扇区转入第三扇区仅从 010 转为 011，即 c 相桥臂开关管转换……

以上讨论均认为空间矢量 u_0 为反钟向旋转，那么可否顺钟向旋转呢？可以，观察图 4-37a，若 u_0 已处于 u_{60}位置，只需逐渐减小 t_2，逐渐加大 t_1，u_0 即顺钟向旋转。u_0 达 0°时，$t_2=0$，t_1达最大值。然后进入第六扇区……

DC/AC 变换器输出电压的空间矢量 u_0 可以顺钟向和反钟向旋转表明其加于电动机电枢绕组的三相电压为对称三相交流电，在电枢绕组中形成三相交流电流 i_a、i_b和 i_c，该电流和转子相互作用，使电机顺钟向或反钟向旋转。

假设图 4-37a 中 $x=0$，则在两相静止参考坐标系中（$\alpha\beta$ 坐标系的 α 轴与 u_0 重合），由正弦定理可得：

$$|u_0|\cos\theta=\frac{t_1}{T}|u_{0^\circ}|+\frac{t_2}{T}|u_{60^\circ}|\cos 60^\circ$$

$$|u_0|\sin\theta=\frac{t_2}{T}|u_{60^\circ}|\cdot\sin 60^\circ$$

因为 $|u_{0^\circ}|=|u_{60^\circ}|=\frac{2}{3}u_{dc}$，所以可以得到各个矢量的状态保持时间为：

$$t_1=\frac{\sqrt{3}\,|u_o|}{u_{dc}}\cdot T\sin(60^\circ-\theta)=mT\sin(60^\circ-\theta) \tag{4-19}$$

$$t_2=\frac{\sqrt{3}\,|u_0|}{u_{dc}}\cdot T\cdot\sin\theta=mT\sin\theta \tag{4-20}$$

$$t_0=T-t_1-t_2 \tag{4-21}$$

式中，T 为开关周期；m 为 SVPWM 调制比，$m=\frac{\sqrt{3}u_0}{u_{dc}}$。

若要保证输出波形不失真，即要保证 $T\geqslant t_1+t_2$，即保证 $m<\frac{1}{\sin(60^\circ-\theta)+\sin\theta}$ 恒成立 $(0\leqslant\theta\leqslant60^\circ)$，因为 $1\leqslant\frac{1}{\sin(60^\circ-\theta)+\sin\theta}\leqslant\frac{2}{\sqrt{3}}$，所以 $m\leqslant1$ 才能保证输

出波形不失真。

4.7 分布励磁线圈双凸极电机的电动工作特性

为了研究具有分布励磁线圈的双凸极电机的电动工作特性，本节研究当电机中通入三相正弦电流时的转矩特性。

图 4－39 是四种不同工况下电机的电动势波形 e_a、相电流波形 I_a、转矩波形 T、端电压波形 u_a。比较同一励磁电流下的电动势波形，当相电流较小时，电枢反应对电动势的影响较小，电动工作时的电机合成磁场仍然接近圆形，仅与电流有一定的相位差，相电流较大时，电动势的波形明显发生畸变。

观察图 4－39 中的转矩波形，仅当 $I_f=8$ A，$I_{arms}=60$ A 时波形为梯形波，其余三种工况下的转矩波形均为三角波，转矩波动较大。图 4－39b、d 中的端电压最大值大于 510 VDC，超过了三相全桥逆变器的直流电压源值，因此实际电动工作的相电流不可能达到 120 A。

图 4－40 是 24/20 电机转速 $n=3\ 000$ r/min 时，在不同励磁电流下输出转矩和端电压随相电流有效值的变化情况。同一励磁电流下，电机中通入的三相电流有效值越大，输出转矩的最大值、最小值，输出转矩平均值以及端电压有效值的大小均越大。

观察图 4－40a 可见，同一相电流下，电机不饱和时励磁电流增加，输出转矩明显增加，电机饱和后，输出转矩随励磁电流的增加量很小，深度饱和时励磁电流增加，输出转矩反而减小。图 4－40a 中虚线是按照输出转矩与相电流有效值成正比时画的直线，相电流较小时，输出转矩与相电流近似成正比，相电流较大时，输出转矩随相电流增大的增加量变小。

观察图 4－40c、d 可得，同一相电流下 $I_f=15$ A 时输出转矩的最小值最小，最大值最大，因此转矩脉动最大。因此为了使电机工作在合适的电动工作状态，励磁电流 I_f 的选取不应使电机深度饱和。

图 4－41 是当 $I_f=8$ A，$I_{arms}=60$ A 和 120 A 时的转矩转速特性，相当于电机调速特性的恒转矩运行区。

以上计算的 24/20 电机的电动工作特性都是通入初始相位分别为 0°、120°、240° 三相正弦电流得到的，当改变三相正弦电流的初始相位 ωt 时，输出转矩也会相应改变，输出转矩随初始相位的变化波形即为矩角特性，如图 4－42 所示。由图 4－42 可见，随着相电流初始相位的增加，输出转矩逐渐减小，当 $\omega t=90°$ 时，输出转矩为零，继续增大相电流初始相位，输出转矩反向，电机反向旋转。

图 4－43 是三相正弦电流的初始相位 ωt 分别为 0°、90°以及 180°时的电动势、相电流、转矩和端电压波形。

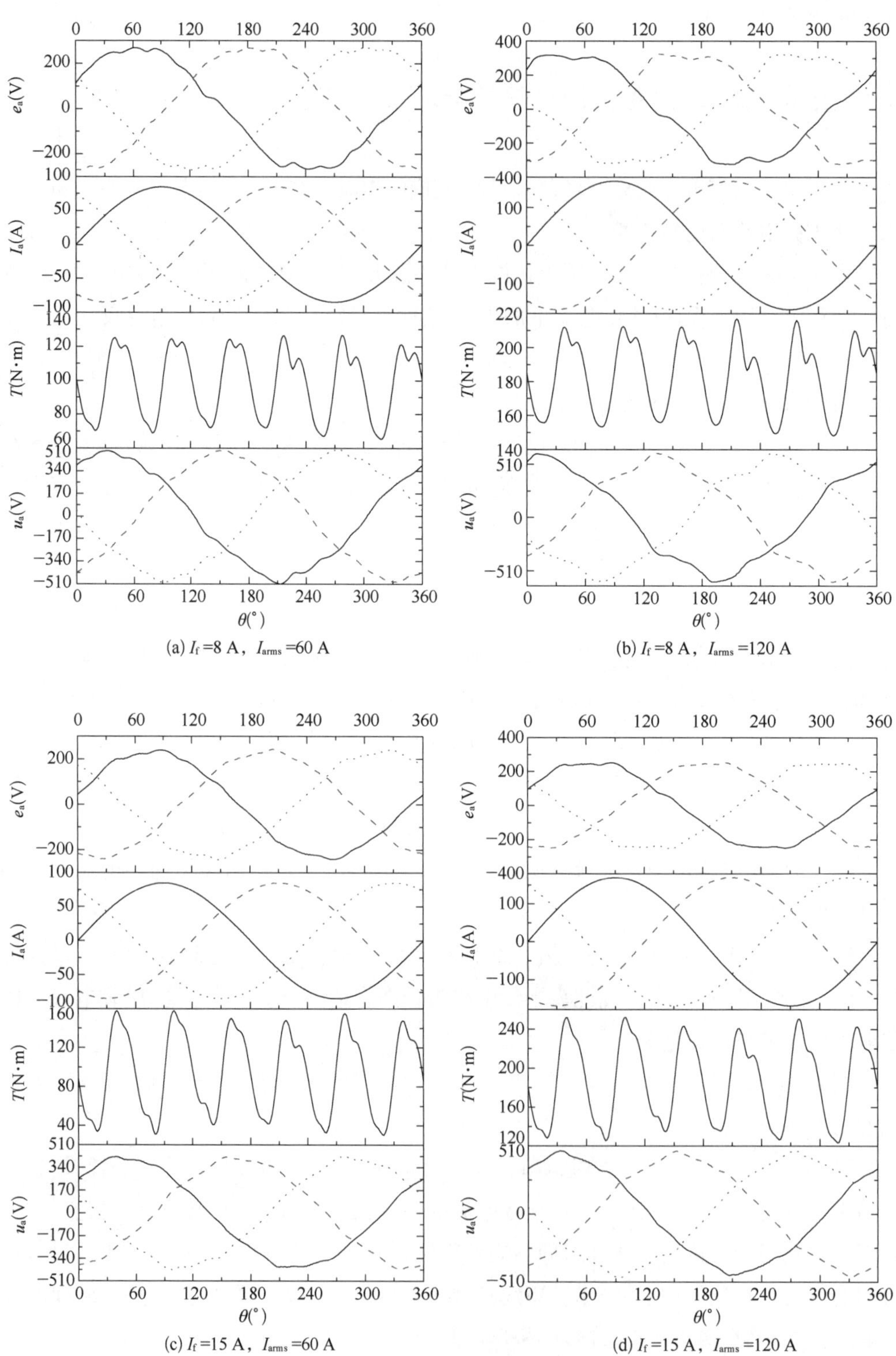

(a) I_f=8 A，I_{arms}=60 A

(b) I_f=8 A，I_{arms}=120 A

(c) I_f=15 A，I_{arms}=60 A

(d) I_f=15 A，I_{arms}=120 A

图 4-39　四种不同工况下 24/20 电机的电动工作波形(n=3 000 r/min)

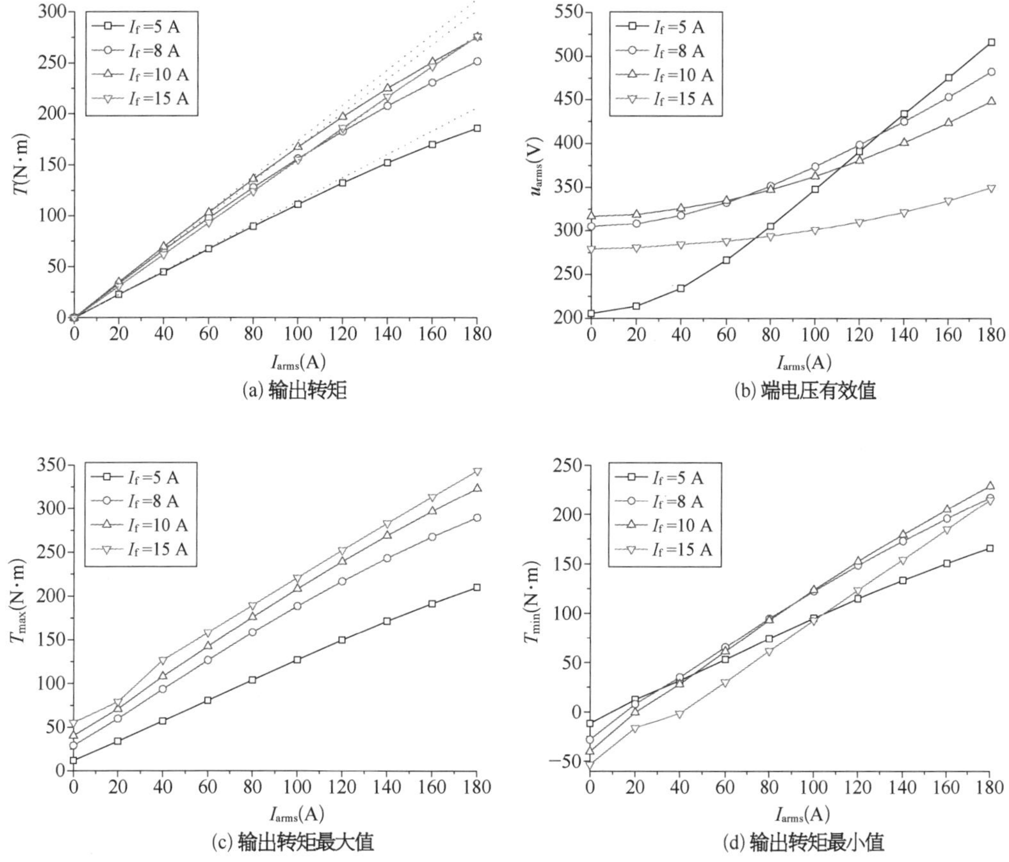

图 4-40　不同励磁电流下输出转矩和端电压随相电流有效值的变化情况(n=3 000 r/min)

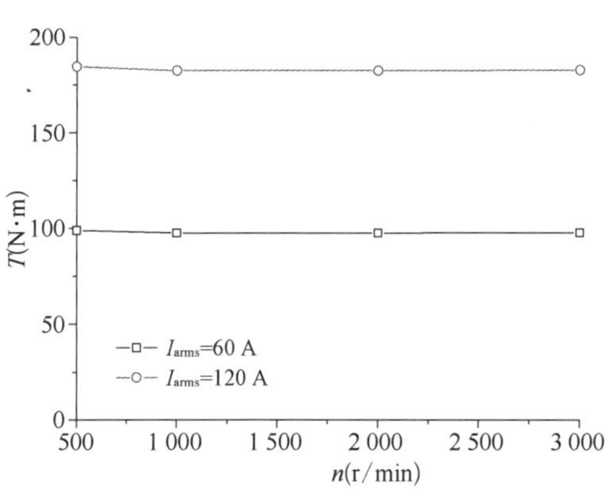

图 4-41　转矩-转速特性(I_f=8 A)

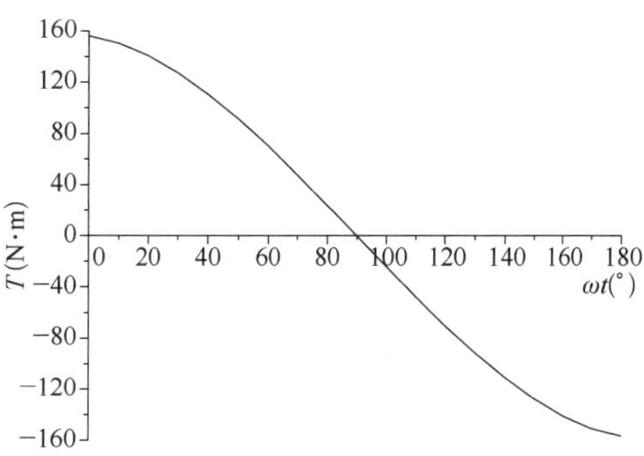

图 4-42　矩角特性(I_f=8 A，I_{arms}=100 A，n=3 000 r/min)

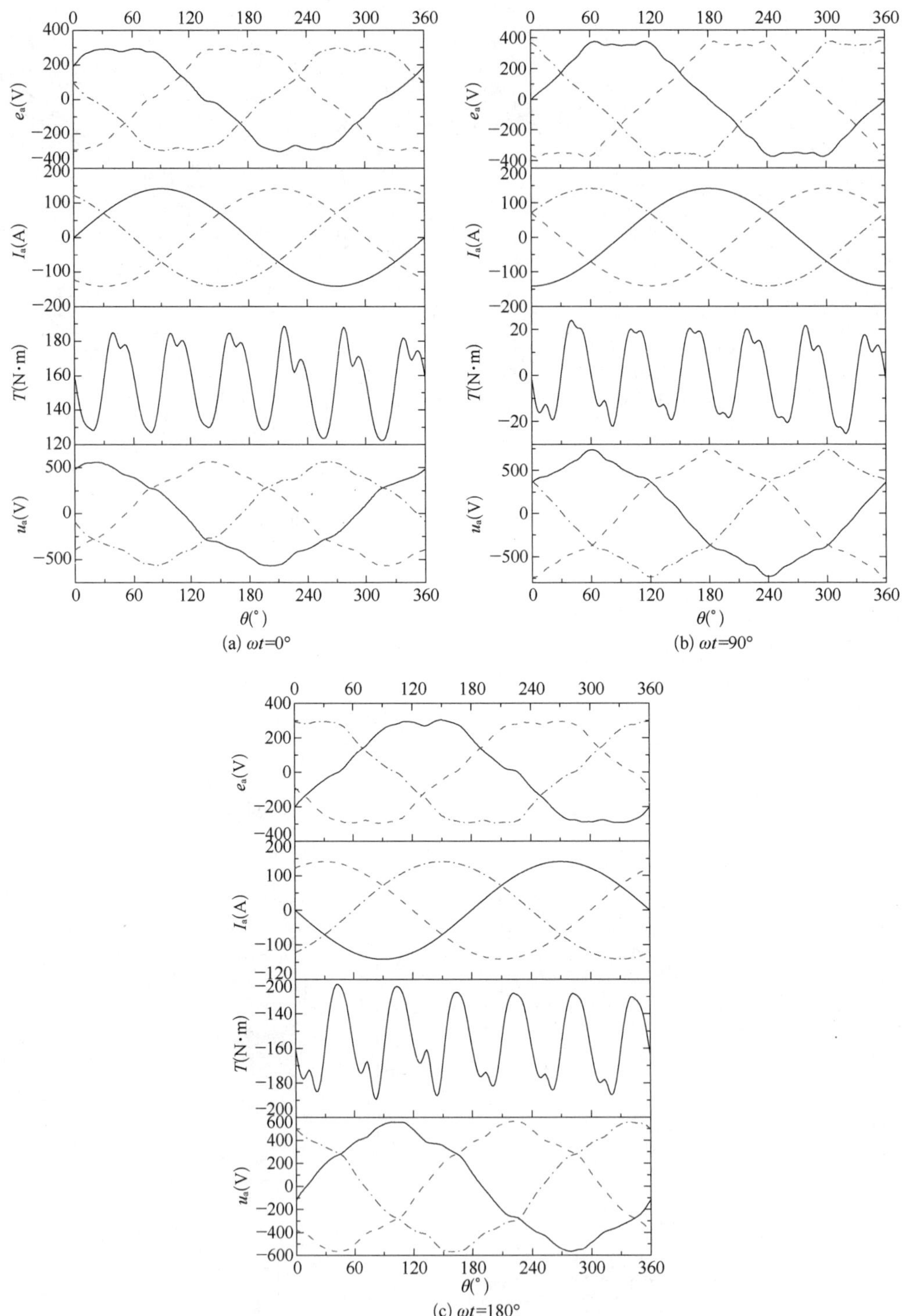

图 4-43　24/20 电机相电流不同初始相位时的电动工作波形
($I_f=8$ A, $I_{arms}=100$ A, $n=3\,000$ r/min)

观察图 4-43 中的电动势波形,可以发现初始相位为 0°的三相正弦电流的电枢反应对电机起增磁作用,三相电动势的相位超前空载时的相位;初始相位为 90°的三相正弦电流的对电机的增磁和去磁电枢反应相互抵消,三相电动势的相位与空载时相同;初始相位为 180°的三相正弦电流的电枢反应表现为去磁,三相电动势的相位滞后于电机空载时的相位。

观察图 4-43b 中的转矩波形,由于每相电流与对应的电动势相差 90°,电机输出无功功率,输出转矩正负对称,平均值为零。

4.8 本章小结

具有分布式励磁线圈的 6/5 结构双凸极电动机与 6/4 结构相比,6/5 结构电机的显著优点是转矩脉动小,6/4 结构双凸极电机两个转子极同时滑入定子极,另两个转子极也同时滑出定子极,导致齿槽转矩大和转矩脉动大。6/5 结构电机仅两个转子极同时滑入和滑出定子极。转矩脉动的减小拓宽了电机调速范围和使用场合。

分布式励磁线圈双凸极电机又为实现冗余和容错创造了条件。本章以 24/20 电机的双通道发电工作为例讨论了其中一个通道电机出现单相短路故障时,通过断开该通道的励磁,可消除本通道的短路电流,且又不影响另一通道的发电工作。这个特点优于永磁结构容错电动机,也优于集中励磁线圈的双凸极电机。

12/10 分布式励磁线圈双凸极电机和 12/8 集中式励磁线圈双凸极一样,加入悬浮控制线圈可以实现电机转子的主动悬浮控制,且该悬浮线圈的工作电流为直流电。实现了转子悬浮和电动或转子悬浮和发电的双功能。该电机转子悬浮的原理将在第 6 章讨论。

分布式励磁线圈双凸极电机电动工作时励磁电流的选择为空载特性曲线的转折点为宜,既可以得到较大的输出转矩,又可以最大限度地降低转矩脉动。

第 5 章

双凸极起动发电机

直流起动发电机从 20 世纪 50 年代开始应用，半个多世纪来不断扩大应用范围，现在装备低压直流电源的飞机和直升机几乎都在用直流起动发电机。直流起动发电机的主要缺点是有电刷和换向器，限制了电机转速的升高和功率的增大，不适合高空工作，使用维护不方便。

1946 年恒速传动装置的出现为 400 Hz 飞机交流电源的发展创造了条件，多少学者致力于恒频起动发电系统的发展，但均告失败。

飞机变频交流电源的发展和应用为变频交流电源起动发电机的诞生创造了条件，B787 飞机是第一架使用变频交流起动发电机的大型飞机，是飞机交流电源发展史的一个重要里程碑。

F35 飞机的起动发电机为 250 kW 开关磁阻起动发电机，起动工作转速范围为 0～10 000 r/min，发电工作转速范围为 13 456～22 224 r/min，大幅度提高了飞机电源的功能和性能，是飞机电源发展史的又一里程碑。

QF－18D 双凸极起动发电机是我国自行研制的起动发电机，已在高空无人飞机上使用。

不少学者提出了永磁起动发电机的设想，并进行了基础性研究。

因此，目前实用的起动发电机为有刷直流起动发电机、变频交流起动发电机、开关磁阻起动发电机和双凸极起动发电机。

5.1 直流起动发电机

直流起动发电机目前使用很多，由于大多在中小型飞机和直升机上使用，其用电量不大，多数电机的发电功率在 12 kW 及以下。在我国，QF－12D 和 QF12－1 两种起动发电机使用较广。

由于发电功率小，因此在发动机与发电机之间有自动变传动比机构，起动工作时为减速传动。如 QF12－1 电机起动工作时电机转速与起动机输出轴转速比为 3.167：1，电机转速为 9 501 r/min 时，起动机输出轴转速为 3 000 r/min，变传动比机构在电机与输出轴之间。发电工作时不减速，电机转速等于输出轴转速，当发动机附件机匣的转速为 5 500～7 200 r/min 间变化时，发电机转速也在此范围内变化，输出 28.5 V 直流电，额定电流为 400 A。

变传动比机构的作用是加大起动机作用在发动机轴上的转矩，以顺利起动发动机。QF12－1 电机转矩为 40 N·m 时，起动机输出轴的转矩可达 127 N·m，足以起动涡轮螺旋桨发动机。但若保持传动比不变，则当发动机附件机匣的转速为 5 500～7 200 r/min 时，电机转速将达 17 418～22 802 r/min，显然直流电机要运行在这样高的转速下是难以实现的。因此变传动比机构是实现小功率飞机起动发电机的关键部件。

QF12－1 起动发电机的变传动比机构和电机构成一体。装 QF－12D 的发动机变传动比机构在发动机的附件机匣内。装于发动机附件传动机匣的变传动比机构可借用发动机的润滑油润滑和冷却机构中的齿轮和轴承，有助于改善变传动比机构的工作条件。

由于起动发电机 QF12－1 起动工作时的最高转速比发电工作时的最高转速大，故起动电源的电压必须比发电时的电压 28.5 V 高。

图 5－1 是一种战斗机的直流起动发电系统电路图。图中 B_1 和 B_2 为 24 V 起动用蓄电池，QF－12 为起动发电机，起动发动机工作时为复励，发电工作时为并励。28 VBus 为飞机的主汇流条，发电机工作时接触器 C_4 接通，发电机与蓄电池并联工作。48 VBus 为起动汇流条，仅在电机起动发动机时使用。

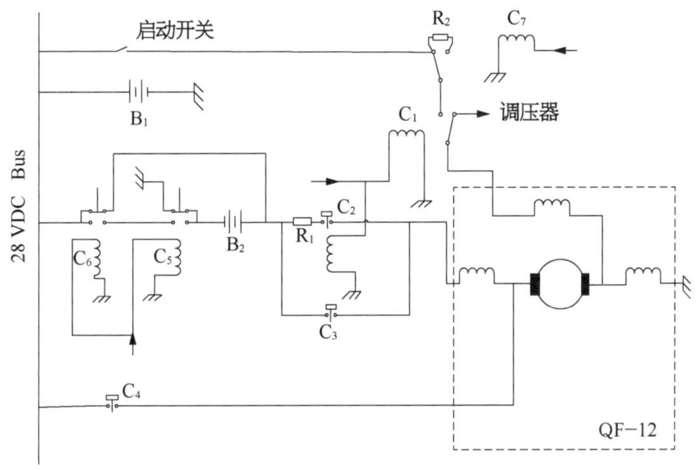

图 5－1　24/48 直流起动发电机电路图

发动机起动前，接触器 C_1～C_4 均处于图示断开状态，转换接触器 C_5、C_6 处于图示位置，B_1 和 B_2 电池并接于 28 V 汇流条上。

起动时，先接通 C_1 使电机并励线圈通电励磁，再接通 C_2，24 V 电源通过起动附加电阻 R_1 接通电机电枢电路。电阻 R_1 用于限制电枢电流。由于电机与发动机主轴间有多级齿轮，齿轮间有间隙，瞬时过大的起动电流和转矩会造成电机与发动机啮合时的冲击。R_1 用于限制冲击转矩。2 s 后间隙消除，接触器 C_3 接通，将 R 短路，电枢电流和电机转矩急剧增大，发动机转速不断升高。随着电机转速的升高，反电动势增大，电枢电流和电机转矩不断减小，必须在电机转矩小于发动机的阻转矩之前，增加电源电压。故应将 C_5、C_6 在适当时刻通电，以使两电池由并联转为串联，48 V 汇流条的电压从 24 V 转为 48 V，从而使电机进一步加速，从而使发动机进入自持转速，发动机即可自行工作进入慢车转速。这就是发动机的三级起动过程。

有的发动机起动采用四级起动，最后一级为接通接触器 C_7，在电机并励线圈中串入附加电阻 R_2，让电机的励磁减小。由于励磁的减小，电机的反电势降低了，将进一步升高转速。

由此可见，低压直流起动发电机为了保证发动机可靠起动，采用 24/48 V 起动系统是十分必要的。

起动工作结束后，断开起动开关和 C_1～C_6 接触器，蓄电池 B_1B_2 由串联恢复到并联，C_1 释放后发电机的励磁线圈转由电压调节器控制，电机进入发电状态，当发电机电压足够高时，C_4 接通，发电机投入 28 V 电网供电。

对于小功率发动机的电起动，也可不用 24/48 V 三级或四级起动方式，可直接由 24 V 电源起动发动机。

5.2 变频交流起动发电机

B787 飞机是首次使用变频交流起动发电机的大型客机。该电机英文简称 VFSG。

变频交流发电机是无刷交流同步发电机。无刷交流发电机由同一壳体内的三台电机构成，一台为主交流同步发电机，电枢在定子上，磁极为转子。第二台为励磁机磁极为定子，电枢在转子上，三相电枢绕组产生的交流电通过旋转整流管转为直流电后，送主发电机的励磁绕组。第三台电机为永磁副励磁机，转子为永磁磁极，三相电枢绕组产生的交流电整流后供励磁机的励磁线圈以励磁功率。三级式无刷交流发电机的电路如图 5-2 所示。

B787 飞机的变频交流起动发电机发电工作的频率为 360～800 Hz，电机转速为 7 200～16 000 r/min，这时永磁机发电后给励磁机励磁线圈 W_{ef} 以励磁电流 I_{ef}，励磁机的电枢绕组中即有三相电动势，整流后向主发电机的励磁线圈 W_f 供电，发电机即可输出三相交流电。控制励磁机的励磁电流即可使发电机的输出电压保持在 230/400 V。

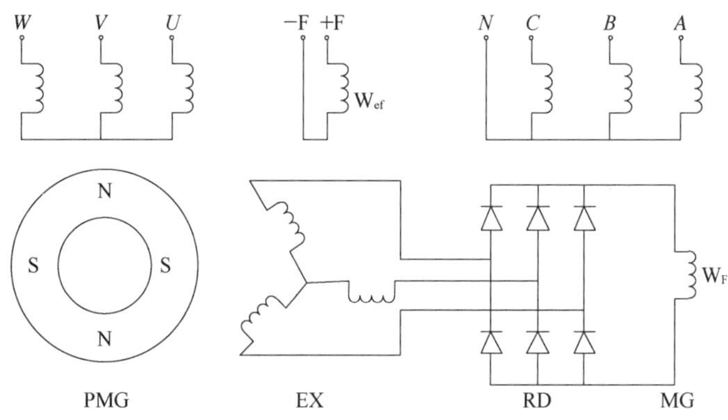

图 5-2　三级式无刷同步发电机的电路

PMG—永磁励磁机；EX—励磁机；RD—旋转整流器；MG—发电机

为了使三级式无刷同步电机在电动状态工作，必须解决三个问题：第一是让电机转速为零或很低时主发电机的励磁线圈中有足够的励磁电流；第二是主发电机必须接三相 DC/AC 变换器，以使主发电机的电枢绕组中通以频率为 0～360 Hz 的正弦交流电；第三是有电机转子位置传感器，以实现电机的磁场定向控制。

主发电机励磁线圈 W_f的电流只能由励磁机供给，为此励磁机必须工作于旋转变压器方式。即励磁机的励磁线圈 W_{ef}此时不是通以直流电，而是由高频交流电源供电。若高频交流电源为单相电源，则 W_{ef}为单相线圈，若高频电源为三相，则 W_{ef}也应为三相对称线圈。不管是单相电源还是三相电源，励磁线圈 W_{ef}输入的电功率必须比主发电机的励磁功率稍大些，因为励磁机和旋转整流管有损耗。因此不能直接使用三级式发电机的励磁机的励磁线圈。

主电机的三相电枢绕组与 DC/AC 变换器的连接电路如图 5-3 所示。三相 DC/AC 变换器由 6 个开关管和 6 个反并联的二极管构成，通常用绝缘栅控晶体管，简称

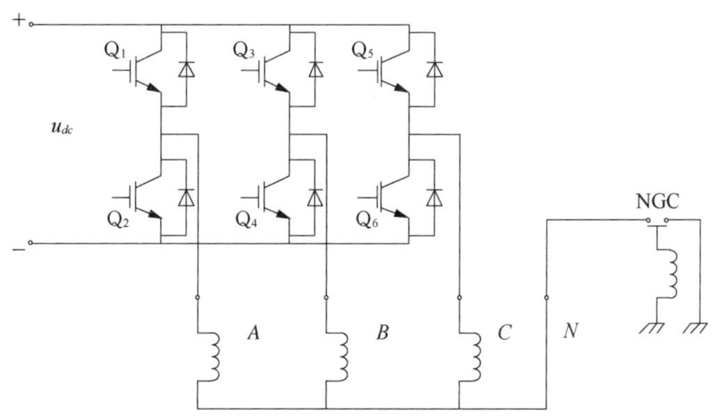

图 5-3　DC/AC 变换器向电机电枢绕组供电电路

NGC—中点断开接触器

IGBT。DC/AC 变换器采用空间电压矢量脉宽调制方法(简称 SVPWM)将直流电转为三相对称正弦交流电,交流电的频率变化范围 $f=0\sim360$ Hz,其输出相电压大致和频率 f 成正比,以适应电机转速增加时反电势的增加。DC/AC 变换器的输出有 LC 低频滤波器(图 5-3 中未画出),以让变换器和电机间的三相馈电线的电流为无脉动的正弦波,减小对飞机电网的电磁干扰。

起动发电机发电工作时,主发电机三相电枢绕组的中点 N 接地,以实现三相四线制输出。起动工作时必须断开,以让 DC/AC 变换器正常工作。故在图 5-3 中有带有常闭触点的中点断开接触器 NGC,发动机起动前应让接触器 NGC 的线圈通电,接触点断开,起动结束过后,NGC 应接通。

图 5-4 是变频交流起动发电机 VFS/G 起动工作电源供给,有三种可能的供给方式:一是由机场电源供电,二是由已工作的辅助动力装置 APUG 供电,三是由已进入发电运行的 VFS/G 供电。由于 VFSG 的 DC/AC 变换器输入直流电压为±270 V 的直流电,该电压由自耦变压整流器 ATRU 产生,ATRU 的电源电压为 230/400 V 变频交流电。由地面电源 EXP 供电时,由于现有地面电源电压为 115/200 V 三相交流电,必须通过自耦变压器将它转为 230/400 V 交流电。辅助动力装置的发电机产生 230/400 V 交流电,可直接向 ATRU 供电,已起动完毕的 VFS/G 输出电压为 230/400 V,也可直接向 ATRU 供电。转换接触器 K 可根据需要选择供电电源。

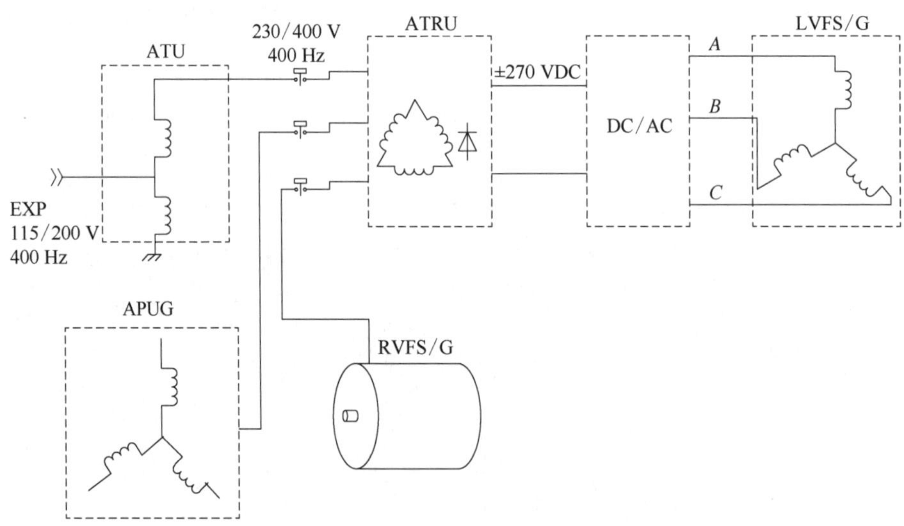

图 5-4 VFSG 起动工作时电源供给机场电源115/200 V 400 Hz 通过自耦变压器 ATU 供电,辅助动力装置发电机 APUG供电,飞机上已工作发动机的起动发电机 RVFS/G 供电

图 5-5 是同步电动机磁场定向控制系统框图。图中 i_{qref}和 i_{dref}为 q 轴和 d 轴电流参考信号,由所需电机起动转矩决定。电流反馈信号来自相电流传感器的输出信号 i_{af}、i_{bf}和 i_{cf},该信号与电机相电流成正比,i_{af}、i_{bf}和 i_{cf}经 $abc/\alpha\beta$ 变换器转化成两个电

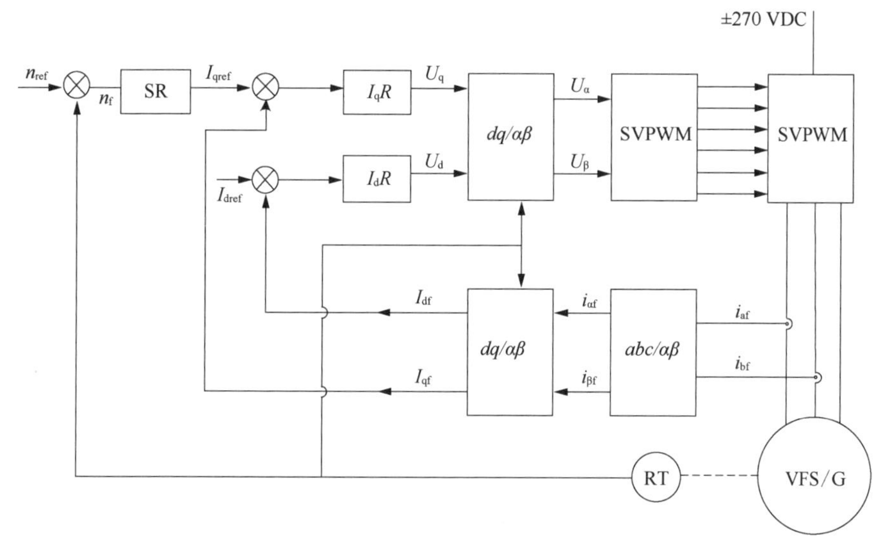

图 5-5　起动电机起动工作系统框图

VFS/G—起动发电机；RT—旋转变压器和解码芯片；I_qR，I_dR—交轴和直轴电流调节器；$dq/\alpha\beta$—dq 到 $\alpha\beta$ 坐标变换；SVPWM—空间电压矢量脉宽调制；$abc/\alpha\beta$—abc 到 $\alpha\beta$ 坐标变换；I_{qref}，I_{dref}—交轴和直轴电流参考值；i_{af}，i_{bf}—起动机的相电流检测值；SR—转速调节器

流信号 $i_{\alpha f}$ 和 $i_{\beta f}$，再经 $\alpha\beta/dq$ 变换，转换成 i_{qf} 和 i_{df} 信号作为电流调节器的反馈。

由 abc 坐标系到 $\alpha\beta$ 坐标系的变换式为：

$$\begin{bmatrix} i_\alpha \\ i_\beta \end{bmatrix} = \begin{bmatrix} \sqrt{\dfrac{3}{2}} & 0 \\ \dfrac{1}{\sqrt{2}} & \sqrt{2} \end{bmatrix} \begin{bmatrix} i_a \\ i_b \end{bmatrix} \tag{5-1}$$

式(5-1)为简化式，因 $i_a + i_b + i_c = 0$。

$\alpha\beta$ 坐标系到 dq 坐标系的变换式为：

$$\begin{bmatrix} i_d \\ i_q \end{bmatrix} = \begin{bmatrix} \cos\theta & \sin\theta \\ -\sin\theta & \cos\theta \end{bmatrix} \begin{bmatrix} i_\alpha \\ i_\beta \end{bmatrix} \tag{5-2}$$

dq 坐标系到 $\alpha\beta$ 坐标系的变换式为：

$$\begin{bmatrix} U_\alpha \\ U_\beta \end{bmatrix} = \begin{bmatrix} \cos\theta & -\sin\theta \\ \sin\theta & \cos\theta \end{bmatrix} \begin{bmatrix} U_d \\ U_q \end{bmatrix} \tag{5-3}$$

图中 SVPWM 和三相 DC/AC 变换器用于将 U_α 和 U_β 信号转换为驱动同步电动机的三相电压信号 U_a、U_b 和 U_c。旋转变压器 RT 给出电机转子位置信号和电机转速信号，用于起动过程中控制电机的转速。因此作为电机转子位置传感器的旋转变压器是磁场定向控制系统的关键部件，若采用无位置传感器技术则可省去旋转变压器。

变频交流起动发电机发电工作时,因电机转速已进入发电工作转速区间,永磁发电机的输出电压已足够高。该三相电压经桥式整流后,向励磁机的励磁线圈供电,励磁机的电枢绕组产生三相交流电动势。通过旋转二极管整流成直流电,向主发电机的励磁绕组供电,主发电机的三相电枢绕组就有电动势,电动势达 115/200 V 或 230/400 V,即可向用电设备供电。发电机转速和负载变化时,通过电压调节器调节励磁机的励磁电流,就可保持发电机输出电压恒定。

起动发电机工作时,电机转速自零增大。电机转速为零时,永磁发电机没有电动势,不能输出电动率。励磁机的励磁线圈即使由外电源引入直流励磁电流,励磁机的电枢绕组也没有电动势,主发电机励磁电流为零。因此起动工作时,励磁机的励磁线圈不宜送直流电。若励磁机的励磁线圈为对称的三相绕组,则可送入三相对称交流电励磁,让励磁机工作于变压器方式。空间对称分布的励磁绕组送入三相对称交流电,形成圆形旋转磁场,旋转磁场的转速 $n_m=60f_m/p_e$,其中 f_m为交流电的频率,通常为 400 Hz,p_e为励磁机的极对数。该旋转磁场切割励磁机的电枢绕组,绕组中感应出电动势,整流后可向主发电机的励磁线圈供电。

通常旋转磁场 n_m的转向和电机的旋转方向相反,若电机的转速为 n,则励磁机电枢相对于旋转磁场的转速 $n_e=n_m+n$,故若励磁机励磁线圈外加的三相电压不变,则随着电机转速 n 的增加,励磁机电枢绕组的电动势必相应加大,使主发电机的励磁电流也随转速 n 的增加而加大。反之,若励磁机励磁线圈的旋转磁场和电机转速相同,则随电机转速 n 的增加,励磁机电枢相对于旋转磁场的转速 $n_e=n_m-n$ 减小,主发电机的励磁电流将随 n 的升高而减小。当 $n=n_m$ 时,主发励磁降为零。因此为了让主发电机的励磁电流在起动工作转速范围内不变,通常取励磁机的旋转磁场方向与转子旋转方向相反,并对励磁机的三相励磁电压做适当的调节。

起动工作时的励磁机的励磁线圈也可供单相交流电。单相交流电形成脉振磁场,该磁场可分解成正反转的两个旋转磁场,这两个旋转磁场大小相同,转向相反。在电机转速 $n=0$ 时,励磁电枢绕组中的感应电动势为两旋转磁场作用下的切割电动势之和。转速 $n>0$ 时,正转磁场与电机电枢的相对速度 $n_{ep}=n_m-n$,反转磁场与励磁机电枢的相对速度 $n_{en}=n_m+n$,其中 n_m为旋转磁场转速,n 为电机转子转速,n_{ep}为正转磁场相对于励磁机电枢绕组的转速,n_{en}为反转磁场相对于励磁机电枢绕组的转速。由此可见,用单相励磁时,在励磁电压不变时,主发电机的励磁电流也不因电机转速的改变而变化。这是采用单相励磁的好处。现在这两种励磁方式都在用着。

变频交流起动发电机的研制成功为多电飞机的发展打下了重要的技术基础。

表 5-1 是 B787 飞机的 250 kV·A 变频交流起动发电机的主要技术数据。

表 5-1　250 kV·A 三级式变频交流起动发电机的主要技术数据

序号	技 术 指 标	单　位	技 术 数 据
1	结构形式		三级式无刷同步电机(主电机三对极)
2	额定电压	VAC	230
3	额定电流	A	361
4	额定容量	kV·A	250
5	过载容量	kV·A	312.5(125%, 5′) 437.5(175%, 5″)
6	发电工作转速	r/min	7 200～16 000
7	起动转矩	N·m	407
8	冷却方式		喷油(自带油冷设备)
9	发电效率	%	≥89
10	电机本体重量	kg	92
11	平均故障间隔时间	h	30 000

5.3　开关磁阻起动发电机

开关磁阻起动发电机简称 SRSG，是磁阻电机的一种类型。磁阻电机是电机中结构最简单的，因为其转子上没有励磁线圈，没有永久磁铁，也不需要滑环和电刷，因此适合在恶劣环境下高转速工作。

F-35 飞机采用 12/8 结构的开关磁阻电机作为起动发电机，定子 12 个极，转子 8 个极，定转子极均为均匀分布，如图 5-6a 所示。转子一个极相当于同步电机的一对极，故定子上的集中式电枢绕组的工作频率与转速的关系为 $f=\dfrac{P_r n}{60}$，其中 P_r为转子极数，n 为电机转速。两相邻定子极上的电枢绕组电动势间相位差为 $P_r \cdot 360°/P_s = 8\times 360°/12=240°$。若定子极弧宽度等于槽口宽度，则定子极弧宽为 120°电角度。转子极滑入定子极时，定转子间磁导增大，定转子极对齐时磁导达最大值，转子滑离定子极时，磁导减小，当定子极与转子槽相对时该相磁路磁导达最小值。若以转子槽与定子极对齐时的转子位置角度 θ 为零度，则转子转过 22.5°时，定子极与转子极对齐。$\theta=0°$，定子绕组电感最小；$\theta=22.5°$，相绕组电感最大，如图 5-7a 所示。图 5-7b 为开关磁阻电机的相磁链与相电流间的关系，$\theta=0°$，转子槽和定子极对齐，气隙长，铁心不饱和，相磁链与相电流成正比关系。$\theta=22.5°$时，定转子极对齐，气隙小，铁心在较小的相电流时即进入饱和状态。铁心未饱和时，较小的相电流增加量就可导致

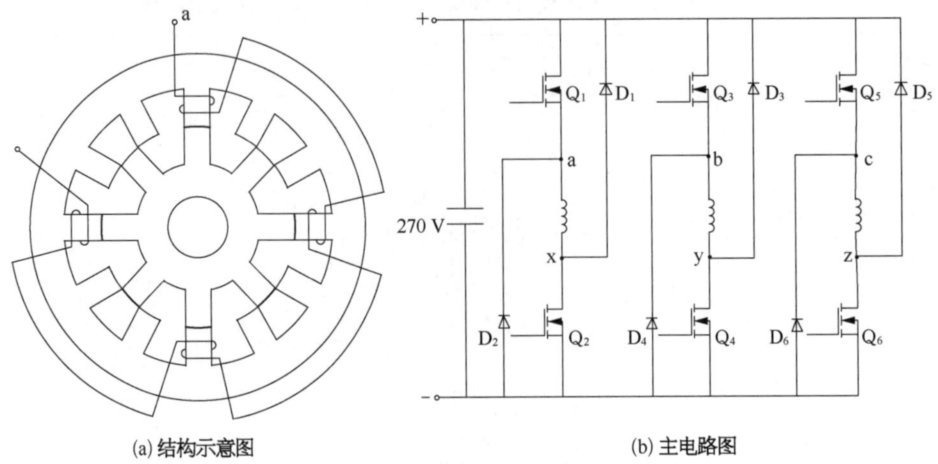

(a) 结构示意图　　(b) 主电路图

图 5－6　12/8 结构三相开关磁阻起动发电机

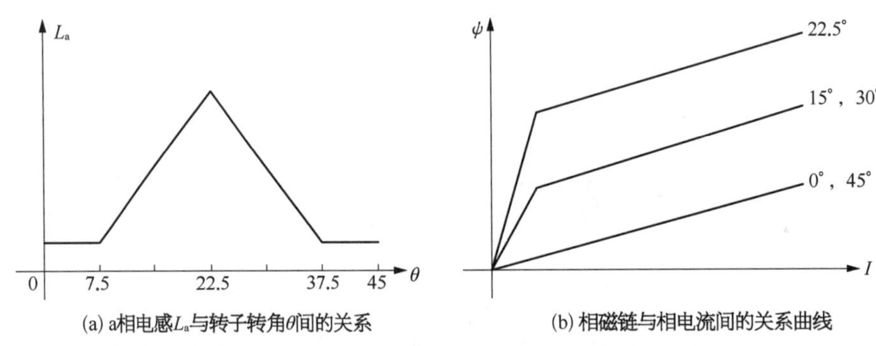

(a) a相电感L_a与转子转角θ间的关系　　(b) 相磁链与相电流间的关系曲线

图 5－7　开关磁阻电机的电感和磁链

大的磁链增加量，饱和后相磁链的增加值则显著减小。故在 $\theta=0°\sim22.5°\sim45°$ 区间可得到一组相磁链 ψ 与相电流 I 的关系曲线。该曲线仅与电机的铁心材料尺寸与相绕组匝数有关。

转子在 θ 角时，相绕组中电流为 i_a 时，绕组的磁共能 W' 为：

$$W'=\int_0^{i_a}\psi(i,\theta)\mathrm{d}\theta \tag{5-4}$$

该相形成的电磁转矩 T 为：

$$T=\left.\frac{\partial W'}{\partial\theta}\right|_{i=ct} \tag{5-5}$$

由此可得开关磁阻电机的转矩和转子转角的关系曲线，常称转矩角特性曲线，如图 5－8 所示。

对照图 5－7a 和图 5－8 可见，开关磁阻电机在 $\theta=0°\sim22.5°$ 区间的电感上升区，通

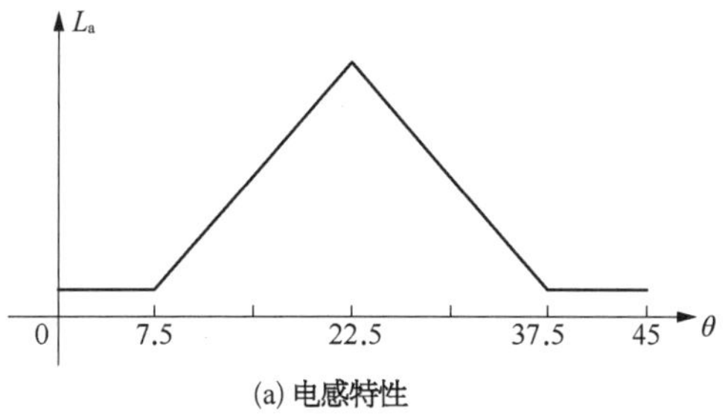

(a) 电感特性

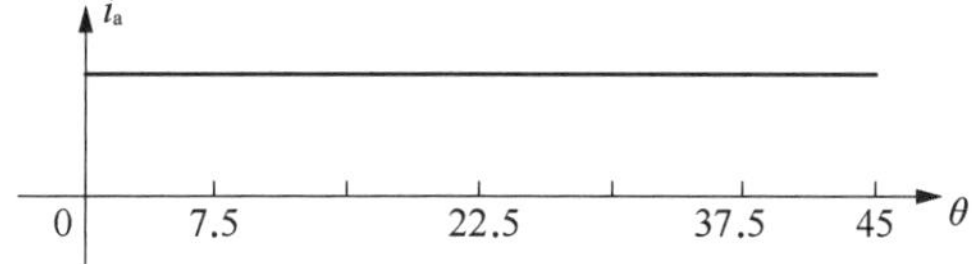

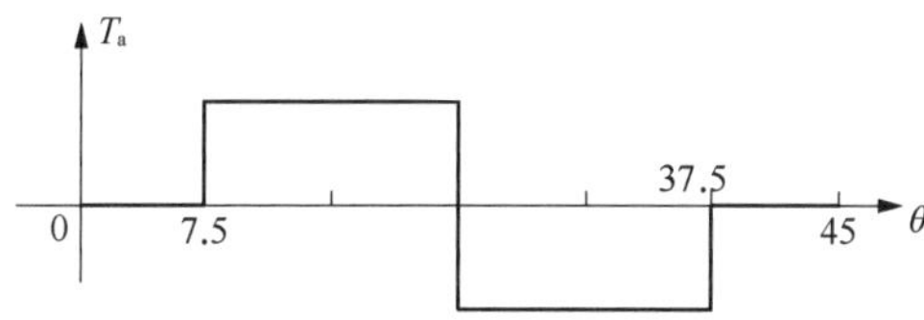

(b) a相电枢绕组输入直流电流时的矩角特性，平均转矩为零

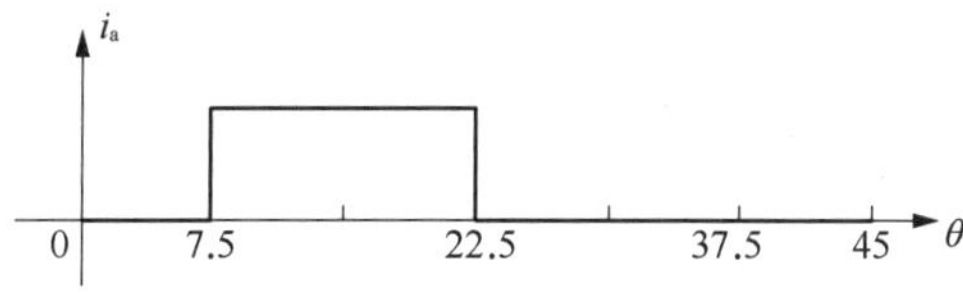

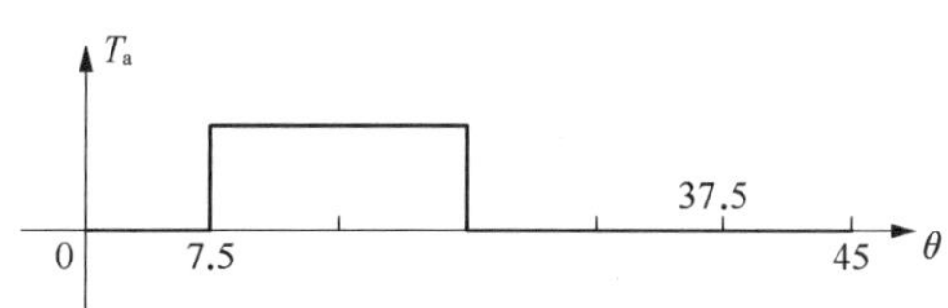

(c) 在电感上升区通电时的理想矩角特性θ=22.5°时 a相定子极与转子极对齐，i_a=0，T_a=0

图 5－8　开关磁阻电动机的理想矩角特性

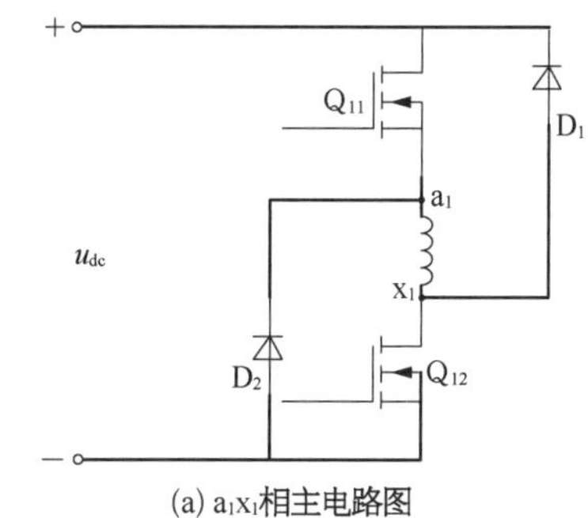

(a) a_1x_1相主电路图

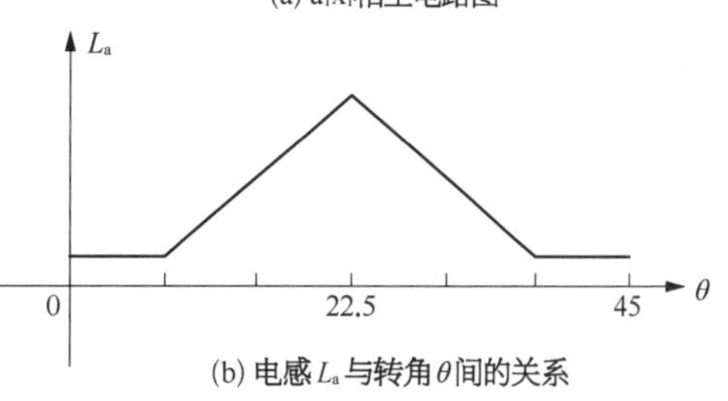

(b) 电感L_a与转角θ间的关系

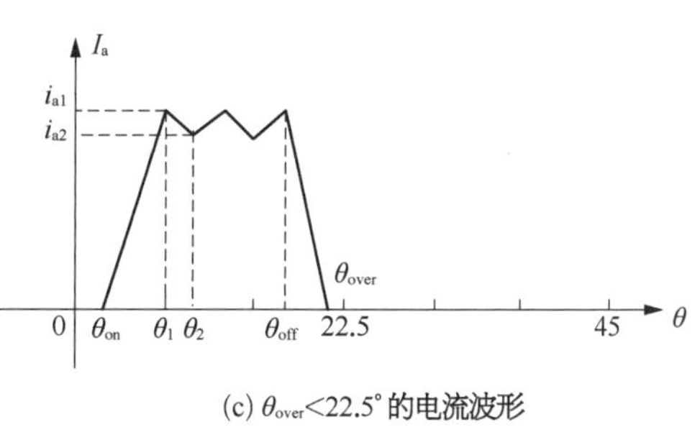

(c) θ_{over}<22.5°的电流波形

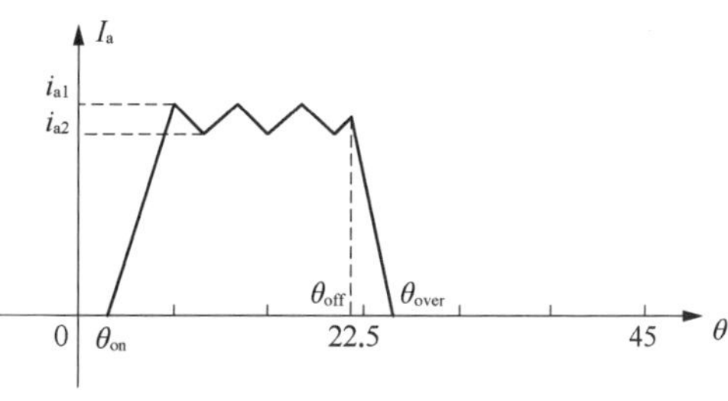

(d) θ_{over} >22.5°的电流波形

图 5－9　开关磁阻电动机的低速斩波工作(相电流在 22.5°～θ_{over}期间生成负转矩)

以相电流，产生正转矩，该区间为电动工作区。θ＝22.5°～45°区间为电感下降区，相电流形成负转矩，该区间为发电工作区。开关磁阻电机仅在电感上升区为电动工作，电感下降区为发电工作区。

图 5－6b 是 12/8 结构三相开关磁阻电机的主电路图，每相绕组 ax(或 by、cz)与两开关管 Q_1 和 Q_2 串联后接直流电源，另有两二极管 D_1 和 D_2 供电流续流。由两只开关管和两只二极管构成的电路常称不对称半桥电路。三相电机要三个半桥电路。F－35 飞

机的开关磁阻起动发电机为 12/8 结构电机，有两套独立的三相绕组，分别分布于相对的 6 个定子极上，故有 6 个半桥电路。发电工作时，两套电路分别输出，形成两个发电通道。起动工作时，两套绕组由一个电源供电。

图 5-9 是低转速电动工作的电流波形和电路工作模态。$\theta=\theta_{on}$时，Q_{11}和Q_{12}导通，相电流i_a在电源电压u_{dc}的作用下增长，如图 5-9b 和 c 所示，由于此时转子槽与定子极相对，相绕组电感小，电机反电势小，电流快速增长。

在$\theta=\theta_1$时，i_a达限幅值i_{a1}，Q_{12}截止，D_{11}续流，i_a下降，如图 5-9c 所示。$\theta=\theta_2$，i_a降到i_{a2}，Q_{12}又导通，i_a再次上升。如此反复直至$\theta=\theta_{off}$。通常$\theta_{off}<22.5°$，$\theta=22.5°$为相电感最大值对应的电角度。

$\theta=\theta_{off}$时，Q_{11}和Q_{12}同时截止，D_{11}和D_{12}续流，相绕组中的电感储能返回电源，i_a在电源电压u的作用下降低，$L_a\dfrac{di_a}{dt}=U_{dc}-e_a$，$e_a$为电动机反电势。由于此时电机相电感较大，$i_a$衰减较慢，到$\theta=\theta_{over}$时，$i_a=0$，a 相工作结束。$\theta_{over}$可能大于 22.5°，$\Delta\theta=\theta_{over}-22.5°$，则在$\Delta\theta$区间，相电流形成负转矩，因为此时$\dfrac{dL_a}{d\theta}$已为负，降低了有效转矩。故合理选取关断角$\theta_{off}$十分重要，如图 5-9d 所示。

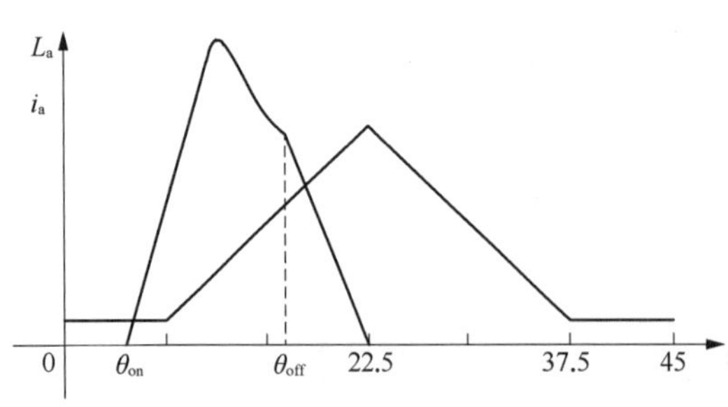

(a) 高速电动工作时的相电流，$\theta_{off}<22.5°$

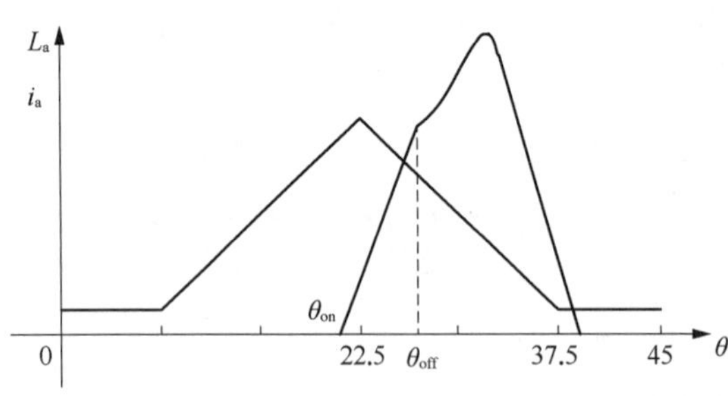

(b) 高速发电工作时的相电流，$\theta_{on}<22.5°$，$\theta_{off}<37.5°$

图 5-10　高速工作时的开关磁阻电机的相电流

图 5-10 是开关磁阻电机高速电动工作和发电工作的电流波形。

高速电动工作时借助于控制开通角θ_{on}和关断角θ_{off}来控制电枢电流i_a和电机转矩，θ_{on}和θ_{off}均小于 22.5°角，使电枢电流的大部分处于电感上升区，以得到大的转矩。

发电工作时，θ_{on}在小于$\theta=22.5°$角附近，$\theta_{off}<37.5°$。在θ_{on}和θ_{off}区间Q_{11}和Q_{12}导通，借助于储存在电容 C 的能量使电机相电流增长。在$\theta_{on}\sim\theta_{off}$区间电容能量转为电机磁场能量，使电机励磁。在$\theta=\theta_{off}\sim\theta_{over}$区间为$D_{11}$和$D_{12}$续流期间，即电机向外发电期间，故开关磁阻发电机实际发出的功率和$\theta_{off}\sim\theta_{over}$期间的相电流与$\theta_{on}\sim\theta_{off}$期间电流差的平均值成正比。

控制θ_{on}和θ_{off}同样能控制发电功率的大小。

表 5-2 列出了 250 kW 的 VFSG 和 250 kW 的 SRSG 的主要技术参数，不包含 DC/AC 变换器和控制器。

表 5-2　250 kW 开关磁阻起动发电机的主要技术数据

序号	技术要求	单位	技术数据
1	结构形式		12/8 结构，两套隔离的三相绕组
2	额定电压	VDC	270
3	额定电流	ADC	928
4	额定功率	kW	250
5	过载功率	kW	330
6	发电工作转速	r/min	13 456～22 228
7	起动转矩	N·m	≥180
8	冷却方式		空心导体油冷
9	发电效率	%	≥89
10	电机本体重量	kg	46.6
11	平均故障间隔时间	h	20 000

由表可见，SRSG 电机本体的质量约为 VFS/G 的一半，这是因为 SRSG 的极数多转速高的缘故。

讨论 SRSG 时默认了一个事实，即电机转子位置传感器。不论是电动工作还是发电工作，开关管的开通和关断都是电机转子转角的函数。电动工作时，开通角 θ_{on} 和关断角 θ_{off} 的不同可改变电机的转矩。发电工作时，θ_{on} 与 θ_{off} 的不同改变了电机的输出电压和输出功率。由此可见电机转子位置的重要性。在 250 kW SRSG 中采用了无位置传感器技术，以改善电机的工作可靠性和维修性。

同时可见，SRSG 的工作离不开功率变换器，电动工作时功率变换器和电机一起实现直流电能到机械能的转换，发电工作时功率开关实现电机的励磁，二极管将电机的电功率向负载输送，因此 SRSG 是电力电子、电机和数字控制的完美组合。

5.4　电励磁双凸极起动发电机

双凸极起动发电机简称 DSS/G，和开关磁阻起动发电机 SRSG 一样同属磁阻电机，两者转子结构相同，不同之处仅双凸极电机定子上不仅有电枢绕组，还有励磁线圈。

定子结构的不同导致了两种电机发电方式的差异。SRSG 发电时离不开有源功率变换器和电机转子位置传感器。DSSG 发电工作时仅需二极管整流滤波电路，其输出电压的调节仅需控制励磁线圈的励磁电流实现，励磁功率不到额定功率的 5%，从而显著地提高了发电工作的可靠性。

SRSG 电动工作时，转速升高后，从斩波限流工作方式转为单脉冲工作方式，相电流和电磁转矩由 θ_{on} 和 θ_{off} 控制，相电流的峰值和有效值的比值较大。DSSG 电动工作时不论是三相三状态、三相六状态还是换相角提前控制，相电流的峰值总是受限的，故相电流峰值和有效值的比较小，从而有助于减小 DC/AC 变换器的体积和重量。

由于 DSSG 电动工作所用的三相桥式 DC/AC 变换器和异步电机、同步电机的变换器结构相同，起动工作结束后，变换器可借助接触器与电机本体脱离，从而使该变换器用于起动另一台发动机而不影响已起动电机的发电工作。工作电路如图 5-11 所示。

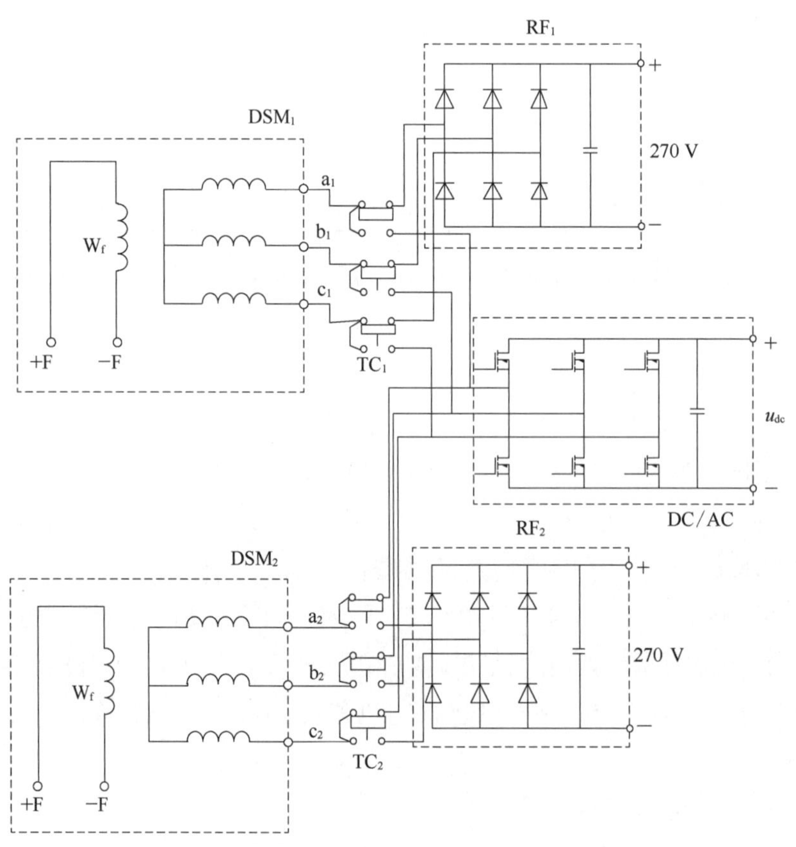

图 5-11 双发动机飞机双凸极起动发电机的主电路

DSM_1，DSM_2—双凸极起动发电机；RF_1，RF_2—二极管整流桥；DC/AC—DC/AC 起动变换器；TC_1，TC_2—转换接触器

起动左发动机时，由该发动机附件机匣上的 DSM_1 做电动工作，此时接通转换接触器 TC_1 的工作线圈，让电机 DSM_1 与 DC/AC 变换器相接。左发起动完成后，断开 TC_1

的工作线圈，DSM_1和整流滤波器 RF_1接通，同时其励磁线圈与发电机控制器内的电压调节器相接，通过调节 W_{f1}的励磁电流保持发电机的电压为额定值。若转换接触器 TC_2工作，DC/AC 变换器与 DSM_2连接，DSM_2进入电动工作，以起动右发动机。右发起动后，TC_2断开，DSM_2与 RF_2接通，转入发电状态。

5.4.1 双凸极电机的起动工作

DSSG 用于起动航空发动机时，必须提高电动机高速工作时的转矩和功率。

双凸极电机反电动势随转速升高而变大，电源电压一定时，电源电压与反电动势的差较小，由于电机的相绕组电感大，使电机换相后进入相的电流上升缓慢，降低了相电流的有效值，从而降低了电机的转矩。为了提高电机高转速时的转矩和功率，由三相三状态转为三相六状态工作，并采用换相提前是一种有效的方法。

图 5-12 是借助于提前换相角 α 和移相角 β 降低所需电源电压的测试曲线。该曲线是在电机转速为 3 000 r/min，励磁电流为 10 A，相电流限幅值为 240 A 条件下测得的。由图 5-12a 可见，三相三状态工作，$\alpha=0°$时获得 6 000 W 输出，电源电压为 104 V，若将换相提前角 α 提前到 30°电角，同样输出功率电源电压降到 83 V，下降了 21 V。由图 5-12b，由三相三状态转为三相六状态，移相角 $\beta=8°$，提前角 $\alpha=20°$，同样输出功率，电源电压降到 75 V，下降了 29 V。可见，在电源电压不变时，适当加大 α 和 β 角，有助于提高高转速时电机的输出功率。

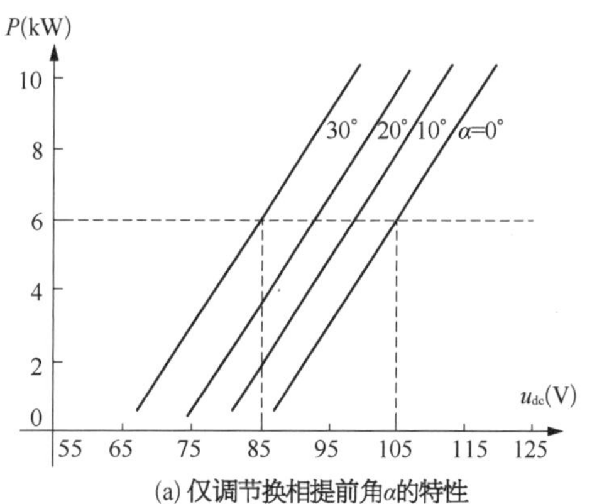

(a) 仅调节换相提前角α的特性

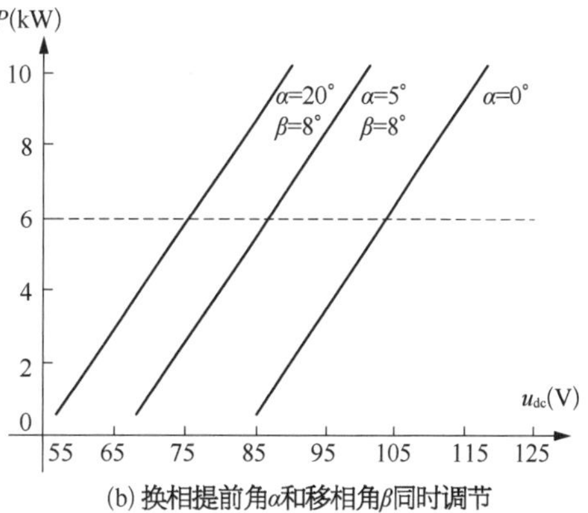

(b) 换相提前角α和移相角β同时调节

图 5-12 某型双凸极电动机的功率特性（电机转速 3 000 r/min 励磁电流 10 A 相电流限幅 240 A）

在实际应用中，随着发动机和电机转速的升高，需要逐步加大 α 和 β 角，以避免电枢电流和电磁转矩下降过多。

减小 DSSG 输出转矩脉动是减少起动发动机的起动噪声，改善起动特性的一个重要环节。双凸极电动机的齿槽转矩是转矩脉动大的原因之一，适当加宽转子极可减小齿槽转矩的峰值。由三相三状态工作方式转为三相六状态方式，减小了换相时能量的回馈，也可减小转矩脉动。另一种降低电机转矩脉动的方法是采用双转子双定子结构，两定子极和槽对齐，两转子极的中心线互差 60°电角，可有效减小转矩脉动。

和直流起动发电机的继电器和接触器的起动控制器的起动控制相比，双凸极电机起动航空发动机时能有效节省电能，起动蓄电池的输出功率随电机和发动机的转速升高而增加。除刚起动时为了减小转矩冲击要减小电机电枢电流外，起动过程中电枢电流保持稳定，使电机输出转矩不因电机转速的升高而降低，达到减小起动时间的要求。因此起动发电机的控制不需要转速闭环，只要有电流闭环即可。但是必须检测电机的转速，实时分析起动过程中电机转速和起动时间的变化规律，一旦发现转速增长变慢，必须加大电枢电流和电机转矩，以保证发动机一次成功起动。

发动机起动成功后会自行进入慢车转速，电机切除起动电源并向发电工作转换。

5.4.2 双凸极电机的二极管整流发电

如图 5－11 所示的双凸极电机与二极管整流滤波电路组合的发电方式电路结构最简单，也是最可靠的发电方式。

为了使发电机的输出电压不因转速和负载的改变而变化，发电系统中必须设置自动电压调节器。电压调节器检测发电机的输出电压，检测点常称为调节点，电压调节器不是保持发电机端电压不变，而是保持调节点电压不变，检测到的调节点电压与基准电压比较后送放大器，以改变发电机的励磁电流。若调节点电压偏高则调压器减少励磁电流，反之若调节点电压偏低则增加励磁电流。

图 5－13 是自激式电压调节器和 DSSG 发电工作时的连接电路，左上虚线框内为 DSSG，左侧是永磁励磁机 PME，右下方的虚线框内为电压调节器 AVR。PME 的输出也整流为直流电，向 DSEG 的励磁线圈 W_f以及 AVR 供电。

电压调节器 AVR 由电压检测电路、基准电压电路、滞环比较器（其特性如图 5－13b 所示）、晶体管驱动放大器和电压调节器末级晶体管 Q_2和续流管 D_2等构成。电压检测电路接到发电机的调节点，中间滑动电阻的滑动端与比较器 C 的反向端相接，基准电路（由 R_4、DW_1构成，DW_1为温度系数接近于零的稳压管）的输出与比较器 C 的同相端相接。当发电机电压较低时，比较器输出高电平，Q_1导通，Q_2导通，永磁励磁机 PME 的输出电压加于 DSSG 的励磁线圈 W_f，使励磁电流 I_f增长，让 DSSG 的输出电压 u 增长。当 $u>u_1$时，使 Q_1、Q_2截止，二极管 D_2续流，I_f下降，电压 u 也下降。当 $u<u_2$时，C 又转为高电平，使 Q_1、Q_2导通，I_f增加，u 升高，如此不断循环，形成自持振荡，保持发电机电压在 u_1与 u_2之间，故这类电压调节器称为自激式晶体管调压器。

图 5－13c、d、e 是自激式晶体管调压器在电机不同转速时的调压过程。图 5－13c 是双凸极发电机的励磁特性，即输出电压 u 与励磁电流 I_f的关系曲线，电机转速高，

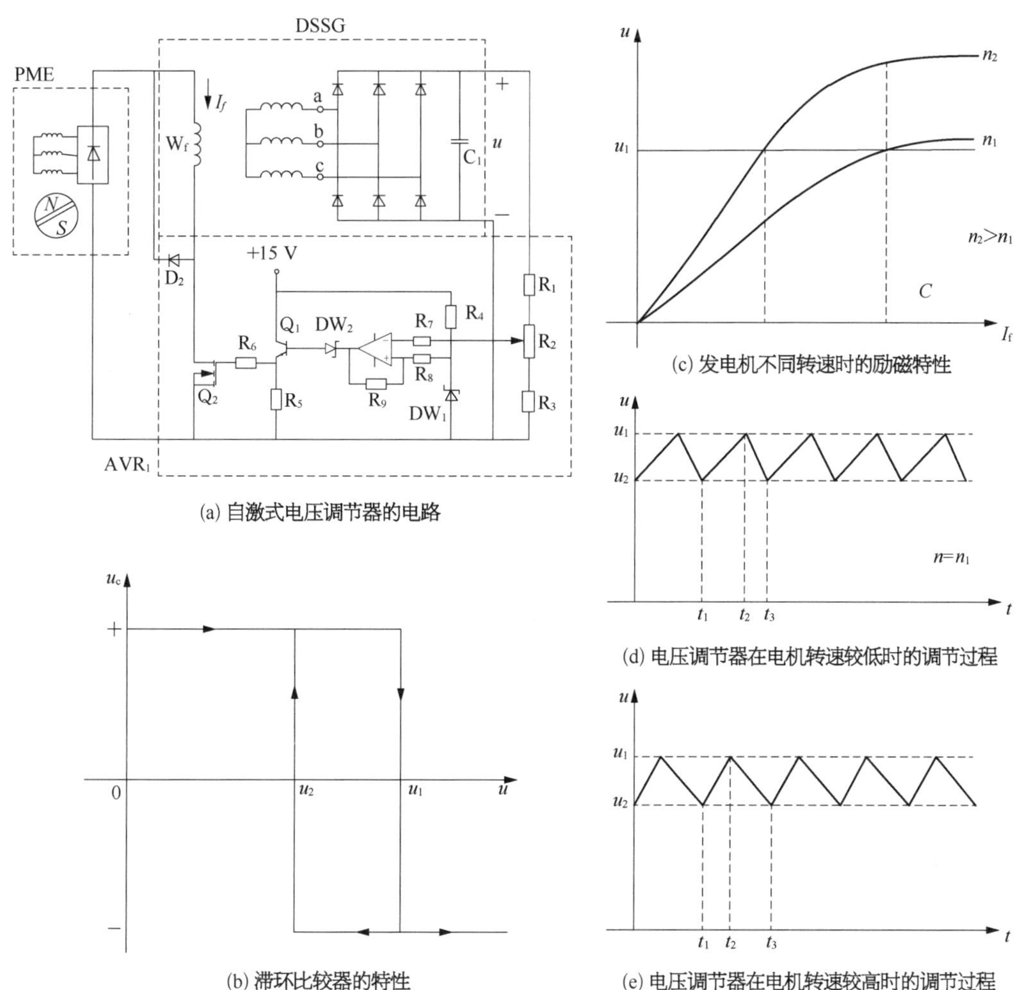

(a) 自激式电压调节器的电路

(b) 滞环比较器的特性

(c) 发电机不同转速时的励磁特性

(d) 电压调节器在电机转速较低时的调节过程

(e) 电压调节器在电机转速较高时的调节过程

图 5-13　自激式晶体管电压调节器的电路和工作原理

特性曲线相应增高。图 5-13d 是低转速 $n=n_1$ 时的调压过程曲线，在 $t=t_1$ 时，u 降低到 u_2，Q_2 导通，I_f 增加，u 升高；$t=t_2$ 时，$u=u_1$，Q_2 截止，D_2 续流，I_f 下降，u 也降低，到 $t=t_3$ 时，$u=u_2$，Q_2 再次导通。由于电机转速低，Q_2 导通时，I_f 和 u 增长慢，故 Q_2 导通时间 t_{on} 大，$t_{on}=t_2-t_1$。Q_2 截止时间 t_{off} 短，$t_{off}=t_3-t_2$，故占空比 $D=t_{on}/(t_{on}+t_{off})$ 大。

电机在高转速时，励磁特性变化，使 $t_{on}=t_2-t_1$ 减少(图 5-13e)，$t_{off}=t_3-t_2$ 增长，占空比 $D=t_{on}/(t_{on}+t_{off})$ 减小，励磁电流 I_f 降低，发电机电压仍在 $u_1 \sim u_2$ 范围内。

转速和负载的不同，开关管 Q_1、Q_2 的开关频率也会相应地变化，但变化范围不大。

图 5-14a 是他激式自动电压调节器的电路原理，图中仅画出了发电机的励磁线圈

电路和调压器的其他电路，未画出 DSSG 本身电路和永磁励磁机电路，因为这两部分电路与图 5－13 相同。

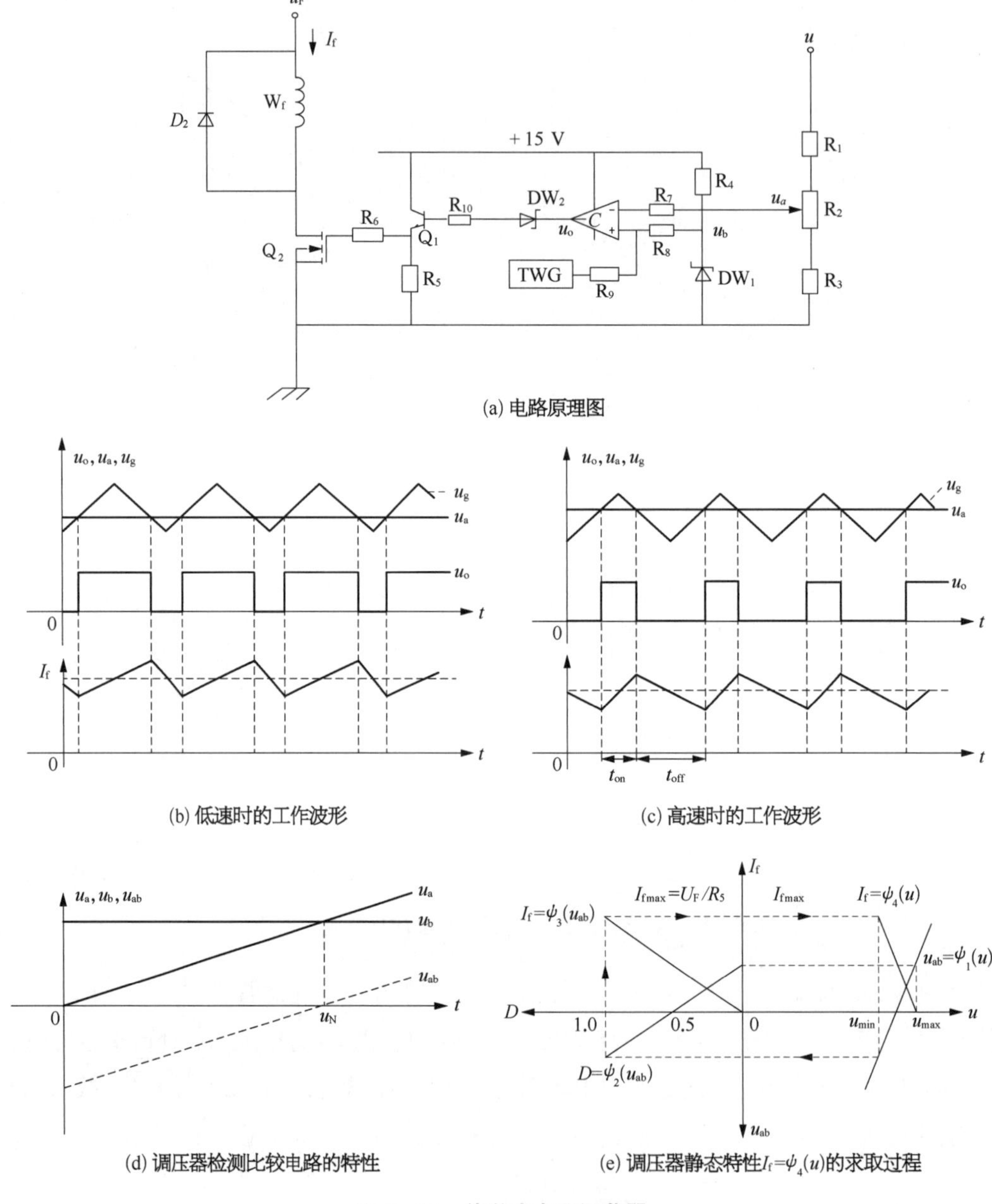

图 5－14　他激式电压调节器

图 5－14a 的电路和图 5－13 的不同之处在于比较器部分，图 5－14a 的比较器没有正反馈电阻 R_a，又加了三角波发生器 TWG，故该调压器末级晶体管的开关频率仅由 TRG 的频率决定。

图 5－14b 是电机低转速的工作波形，u_g 是加于比较器同相端的电压，为基准电压

u_b与三角波发生器产生的三角波之和，不受电机转速、负载和工作环境温度的影响。u_a为检测电路输出电压和发电机输出电压 u 成正比。低转速时 u_a较低，故比较器输出脉动电压 u_o的占空比较大，使发电机的励磁电流平均值较大，以使发电机的电压接近额定电压。

图 5-14c 是电机转速升高，发电机电压提高后的工作波形。由于发电机输出电压 u 升高，u_a也随之增大，比较器输出电压脉动宽度降低，导致 Q_2的占空比减小，使励磁电流 I_f降低，让发电机电压回到额定值附近。

由图 5-14b 和图 5-14c 可见，他激式电压调节器并不能使发电机电压恒定不变，因为励磁电流 I_f的改变取决于占空比 D（设励磁电源电压 u_F恒定），而 D 的改变由 u_a和 u_g的交点决定，只有 u_a和发电机电压 u 改变了，D 才改变，因此这是一种有调节误差的电压调节器。

图 5-14d 是电压调节器检测比较电路输出电压 u_{ab}与发电机输出电压 u 的关系曲线，该曲线由两条曲线 $u_b=f_1(u)$ 和 $u_a=f_2(u)$ 构成，u_b是稳压管 DW_1 两端电压，其大小与发电机电压 u 无关，u_a是电压检测电路的输出，与 u 成正比。$u_{ab}=u_a-u_b$ 是一条通过电机额定电压 u_N的斜线。斜线的斜率为电压检测比较器的灵敏度。

图 5-14e 中第一象限的曲线 $I_f=\psi_4(u)$ 是电压调节器的静态特性曲线。该曲线可由曲线 $u_{ab}=\psi_1(u)$、占空比 $D=\psi_2(u_{ab})$ 曲线（在第三象限）和励磁电流 $I_f=\psi_3(D)$ 曲线（在第二象限，当 u_F不变时，$I_{f\max}=u_F/R_F$）三条曲线作出。$u=u_N$ 时，$u_{ab}=0$，$D=0.5$，$I_f=I_{f\max}/2$。$u=u_{\min}$，$D=1.0$，$I_f=I_{f\max}$。$u=u_{\max}$，$D=0$，$I_f=0$。故发电机电压变化 $\Delta u=u_{\max}-u_{\min}$ 时，励磁电流即从 0 变到 $I_{f\max}$。该变化量 Δu 就反映了调压器的调节静态精度。

由图 5-14e 可以得到提高电压调节器静态精度的方法。

表 5-3 是一种低压双凸极起动发电工作时带电压调节器时的测试数据。由表可见，该直流发电系统有好的调压器精度和满足技术要求的过载能力，电机转速为 8 000 r/min 时可过载 100%。该电机与原同尺寸同转速的直流起动发电机相比高速工作的效率大幅度提高，温升显著减小，可靠性和维修性明显改善。

表 5-3　某型 18 kW 无刷直流起动发电机的输出电压测试数据

序号	发电机转速(r/min)	输出电流(A)	输出转矩(V)	励磁电流(A)
1	4 200	0	28.59	4.33
2		100	28.59	10.16
3		200	28.59	12.96
4		300	28.59	15.87
5		400	28.59	19.39

续 表

序号	发电机转速(r/min)	输出电流(A)	输出转矩(V)	励磁电流(A)
6	6 000	0	28.6	3.02
7		100	28.6	6.98
8		200	28.59	8.71
9		300	28.59	10.88
10		400	28.59	13.28
11	9 000	0	28.6	1.94
12		100	28.6	5.15
13		200	28.6	6.79
14		300	28.6	8.81
15		400	28.59	11.04

表 5－4 列出了 18 kW 双凸极起动发电机的主要技术数据，该电机定子上有两套电枢绕组，一套低压绕组，一套高压绕组。低压绕组输出额定电压为 28.5 VDC，高压绕组输出电压为 300 VDC。

表 5－4　18 kW 双凸极起动发电机的主要技术数据

序号	技 术 指 标	单　位	技 术 数 据
1	结构形式		双凸极磁阻电机(12/8 结构)
2	额定电压	VDC	28.5 V，300 V(双输出)
3	额定电流	ADC	400，20
4	额定容量	kW	18
5	过载容量	kW	24 kW，5 min 30 kW，5 s
6	发电工作转速	r/min	4 000～9 000
7	起动转矩	N・m	50
8	冷却方式		强迫风冷
9	发电效率	%	≥80
10	电机本体重量	kg	31
11	平均故障间隔时间	h	5 000

5.4.3　双凸极电机的可控整流发电

图 5－15a、b 是双凸极发电机 SRG 发电方式时的外特性曲线，这些曲线是在 $n=$

2 000 r/min，不同励磁电流时的测试曲线。图 5－15c、d 为 DSG_2 的外特性和功率曲线。图 5－16a 是 SRG 发电工作主电路，图 5－16b 是 DSG_2 发电工作的主电路。图 5－16a 的 SRG 发电主电路用三个二极管整流，二极管仅在转子极滑出定子极时才导通向外输出功率。图 5－16b 的 DSG_2 发电方式整流电路为三相桥式电路，不论转子极滑入和滑出定子极都发电，由于两相电枢绕组串联输出，故发电机的空载电压为 SRG 发电方式的 2 倍。

双凸极电机做起动发电机用时不能采用 SRG 方式，故下面仅讨论图 4－16b 的 DSG_2 发电特性。

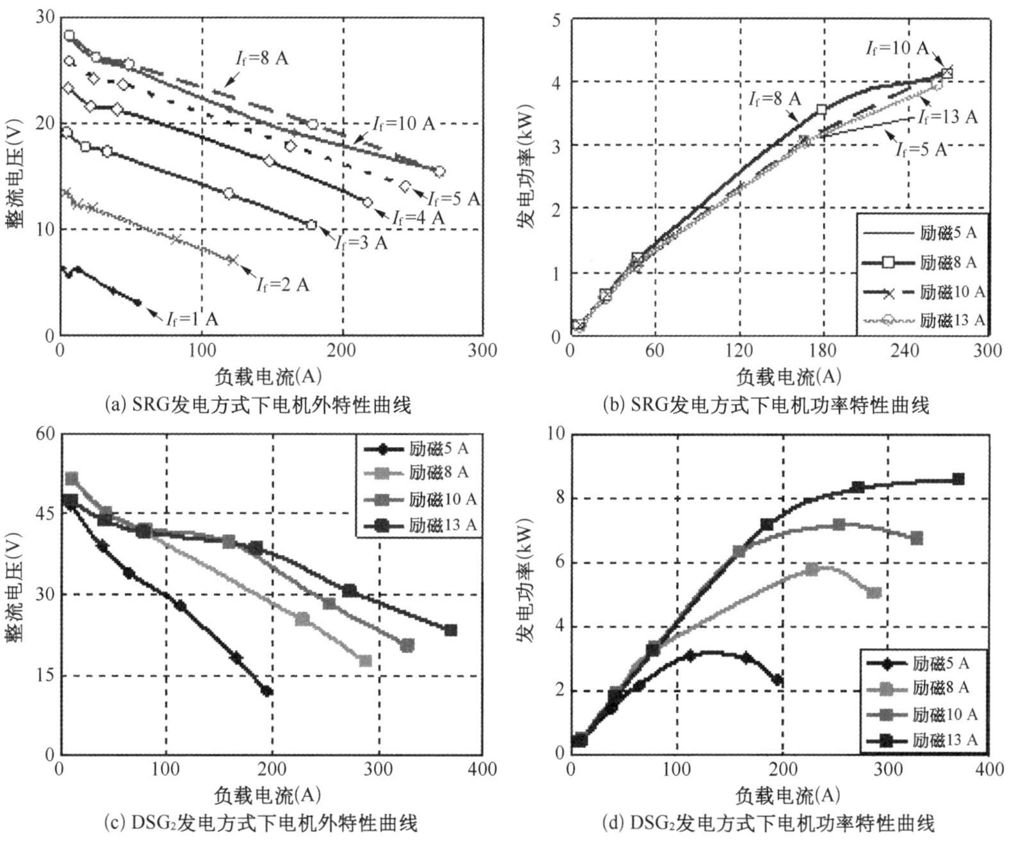

(a) SRG发电方式下电机外特性曲线

(b) SRG发电方式下电机功率特性曲线

(c) DSG_2发电方式下电机外特性曲线

(d) DSG_2发电方式下电机功率特性曲线

图 5－15　双凸极发电机不同发电方式下的外特性

观察图 5－15c DSG_2 发电方式的外特性可见，随着发电机负载电流的增加，发电机电压不断下降。发电机负载后的电压 U 可表示为：

$$U = E - I_r - \Delta U_d - \Delta U_a - \Delta U_c \tag{5-6}$$

式中，E 为发电机空载电动势；I_r 为发电机电枢电阻压降；r 为发电机内电阻；ΔU_d 为二极管通态电压降；ΔU_a 为电枢反应去磁作用的电压降落；ΔU_c 为换相重叠导致的电压降落。

双凸极发电机的内电阻压降 Ir 和二极管通态压降均不大，造成负载后电压跌落的主要因素是电枢反应的去磁作用和换相重叠导致的电压降落 ΔU_a 和 ΔU_c。

图 5－16c、d 是该双凸极发电机在 $n=2\ 000$ r/min，$I_f=5$ A 时，空载和不同负载电阻时的仿真曲线，图 5－16d 是电流波形，图 5－16c 为相磁链曲线。由图 5－15a、c 可见负载电阻越小，相电流的幅值则越大。

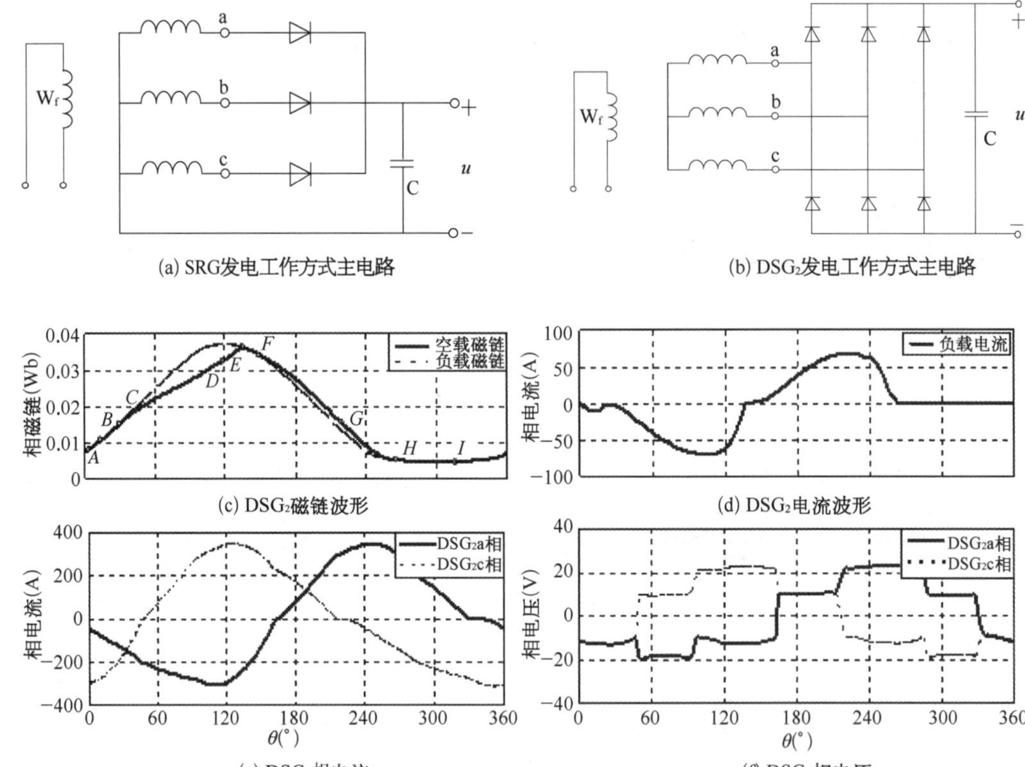

图 5－16　双凸极发电机两种发电方式的电路和工作波形

负载后相磁链的最大值 ψ_{max} 减小越多，而相磁链的最小值 ψ_{min} 却增大了，从而使 $\Delta\psi=\psi_{max}-\psi_{min}$ 减小，这个 $\Delta\psi$ 的减小量就相当于式(5－6)中的 ΔU_a，即电枢反应去磁作用导致的电压下降量。负载电流越大，电枢反应去磁越大，ΔU_a 也越大，外特性曲线下降越多。

图 5－16e 和 f 显示了整流电路换相重叠的现象。图 5－16e 中在 $\omega t=160°$ 时 a 相电流 i_a 从零增长，i_c 则逐渐减小，到 $\omega t=215°$ 时 i_c 降到零，可见在 160°～215°这 55°区间里 i_c 和 i_a 同时存在，即 D_1 和 D_3 同时导通，这就是换相重叠。再观察电流的负半周，$-i_a$ 在 $\omega t=345°$ 时自零反向增长，i_c 在 46°时反向降为零，故负向换相重叠角达到 61°。正负换相重叠时间或换相重叠角不相同，是双凸极发电机的一个特点，换相重叠是电机电枢绕组的电感造成的，观察图 5－17 电路模态可说明换相重叠的原因。图 5－17a 是正侧

换相前的电路，此时 D_5D_6 导通，b 和 c 相串联向负载电阻 R_L 供电。图 5－17c 是正侧 c 相向 a 相换相的过程，此时由于 $e_a > e_c$，故 i_a 从零开始增长，i_c 在 $e_a - e_c$ 电势作用下减小，由于电感 L_c 和 L_a，i_a 增长较慢，i_c 下降也较慢，从而导致长的换相时间。图 5－17b 是 c 相向 a 相换相结束后 D_1D_6 导通，a 和 b 相通电的情况。负侧换相的电路拓扑与正侧类同。

由于换相的两相电动势的差压不大，再加上绕组的电感大，导致换相时间较长，换相重叠角较大。

由图 5－17a、b 可见，在非换相期间 cb 或 ab 两相导通，输出电压 U 为串联两相电压之和。图 5－17c 的换相期间，三只二极管导通，输出电压为非换相电压（图中非换相相为 b 相）与换相相电压之和。由于换相的两相两二极管导通，两相间形成环流，使电压高的相（进入相）电压降低，电压低的相（退出相）电压升高，实际电压为两相电压之和的一半，从而使发电机输出电压降低，这就是因换相重叠导致的电压损失。这个情况在图 5－16f 的端电压波形中可以看到。

换相重叠和电枢反应使双凸极发电机外特性下降率较大，限制了电机最大输出功率。

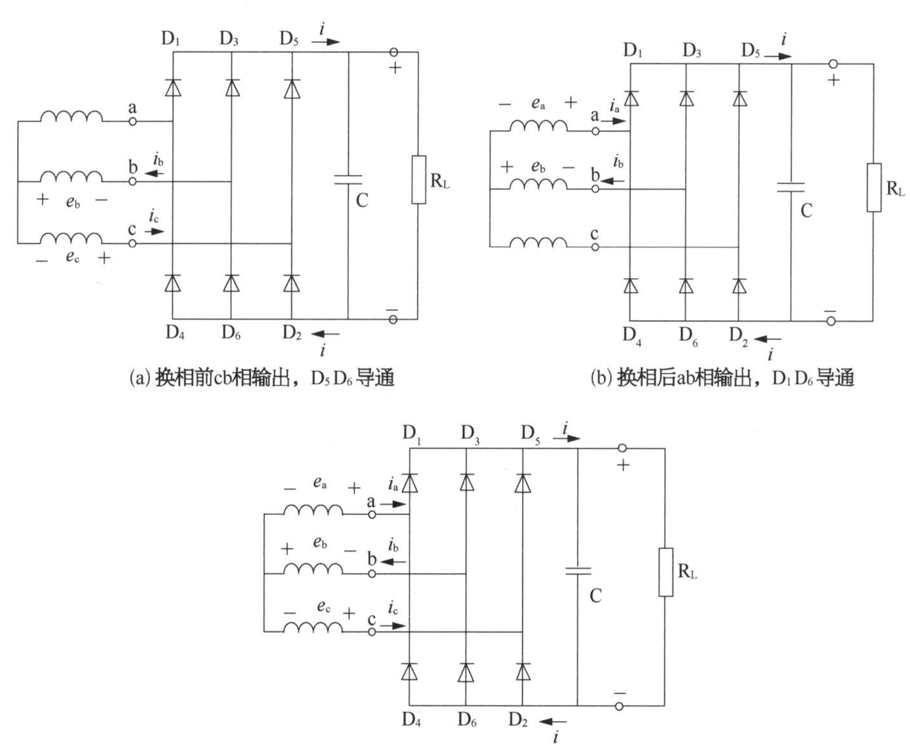

(a) 换相前cb相输出，D_5D_6 导通　(b) 换相后ab相输出，D_1D_6 导通

(c) 换相中三相工作，D_1D_5 和 D_6 导通

图 5－17　换相过程中电路拓扑

为了提高发电时的最大输出功率，采用可控整流电路是有效的方法。可控整流电路实际上和电动工作时的电路相同，如图 5－18 所示。图中仅画出了双凸极电机的励磁线圈和电枢绕组、AC/DC 变换器部分，为了正确地控制开关管，电机转子位置传感器和数字控制器仍是必需的，图中未画出。

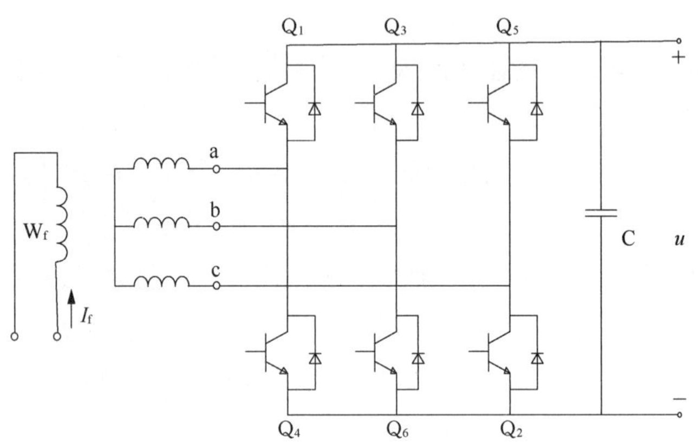

图 5－18　双凸极发电机与可控整流器的组合

由图可见可控整流的双凸极发电机的硬件电路和双凸极电动机是一样的。

如果该起动发电机的变换器不必用于驱动别的电机，那么 DSSG 在起动航空发动机后即可实现可控整流发电，电路不需要像图 5－11 那样转换，仅需切除起动电源，即可转入发电状态运行。

可控整流的目的是加快电机换相过程，减小换相重叠，减小换流电压损失，提高发电机的最大功率，提高电机发电时的功率密度和效率。

图 5－19a 是 DSSG 三相电动势波形和开关管的驱动控制信号相对关系。在 $\omega t=2\pi/3$ 处，正侧的 c 相电动势降低，a 相电动势升高，c 相向 a 相换相，为了加快 a 相电流上升速度，给 Q_3Q_4 一个驱动信号 g_{34} 让 Q_3Q_4 导通 δ 角。如图 5－19b 所示，Q_3Q_4 导通后，电源电压 U 通过 Q_3Q_4 向电枢绕组 by 和 ax 供电，此时电压平衡方程为

$$L_b\frac{di_b}{dt}+L_a\frac{di_a}{dt}=U+e_b+e_a \tag{5-7}$$

式中，i_ai_b 为 a 相和 b 相电流，$i_a=i_b$；L_a、L_b 为 a 相和 b 相的电感；e_a 和 e_b 为相电势。可见三个电源同向串联使电机相电流增加，式(5－7)可改写为：

$$(L_a+L_b)\frac{di_a}{dt}=U+e_b+e_a \tag{5-8}$$

$$\frac{di_a}{dt}=\frac{U+e_b+e_a}{L_a+L_b}$$

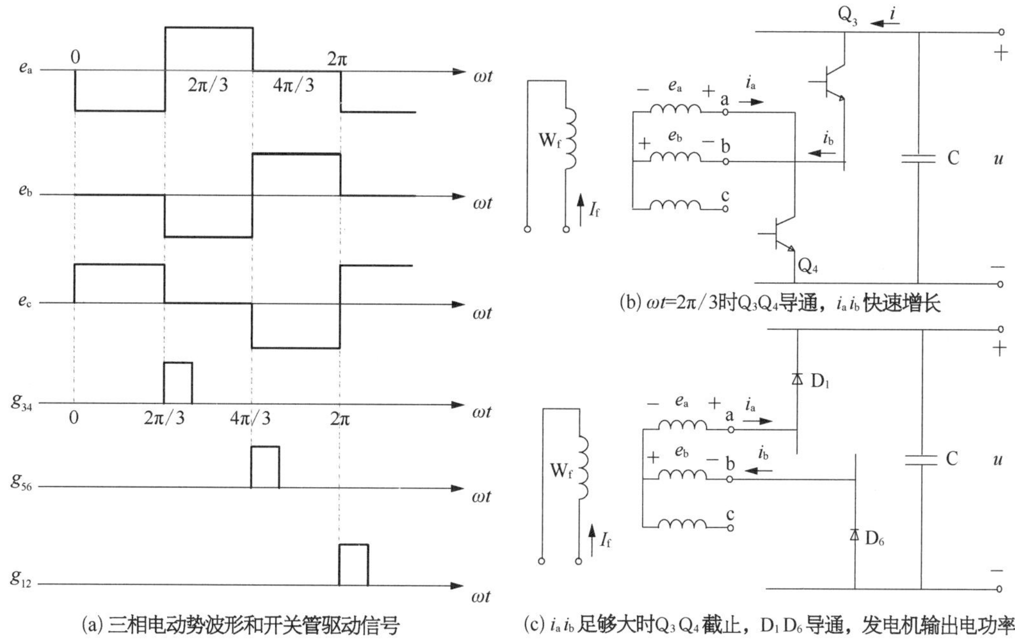

(a) 三相电动势波形和开关管驱动信号

(b) $\omega t=2\pi/3$时Q_3Q_4导通，$i_a i_b$快速增长

(c) $i_a i_b$足够大时Q_3Q_4截止，D_1D_6导通，发电机输出电功率

图 5－19　可控整流电路开关管驱动信号和电路拓扑

反过来再看图 5－17c 中二极管整流时正侧 c 相向 a 相的换相过程中相绕组电压：

$$U_a = e_a - L_a \frac{di_a}{dt}$$

$$U_c = e_c - L_c \frac{di_c}{dt}$$

因换相时 D_5 和 D_1 同时导通，故 $U_a = U_c$，上式不计电阻压降和互感电势。又有 $i_a + i_b = i$，若设 i 不随时间而变，则有：

$$(L_a + L_c)\frac{di_a}{dt} = e_a - e_c \tag{5-9}$$

或

$$\frac{di_a}{dt} = \frac{e_a - e_c}{L_a + L_c}$$

比较式(5－8)和式(5－9)的右端，分母大致相同，式(5－8)中的 L_a 与式(5－9)的 L_a 相同，式(5－8)中的 L_b 在 2π/3 时转子极刚滑入定子极的 b 相电感，式(5－9)中的 L_c 是转子极刚滑出 c 相极的 c 相电感，故 $L_b \approx L_c$。 分子则差别很大，式(5－9)中的分子为换相的两相电动势之差，式(5－8)中为两相电势之和再加上电源电压，后者远大于前者。由此可见，二极管整流电路的自然换相电流变化率远小于可控整流的电流变化率。

图 5－20 是某 12/8 结构的双凸极发电机在转速为 $n = 2\,000$ r/min，励磁电流 $I_f =$

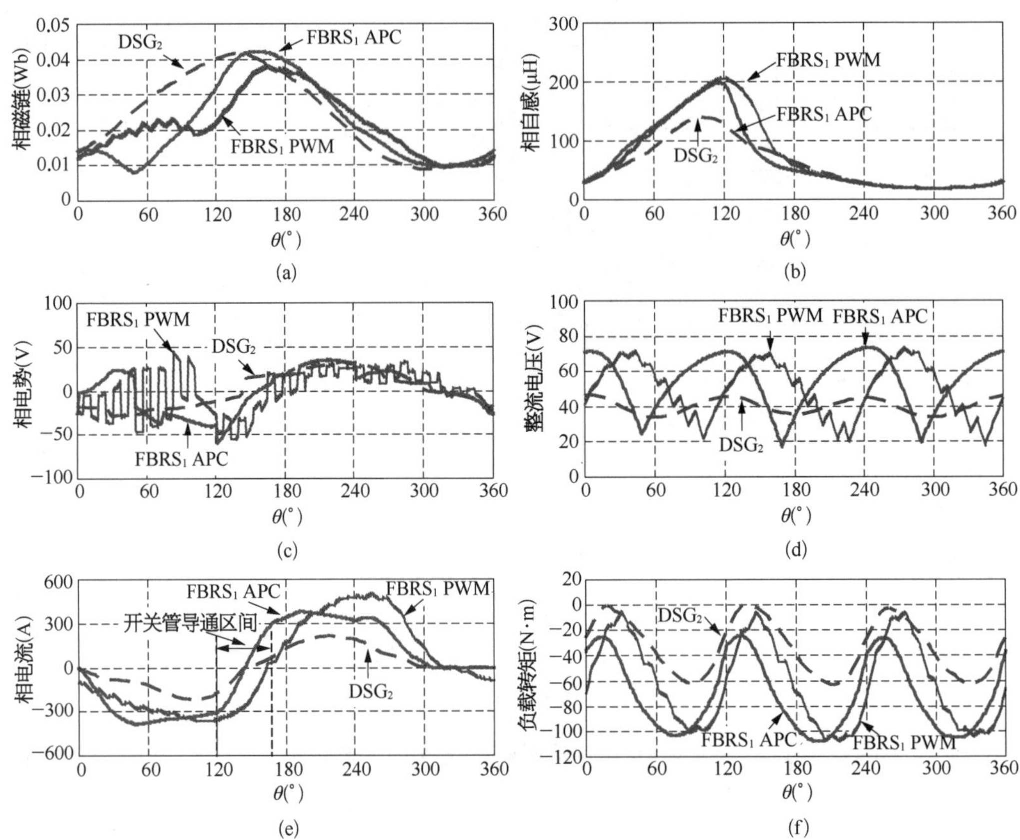

图 5-20　可控整流发电工作时的仿真波形($n=2\,000$ r/min, $I_f=10$ A, $R=0.25\ \Omega$, $\theta_{off}=48°$)

10 A,负载电阻 $R_L=0.25\ \Omega$,可控整流时开关管导通角 $\delta=48°$时的仿真波形。图中的虚线是 DSG_2 发电方式(即二极管桥式整流)的相电流波形。标有 $FBRS_1$ PWM 的相电流的波形是开关管工作于脉宽调制方式的电流波,标有 $FBRS_1$ APC 的是换相时开关管导通角 48°的相电流波形。可见采用 PWM 控制和角度 δ 控制均可加快电流换相过程,但后者的开关频率比 PWM 的低得多,故开关损耗大幅度减小。由图 5-19a 可见,在电源的一个周期中,采用 δ 控制,每个开关管仅开通关断一次,故开关频率 f_{sw} 和电机频率 f 相同:

$$f_{sw}=f=\frac{p_r n}{60} \tag{5-10}$$

式中,p_r 为转子极数;n 为电机转速。

图 5-21 是可控整流时的测试波形,电机仍为上述 12/8 结构,$n=2\,000$ r/min,$\delta=48°$,其中图 5-21a、b 是励磁电流为 5 A,不同负载电阻时的输出电压、相电压和相电流,图中还给出了开关管驱动脉冲的波形。图 5-21c、d 是励磁电流为 10 A 的波形。

比较图 5-21a、b 和 c、d 可见,增加励磁电流不仅增加了相电动势,而且降低了相

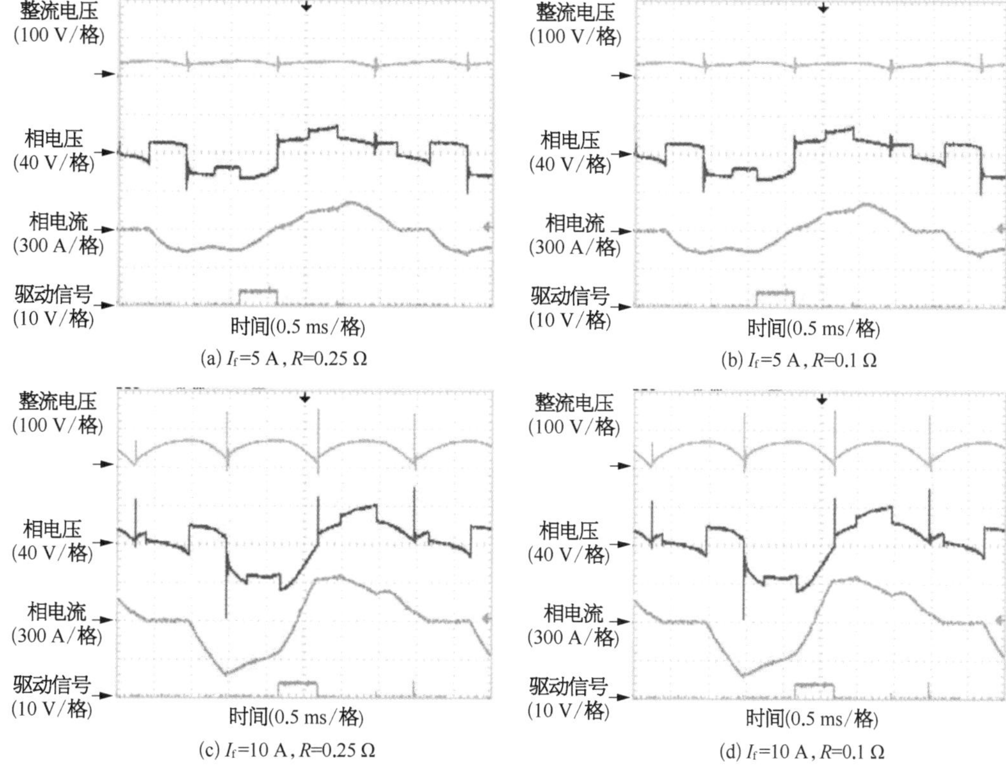

(a) I_f=5 A, R=0.25 Ω
(b) I_f=5 A, R=0.1 Ω
(c) I_f=10 A, R=0.25 Ω
(d) I_f=10 A, R=0.1 Ω

图 5-21 可控整流发电工作的测试波形(n=2 000 r/min, θ_{off}=48°, C=2 000 μF)

电感,从而使换相时相电流上升率更大。

图 5-22 是可控整流工作时发电机的外特性曲线和功率曲线。三条不同特性是在同一角度(δ=48°)不同励磁下得到的。可见可控整流双凸极发电机既可借助控制励磁电流来改变外特性,也可通过改变开关管开通角 δ 来控制电机。可控整流在电机转速和励磁不变时输出功率显著增大。

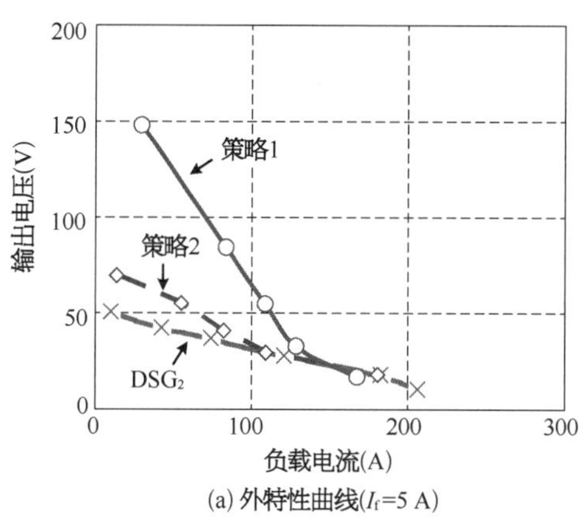

(a) 外特性曲线(I_f=5 A)

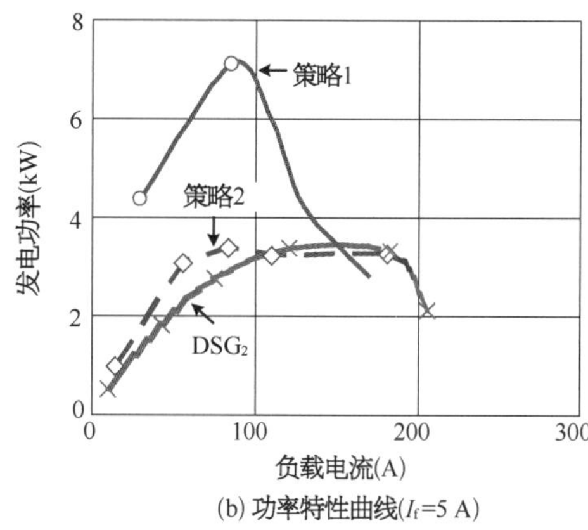

(b) 功率特性曲线(I_f=5 A)

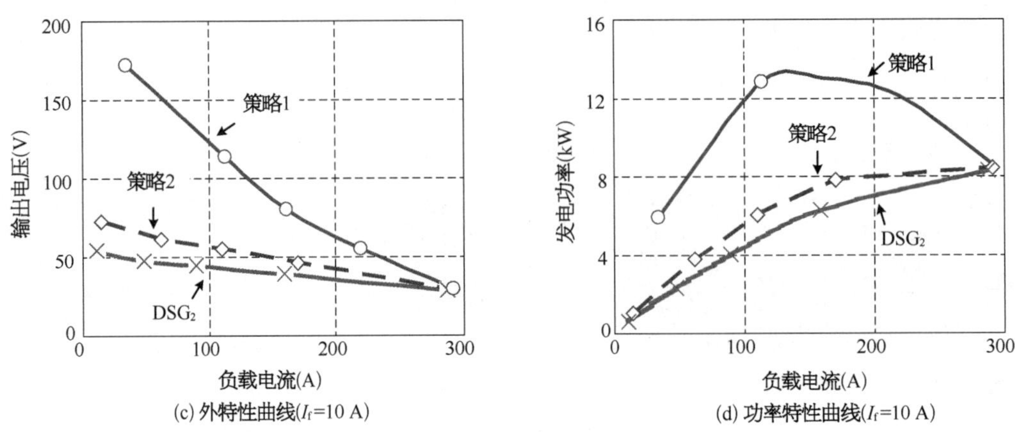

(c) 外特性曲线(I_f=10 A)　(d) 功率特性曲线(I_f=10 A)

图 5-22　可控整流发电机的外特性曲线(n=2 000 r/min, APC, θ_{off}=48°)

图 5-23 是借助调节开关管的导通角实现发电机输出电压恒定的特性曲线。

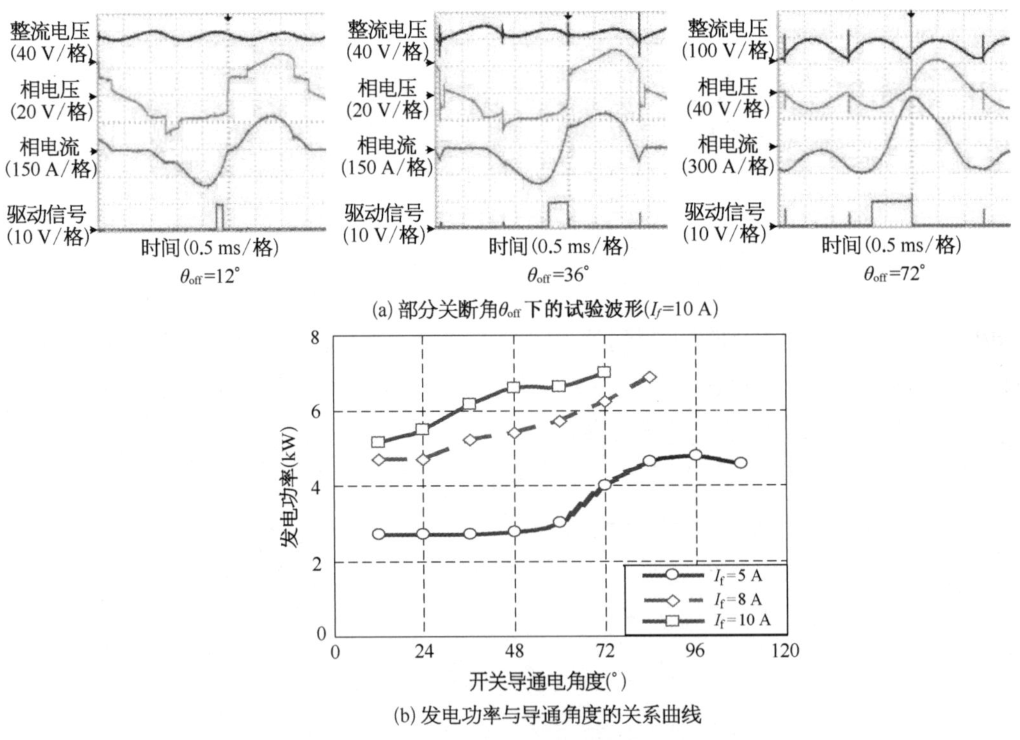

(a) 部分关断角θ_{off}下的试验波形(I_f=10 A)

(b) 发电功率与导通角度的关系曲线

图 5-23　可控整流发电机的调节特性

表 5-5 是 12/8 结构电机采用不控整流和可控整流时最大功率变化的实验数据汇总。

表 5-5　双凸极直流发电机二极管整流和可控整流输出最大功率测试数据(n=2 000 r/min)

发电机工作方式	发电工作最大输出功率(kW)		
	励磁电流 i_f=5 A	励磁电流 i_f=8 A	励磁电流 i_f=10 A
二极管不控整流	3 100	5 783	7 178
桥式半控整流	5 238	8 069	9 236
桥式全控整流	5 395	8 107	10 095

5.5　本章小结

多电飞机离不开起动发电系统,起动发电系统也因多电飞机的发展而加快了前进的步伐。发动机内装起动发电机既是起动发电机的发展方向,也是发动机的发展目标之一。磁阻电机是现阶段发展发动机内装起动发电机的首选方案。

因为磁阻电机结构简单,特别是转子结构简单,易于实现高速工作,环境适应性好。工作可靠、维修要求低。

目前适合起动发电机的磁阻电机为开关磁阻电机和电励磁双凸极电机。

开关磁阻电机没有励磁绕组,结构比双凸极电机还简单。

开关磁阻电机各相独立工作,容错性好。F-35 的 SRSG 有两套独立的三相绕组,形成了两个独立的也可并联工作的发电通道。

开关磁阻电机的电枢绕组的电感上升区为电动工作区,电感下降区为发电工作区,不能在整个区间同时实现机电能量转换。

开关磁阻电机电动工作时和发电工作时都离不开可控功率变换器。

双凸极电机不可控发电工作不需要开关管和电机转子位置传感器,简单可靠。

双凸极不可控整流发电机借助调节励磁电流调节输出电压和限制短路电流,调节输出功率大小。由此可见,双凸极电机作为起动发电机使用时性能优于开关磁阻起动发电机。

双凸极电机与功率变换器组合而成的可控整流发电方式可显著提高电机的功率密度。

永磁起动发电机尽管尚未在飞机主电源中使用,但稀土永磁电机有很多优点:一是功率密度高,二是效率高,三是过载能力强,四是结构简单工作可靠,五是多相永磁电机可构成容错电机。英国西菲尔德大学研制了 250 kV·A 永磁五相容错发电机。

永磁电机作为飞机发电机时带来的两个问题是输出电压调节困难和短路电流大,会导致灾难性后果。现在这两个阻碍飞机上使用永磁发电机的难题在不断解决中。五相或其他多相永磁容错发电机采用高电抗的设计就是解决难题的有效方法。容错发电机的短路相电流必须限制在等于或者小于额定电流的范围内。功率电子学的发展为永磁起动发电机的应用创造了条件，DC/AC 变换器是一个电流相位调节器，它产生的直轴电流既可增磁也可去磁，增磁可以增加发电机的输出电压，去磁可以降低发电机的电压，合理的去磁磁势可以不削弱永磁钢的磁性能。

借助于永磁电机和 AC/DC 变换器的配合运行，可构成永磁起动发电机。

起动发电机因电力电子的发展而大放光彩。直流起动发电机发展时还没有出现大功率全控固态电子器件，只能借助接触器和继电器来实现发动机的起动控制，它大幅度限制了起动性能的提高。

现在电力电子集成技术迅速发展，SiC 和 GaN 等高温电力电子器件诞生，为大功率无刷起动发电机的发展与应用奠定了重要的技术基础，为多电飞机的进一步发展创造了条件。

第 6 章

低速和高速双凸极电动机

6.1 低速双凸极电动机

在不少工业部门需要低转速传动装置，现有的类型是异步电动机和减速器的组合结构。对于减速比较大的齿轮箱，由于输出转矩大，齿轮和轴承必须滑油润滑，从而提高了减速器的成本，且要定期换油，以保持滑油的洁净度。因此借助低速电动机直接驱动机械设备日益得到人们的重视。国内外不少研究单位和企业建议用永磁电动机驱动装置。永磁电机的特点是体积重量小、效率高。但对于低速驱动电机，由于体积大，消耗永磁材料多，电机成本提高了，且有结构复杂和退磁的风险。

开关磁阻电机和双凸极电机具有转子结构简单、成本低的特点，适合于低速驱动。

由电枢直径 D、叠片长度 L 和电机功率 P 与转速 n 间的关系可知，对于低速电机，D^2L 必较大，合适的 L/D 有助于少用有效材料。低速电机的工作频率低、铁心损耗小，宜取高的气隙磁感应 B_δ。低速电机每匝电动势小而每匝的铜线长度大，故应取低的电流密度，以减小导体损耗。低速电机从减小电机总重量出发，宜用多极结构，以降低导磁材料需用量。

本节将以额定功率 45 kW，额定转速 48 r/min，电枢铁心外径不大于 850 mm，采用外通风冷却的双凸极电动机为例讨论低速电机设计特点，电机 DC/AC 变换器的直流电源电压为 510 V。

6.1.1 24/16 结构双凸极电动机

表 6－1 列出了电动机的预取结构参数，取定子极 $p_s=24$，转子极 $p_r=16$，定子冲片外径 850 mm、内径 632 mm、铁心长度 800 mm。电枢绕组每极 14 匝，每相串联 $8\times14=112$(匝)。励磁元件 8 个，每元件 60 匝。

表 6-1　24/16 双凸极电动机的结构参数

参　　数		数　据
电机结构		24/16
定子极数		24
定子外径(mm)		850
定子内径(mm)		632
定子轭高(mm)		44
定子极高(mm)		65
转子极数		16
气隙长度(mm)		1
转子外径(mm)		630
转子极高(mm)		42
电机铁心长度(mm)		800
定子槽宽(mm)		41.36
励磁槽面积(mm^2)		4 347.83
电枢槽面积(mm^2)		2 688.68
选取导线线径(mm)	励磁	1.25
	电枢	1.25
选取导线截面积(mm^2)	励磁	1.227
	电枢	1.227
20℃电阻标称值(Ω/km)	励磁	13.93
	电枢	13.93
120℃电阻标称值(Ω/km)	励磁	19.40
	电枢	19.40
导线并联股数	励磁	12
	电枢	36
每匝导体截面积(mm^2)	励磁	14.724
	电枢	44.172
120℃每匝绕组阻值(Ω/km)	励磁	1.617
	电枢	0.539
每匝绕组导体长度(m)	励磁	2.10
	电枢	1.68

续 表

参　　数		数　据
元件匝数	励磁	60
	元件个数	8
	电枢	14
	每相串联	112
120℃时导体阻值(Ω)	励磁	1.627
	每相电枢	0.102
每槽有效绕组面积(mm^2)	励磁	1 766.88
	电枢	1 236.816
槽满率	励磁	0.69
	电枢	0.46

图 6-1 和图 6-2 是励磁电流 $i_f=$ 20 A、30 A 和 40 A 时电机的静态参数曲线，图中 F_{kz}为空载相磁链，E_{MFkz}为空载相电势，L_{kz}为空载相电感，L_{pf}为空载相绕组与励磁间互感，L_{ff}为励磁线圈电感，T_{kz}为齿槽转矩。图 6-2 中 F_c为相绕组磁链，E_{MFc}为相绕组在 $n=48$ r/min 时的电动势波形，L_c为相绕组的电感，L_{cf}为相绕组与励磁线圈间电感，T_{kz}是齿槽转矩，M_{20}、M_{30}、M_{40}、M_{60}是励磁电流为 20 A、30 A、40 A、60 A 时相绕组间互感。该图的右侧是不同励磁电流时电枢绕组间互感。由于电机体积大，励磁线圈匝数多，其电感很大，达 1 H 以上。

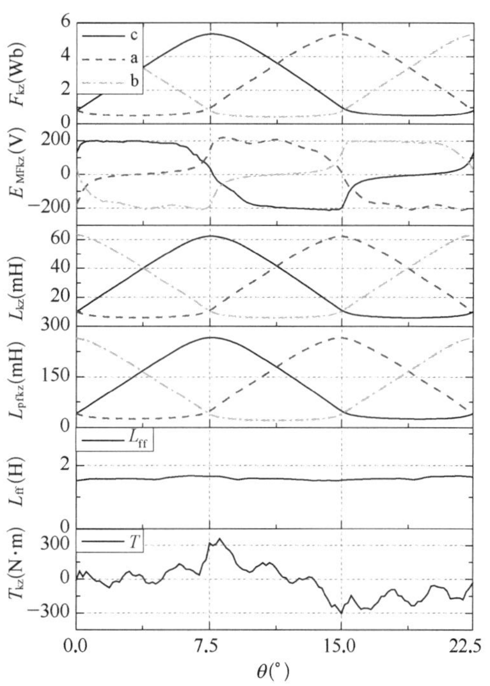

图 6-1　i_f=20 A 24/16 电机的静态特性

表 6-2 为电机的齿槽转矩，也随励磁电流的加大而增加。齿槽转矩正负峰峰值理论上应相等，表中数据由于软件计算偏差有误差。

表 6-3 是该电机的空载电动势与励磁电流间的关系，电机转速为 48 r/min，图 6-3 是空载特性曲线。空载特性是在电机相绕组输出端接二极管桥式整流电路下测得的。由图可见，饱和时电机电动势约 400 VDC，比电源电压 510 VDC 低约 110 V。

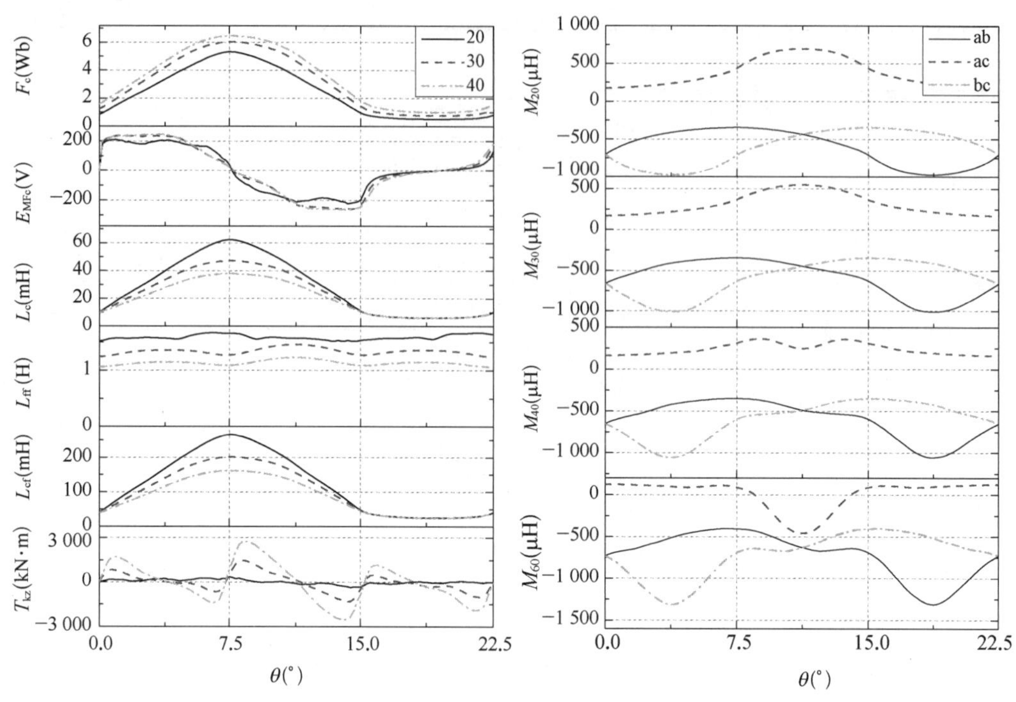

图 6-2 不同励磁电流下的 24/16 电机静态特性

表 6-2 24/16 电机的齿槽转矩

齿槽转矩/励磁电流	20 A	30 A	40 A
最大值 T_{max}(N·m)	358	1 488	2 755
最小值 T_{min}(N·m)	−360	1 472	2 747

表 6-3 24/16 电机的空载特性

I_f(A)	0	10	20	30	40	60	80
U_o(V)	0	189.1	348.00	383.40	394.30	391.65	379.24

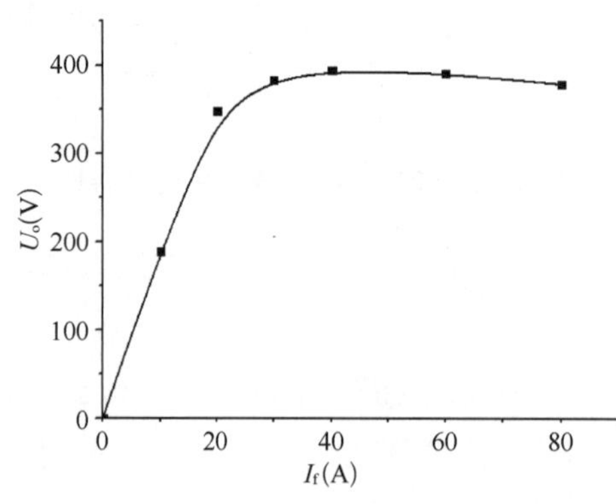

图 6-3 24/16 电机的空载特性曲线

借助 Ansoft 电磁场仿真软件，可得到不同励磁电流 i_f，不同移相角 β 和不同换相提前角 α 时的电动工作转矩，见表 6-4～表 6-6。表 6-4 是在励磁电流 $i_f=20$ A 下的数据，表 6-5 是 $i_f=30$ A，表 6-6 是 $i_f=40$ A，其他参数相同。由表可见，励磁电流为 20 A 时，在 $\beta=20°$，$\alpha=24°\sim30°$ 区间转矩达最大值 6.33 kN·m，小于要求的额定转矩 8 953 N·m。励磁电流增加到

30 A,在 $\beta=16°$, $\alpha=24°$ 时转矩达最大值8.5 kN·m,仍小于额定转矩。仅当 $i_f=40$ A 时,才有一半以上的计算点的转矩超过额定转矩。由此可见,励磁电流对电机输出转矩的影响相当大。比较不同励磁电流下的电磁转矩,α 对电磁转矩的贡献小于 β,这与第 3 章中的结果相同。

表 6-4 i_f=20 A, n=48 r/min, u_{dc}=510 V 的电磁转矩仿真数据 (kN·m)

α \ β	0	8	16	20	24	32
0	0.93	1.79	3.32	3.92	4.65	5.54
8	1.54	2.93	4.13	5.25	5.50	5.52
16	2.50	3.54	5.00	5.59	5.87	5.52
24	3.19	4.32	5.83	6.33	5.87	5.41
32	3.94	5.32	5.89	6.33	5.77	5.12

表 6-5 i_f=30 A, n=48 r/min, u_{dc}=510 V 的电磁转矩仿真数据 (kN·m)

α \ β	0	8	16	24	32
0	2.08	3.3	5.27	6.85	7.58
8	3.06	5.08	6.44	7.98	7.93
16	4.46	5.78	7.49	8.10	8.00
24	5.39	6.77	8.50	8.20	7.79
32	6.29	7.94	8.26	7.88	7.40

表 6-6 i_f=40 A, n=48 r/min, u_{dc}=510 V 的电磁转矩仿真数据 (kN·m)

α \ β	0	8	16	24	32
0	3.34	4.93	7.41	9.05	9.73
8	4.81	7.06	8.68	10.18	9.97
16	6.54	8.07	9.93	10.29	9.87
24	7.61	9.17	10.15	10.13	9.75
32	8.62	10.41	10.14	9.89	9.21

由表 6-7 可见,在三相三状态时,由于励磁电流小,相电感大,电枢电流有效值仅 42.5 A,转矩仅 930 N·m。将三相三状态的提前换相角 $\alpha=24°$,相电流自 42.5 A 增加到 49.6 A,转矩达到 3 190 N·m,相电流增加不到 20%,转矩加大 3 倍多,可见换相提前的好处。在 $\alpha=24°$,让 $\beta=8°$,电磁转矩增至 4.32 kN·m,与仅有 α 时又提升 1 kN·m 以上,因为三相六状态防止了换相时两相电流同时到零的缺陷,转矩电流比则有显著加大。

表 6-7　不同电动工作方式下的仿真数据($i_f=20$ A, $n=48$ r/min, $u_{dc}=510$ V)

控制方式	TPTC (0°, 0°)	$TPTC_{AAC}$ (24°, 0°)	TPSC (0°, 8°)	$TPSC_{AAC}$ (24°, 8°)
c 相电枢电流有效值(A)	42.50	49.56	41.32	68.5
母线电流平均值(A)	11.82	34.77	20.16	46.55
转矩最大值 T_{max}(kN·m)	2.69	4.4	3.16	6.56
转矩最小值 T_{min}(kN·m)	−0.51	1.35	0.36	2.47
$T_{max}-T_{min}$(kN·m)	3.2	3.05	2.8	4.09
转矩平均值 T(kN·m)	0.93	3.19	1.74	4.32
转速(r/min)	48.00	48.00	48.00	48.00
输出功率(kW)	4.67	16.03	8.74	21.7
转矩电流比	21.88	64.37	42.11	63.07

注：TPTC—三相三状态；$TPTC_{AAC}$—三相三状态换相提前；TPSC—三相六状态；$TPSC_{AAC}$—三相六状态换相提前。

表 6-8 是电磁转矩 T 和换相提前角 β 间关系的仿真数据。图 6-4 是 T 和 β 的关系曲线，β 自 0°增至 40°时，转矩几乎线性加大；$\beta>40°$后，转矩稍有下降，因为移相角过大，负侧电动势的利用率降低了。加大 β 角的另一好处是母线电流 i_{bus} 负值减小，即抑制了三相三状态工作换相时电感能量返回直流电源的量，合理选取 β 角可使母线电流不出现负值。

表 6-8　移相角 β 和电磁转矩 T 间的关系($u_{dc}=510$ V, $i_f=20$ A, $n=48$ r/min)

β(°)	0	8	16	24	32	40	48	56
T(kN·m)	0.93	1.79	3.32	4.65	5.54	7.94	7.86	7.65

图 6-5 是按表 6-6 的数据画出的电磁转矩与换相提前角 α 间的关系曲线。在 $\alpha=0°\sim32°$ 范围内，α 加大，T 相应增加。但对于三相三状态工作方式，即使 $\alpha=32°$，

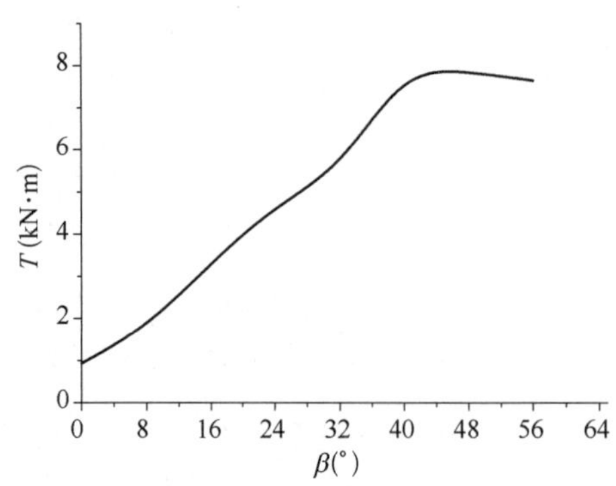

图 6-4　移相角 β 和电磁转矩间的关系($u_{dc}=510$ V, $i_f=20$ A, $n=48$ r/min)

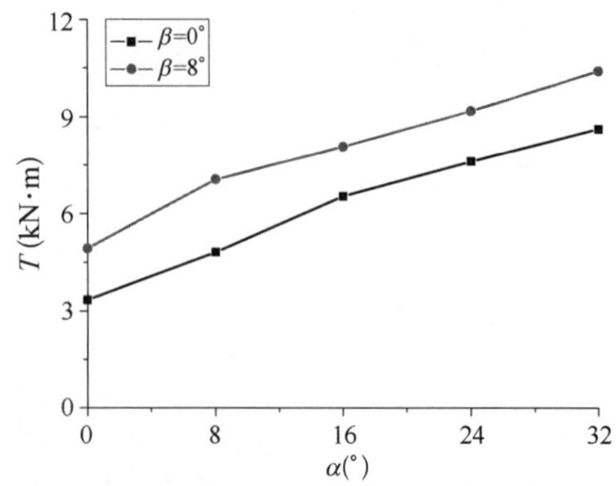

图 6-5　电磁转矩 T 和换相提前角 α 的关系($u_{dc}=510$ V, $i_f=20$ A, $n=48$ r/min)

电磁转矩仍未达最大值。若再取 $\beta=8^\circ$，则在 $\alpha=24^\circ$ 时转矩已达额定值，如取 $\alpha=32^\circ$，则转矩可超过额定转矩 10%以上。

表 6-9 是在两种不同 α 和 β 参数下，电磁转矩在额定值附近时的仿真数据。对比两组数据可见，$\beta=8^\circ$时，转矩脉动比 $\beta=24^\circ$时小 2 kN·m 以上，表明合理选用 α 和 β 角，可减小转矩脉动。

表 6-9　额定转矩时 24/16 电动机的相电流和转矩电流比
($u_{dc}=510$ V, $i_f=40$ A, $n=48$ r/min)

参　　数	数　　据	
$I_f=40$ A, $n=48$ r/min	$\alpha=0^\circ$, $\beta=24^\circ$	$\alpha=24^\circ$, $\beta=8^\circ$
c 相电枢电流有效值(A)	104.01	101.46
母线电流平均值(A)	95.53	94.44
转矩最大值 T_{max}(kN·m)	12.81	10.91
转矩最小值 T_{min}(kN·m)	5.31	5.61
$T_{max}-T_{min}$(kN·m)	7.50	5.3
转矩平均值 T(kN·m)	9.05	9.17
转速 n(r/min)	48	48
输出功率 P(kW)	45.47	46.07
转矩电流比	87.01	90.38

图 6-6 是该电机空载和额定负载的工作波形，$u_{dc}=510$ VDC，$I_f=40$ A，$n=48$ r/min，$\alpha=24^\circ$，$\beta=8^\circ$。其中图 6-6a、b 是转子位置角 $\theta=11.25^\circ$ 处气隙磁感应波形。比较图 6-6a、b 两分图可见，转子极滑入定子的相为增磁电枢反应，滑出相为去磁电枢反应，由于铁心饱和，增磁量较少，去磁量很大。观察图 6-6c、d 中的相磁链波形也可看出这点。表 6-10 则列出了增磁和去磁的数值。

表 6-10　空载和负载相磁链的变化

	三　相	c	a	b
空载时的电枢电感(mH)	最大值	38.05	38.00	39.30
	最小值	6.01	6.01	5.95
额定出力时的电枢电感(mH)	最大值	65.7	62.28	63.39
	最小值	6.01	6.01	5.95
空载时的三相磁链(Wb)	最大值	6.48	6.48	6.48
	最小值	1.00	1.00	0.81
额定出力时的三相磁链(Wb)	最大值	6.93	7.16	7.07
	最小值	−0.56	−0.2	−0.33

续 表

通正电	增磁 $\Delta\psi_{max}$	0.45	0.68	0.59
通负电	去磁 $\Delta\psi_{min}$	1.56	1.2	1.14
空载磁链最大值－最小值 $\Delta\psi_1$		5.48	5.48	5.67
负载磁链最大值－最小值 $\Delta\psi_2$		7.49	7.36	7.4
$\Delta\psi = \Delta\psi_2 - \Delta\psi_1$ (Wb)		2.01	1.88	1.73

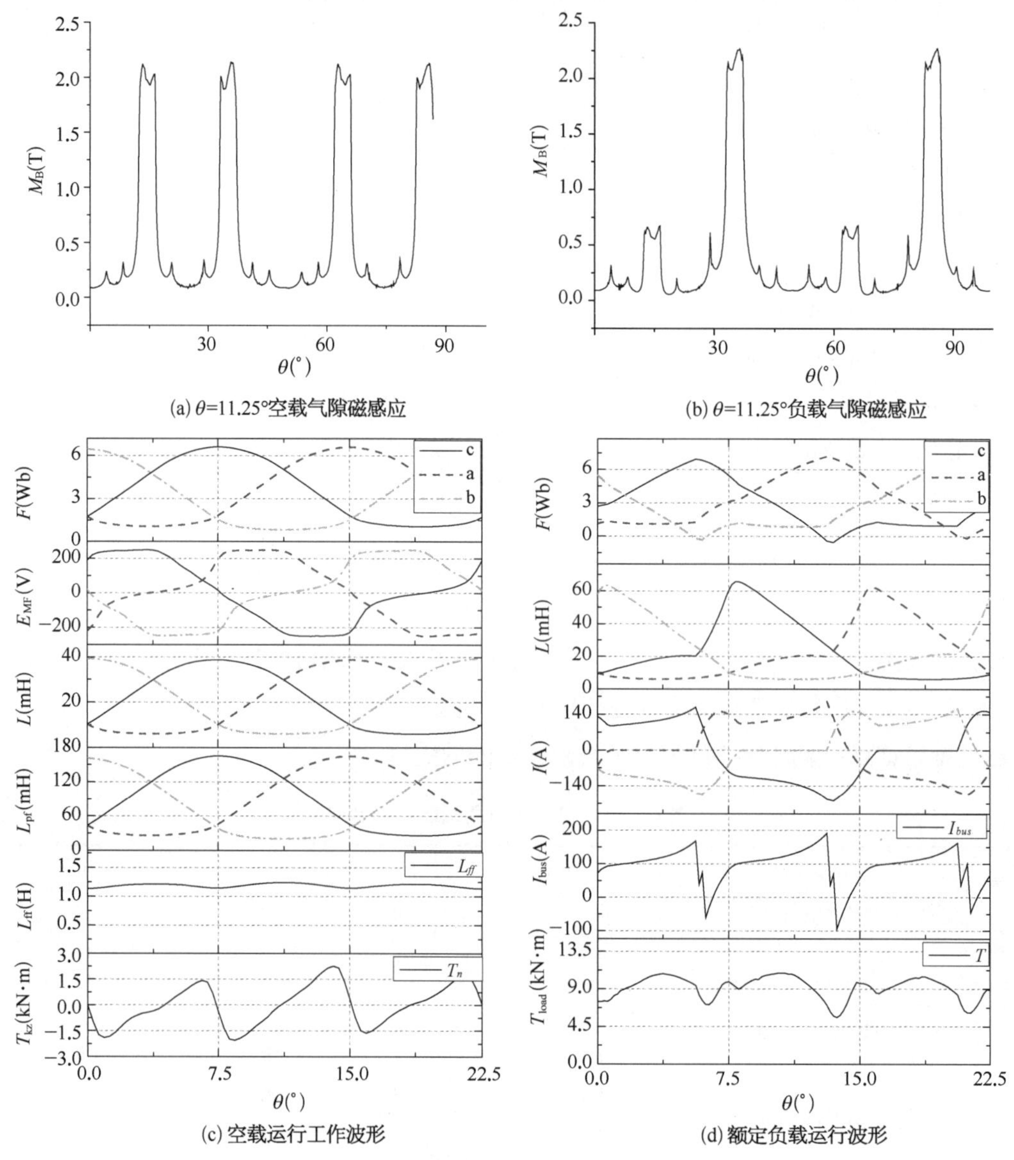

(a) θ=11.25°空载气隙磁感应

(b) θ=11.25°负载气隙磁感应

(c) 空载运行工作波形

(d) 额定负载运行波形

图 6－6　24/16 电动机空载和额定负载运行波形(u_{dc}=510 V, i_f=40 A, n=48 r/min, α=24°, β=8°)

由表 6-3 和图 6-3 的 24/16 电机空载特性可见，转速 $n=48$ r/min 时反电动势约 400 V，电源电压为 510 V，两者差 110 V。可否增加电枢绕组每相串联匝数，提高电机电动势，以降低额定转矩时相电流的有效值。

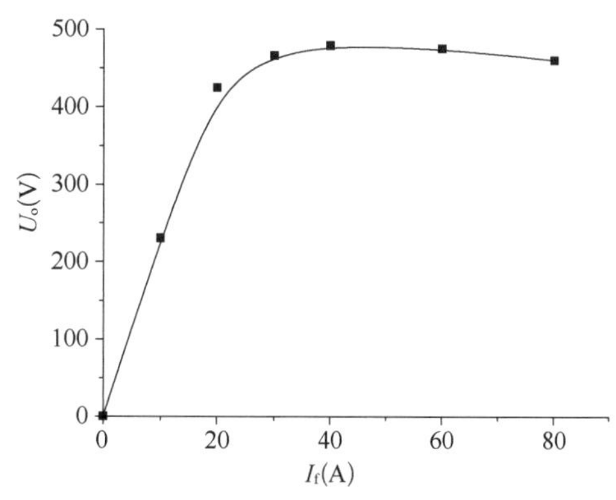

图 6-7　电枢每相绕组串联匝数为 136 匝时，$n=48$ r/min 时的空载特性

图 6-7 是 24/16 电机相绕组串联匝数为 136 匝(每极 17 匝)的空载特性曲线，可见此时电动势的最大值接近 500 VDC。表 6-11 是在 $u_{dc}=510$ V，$i_f=40$ A，$n=48$ r/min 时电磁转矩和 α 与 β 角的关系。表 6-12 是该电机电磁转矩达额定值时两种不同 α、β 值时的电机相电流和转矩电流比。

表 6-11　24/16 电机 136 匝转矩仿真数据($u_{dc}=510$ V, $i_f=40$ A, $n=48$ r/min)

α \ β	0°	8°	16°	24°	32°	40°
0°	−0.64	1.19	2.26	2.97	3.78	4.37
8°	1.85	4.06	4.60	5.53	5.35	6.01
16°	3.70	4.77	6.39	7.05	7.06	7.59
24°	4.54	6.59	7.06	7.60	8.00	8.29
32°	5.99	6.84	8.35	8.69	8.85	9.41
40°	6.54	8.11	9.08	9.18	9.67	9.86

表 6-12　24/16 电机 136 匝额定转矩仿真数据($u_{dc}=510$ V, $i_f=40$ A, $n=48$ r/min)

参 数 名 称	$\alpha=40°$, $\beta=16°$	$\alpha=40°$, $\beta=24°$
c 相电流有效值(A)	98.161 8	100.860 1
母线电流平均值	94.067 9	95.504 8
转矩最大值 T_{max}(kN·m)	11.920 3	12.396 6
转矩最小值 T_{min}(kN·m)	4.411 3	4.624 1
$T_{max}-T_{min}$	7.509 0	7.772 5
平均转矩(kN·m)	9.083 7	9.181 0
转矩电流比	92.538 0	90.936 9

由表 6-11 和表 6-12 可见，与绕组匝数为 112 匝相比，当每相绕组串联匝数为 136 匝时，需要更大的 α 和 β 才能输出额定转矩和额定功率，且转矩脉动也变大，而相

电流略小于前者，因此转矩电流比提高了。这是因为绕组串联匝数增加，相电感增加，大的电感限制了电流的变化速度。另外，电枢电感的增加导致电机磁阻转矩的增加，而 α 角的增加可以增大磁阻转矩的正值，减小磁阻转矩的负值，从而提高输出转矩，因此当每相绕组串联匝数为 136 匝时，α 角控制优于 β 角控制。由此可见，在保证反电势低于外加直流电压的前提下，反电势并不是越高越好，应该综合考虑其对电机出力、转矩脉动和转矩电流比等因素的影响。

6.1.2 四种不同定转子极数电机的比较

在 6.1.1 节中讨论了 24/16 结构电机转速 $n=48$ r/min 时电磁转矩与运行参数间的关系，讨论了不同每相串联匝数对转矩电流比的影响。本节分析不同定转子极数对电机特性的影响，仍假定电机定子外径为 850 mm，叠片长为 800 mm，转速 $n=48$ r/min，电源电压 $u_{dc}=510$ V。取定转子极数为 24/16、30/20、36/24、48/32 四种，考虑到极数增大后，定子极宽减小，定转子轭高减小，故电枢内径可以加大，而为了保证它们的空载特性基本一致，电枢绕组每相串联匝数应尽量保持不变。它们的结构参数见表 6-13。

表 6-13 四种不同极数三相电机的结构参数

参　　数	数　　据			
电机结构	24/16	30/20	36/24	48/32
定子极数	24	30	36	48
定子外径(mm)	850	850	850	850
定子内径(mm)	632	652	670	690
定子轭高(mm)	44	37	32	25
定子极高(mm)	65	62	58	55
转子极数	16	20	24	32
气隙长度(mm)	1	1	1	1
转子外径(mm)	630	650	668	688
转子内径(mm)	462	510	548	596
转子极高(mm)	42	35	30	23
转子轭高(mm)	42	35	30	23
电机铁心长度(mm)	800	800	800	800
定子槽宽(mm)	41.36	34.14	29.23	22.58
励磁槽面积(mm^2)	4 347.83	34 324.22	24 576.28	14 835.87
电枢槽面积(mm^2)	24 688.68	24 116.60	14 695.59	14 241.91

续 表

参 数		数 据			
选取导线线径(mm)	励磁	1.25	1.25	1.25	0.85
	电枢	1.25	1.25	1.25	1.25
选取导线截面积(mm^2)	励磁	1.227	1.227	1.227	0.567 5
	电枢	1.227	1.227	1.227	1.227
20℃电阻标称值(Ω/km)	励磁	13.93	13.93	13.93	30.12
	电枢	13.93	13.93	13.93	13.93
120℃电阻标称值(Ω/km)	励磁	19.40	19.40	19.40	41.95
	电枢	19.40	19.40	19.40	19.40
导线并联匝数	励磁	12	9	7	10
	电枢	36	36	36	36
每匝导体截面积(mm^2)	励磁	14.724	11.043	8.589	5.675
	电枢	44.172	44.172	44.172	44.172
120℃每匝绕组阻值(Ω/km)	励磁	1.617	2.156	2.772	4.195
	电枢	0.539	0.539	0.539	0.539
每匝绕组导体长度(m)	励磁	2.10	2.01	1.95	1.87
	电枢	1.68	1.67	1.66	1.65
元件匝数	励磁	60	60	60	60
	元件个数	8	10	12	16
	电枢	14	11	9	7
	每相串联	112	110	108	112
120℃时导体阻值(Ω)	励磁	1.627	2.600	3.893	7.536
	每相电枢	0.102	0.099	0.097	0.099
每槽有效绕组面积(mm^2)	励磁	1 766.88	1 325.16	1 030.68	681
	电枢	1 236.816	971.784	795.096	618.408
槽满率	励磁	0.69	0.69	0.70	0.70
	电枢	0.46	0.46	0.47	0.50

表 6-13 结构参数的不足是随着定转子极对数的增加，电枢槽和励磁槽的面积不断减小，从而使励磁线圈并联导体数随极数的增加而减小，导致励磁损耗的加大。

表 6-14 是四种不同极数电机的静态参数。由表可见，在电机外径、叠片长度和每相串联匝数大致不变的条件下，电动势几乎不变；相磁链的最大值随极数增大而减小，电枢电感和励磁与电枢间互感也随极数增加而减小，齿槽转矩则相反，极数越多，齿槽转矩越大。

表 6-14　四种不同极数的静态参数($i_f=20$ A, $n=48$ r/min)

参　数	数　　据			
多极电机	24/16	30/20	36/24	48/32
磁链最大值	5.33	4.37	3.77	3.05
磁链最小值	0.47	0.48	0.52	0.55
磁链最大值一最小值	4.86	3.89	3.25	2.50
反电势有效值	147.00	147.00	146.50	150.30
电枢自感最大值	62.80	40.68	28.85	18.12
电枢自感最小值	5.99	4.84	4.11	3.93
励磁与电枢互感最大值	266.27	219.10	188.69	152.68
励磁与电枢互感最小值	23.79	24.30	26.18	27.44
齿槽转矩最大值	354.5	399.14	436.64	682.68
齿槽转矩最小值	−364.9	−391.50	−456.3	−604.48

表 6-15 是 24/16 极电机不同励磁电流的计算数据。表 6-16 是 30/20 极电机的计算数据。表 6-17 是 36/24 极电机的计算数据。表 6-18 是 48/32 极电机的计算数据。为了比较的方便,表 6-19 将表 6-15～表 6-18 中的重要数据汇总展示。由表 6-19 可见,定转子极数为 24/16 的结构,仅 $i_f=40$ A 时电机才能输出额定转矩和功率,而 48/32 结构电机励磁电流为 20 A、30 A 和 40 A 时均可输出额定转矩和功率,主要原因是极数多的电机定子内径大和相绕组电感小。不仅如此,电机定转子极数越多,输出额定转矩时相应的换相提前角 α 和 β 越小,也就是说不需要大的 α 和 β 角,电枢电流有效值已可大到产生额定转矩和额定功率的值。

表 6-15　24/16 极电机不同励磁电流的计算数据($u_{dc}=510$ V, $n=48$ r/min)

参　　数		数　　据		
定子内径/转子内径		1.37	1.37	1.37
槽面积(mm^2)	励磁	4 342.9	4 342.9	4 342.9
	电枢	2 688.68	2 688.68	2 688.68
槽满率	励磁	0.69	0.69	0.69
	电枢	0.46	0.46	0.46
选取导线线径(mm)	励磁	1.25	1.25	1.25
	电枢	1.25	1.25	1.25
导线并联匝数	励磁	12	12	12
	电枢	36	36	36

续 表

参　数		数　据		
每匝导体截面积(mm^2)	励磁	14.724	14.724	14.724
	电枢	44.172	44.172	44.172
120℃时导体阻值(Ω)	励磁	1.627	1.627	1.627
	每相电枢	0.102	0.102	0.102
电流(A)	励磁	20	30	40
	电枢	123	113	101
电流密度(A/mm^2)	励磁	1.36	2.04	2.72
	电枢	2.78	2.56	2.29
铜损(kW)	励磁	0.65	1.46	2.60
	电枢	1.54	1.30	1.04
	三相铜损	4.61	3.89	3.11
	总铜损	5.26	5.36	5.71
提前角度(额定输出)	α			24
	β			8
输出转矩(kN·m)	额定 T_e			9.17
	T_e最大值			10.91
	T_e最大值			5.61
	ΔT_e			5.3
	最大 T_{max}	6.33	8.5	9.17
输出功率(kW)	额定 P_e			46.09
	最大 P_{max}	15.91	21.36	46.09
重量(铜重+铁重)(kg)		2 017.93	2 017.93	2 017.93
额定转矩电流比[(N·m)/A]				90.79
最大功率密度(W/kg)		7.77	10.43	22.50
额定效率(%)				87.6

表 6-16　30/20 极电机不同励磁电流的计算数据(u_{dc}=510 V, n=48 r/min)

参　数		数　据		
定子内径/转子内径		1.28	1.28	1.28
槽面积(mm^2)	励磁	3 324.22	3 324.22	3 324.22
	电枢	2 116.60	2 116.60	2 116.60

续 表

参　　数		数　　据		
槽满率	励磁	0.69	0.69	0.69
	电枢	0.46	0.46	0.46
选取导线线径(mm)	励磁	1.25	1.25	1.25
	电枢	1.25	1.25	1.25
导线并联匝数	励磁	9	9	9
	电枢	36	36	36
每匝导体截面积(mm^2)	励磁	11.043	11.043	11.043
	电枢	44.172	44.172	44.172
120℃时导体阻值(Ω)	励磁	2.600	2.600	2.600
	每相电枢	0.099	0.099	0.099
电流(A)	励磁	20	30	40
	电枢	123.2	114	103
电流密度(A/mm^2)	励磁	1.81	2.72	3.62
	电枢	2.79	2.58	2.33
铜损(kW)	励磁	1.04	2.34	4.16
	电枢	1.50	1.29	1.05
	三相铜损	4.50	3.86	3.15
	总铜损	5.54	6.20	7.31
提前角度(额定输出)	α		30	15
	β		10	8
输出转矩(kN・m)	额定 T_e		8.99	9.09
	T_e最大值		11.63	11.18
	T_e最大值		5.2	6.2
	ΔT_e		6.43	4.98
	最大 T_{max}	6.4	9.42	12.31
输出功率(kW)	额定 P_e		45.17	46.09
	最大 P_{max}	32.17	47.35	61.88
重量(铜重+铁重)(kg)		1 823.90	1 823.90	1 823.90
额定转矩电流比(N・m/A)			78.86	88.25
最大功率密度(W/kg)		17.64	25.96	33.93
额定效率(%)			86.3	84.1

表 6－17　36/24 极电机不同励磁电流的计算数据
(u_{dc}=510 V, n=48 r/min)

参　　数		数　　据		
定子内径/转子内径		1.22	1.22	1.22
槽面积(mm^2)	励磁	2 576.28	2 576.28	2 576.28
	电枢	1 695.59	1 695.59	1 695.59
槽满率	励磁	0.70	0.70	0.70
	电枢	0.47	0.47	0.47
选取导线线径(mm)	励磁	1.25	1.25	1.25
	电枢	1.25	1.25	1.25
导线并联匝数	励磁	7	7	7
	电枢	36	36	36
每匝导体截面积(mm^2)	励磁	8.589	8.589	8.589
	电枢	44.172	44.172	44.172
120℃时导体阻值(Ω)	励磁	3.893	3.893	3.893
	每相电枢	0.097	0.097	0.097
电流(A)	励磁	20	30	40
	电枢	121.09	110	109
电流密度(A/mm^2)	励磁	2.33	3.49	4.66
	电枢	2.74	2.49	2.47
铜损(kW)	励磁	1.56	3.50	6.23
	电枢	1.42	1.17	1.15
	三相铜损	4.25	3.50	3.44
	总铜损	5.80	7.01	9.67
提前角度(额定输出)	α	24	21	12
	β	18	12	6
输出转矩(kN·m)	额定 T_e		9.18	9.18
	T_e最大值		11.56	11.95
	T_e最小值		6.64	6.2
	ΔT_e		4.92	5.75
	最大 T_{max}	8.27	11.7	15.2
输出功率(kW)	额定 P_e		46.14	46.14
	最大 P_{max}	41.57	58.81	76.4

续　表

参　　数	数　　据		
重量(铜重+铁重)(kg)	1 665.73	1 665.73	1 665.73
额定转矩电流比[(N·m)/A]		83.45	84.22
最大功率密度(W/kg)	24.96	35.31	45.87
额定效率(%)		84.8	79.04

表 6-18　48/32 极电机不同励磁电流的计算数据
(u_{dc}=510 V, n=48 r/min)

参　　数		数　　据		
定子内径/转子内径		1.16	1.16	1.16
槽面积(mm^2)	励磁	1 835.87	1 835.87	1 835.87
	电枢	1 241.91	1 241.91	1 241.91
槽满率	励磁	0.70	0.70	0.70
	电枢	0.50	0.50	0.50
选取导线线径(mm)	励磁	0.85	0.85	0.85
	电枢	1.25	1.25	1.25
导线并联匝数	励磁	10	10	10
	电枢	36	36	36
每匝导体截面积(mm^2)	励磁	5.675	5.675	5.675
	电枢	44.172	44.172	44.172
120℃时导体阻值(Ω)	励磁	4.195	4.195	4.195
	每相电枢	0.539	0.539	0.539
电流(A)	励磁	20	30	40
	电枢	123.9	109.8	122
电流密度(A/mm^2)	励磁	3.52	5.29	7.05
	电枢	2.80	2.49	2.76
铜损(kW)	励磁	3.01	6.78	12.06
	电枢	1.52	1.20	1.48
	三相铜损	4.57	3.60	4.43
	总铜损	7.59	10.38	16.49
提前角度(额定输出)	α	24	16	12
	β	24	10	0

续　表

参　　数		数　　据		
输出转矩(kN·m)	额定 T_e	9.03	9.17	9.25
	T_e最大值	12.36	11.35	12.07
	T_e最小值	5.79	3.4	4.52
	ΔT_e	6.57	7.95	7.55
	最大 T_{max}	10.6	14.89	19.08
输出功率(kW)	额定 P_e	45.39	46.09	46.50
	最大 P_{max}	54.24	74.85	95.91
重量(铜重+铁重)(kg)		1 452.12	1 452.12	1 452.12
额定转矩电流比(N·m/A)		72.88	83.45	75.82
最大功率密度(W/kg)		37.35	51.54	66.05
额定效率(%)		83.3	77.5	64.5

表 6-19　表 6-15～表 6-18 重要数据汇总

序号	参　数		数　　据							
1	电机极数		24/16	30/20	30/20	36/24	36/24	48/32	48/32	48/32
2	额定运行参数	额定转矩(kN·m)	9.17	8.99	9.09	9.18	9.18	9.03	9.17	9.25
		额定功率(kW)	46.1	45.17	46.1	46.14	46.14	45.4	46.1	46.5
		励磁电流(A)	40	30	40	30	40	20	30	40
		电枢电流(A)	101	114	103	114	103	124	109.5	122
		换相提前角 α(°)	24	30	15	21	12	24	16	12
		移相角 β(°)	8	10	8	12	6	24	10	0
3	最大输出功率(kW)		46.1	47	62	59	76	54	75	96
4	铜损耗(kW)		5.71	6.2	7.31	7.01	9.67	7.59	10.38	16.49
5	效率(不计铁耗)(%)		87.6	86.3	84.1	84.8	79.04	83.3	77.5	64.5
6	有效材料重量(kg)		2 017	1 823	1 823	1 665	1 665	1 452	1 452	1 452

表 6-19 的序号 3 是电机可能输出的最大功率,很明显也是定转子极数和励磁电流的函数,24/16 电机在 i_f=40 A 时最大输出功率为 46.1 kW,而 48/32 电机在同样励磁电流时最大输出功率可达 96 kW,比前者大了近 1 倍。可见合理选取定转子极数还可以进一步减小电机的体积和重量。

表 6-19 的序号 4 是电机励磁和电枢绕组的铜损耗,随着电机极数的增加,电机铜耗不断提高,因为随极数的加大,定子内径加大,槽有效面积减小,电流密度提高了。因此这

种保持电机极高随电机极数变化的设计是不合理的，槽面积是不宜过多减少的。表中序号 5 的电机效率实际上仅计入了电机的铜耗导致的效率变化，是不严格的，但从中也启示了必须综合考虑功率和效率等因素，才能有较满意的结果。电机设计过程是多变量优化的过程，由于没有建立低速电机优化设计软件，本书只能对低速电机做较粗略的分析。

表 6－19 表明电机定转子极数为 36/24、48/32 是一种较合理的选择，但必须提高其效率。

6.1.3　48/32 结构电机定子极高的调整

为了提高 48/32 结构电机额定工作时的效率，可适当减小气隙和增加定子的极高。表 6－20 是 48/32 结构电机不同定子极高时的结构参数，其中定子极高取 55 mm、58 mm、65 mm 和 75 mm 四个方案。

表 6－20　48/32 电机四种不同定子极高的结构参数

参　　数		数　　据			
定子极数		48	48	48	48
定子外径(mm)		850	850	850	850
定子内径(mm)		690	684	670	650
定子轭高(mm)		25	25	25	25
定子极高(mm)		55	58	65	75
气隙长度(mm)		0.8	0.8	0.8	0.8
转子外径(mm)		688.4	682.4	668.4	648.4
转子内径(mm)		596.4	590.4	576.4	556.4
转子极高(mm)		23	23	23	23
转子轭高(mm)		23	23	23	23
电机铁心长度(mm)		800	800	800	800
定子槽宽(mm)		22.58	22.38	21.93	21.27
励磁槽面积(mm^2)		1 835.87	1 958.78	2 254.75	2 699.81
电枢槽面积(mm^2)		1 241.91	1 298.26	1 425.17	1 595.34
选取导线线径(mm)	励磁	0.85	0.85	0.85	0.85
	电枢	1.25	1.25	1.25	1.25
导线并联匝数	励磁	10	11	14	19
	电枢	36	36	36	36
每匝导体截面积(mm^2)	励磁	5.675	6.242 5	7.945	10.782 5
	电枢	44.172	44.172	44.172	44.172

续 表

参　　数		数　　据			
每匝绕组导体长度(m)	励磁	1.87	1.87	1.86	1.86
	电枢	1.65	1.64	1.64	1.64
元件匝数	励磁	60	60	60	60
	元件个数	16	16	16	16
	电枢每极匝数	7	7	7	7
	每相串联匝数	112	112	112	112
120℃时导体阻值(Ω)	励磁	7.536	6.842	5.36	3.933
	每相电枢	0.099	0.099	0.099	0.099
每槽有效面积(mm^2)	励磁	681	749.1	953.4	1 293.9
	电枢	618.408	618.408	618.408	618.408
槽满率	励磁	0.70	0.698	0.697	0.70
	电枢	0.5	0.48	0.43	0.39

观察表 6－20，由于定子极高自 55 mm 增加至 75 mm，励磁槽和电枢槽的面积加大，因而可以加大励磁线圈导体的切面积，减小励磁线圈的电阻，减小励磁损耗。由于没有改变电枢绕组每相串联匝数和导体切面积，电枢槽的槽满率随定子极高的加大而减小。

观察表 6－21，空载相磁链的最大值随定子极高的增加而下降，而磁链最小值却随极高的增加而增加，从而使相电势随定子极高的增加而减小。极高增加，磁路磁阻增加，定子极在相同励磁时磁通减小。在定子外径不变时，定子极高加大，第三气隙减小，导致相磁链最小值增加。

表 6－21　不同极高电机的部分静态参数($u_{dc}=510$ V, $n=48$ r/min, $i_f=20$ A)

参　　数		数　　据			
定子齿高(mm)		55	58	65	75
空载电枢电感(mH)	最大值	18.91	18.69	18.25	17.56
	最小值	3.39	3.45	3.66	3.84
额定出力的电枢电感(mH)	最大值	23.89	23.65	23.02	22.32
	最小值	3.39	3.45	3.65	3.84
空载三相磁链(mH)	最大值	3.26	3.22	3.14	3.02
	最小值	0.61	0.62	0.65	0.69
空载磁链最大值－最小值 $\Delta\psi_1$		2.65	2.6	2.49	2.33

续 表

参　　数		数　　据			
额定出力的三相磁链(Wb)	最大值	3.6	3.62	3.56	3.46
	最小值	−0.35	−0.48	−0.65	−0.85
通正电	增磁 $\Delta\psi_{max}$	0.34	0.4	0.42	0.44
通负电	去磁 $\Delta\psi_{min}$	0.96	1.1	1.3	1.54
负载磁链最大值−最小值 $\Delta\psi_2$		3.95	4.1	4.21	4.31
$\Delta\psi=\Delta\psi_2-\Delta\psi_1$(Wb)		1.3	1.5	1.72	1.98

类似地，相电感也因定子极高的增加而有所下降。

表 6-22 是表 6-20 中四种 48/32 电机运行特性的计算结果。由表可见，随着定子极高的增加，励磁线圈导体切面积加大，励磁电阻减小，励磁损耗下降。但电枢的铜损却随定子极高的增加而加大，因为极高大时，电动势降低了，电枢电流加大了。电动势和定子极高的关系可从图 6-8 看到。于是在定子极高为 75 mm 时总的铜耗反而增加了，电机的效率有所下降。

表 6-22　不同极高电机的工作参数($u_{dc}=510$ V, $n=48$ r/min, $l=800$ mm)

参　　数		数　　据			
定子极高(mm)		55	58	65	75
空载整流输出电压 U_o		379.62	373.46	358.86	338.6
电流(A)	励磁	20	20	20	20
	电枢	108.6	110.5	118.68	130.31
电流密度(A/mm²)	励磁	3.52	3.2	2.52	1.85
	电枢	2.46	2.5	2.69	2.95
铜损(kW)	励磁	3.01	2.74	2.14	1.57
	电枢	1.17	1.21	1.4	1.68
	三相铜损	3.51	3.64	4.19	5.05
	总铜损	6.53	6.37	6.34	6.62
提前角度(°)	α	16	20	16	16
	β	22	18	22	22
输出转矩(kN·m)	额定 T_e	9.06	8.95	9.13	8.99
	T_e最大值	12.14	13.05	13.76	13.73
	T_e最小值	5.94	5.2	5.19	5.13
	ΔT_e	6.2	7.85	8.57	8.6
	最大 T_{max}	11.61	11.57	11.54	11.24

续 表

参数		数据			
输出功率(kW)	额定 P_e	45.54	44.99	45.89	45.19
	最大 P_{max}	58.36	58.16	58.01	56.5
重量(铜重+铁重)(kg)		1 452.29	1 473.12	1 528.82	1 612.30
额定转矩电流比(N·m/A)		83.43	81	76.93	68.99
最大功率密度(W/kg)		40.18	39.48	37.94	35.04
额定效率(%)		85.7	85.8	86.18	85.35

由此可见,在增加定子极高的同时也应适当加大电枢绕组的每相串联匝数,加大电枢导体切面积,增加电枢槽的槽满率,减小电枢损耗,提高工作效率。

表 6-22 的励磁电流为 20 A,20 A 的励磁工作点是在图 6-8 空载特性的拐弯处,即磁路刚进入饱和。但即便这样,四种不同极高电机的最大功率都超过了 55 kW,比额定功率大 20%以上,如果对该类电机没有过载需求,电机的尺寸可以减小。

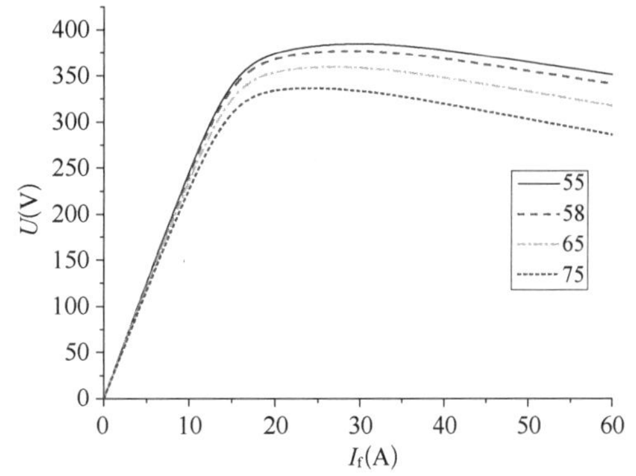

图 6-8　48/32 电机不同定子极高的空载特性曲线(n=48 r/min, l=800 mm)

6.1.4　降低电机体积重量的简单方法

为了降低 45 kW 48 r/min 电机的体积重量,最简单的方法是保持电机径向尺寸不变,仅减小电机的叠片长度。由上节表 6-22 可知,i_f=20 A 的 48/32 电机的最大功率达 55 kW 以上,比额定功率大 20%,若不需要过载,则电机的叠片长度可减少 20%,即从 800 mm 减至 640 mm 左右。由于铁心长度减小,若电机每相串联匝数不变,则相电势也必减小 20%,输出功率不变时,相电流必增大 20%,使电枢损耗进一步加大。故必须提高电枢每相串联匝数。

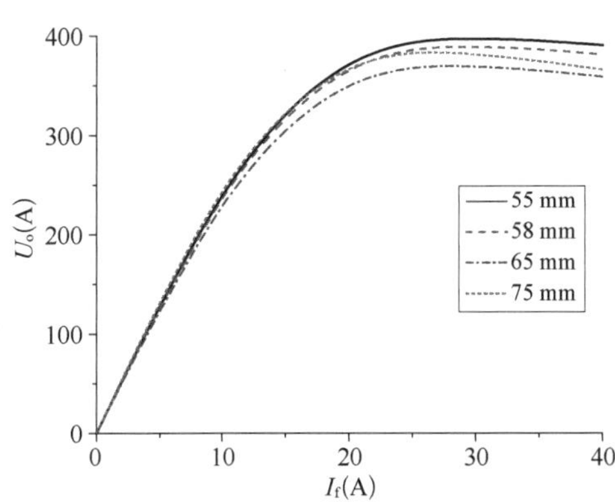

图 6-9　48/32 电机不同定子极高的空载特性曲线(n=48 r/min, l=640 mm)

图 6-9 为不同定子极高下 45 kW 电机的空载特性,当定子极高分别为 55 mm、58 mm、65 mm、75 mm 时,每极每相电

枢绕组匝数分别为 9 匝、9 匝、9 匝、10 匝，叠片长度均为 640 mm。

与图 6-8 中相同定子极高下的电机相比，电枢绕组匝数增加，同一励磁电流下的空载输出电压增加对应的比例。且随着定子极高的增加，为了补偿随之增加的铁心磁压降，增加了电枢绕组匝数，得到的不同定子极高下的空载特性变化较小。

对不同定子极高的 48/32 极电机分别采用 $TPNC_{AAC}$ 控制方式，对电机工作在电动状态的稳态特性进行仿真，$u_{dc}=510$ VDC，$n=48$ r/min，得到表 6-23。

表 6-23　48/32 不同极高电机的工作参数($u_{dc}=510$ V, $n=48$ r/min, $D=850$ mm, $l=640$ mm)

参　　数		数　　据			
定子齿高(mm)		55	58	65	75
电枢绕组每极串联匝数		9	9	9	10
电枢绕组每相串联匝数		144	144	144	160
励磁线圈匝数		60	60	60	60
槽满率	励磁	0.827	0.827	0.827	0.813
	电枢	0.737	0.705	0.64	0.635
电枢导体切面积		50.4	50.4	50.4	50.4
励磁导体切面积		4.908	5.295	7.882	9.816
励磁电流(A)		20	20	20	22.5
电枢电流(A)		116.6	120.6	135.03	116.3
空载整流输出电压 U_o		391.86	385.44	369.11	388.97
电流密度(A/mm^2)	励磁	4.07	3.78	2.54	2.29
	电枢	2.31	2.38	2.68	2.30
铜损(kW)	励磁	2.89	2.67	1.79	1.81
	电枢	1.23	1.31	1.66	1.36
	三相铜损	3.69	3.93	4.97	4.07
	总铜损	6.58	6.60	6.76	5.88
控制角度(°)	α	28	24	28	28
	β	16	20	20	24
输出转矩(kN·m)	额定 T_e	8.974	9.017	9.372	9.082
	T_e最大值	14.289	14.292	13.981	14.065
	T_e最小值	4.627	4.558	4.312	4.134
	ΔT_e	9.662	9.734	9.669	9.931
输出功率(kW)	额定 P_e	45.11	45.32	47.11	45.65

续 表

参　　数	数　　据			
重量(铜重+铁重)(kg)	1 201.56	1 216.99	1 274.05	1 357.86
额定转矩电流比	67.34	66.25	67.91	67.60
额定效率(%)	87.3	87.3	87.5	88.6

由表 6-23 可见,定子极高增大后,若不改变电枢绕组匝数,则空载输出电压减小,为了尽量减小空载输出电压之间的差距,将定子极高为 75 mm 的每极电枢绕组匝数增大 1 匝。由于电枢绕组匝数较少,因此电枢绕组可以采用扁铜线,提高槽满率,减小电枢绕组的阻值,而励磁绕组匝数较多,扁铜线不易加工,仍采用圆铜线。保持电枢绕组的截面积不变,励磁绕组的截面积随着槽面积的增加相应增加,因此励磁绕组的电阻减小,励磁铜损减小。电枢绕组的电阻不变,定子极高对相电感的影响较小,相绕组匝数不变时,空载电压随定子极高的增加有所降低,达到额定转矩所需的电流增加,三相电枢绕组铜损增加。当定子极高为 75 mm 时,电枢绕组匝数的增加导致相电感的增加,限制了相电流的变化率,因此需增大励磁电流才能达到额定输出转矩,空载电压的增加另一方面也降低了相电流的有效值,可以看出定子极高 75 mm 时电机总铜损最小,效率最高,比优化前的效率提高了 2.4 个百分点。由于电机叠片长减小,所以电机的重量减小很多。

6.1.5 调速特性

双凸极电机的调速特性与异步电机一样,也分为恒转矩区和恒功率区,不过与异步电机不同的是,升速时不一定要弱磁,这是由其特殊的控制方式决定的。

表 6-24 是 48/32 电机定子极高 75 mm 时不同转速下的出力数据。图 6-10 为该 48/32 极电机的调速特性曲线,虚线为理想曲线,实线为实际仿真计算曲线。同一励磁

表 6-24　不同转速下电机的出力数据(u_{dc}=510 VDC)

励磁电流(A)	转速(r/min)	相电流(A)	输出转矩(kN·m)	输出功率(kW)	转矩电流比(N·m/A)	提前角 α(°)	移相角 β(°)
22.5	20	238.87	9.010	18.87	37.72	44	28
	30	140.20	9.090	28.56	64.84	32	28
	48	116.31	9.082	45.65	78.08	28	24
	50	106.61	8.599	45.02	80.66	32	28
	60	88.79	7.259	45.61	81.75	36	32
20	70	87.95	6.248	45.80	71.04	56	20
	80	90.89	5.381	45.08	59.20	68	28

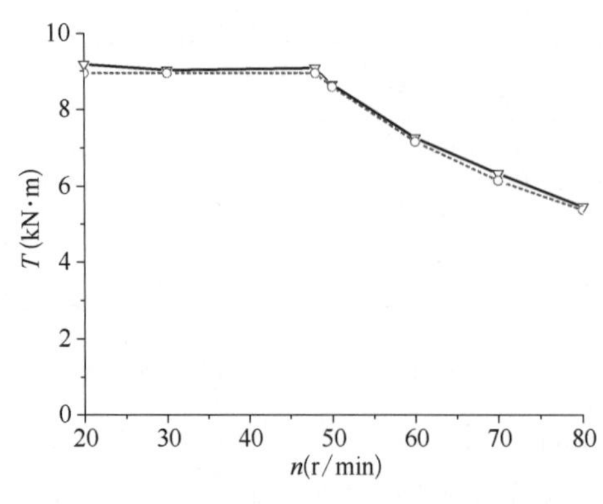

图 6-10　48/32 电机的调速特性曲线

电流下，电机转速低于额定转速时，反电势减小，相电流上升较快，电机很容易实现恒转矩调速，但反电势的降低造成了额定电流的增加，因此转矩电流比大幅度降低。励磁电流不变而转速升高时，电机反电势增加，相电感变化很小，相电流上升速度减慢，当电机转速高于 70 r/min、反电势高于直流输入电压 510 V 时，需要适当减小励磁电流，同时加入更大的提前角 α，才能达到恒功率输出的要求。恒功率输出时，在励磁电流不变的情况下，反电势增加，相电流减小，转矩电流比稍有增加；当随着转速的升高适当减小励磁电流时，相电流变化很小，而电磁转矩降低，因此转矩电流比降低。

6.1.6　本节小结

(1) 电机转速为 48 r/min 下，按照要求的尺寸，通过计算能够得到所需的转矩和功率，充分说明双凸极电动机能够实现低速工作。

(2) 在电机外径和叠片长度相同时，不同的定转子极数，最大输出功率 P_{max}不同。三相电枢绕组每相串联匝数不变时，电枢的自感是定子极数 p_s的函数，定子极数越多，相绕组自感越小。电机的内阻抗越小，输出的最大功率越大。反之，在输出功率一定时，合理选取 p_s/p_r极数可降低电机体积重量。

(3) 低速电机工作频率低，电机铁损相对较小，铜损成为主要损耗，为了提高电机效率，电枢和励磁的电流密度必须低。

(4) 当选定合理的定转子极数后，选择合适的定子极高，可以进一步优化电机，减小电机尺寸，提高工作效率。双凸极电动机的定子极是平行结构，可采用扁铜线，提高槽满率。再者电机转速低、频率低，绕组集肤效应可以不计。用扁铜线可以大幅度提高导体切面积，减小电枢铜损。

(5) 低速电机可以实现对负载的直接传动，无须使用齿轮箱，简化传动减速系统，降低了成本，提高了维修性。

6.2　12/10 高速悬浮电机

高速电机为了减小机械轴承磨损，可采用磁浮轴承将电机转子悬浮。本节以基本结构参数为表 6-25 的 12/10 结构变磁阻电机为例进行讨论。

表 6-25　12/10 结构磁悬浮电机参数

序　号	参　　数	数　　据
1	定子极数 p_s	12
2	转子极数 p_r	10
3	定子外径 D_0	126 mm
4	定子内径 D	76 mm
5	定子轭高 h_{js}	5.5 mm
6	定子极高 h_{ps}	19.5 mm
7	定子极弧 α_s	15°
8	铁心长度 L	88 mm
9	转子外径 D_r	75.4 mm
10	转子内径 D_{ri}	40 mm
11	转子极高 h_{pr}	8.8 mm
12	转子极弧 α_r	15°
13	电枢每极匝数	2
14	励磁每极匝数	120

6.2.1　12/10 电机的静态参数和齿槽转矩

图 6-11 是 12/10 电机转速 n 为 30 000 r/min 时的空载特性，由图可见，当 $i_f>5$ A 时，电机就开始饱和，空载电压不再随着励磁电流线性增加，当 $i_f=10$ A 时，电机已深度饱和，继续增加励磁电流，空载电压不再变化。

图 6-12 是电机转速 $n=30\,000$ r/min 时的 a 相空载磁链和反电势的波形。由图可见，当 i_f 由 5 A 增加到 10 A 时，磁链的最大值增加，最小值减小，减小的量等于最大值增加的量，因此反电势也增加。当 i_f 由 10 A 增加到 15 A 时，磁链的最大值和最小值基本不变，电势也基本不变。

图 6-13 是励磁绕组自感及齿槽转矩波形。励磁绕组自感随转子位置角变化很小，齿槽转矩的峰峰值也很小。

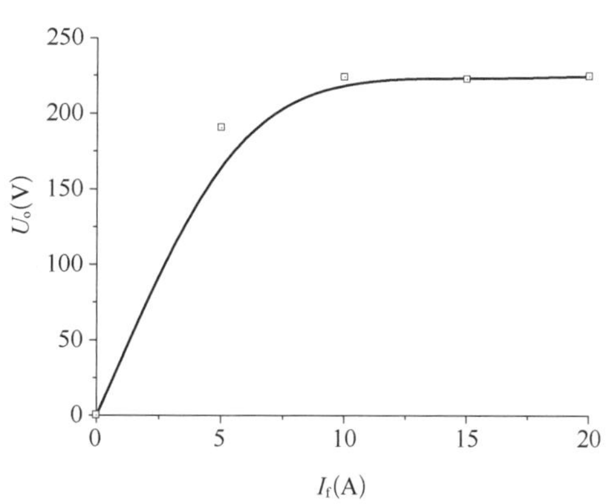

图 6-11　12/10 高速电机的空载特性 ($n=30\,000$ r/min)

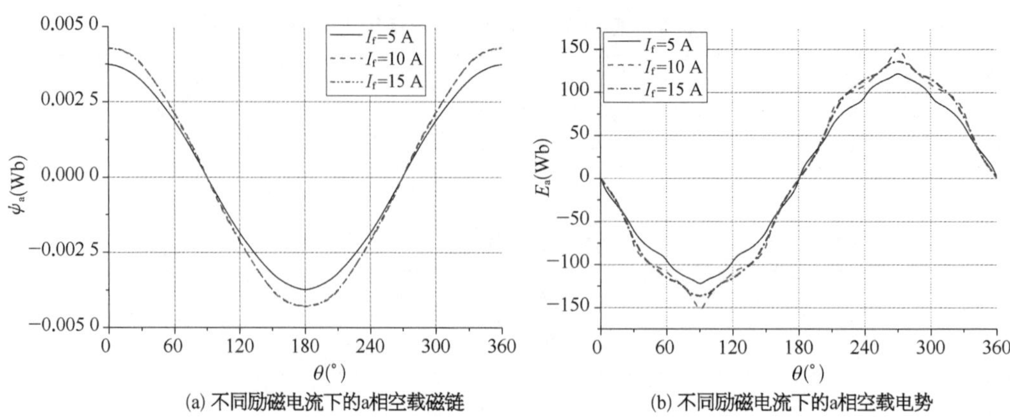

(a) 不同励磁电流下的a相空载磁链
(b) 不同励磁电流下的a相空载电势

图 6-12　12/10 电机不同励磁电流下的 a 相空载磁链和电势(n=30 000 r/min)

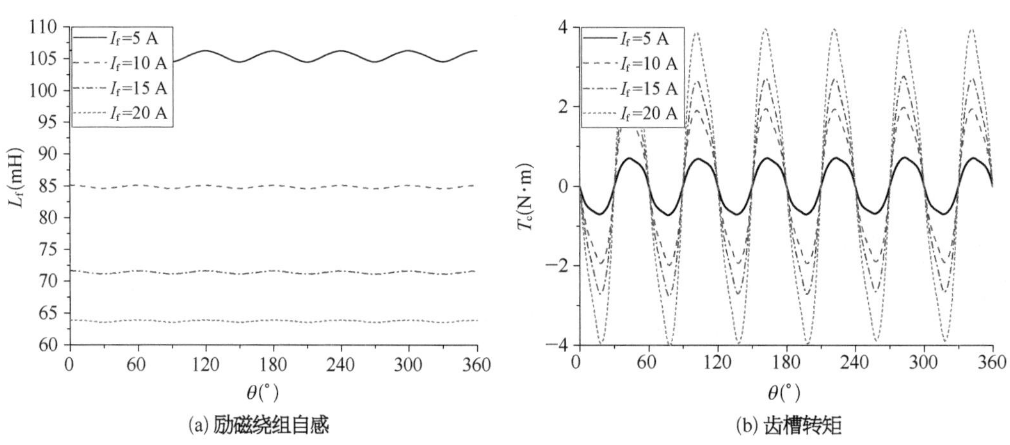

图 6-13　12/10 电机励磁绕组自感及齿槽转矩波形

表 6-26 是不同转子极宽、不同励磁电流下齿槽转矩的最大值。由表可见，当电机深度饱和时，转子极宽为 160°时齿槽转矩最小；而当电机不饱和时，转子极宽为 170°时齿槽转矩最小。可见适当增加转子极宽可以减小齿槽转矩的脉动。

表 6-26　不同转子极宽下的齿槽转矩最大值　(N·m)

转子极宽(°) \ i_f	5 A	10 A	15 A	20 A
120	0.436 1	1.494 6	3.009 2	5.311 1
130	0.733 0	2.188 2	3.895 0	6.463 6
140	0.774 0	3.588 5	5.857 3	8.343 5
150	0.726 7	1.985 8	2.773 6	4.038 9
160	0.453 6	0.975 2	1.143 7	2.122 6
170	0.106 7	0.962 2	3.237 3	5.558 9
180	0.561 1	2.216 5	5.299 7	8.489 1

6.2.2 12/10 电机的发电工作特性

图 6-14 是不同转子极宽下电机的空载特性。由图可见，当电机不饱和时，转子极宽对空载输出电压影响很小；当电机饱和时，减小转子极宽，空载输出电压略有增加，增加转子极宽，空载输出电压有明显下降。

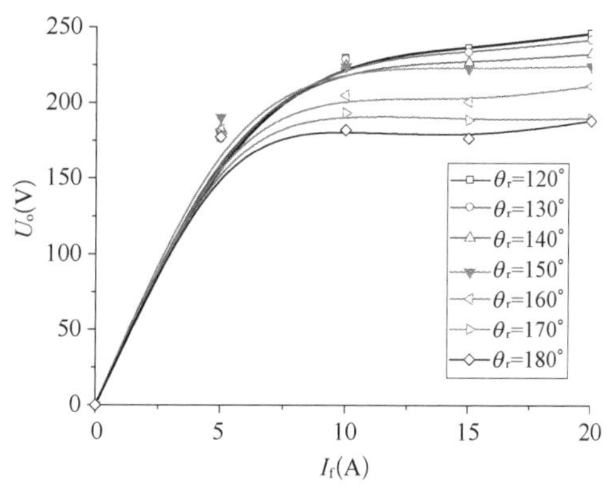

图 6-14 12/10 高速电机不同转子极宽下的空载特性(n=30 000 r/min)

图 6-15 是励磁电流 i_f=10 A 时不同转子极宽下的 a 相磁链，右图为局部放大图，转子极宽减小时，磁链最大值和最小值变化很小，不足 0.000 1 Wb，转子极宽增加时，磁链最大值和最小值的量均明显减小，因此相电势有明显的下降，空载输出电压也明显下降。

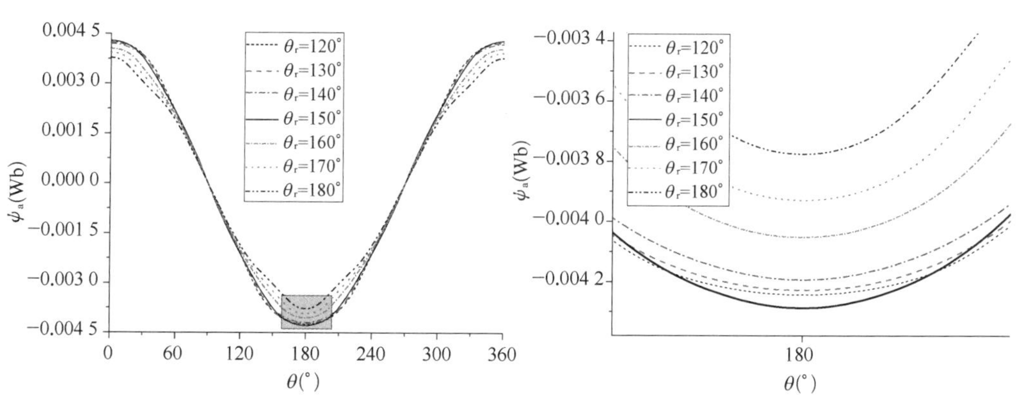

图 6-15 不同转子极宽下的 a 相磁链波形(i_f=10 A，n=30 000 r/min)

a 相定子极与转子极或转子槽对齐时，a 相磁链达到最大值或最小值，当转子极宽减小时，磁路饱和，磁导基本不变，因此磁链变化很小；当转子极宽增大时，漏磁通增加，因此磁链减小。

图 6-16 是不同转子极宽下励磁电流为 10 A 时电机发电负载工作的外特性和功率特性曲线。同一负载下，转子极宽越大，输出电压越低，输出功率也越低。但外特性的变化趋势一样，即电枢电流对不同转子极宽的去磁效应是一样的。转子极宽增加，最大输出功率降低，最大输出功率点左移，输出电流减小。

6.2.3 12/10 电机的空载悬浮力

磁浮轴承是借助电磁力使转子悬浮的非机械接触式轴承，有两种类型，被动磁浮轴

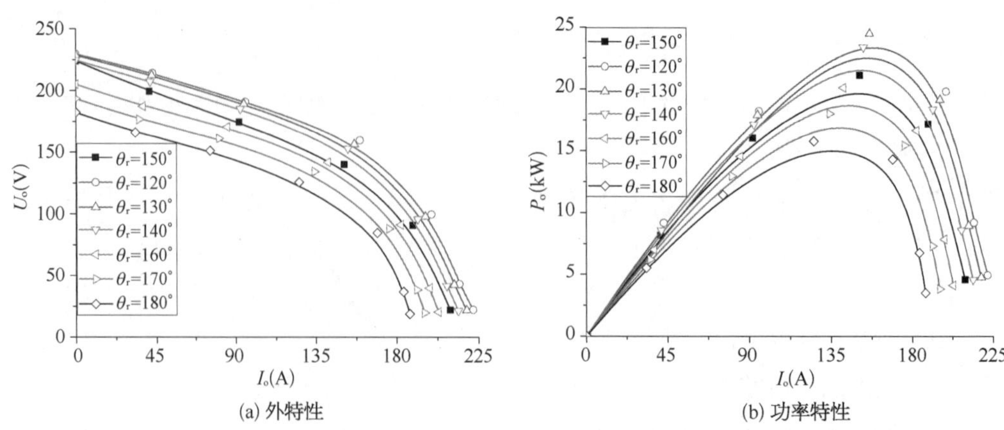

图 6-16　不同转子极宽下的外特性和功率特性(i_f=10 A, n=30 000 r/min)

承是借助永久磁体间斥力构成的轴承，没有控制线圈，结构简单。主动控制磁浮轴承是借助控制线圈电流大小实现转子悬浮的轴承。本节讨论的属于第二种磁浮轴承，借助于 12/10 电机本体实现磁轴承功能。

转子悬浮的方法是在转子上作用 x 和 y 两个互相垂直的电磁力，y 方向的力 F_y 与转子重力方向相反，用于平衡转子重力和转子质量不平衡的 y 方向的力，x 方向的力 F_x 用于平衡转子质量不平衡导致的 x 方向的力。

为了形成 F_y 和 F_x，在电机的定子极上除有每极一个励磁原件和电枢元件外，还设有两个 y 方向悬浮控制线圈和两个 x 方向的悬浮控制线圈 W_x，如图 6-17 所示。图中未画出电枢元件，W_f 为励磁绕组，12 个励磁元件互相串联构成 6 对极励磁磁势，$W_{y1}W_{y2}$ 为 y 轴悬浮绕组，W_{y1} 和 W_{y2} 反向串联，若 W_{y1} 中通入电流 i_y 时，产生的 $W_{y1}i_y$ 磁势与该极上的励磁磁势 W_fi_f 同方向，使合成励磁磁势加强，则 $W_{y2}i_y$ 的磁势与该极上的励磁磁势 W_fi_f 反方向，使该极的合成励磁磁势减弱。若 i_y 反向，则 $W_{y1}i_y$ 的作用正相反。$W_{x1}i_x$ 和 $W_{x2}i_x$ 在 x 轴方向的作用与 y 轴的悬浮线圈作用类似，仅作用方向为 x 方向。

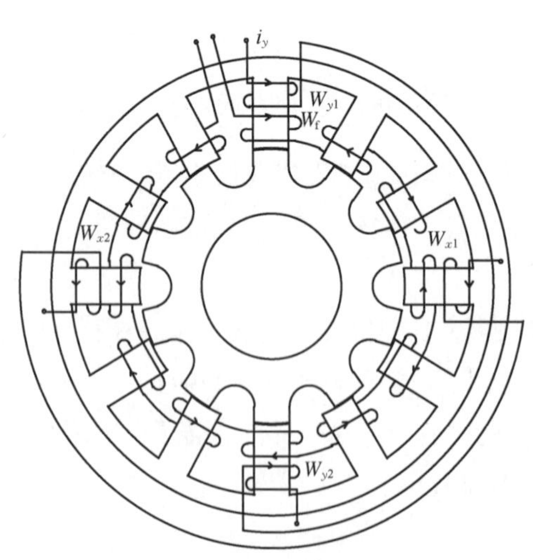

图 6-17　磁悬浮电机截面图(图中未画出电枢元件)

图 6-18 是不同励磁磁势下电机空载，分别施加 y 轴和 x 轴悬浮磁势时悬浮力 F_y 和 F_x 随转子位置角的变化情况。比较同一励磁磁势下的悬浮力，悬浮磁势越大，悬浮力越大。比较同一励磁磁势和悬浮磁势下的 F_y 和 F_x，大小相同，仅仅是

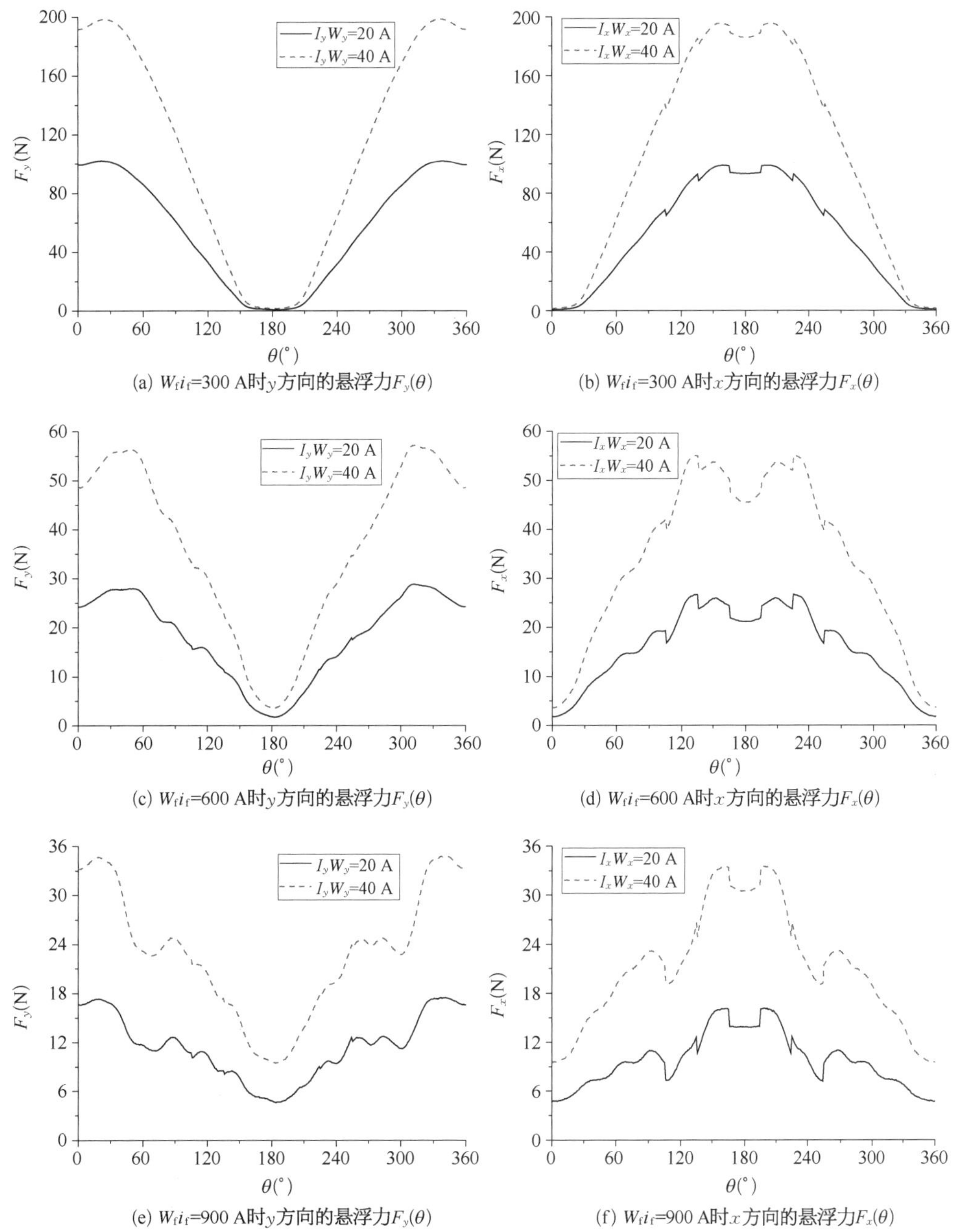

(a) W_fi_f=300 A时y方向的悬浮力$F_y(\theta)$

(b) W_fi_f=300 A时x方向的悬浮力$F_x(\theta)$

(c) W_fi_f=600 A时y方向的悬浮力$F_y(\theta)$

(d) W_fi_f=600 A时x方向的悬浮力$F_x(\theta)$

(e) W_fi_f=900 A时y方向的悬浮力$F_y(\theta)$

(f) W_fi_f=900 A时x方向的悬浮力$F_x(\theta)$

图 6-18 电机空载时磁浮力随转子位置角的变化情况

相位不同。无论是 F_y 还是 F_x，均在悬浮线圈所在相的定子极与转子槽对齐处达到最小值，且最小悬浮力随着励磁电流的增加而增加。而最大悬浮力并不在悬浮线圈所在相的定子极与转子极对齐的位置，而是有一定的偏移，且随着励磁电流的改变不断改变，最大悬浮力随着励磁电流的增加反而减小。

图 6-19 是励磁磁势 $W_fi_f=300$ A，悬浮磁势 $I_yW_y=40$ A 时不同转子位置的磁

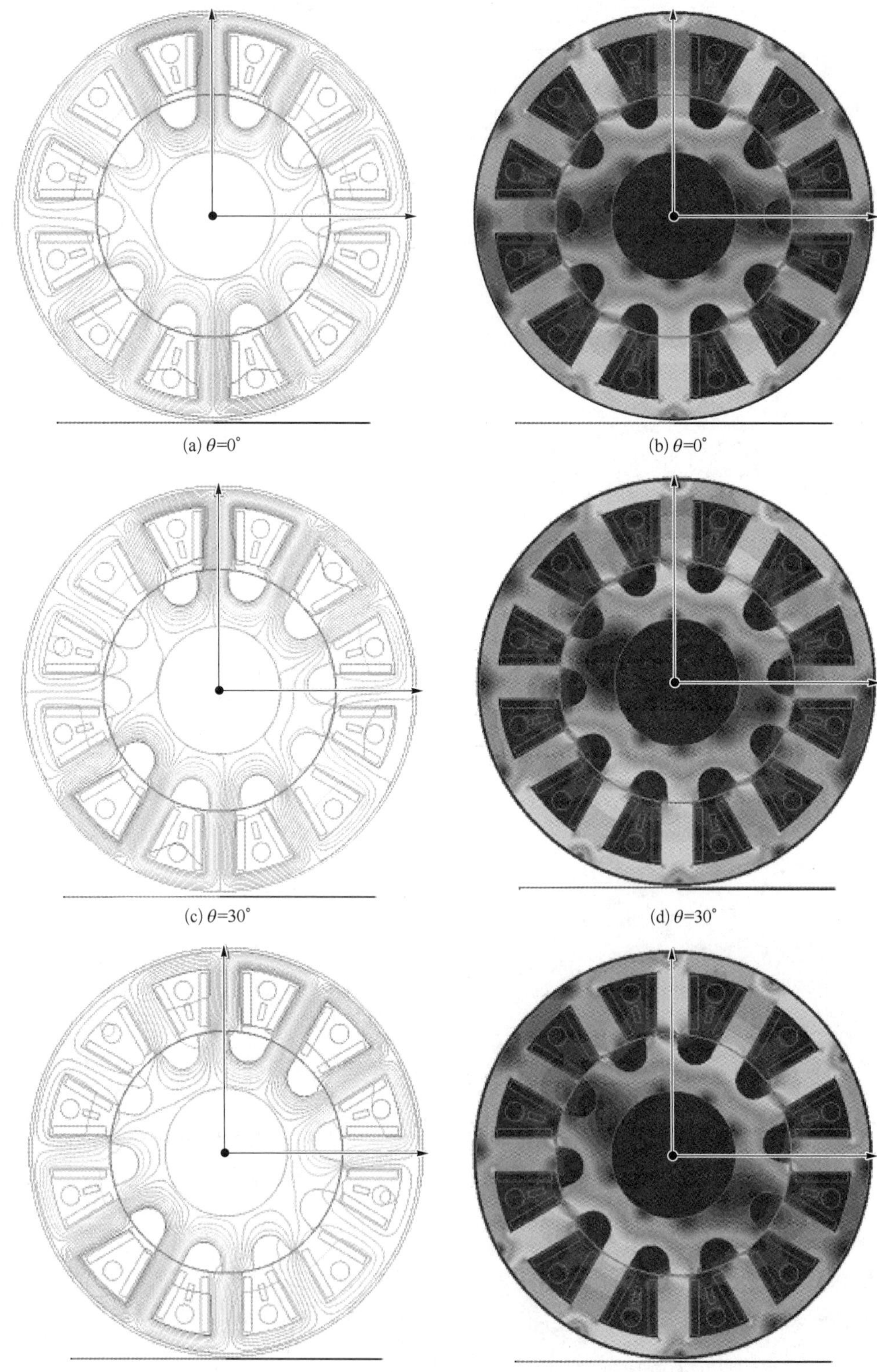

(a) θ=0°

(b) θ=0°

(c) θ=30°

(d) θ=30°

(e) θ=60°

(f) θ=60°

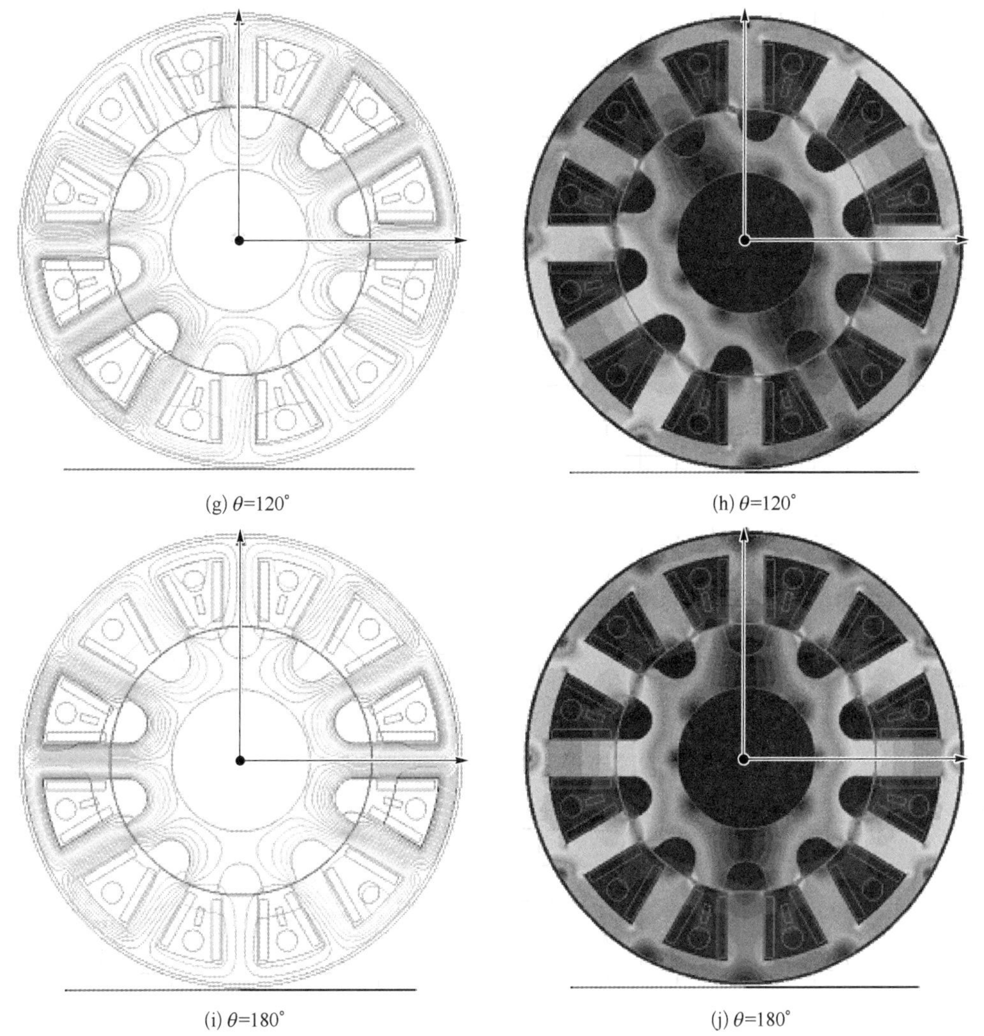

图 6 - 19　不同转子位置时刻的磁力线分布图和磁密云图($W_fi_f=300$ A，$I_yW_y=40$ A)

力线分布图和磁密云图。其中磁密云图中的磁密最大值为 1.55 T。在 $\theta=0°$ 时，y 轴悬浮线圈所在的定子极与转子极对齐，由磁密云图可以明显看出 +y 轴上的定子极与 −y 轴上的定子极有明显的磁密差，差值越大，F_y 越大。随着转子旋转，磁密差整体上呈先上升后下降的趋势，在 $\theta=180°$ 定转子槽对齐时，经过上下两个定子极的磁力线均为 4 根漏磁磁力线，磁密差接近于 0，悬浮力 F_y 达到最小值。

图 6 - 20 是励磁磁势 $W_fi_f=600$ A，悬浮磁势 $I_yW_y=40$ A 时不同转子位置的磁力线分布图和磁密云图，磁密云图中的磁密最大值为 1.90 T。

比较图 6 - 20b 和图 6 - 19b，很明显当 $W_fi_f=600$ A 时电机饱和，磁密差小于 $W_fi_f=300$ A 时的磁密差，因此励磁磁势为 600 A 时的悬浮力小。比较图 6 - 20f、g 和图 6 - 19i、h，$W_fi_f=600$ A 时的磁力线根数更多，且磁密差差值略大于 $W_fi_f=300$ A

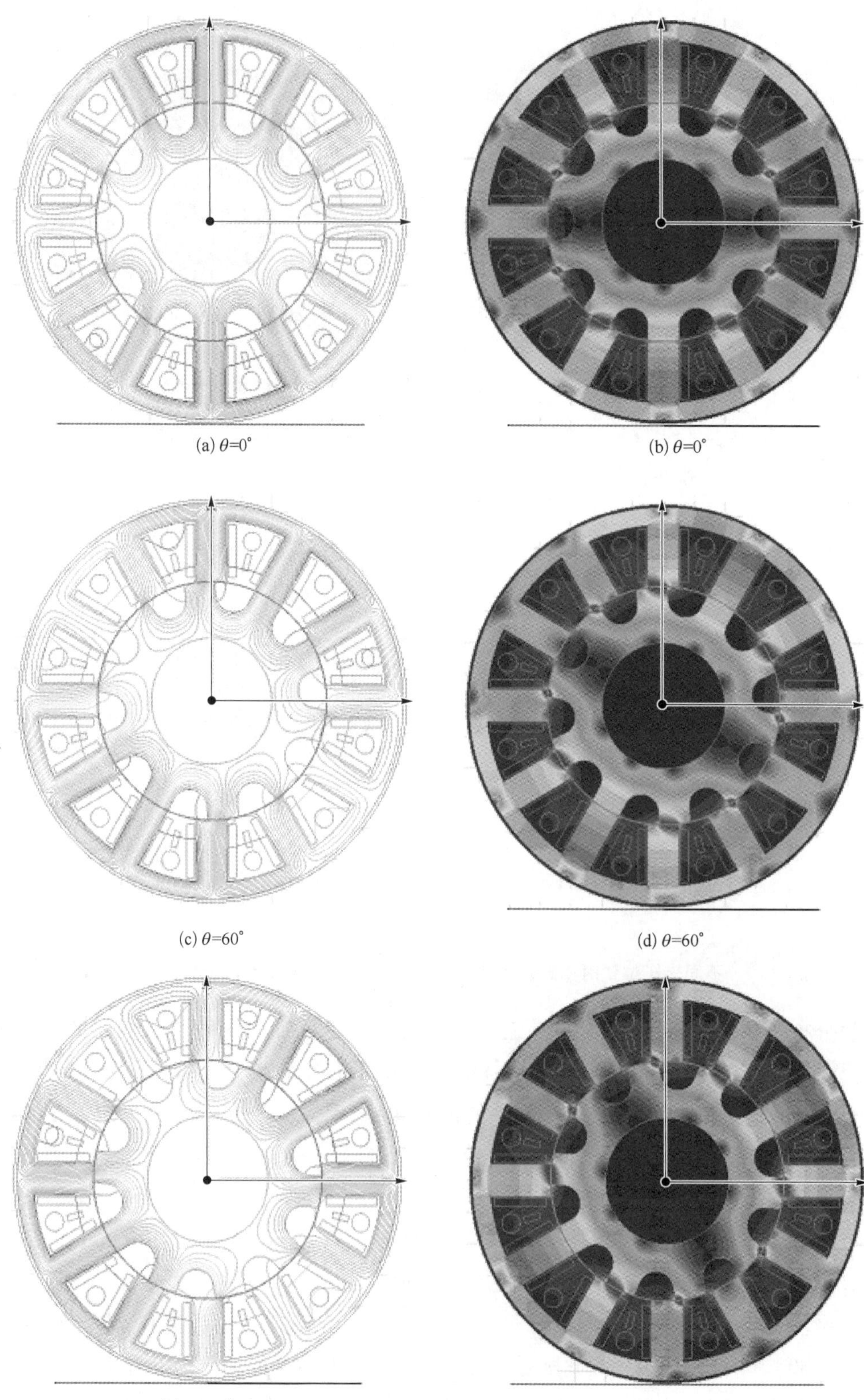

(a) θ=0° (b) θ=0°

(c) θ=60° (d) θ=60°

(e) θ=120° (f) θ=120°

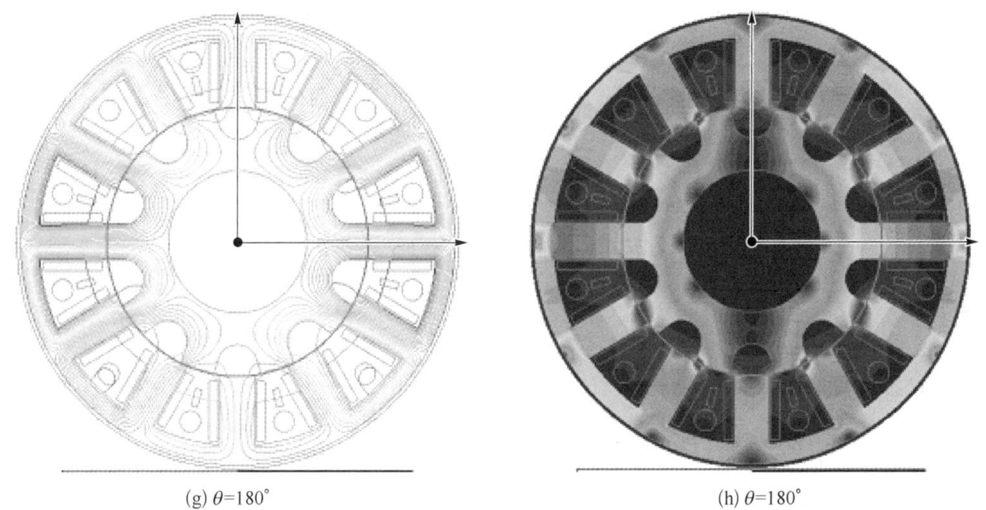

(g) θ=180°　　(h) θ=180°

图 6-20　不同转子位置时刻的磁力线分布图和磁密云图($W_f i_f=600$ A, $I_y W_y=40$ A)

时的磁密差,因此在 $\theta=180°$ 位置处励磁磁势越大,悬浮力越大。

图 6-21 是转子位置处于 $\theta=0°$ 时在 x 或 y 轴方向磁浮线圈中通入不同电流时转子受到 x 轴或 y 轴方向的力的变化情况。

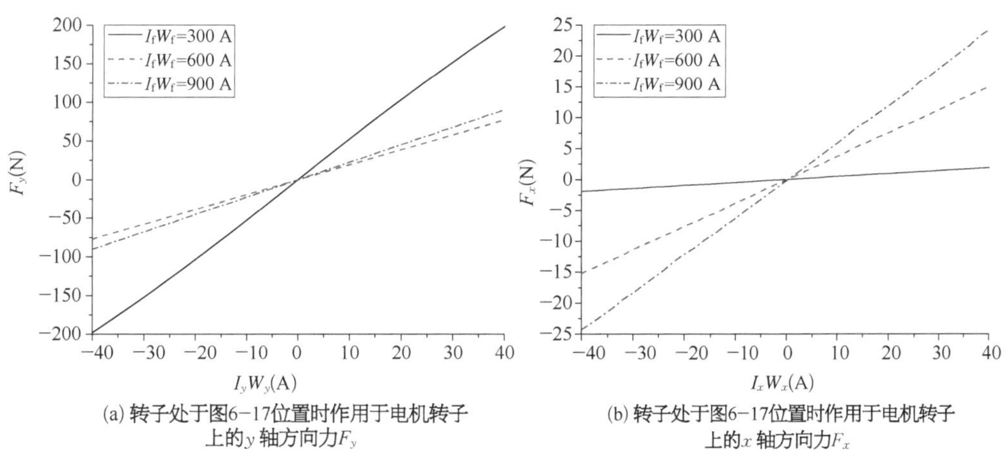

(a) 转子处于图6-17位置时作用于电机转子上的y 轴方向力F_y

(b) 转子处于图6-17位置时作用于电机转子上的x 轴方向力F_x

图 6-21　转子在固定位置时的悬浮力

由图可见,在转子极与 y 轴悬浮线圈所在相的定子极对齐时,若 $W_{y1} i_y$ 和 $W_f i_f$ 同方向,则 $W_f i_f+W_{y1} i_y>W_f i_f$, 而 $W_f i_f+W_{y2} i_y<W_f i_f$, 所以由 $W_y i_y$ 产生的磁浮力 F_y 向上,F_y 使转子合力 F_y+F_g 减小,其中 F_g 为转子所受重力。图 6-21a 中,同一$W_y i_y$ 磁势下,F_y 随着施加励磁磁势的增加而减小;图 6-21b 中,同一 $W_x i_x$ 磁势下,F_x 随着施加励磁磁势的增加而增大,这两点与上文的仿真分析结果一致。

正常工作时,转子处于连续旋转中,在一个电周期内,悬浮力的波动范围很大,这种

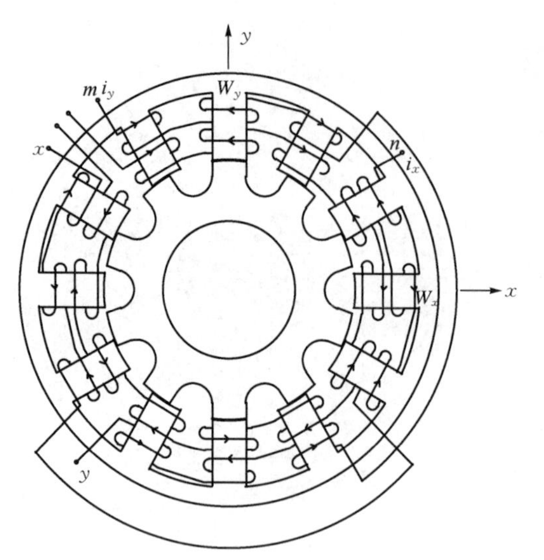

图 6－22　具有 6 个 y 向控制元件和 6 个 x 向控制元件的磁浮电机截面图(未画电枢元件)

状态截然不利于悬浮控制。为克服上述不足,让 W_y 由 y 方向 6 个元件串联构成,W_x 则由 x 方向 6 个元件串联构成,如图 6－22 所示。

图 6－23 是具有 6 个 y 向控制元件和 6 个 x 向控制元件的磁浮电机励磁磁势为 600 A 时的 y 和 x 方向的悬浮力与电机转子位置角的关系图。由图可见,随着悬浮磁势的增加,磁浮力的最大值和最小值均增加,但最大值增加较多。磁浮力最小值出现在定子极和转子槽对齐的位置,最大值出现在定转子极对齐的位置。

比较图 6－23 与图 6－18c、d,相同悬浮磁势下的悬浮力均有大幅度提升。这是因为当有 6 个 y 向控制元件时,若施加正的悬浮磁势,$+y$ 方向的 3 个控制元件均起增磁作用,$-y$ 方向的 3 个控制元件均起去磁作用,在相同转子位置时比仅有 2 个 y 向控制元件的磁密差大很多。

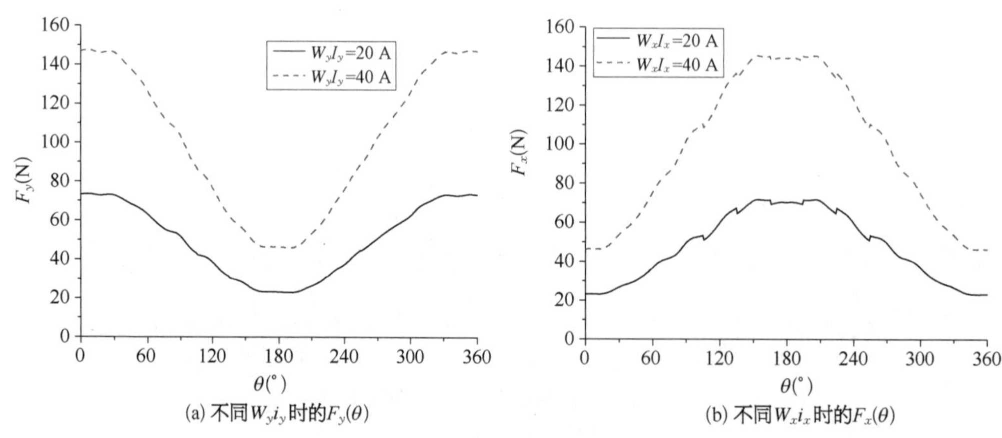

图 6－23　具有 6 个 x 和 y 向控制元件时的磁浮力随转子的变化情况

表 6－27 列出了仅有 2 个控制元件和具有 6 个控制元件的电机在相同条件下的磁浮力的值。控制元件增加,磁浮力的最大值增加了 2.5 倍左右,最小值增加了 13 倍左右,脉动由 1.5 降至 1 左右。磁浮力最小值之所以增加很多,是因为在 $\theta=180°$ 时,y 轴方向仅中间相的两个定子极与转子槽对齐,另外两相定子极与转子极均有 3°的对齐部分,$+y$ 和$-y$ 方向相比仅有 2 个控制元件时有更大的磁密差。

表 6-27 分别具有 2 个和 6 个控制元件的磁浮电机的磁浮力($W_f i_f$=600 A)

$W_y i_y$	y 向控制元件数	F_{ymax}	F_{ymin}	F_{yavg}	$(F_{ymax}-F_{ymin})/F_{yavg}$
20	2	28.80	1.71	18.10	1.50
	6	73.53	22.87	49.74	1.02
40	2	57.17	3.57	36.28	1.48
	6	147.45	46.05	99.86	1.02

6.2.4 悬浮力的控制

主动控制磁浮轴承是借助电磁吸力工作的，在其他条件相同时，吸力与定转子间气隙 δ 直接相关，δ 大吸力小，δ 小吸力大。因此当 y 轴线圈通入电流将转子往上吸引时，若没有主动控制，转子必一直吸引到 y 轴上方的气隙为零，定转子在上方相碰为止，不可能将转子浮在半空中。要让转子上下左右都不和定子内侧相碰，必须有闭环控制，并且控制的响应必须足够快。

图 6-24 是 12/10 电机磁浮线圈的控制电路。主动控制磁轴承在 y 轴的上下方有位移传感器，用于检测转子上移或下移的大小。若转子上移，y 轴上方传感器输出 u_{yu} 增大，下方传感器输出 u_{yl} 减小，差信号 $\Delta u_y = u_{yu} - u_{yl}$ 大于零。该信号送 y 轴放大器/控制器，控制器的输出使 y 轴控制线圈的 y 端通入电流，从而产生向下的力，使转子往下运动或称阻止转子往上运动。

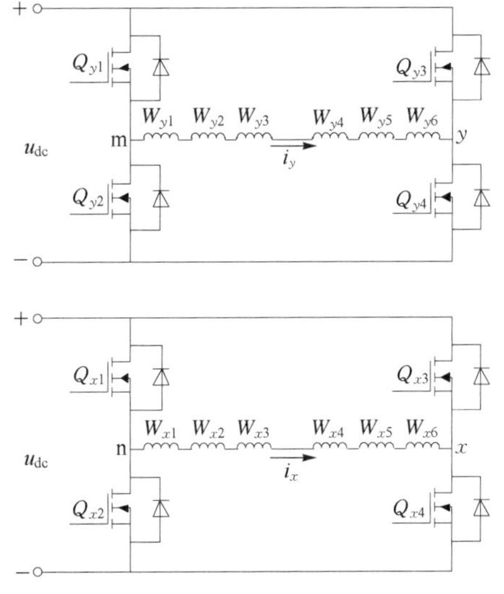

图 6-24 12/10 电机磁浮轴承的控制线圈和控制电路

与之相同，x 轴也有左右两位置传感器，检测转子向左或向右的位移，检测信号送 x 轴放大器/控制器以减小转子的偏移量。

由于转子的重量，在轴承系统工作前，转子的下方必靠在定子内径的下方，此时转子与定子间 y 轴上方的气隙最大，在 W_y 线圈送入电流时，此电流必须有足够的力把转子向上吸起。这个力称为起浮力。

磁浮轴承的刚度是轴承径向力与转子径向位移量之比，单位为 N/mm，或称为单位径向位移的吸力改变量。滚动轴承的刚度相当大，仅取决于轴承受力后的变形。磁轴承的刚度要小得多，因此保证磁轴承有足够大的刚度十分重要。

为了加快磁浮系统的响应速度，首先要加快控制线圈电流变化率，即 $\frac{\mathrm{d}i_y}{\mathrm{d}t}$ 和 $\frac{\mathrm{d}i_x}{\mathrm{d}t}$。

控制线圈电路的电压平衡方程为 $u_{dc}=ir+L\dfrac{\mathrm{d}i}{\mathrm{d}t}$，为了简化，式中不再标注 x 和 y 线圈，其中 r 是控制线圈的电阻，L 是控制线圈的电感，i 是通过控制线圈的电流，u_{dc}是电源电压，该式中忽略了开关管的导通压降。由此可见，减小控制线圈的电感 L、电阻 r 或加大电源电压 u_{dc}均有助于加快线圈电流变化速度。

6.2.5 发电工作对悬浮力的影响

图 6－25 是 12/10 电机发电工作，不同励磁磁势、不同悬浮磁势以及不同负载电流

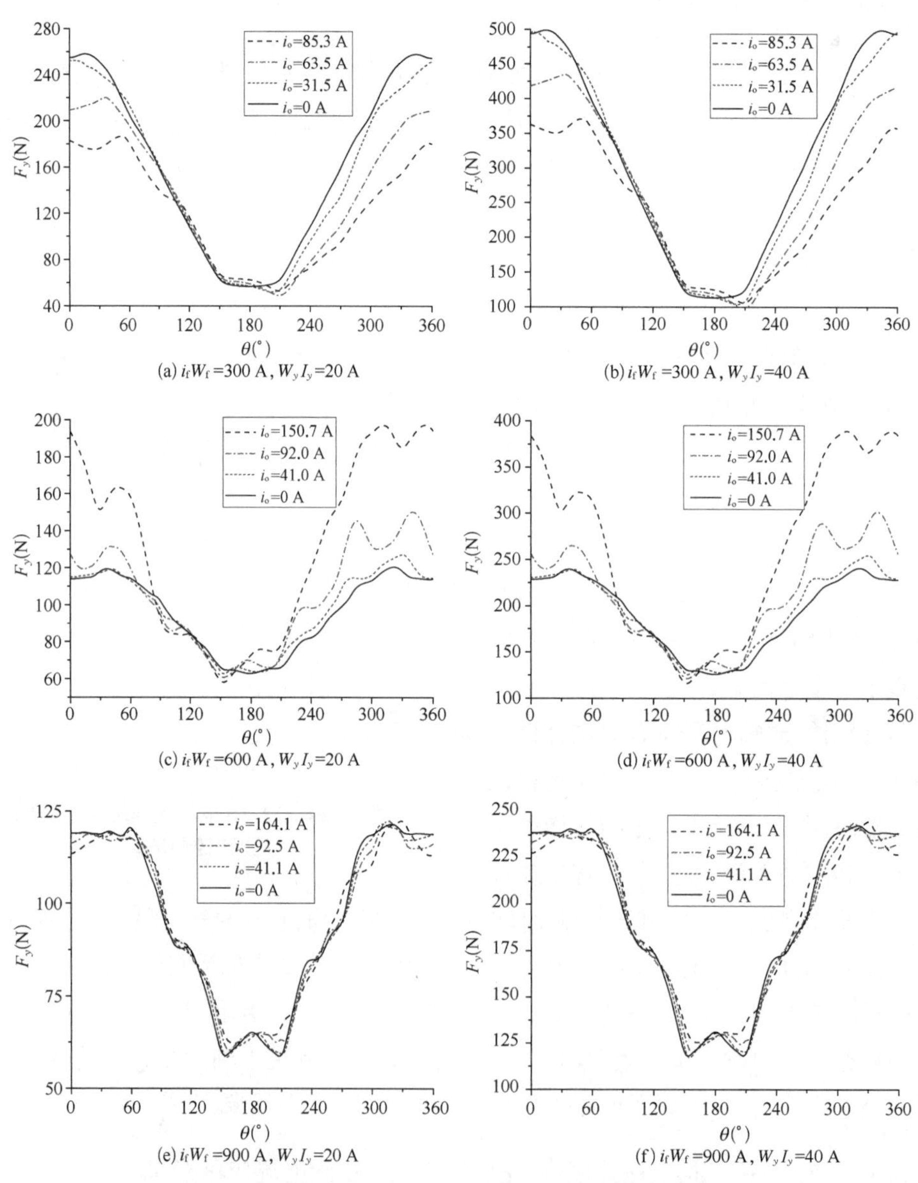

图 6－25　发电负载时不同励磁和不同悬浮磁势下的悬浮力

下的悬浮力。相电流的影响导致磁浮力不再关于转子位置角 180°对称。

由图 6-25a、b 可见，励磁磁势为 300 A 时，随着负载电流的增加，磁浮力最小值变化很小，出现在转子位置角 $\theta=210°$左右的位置，磁浮力最大值随着负载电流的增加而降低。图 6-26 是转子位置角在 $\theta=0°$时刻不同负载电流下的磁密云图，云图中的磁密最大值为 1.4 T。由图可见，负载电流对 y 向的 6 个定子极均起去磁作用，负载电流越大，去磁作用越强，而当励磁磁势为 300 A 时，电机未饱和，在磁密差相同时，磁密越低，悬浮力越小。

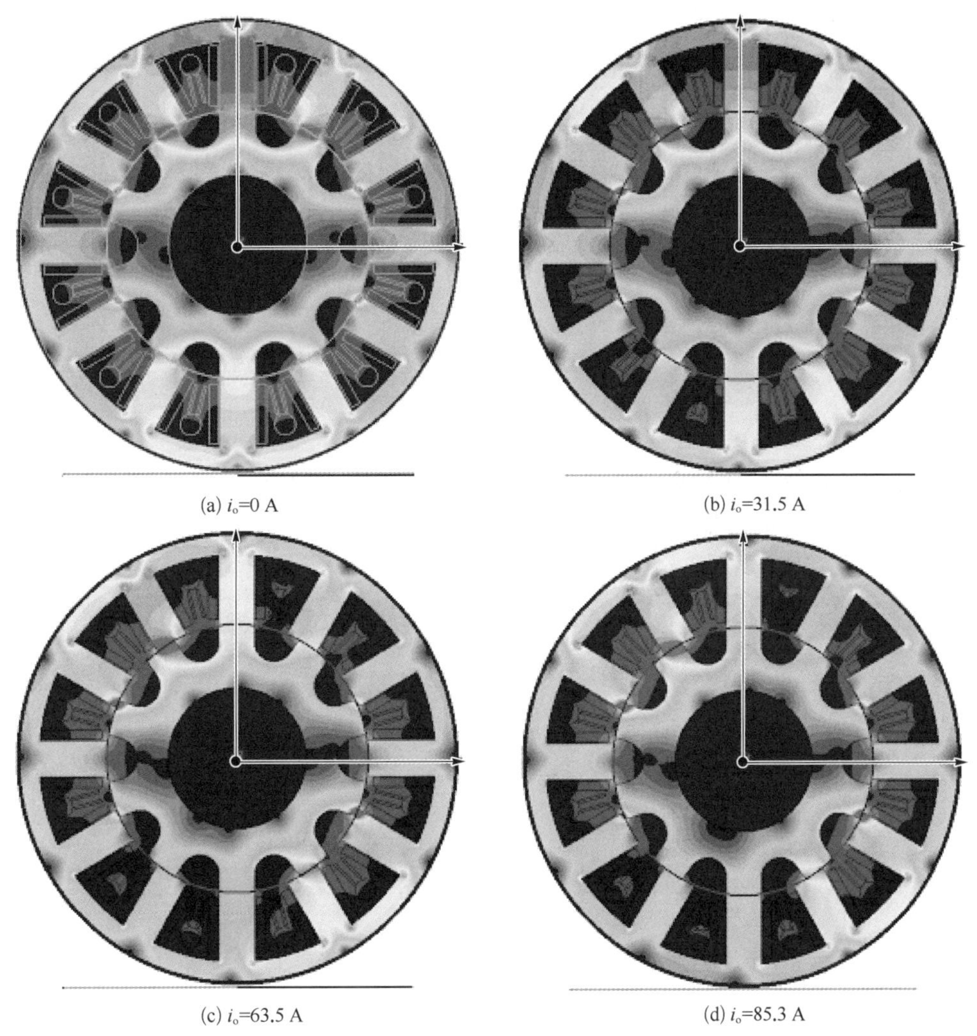

图 6-26　不同负载电流下的磁密云图($W_f i_f=300$ A，$I_y W_y=40$ A)

由图 6-25c、d 可见，励磁磁势为 600 A 时，随着负载电流的增加，磁浮力最小值变化很小，出现在转子位置角 $\theta=150°$左右的位置，磁浮力最大值随着负载电流的增加而增加。图 6-27 是转子位置角在 $\theta=0°$时刻不同负载电流下的磁密云图，云图中的磁密最大值为 1.8 T。由图可见，负载电流对 y 向的 6 个定子极均起去磁作用，负载电流越大，去磁作用越强，而当励磁磁势为 600 A 时，电机已经饱和。当负载电流较小时（图 6－27b），去磁作用很小，电机仍然处于饱和状态，磁浮力大小基本不变；当负载电流较大时（图 6－27d），去磁作用较强，电机磁密大大降低，处于不饱和状态，因此磁浮力上升。

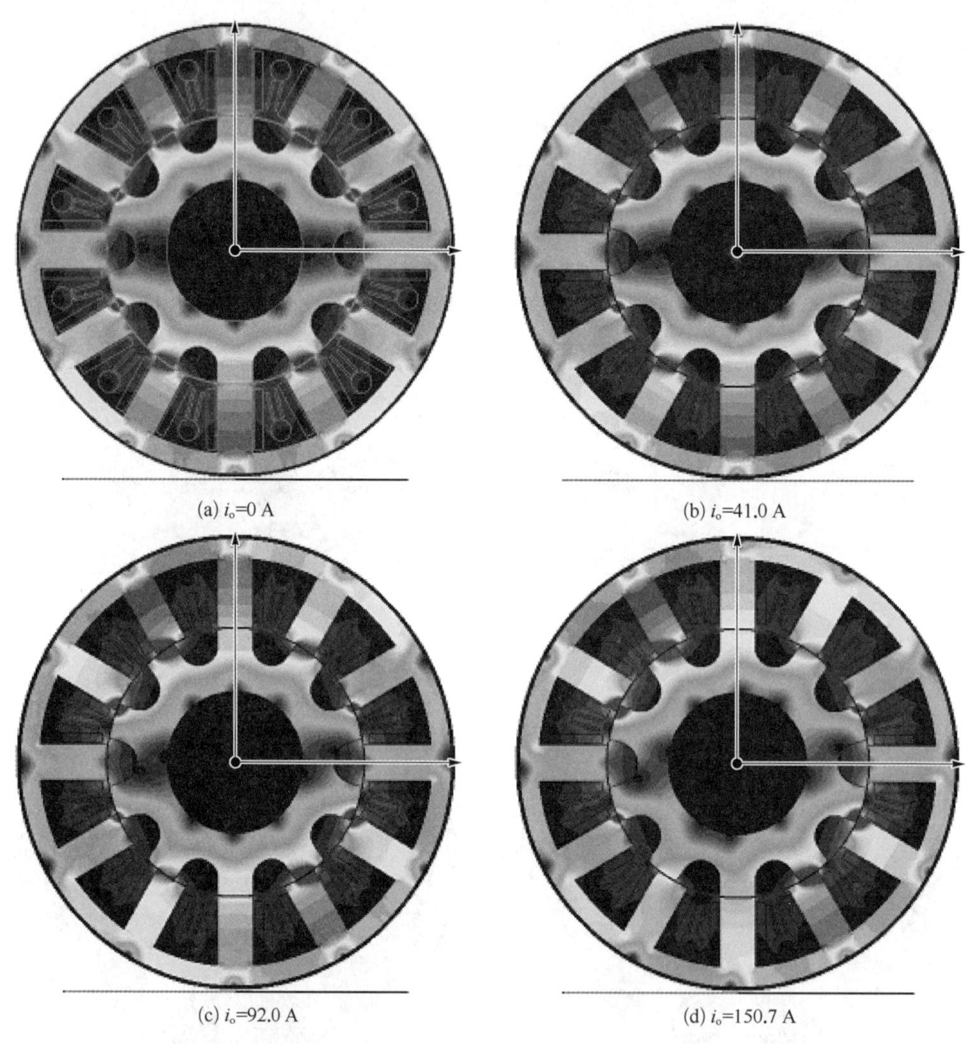

图 6－27　不同负载电流下的磁密云图（$W_f i_f$＝600 A，$I_y W_y$＝40 A）

由图 6－25e、f 可见，励磁磁势为 900 A 时，负载电流增加，磁浮力的波形基本不变，因为此时电机深度饱和，负载电流的去磁作用不足以使电机退出饱和。

图 6－28 是励磁磁势分别为 300 A、600 A 和 900 A 时不同悬浮磁势下的外特性和功率特性。由图可见，悬浮磁势不影响电机的发电负载运行特性。

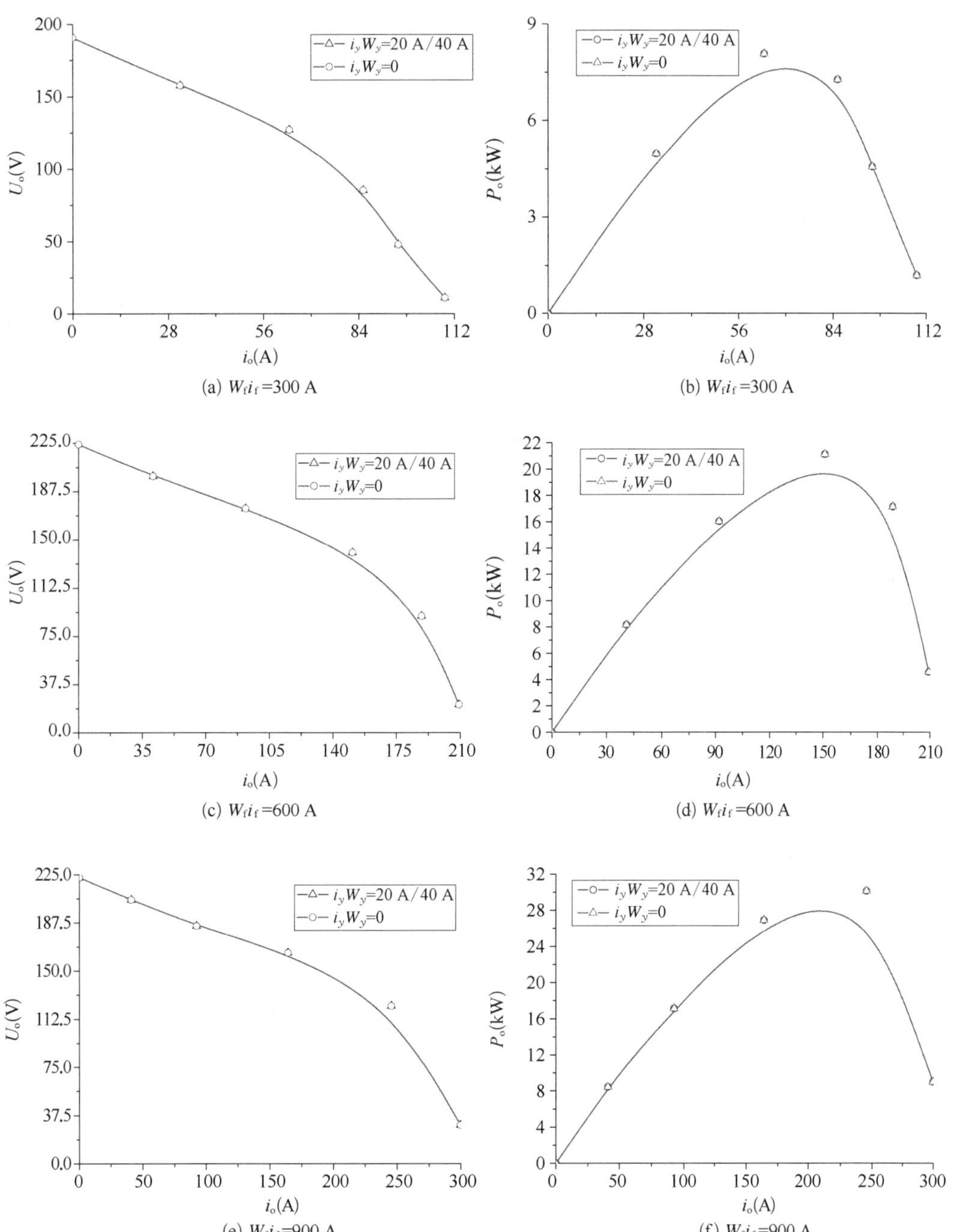

图 6-28　不同励磁磁势下加悬浮磁势和不加悬浮磁势时的外特性和功率特性

6.2.6　电动工作对悬浮力的影响

图 6-29 是向 12/10 电机中通入对称的三相正弦电流时的悬浮力的波形。电机不饱和时，悬浮力的波形发生畸变，同一励磁磁势、悬浮磁势和电枢磁势下，在前半个电周

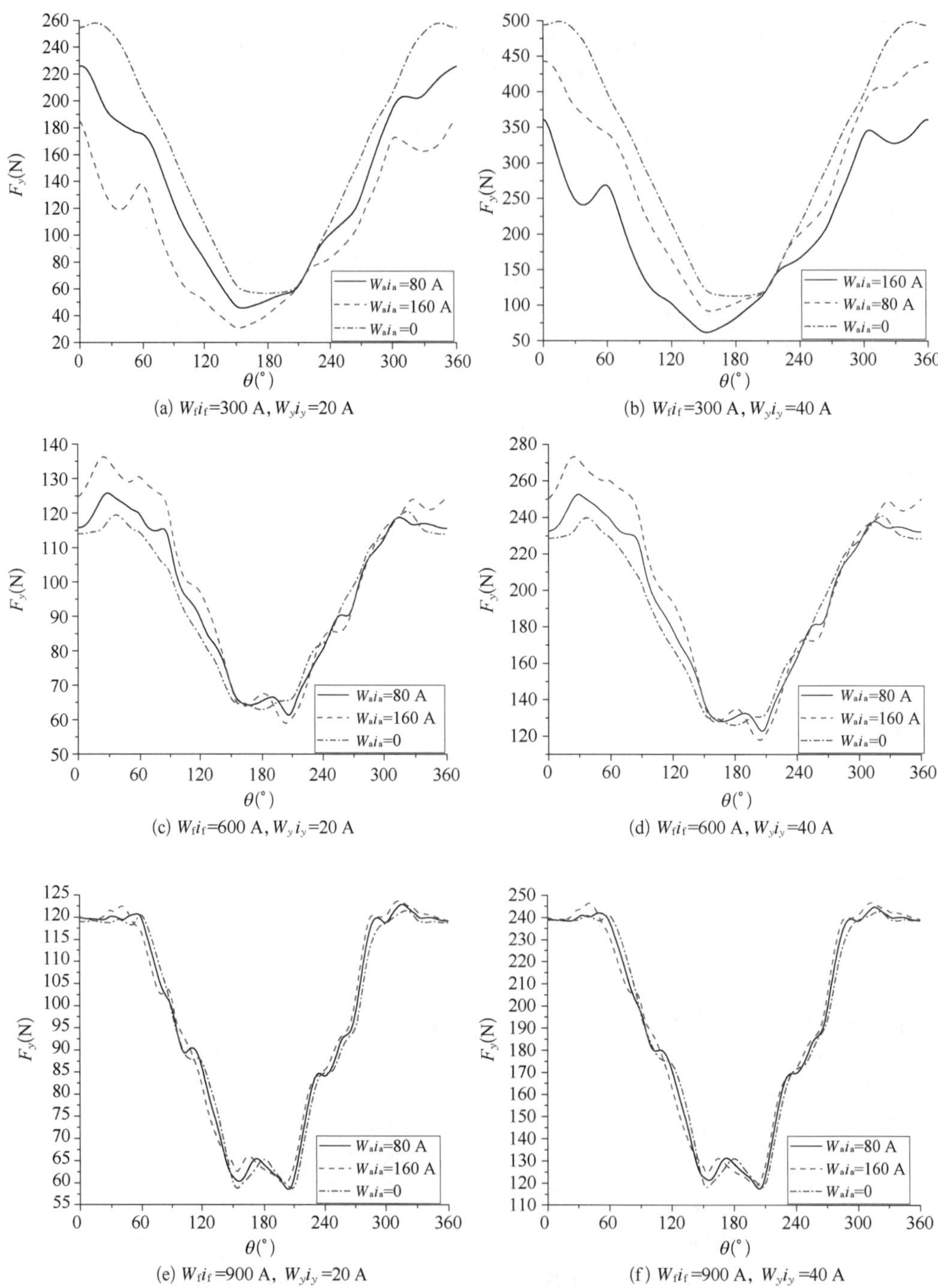

(a) $W_f i_f$=300 A, $W_y i_y$=20 A　(b) $W_f i_f$=300 A, $W_y i_y$=40 A

(c) $W_f i_f$=600 A, $W_y i_y$=20 A　(d) $W_f i_f$=600 A, $W_y i_y$=40 A

(e) $W_f i_f$=900 A, $W_y i_y$=20 A　(f) $W_f i_f$=900 A, $W_y i_y$=40 A

图 6 - 29　12/10 电机电动工作时的悬浮力(n=30 000 r/min)

期,悬浮力下降得较多,在后半个电周期下降量较少。

观察图 6 - 29e、f,电机深度饱和时,相电流对悬浮力的影响很小,两种不同大小相电流下的悬浮力的波形与空载时悬浮力的波形重合度较高。

相电流对悬浮力的影响与发电工作时一样，均是电机铁心不饱和时悬浮力变化较大，铁心深度饱和时悬浮力不受相电流的影响。同样，悬浮磁势对 12/10 电机的电动输出转矩没有影响，这里不再赘述。

6.2.7 本节小结

分布励磁的双凸极电机高速运行时，考虑到机械轴承的磨损等问题，可以利用自身的悬浮力使转子悬浮。

本节讨论的实例充分说明，悬浮绕组中的悬浮磁势对分布励磁线圈的双凸极电机的发电工作特性和电动工作特性没有任何影响，但无论是发电还是电动工作，在铁心不饱和的情况下，悬浮力都会受到相电流电枢反应的影响减小或增大，仅电机深度饱和时，悬浮力才能保持与电机空载状态下一致。

6.3 五相高速电机

双凸极电机既可在低速工作，也可在高速工作。由于电机转子为硅钢片叠成，能承受高速工作时大的离心力，更适用于高速工作。

高速电机因每匝电枢绕组的感应电动势高，故同样功率的电机体积重量小、功率密度高。

但是高速电机也带来不少问题。一是电机转速高，工作频率高，铁心损耗大；二是电枢绕组导体集肤效应大，交流电阻加大；三是转子风阻损耗大；四是轴承机械损耗加大。损耗的加大，体积的减小，电机发热加大，电机必须采取有效的冷却措施。

尽管双凸极电机转子结构简单牢固，但在高速工作时仍必须重视转子的结构与强度。必须改善电机的加工与装配精确度，保证转子足够精确的动平衡和同心度。防止转子在其临界转速范围内工作，转子的机械谐振频率必须和其工作频率有足够的差。

轴承是限制电机转速和高速电机工作寿命的关键。现在有三种解决高速电机轴承的方法：一是滑油润滑，二是用空气轴承，三是用磁浮轴承。滑油进入轴承室，一方面给轴承以润滑，另一方面带走轴承的热量，是采用机械轴承的高速电机所必需的。空气轴承和磁浮轴承是两种非接轴式轴承，有利于减少轴承损耗。空气轴承只能在大气中工作，在太空中无法使用空气轴承。

高速电机的另一个问题是噪声，包括电磁噪声、气动噪声和机械轴承的工作噪声，降低噪声也是高速电机的重要问题。

仍以实例来解析高速双凸极电机的电磁参数特点。

6.3.1 不同槽极配合的五相高速电机

10/4、10/6、10/7、10/8 四种结构的分布式励磁双凸极电机均可构成五相电机。以 10/4 结构电机为例分析，其相邻两极上电枢元件感应电势的相位差 $\alpha_1=\frac{360^\circ\times 4}{10}=144^\circ$，同理可以计算出另外三种结构的双凸极电机相邻两极电枢元件上感应电势的相位差分别为 216°、252°、288°，它们的相电势星形图如图 6-30 所示。

观察图 6-30 中的相电势星形图以及绕组的分配，这四种结构的电机均可以构成五相电机。表 6-28 列出了这四种五相电机的理想电动势半周的宽度以及第三气隙的大小。10/4 结构的五相电机电动势理想半周期波形较窄，10/8 结构的五相电机第三气隙较小，漏磁较大。

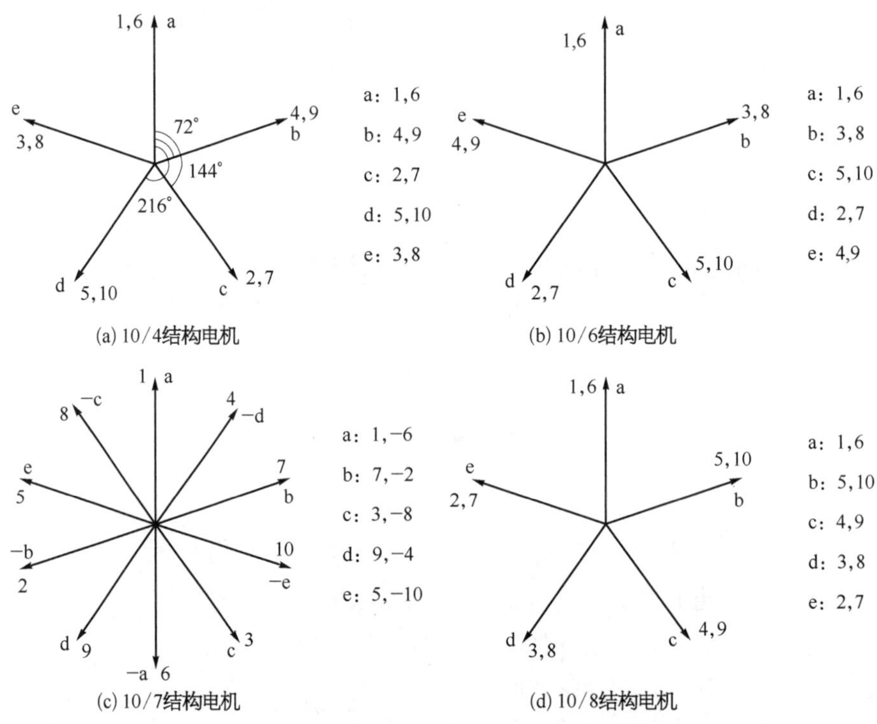

图 6-30 不同结构五相双凸极电机的相电势星形图

表 6-28 四种五相电机的理想电动势半周的宽度及第三气隙

电机结构	理想电动势半周宽(°)	极对数	第三气隙(°)
10/4	72	4	27
10/6	108	6	12
10/7	126	7	7.7
10/8	144	8	4.5

为了进一步比较这四种五相电机的工作性能，本节设计了表 6－29 的基本结构参数的电机。

表 6－29　四种五相电机的基本结构参数

参　　数	数　　据			
定子极数	10	10	10	10
转子极数	4	6	7	8
定子外径(mm)	126	126	126	126
定子内径(mm)	72.6	85	84.6	89
定子轭高(mm)	12	10	8.6	8.4
定子极高(mm)	14.7	10.5	12.1	10.1
定子齿宽(mm)	11.4	13.4	13.3	14.0
铁心长度(mm)	88	88	88	88
转子外径(mm)	72	84.4	84	88.4
转子内径(mm)	24	43.4	42.6	51.4
转子极高(mm)	12	10.5	12.1	10.1
转子极弧(°)	18	18	18	18
电枢每极匝数	8	6	6	5
励磁每极匝数	50	50	50	50
槽满率(%)	70	70	68	70

6.3.2　五相电机的静态参数

图 6－31 是四种不同结构五相电机在不同励磁电流下的励磁绕组自感波形。随着励磁电流的增加，磁路饱和程度增加，磁导减小，同一电机的励磁绕组自感降低。随着

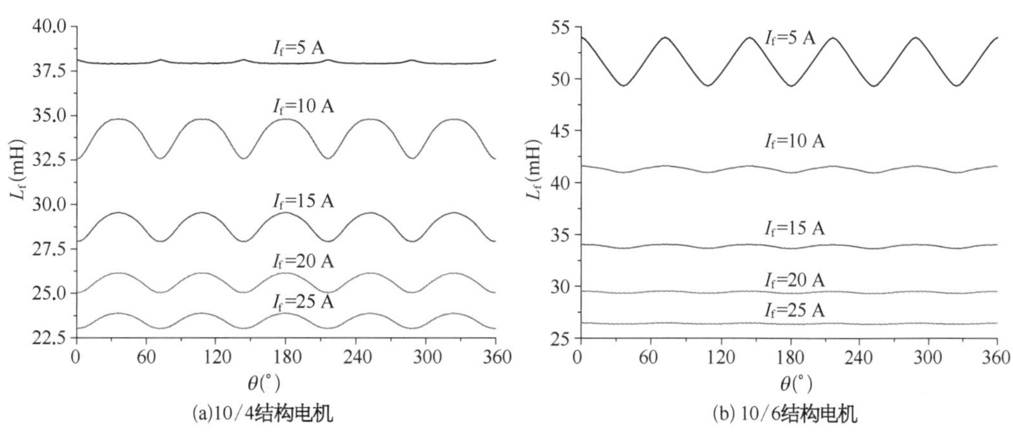

(a)10/4结构电机　　(b) 10/6结构电机

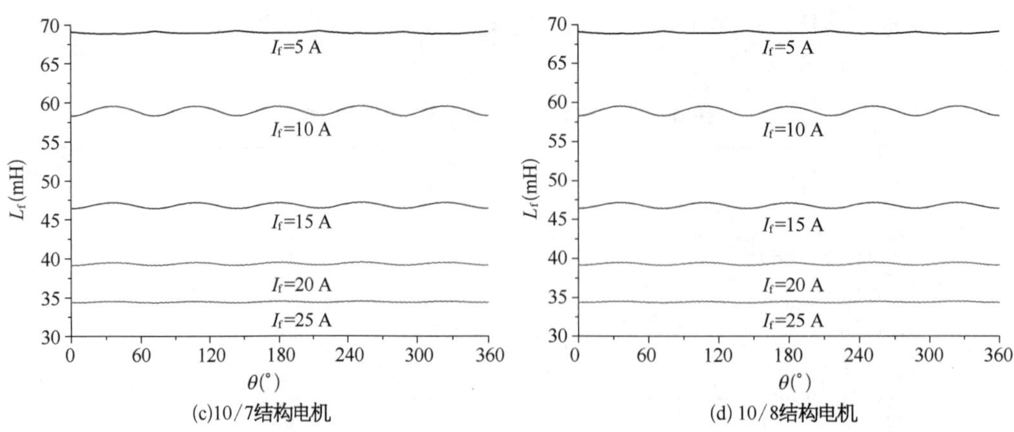

(c)10/7结构电机　　(d) 10/8结构电机

图 6-31　不同励磁电流下四种不同结构五相电机的励磁绕组自感(n=15 000 r/min)

电机转子极数的增加，磁路长度减小，磁导增加，同一励磁电流下的励磁绕组自感增大。

10/7 结构五相电机的励磁绕组自感随着转子位置角变化的波动最小，其次分别是 10/8、10/6 和 10/4 电机。因为 10/7 结构的电机定转子极数最小公倍数最大，为 70。

图 6-32 是不同励磁电流下四种不同结构五相电机的 a 相电枢绕组自感随转子位

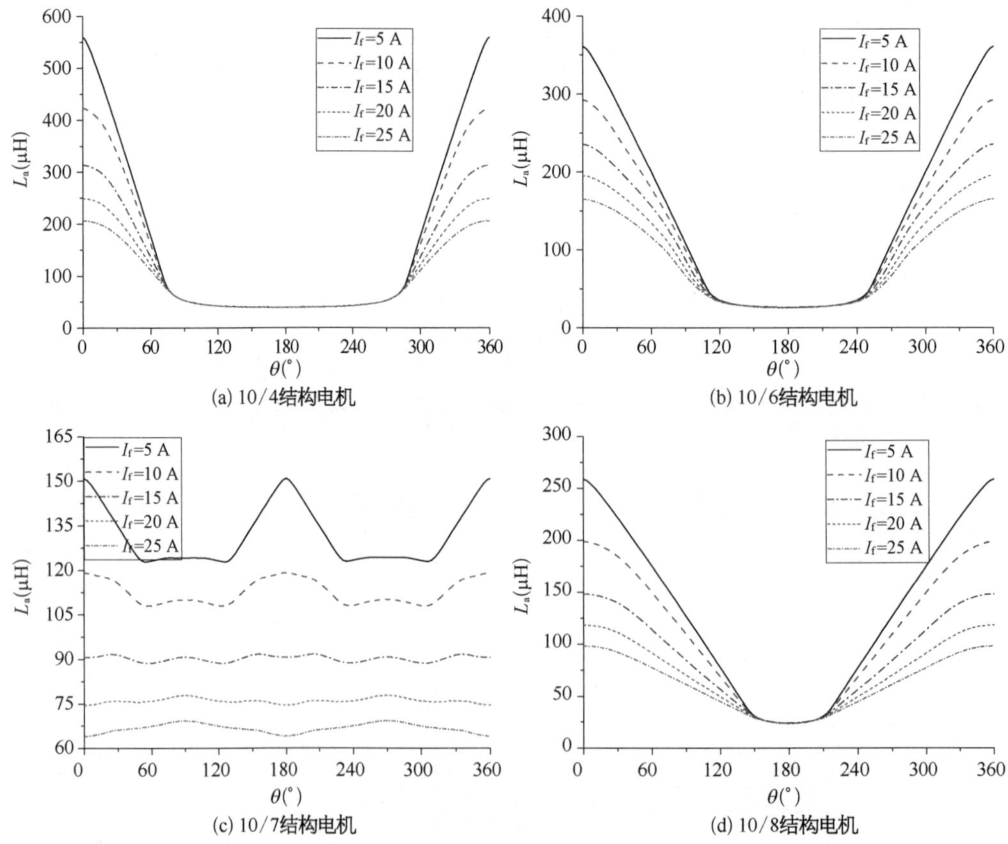

(a) 10/4结构电机　　(b) 10/6结构电机

(c) 10/7结构电机　　(d) 10/8结构电机

图 6-32　不同励磁电流下四种不同结构五相电机的 a 相电枢绕组自感(n=15 000 r/min)

置角的变化情况。初始位置为 a 相定子极与转子极对齐的位置，图 6－32a、b、d 中，当转子极开始转出 a 相定子极时，a 相绕组自感减小，当转子极完全转出 a 相定子极时，a 相绕组自感为最小。绕组自感值变化所占的区间宽度与表 6－28 中理想半电动势半周的宽度一致。图 6－32c 中，a 相电枢绕组自感波形有两个峰值，因为 10/7 结构的五相电机在转子初始位置 a 相定子极与转子极对齐时，相对的 a 相定子极与转子槽对齐。

图 6－33 是四种不同结构五相电机励磁电流为 10 A 时励磁绕组与电枢绕组间互感随转子位置角的变化情况。10/7 结构电机由于其电枢绕组正向串联，励磁绕组反向串联，励磁绕组与电枢绕组间互感正负对称。

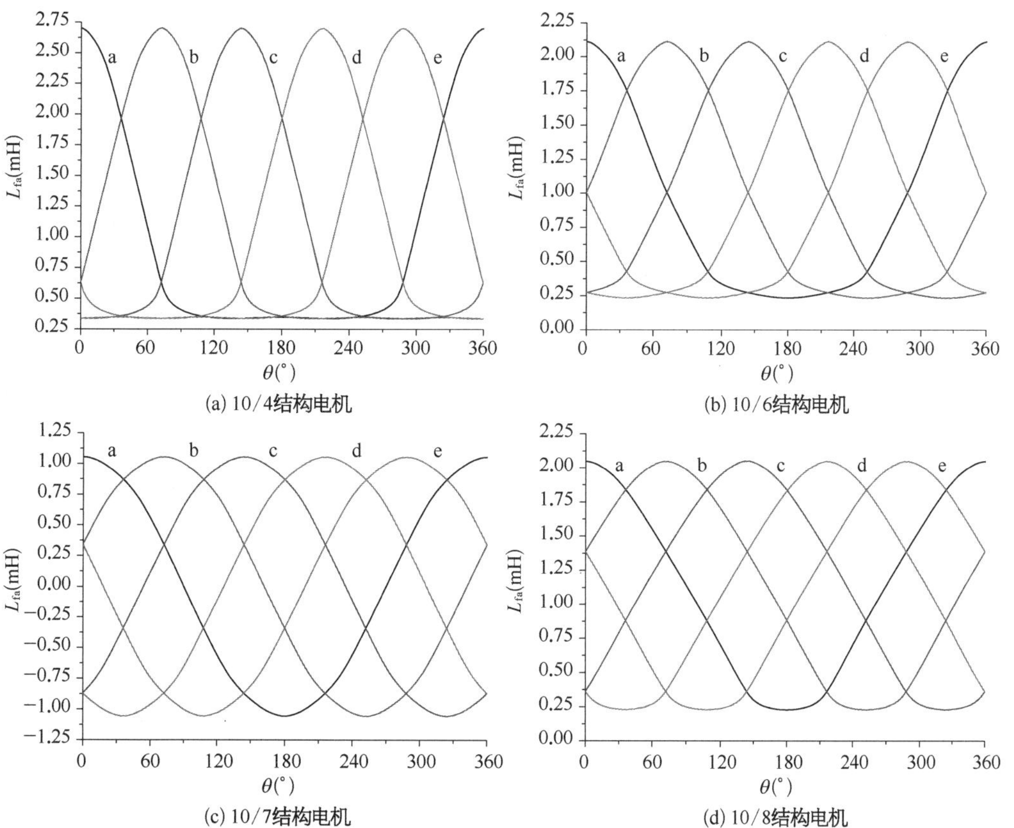

图 6－33　四种不同结构五相电机的励磁绕组与电枢绕组间互感(n＝15 000 r/min, i_f＝10 A)

五相电机各相电枢绕组间互感很小，此处不予分析。

6.3.3　发电工作电路和特性

五相电机发电工作时，既可以工作在如图 6－34a 所示的半波整流状态，又可以外接如图 6－34b 所示的全桥不控整流电路。本节讨论的为外接全桥不控整流电路时电机的发电工作特性。

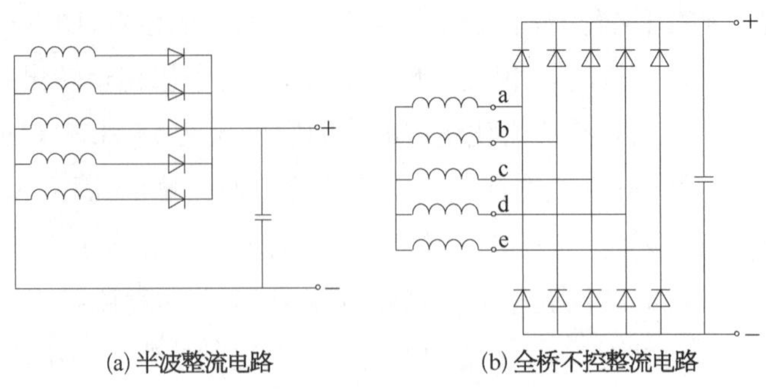

(a) 半波整流电路　　(b) 全桥不控整流电路

图 6－34　发电工作电路

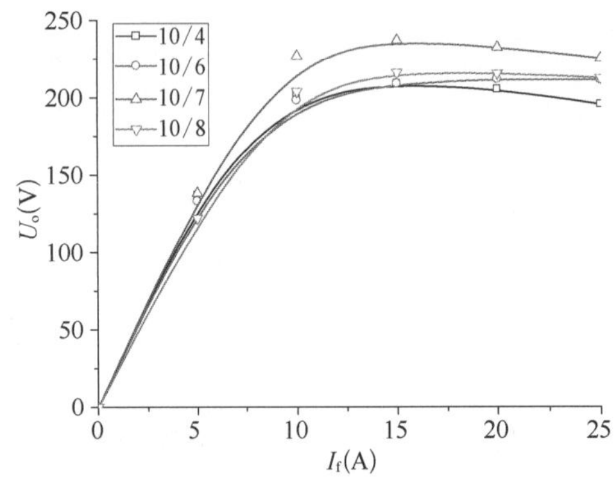

图 6－35　四个五相电机的空载特性

图 6－35 是表 6－29 中四个五相电机的空载特性曲线，这四个电机均在励磁电流为 10 A 时饱和。

图 6－36 是四个五相电机在励磁电流为 10 A，转子位置角为 0°时的空载磁力线分布图和磁密云图。观察左侧的磁力线分布图，10/4 结构的五相电机主磁路最长，其次依次为 10/6 结构、10/7 结构、10/8 结构，为了尽量保证这四个电机的空载特性接近，即要保证四个电机主磁路的磁导接近，其定子轭厚与定子极宽的比应当随着转子极数的增加而降低。观察右侧的磁密云图，该时刻 a 相电枢绕组缠绕的定子极的磁密为 10/7 最大，其次依次为 10/4 结构、10/8 结构、10/6 结构，与图 6－35 中励磁电流为 10 A 时的空载整流输出电压一致。

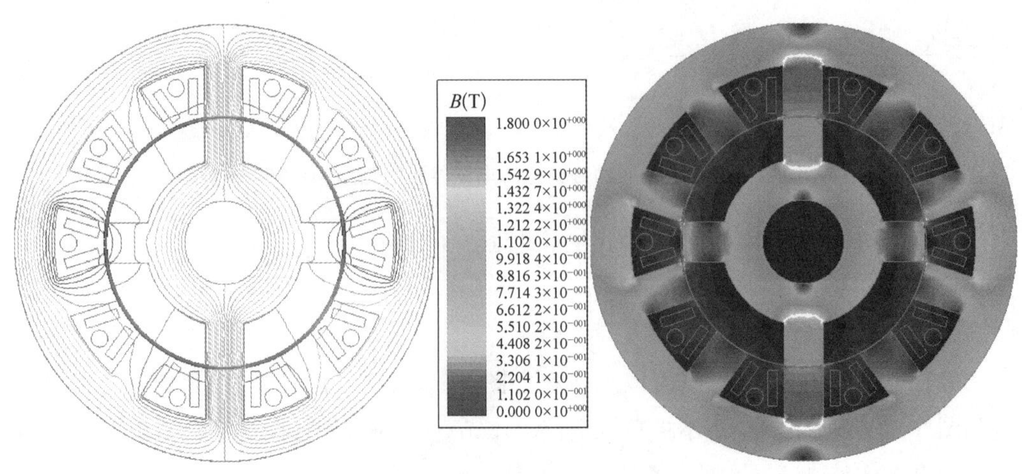

(a) 10/4结构五相电机的磁力线分布图和磁密云图

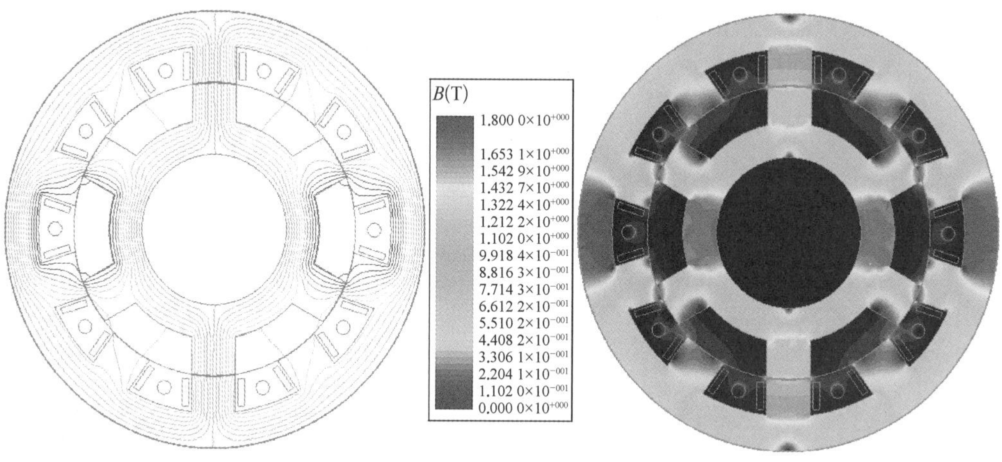

(b) 10/6结构五相电机的磁力线分布图和磁密云图

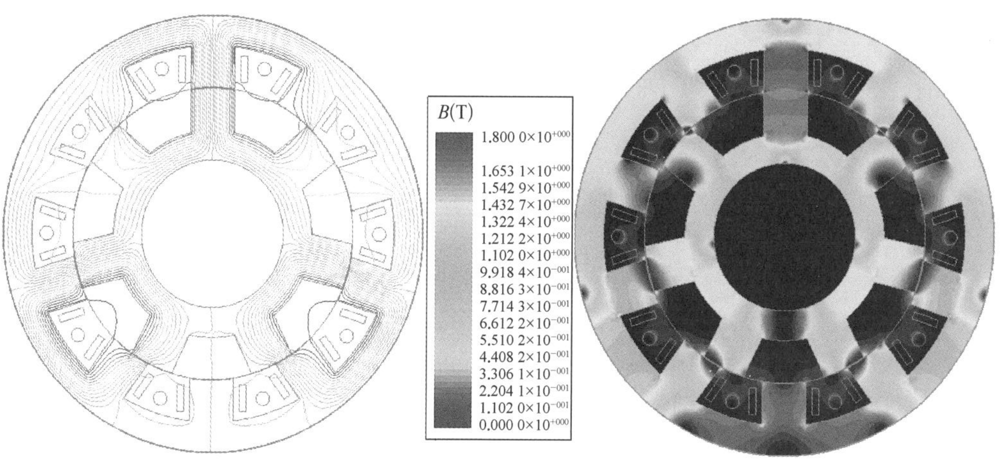

(c) 10/7结构五相电机的磁力线分布图和磁密云图

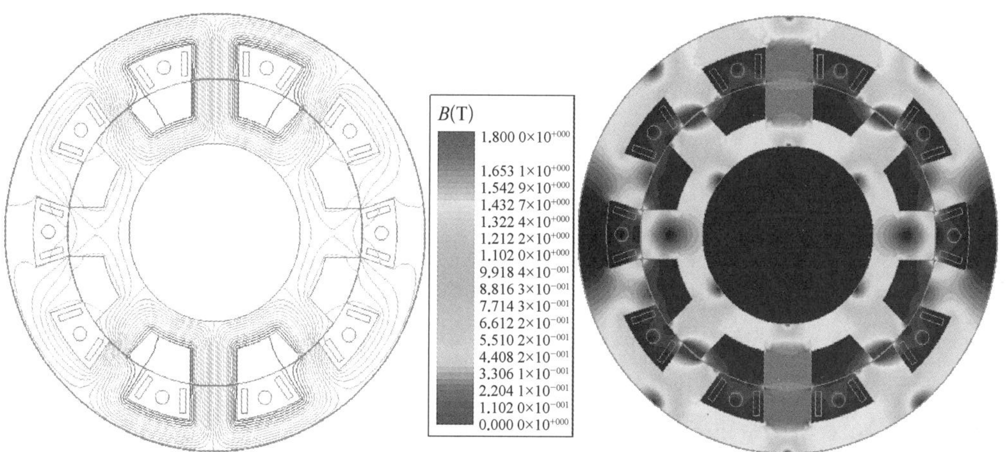

(d) 10/8结构五相电机的磁力线分布图和磁密云图

图 6-36 四种五相电机的磁力线分布图和磁密云图(n=15 000 r/min, i_f=10 A)

图 6－37 是四个五相电机励磁电流为 10 A 时的外特性和功率特性曲线。随着转子极数的增加，发电最大功率也增加，10/4 结构电机的最大功率仅有其他电机的一半不到。

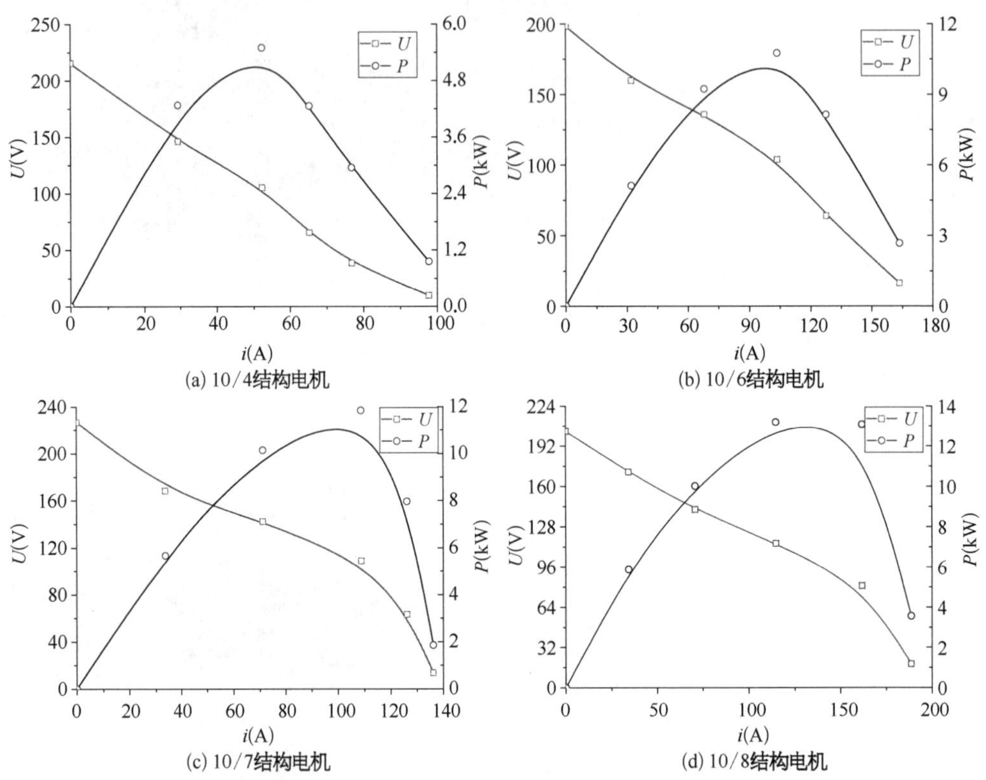

图 6－37　五相电机的外特性和功率特性曲线(n＝15 000 r/min，i_f＝10 A)

6.3.4　五相电机的容错特性

图 6－38 是四个五相电机励磁电流 10 A 时的相电势波形，均为不规则的方波，方波的平顶宽度与 6.3.1 节分析结果一致。五相电机相邻两相之间的相位差为 72°，则对于 10/6 结构、10/7 结构和 10/8 结构的电机来说，任一时刻均有两相绕组电势同时为高或为低，互为备份向负载供电。

图 6－39 给出了五相电机转速 15 000 r/min 时 a 相发生开路故障后整流输出电压的波形图，图中实线为发生开路故障时的电压波形，虚线为未发生开路故障时的电压波形。在一个电周期内，a 相开路均造成了 72°左右的电压缺口，与无故障时的整流输出电压相比，10/6 结构电机下降了 12.0％，10/7 结构电机下降了 9.1％，10/8 结构电机下降了 5.8％，只需要适当增加励磁电流并设计满足电压纹波要求的滤波电容，就可以输出合格的电能。

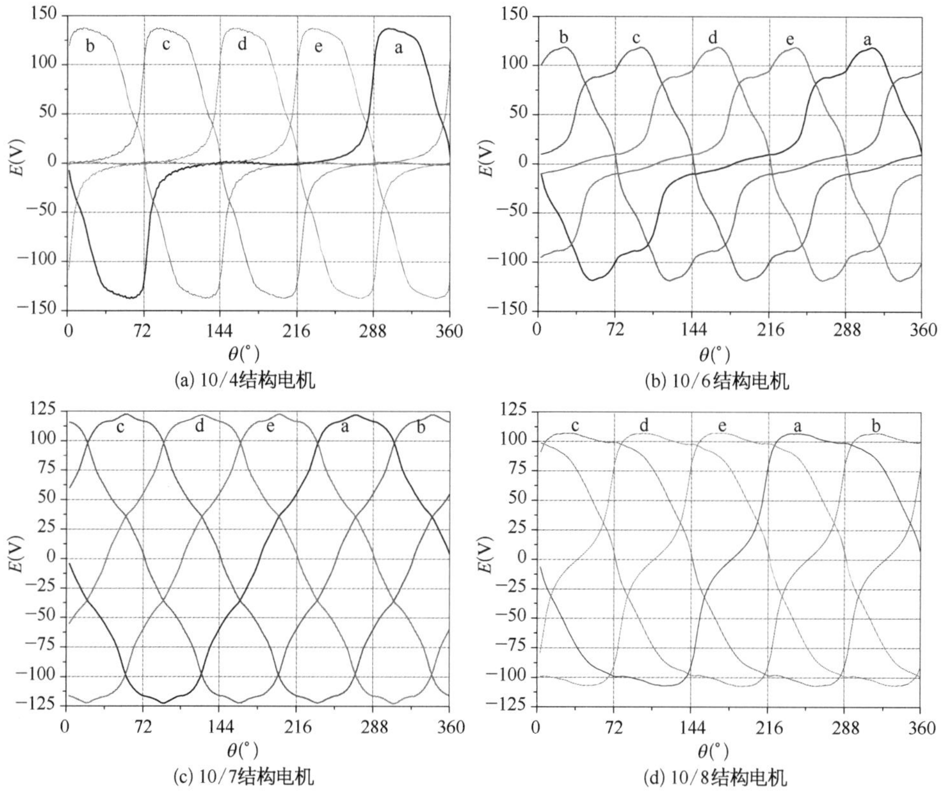

(a) 10/4结构电机

(b) 10/6结构电机

(c) 10/7结构电机

(d) 10/8结构电机

图 6-38 五相电机的相电势波形(n=15 000 r/min, i_f=10 A)

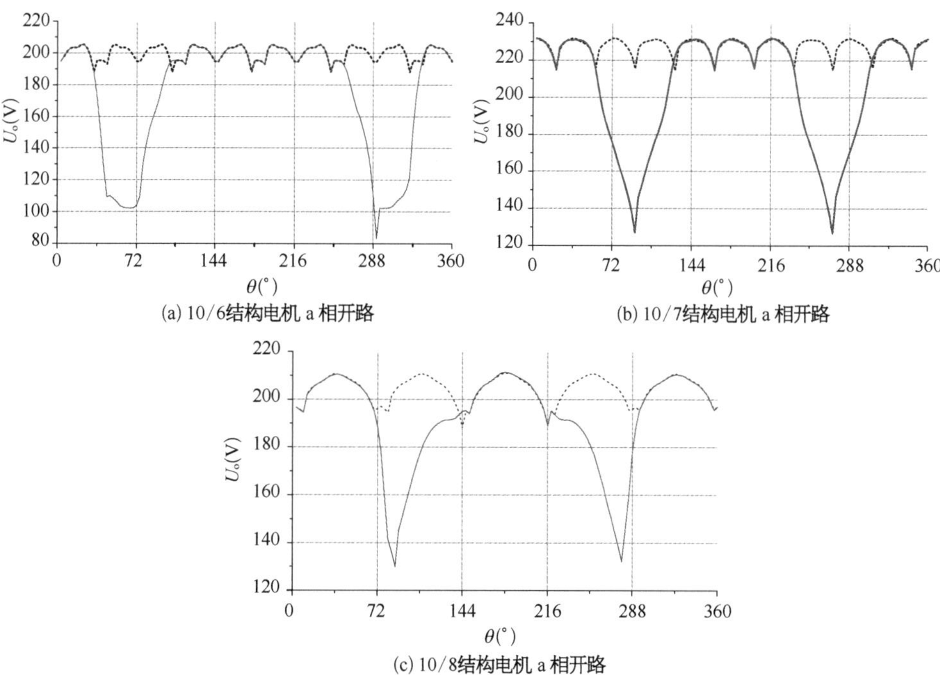

(a) 10/6结构电机 a 相开路

(b) 10/7结构电机 a 相开路

(c) 10/8结构电机 a 相开路

图 6-39 五相电机 a 相开路时整流输出电压波形(n=15 000 r/min, i_f=10 A)

对多相电机而言,当一相电枢绕组发生故障后,发生二次故障的情况分为两种,即相邻相绕组故障和非相邻相绕组故障,这两种故障对输出电压的影响不同。图 6-40 分别给出了这三个五相电机相邻相绕组开路和非相邻相绕组开路时的整流输出电压波形。表 6-30 是空载开路故障对五相容错电机输出电压的影响情况。

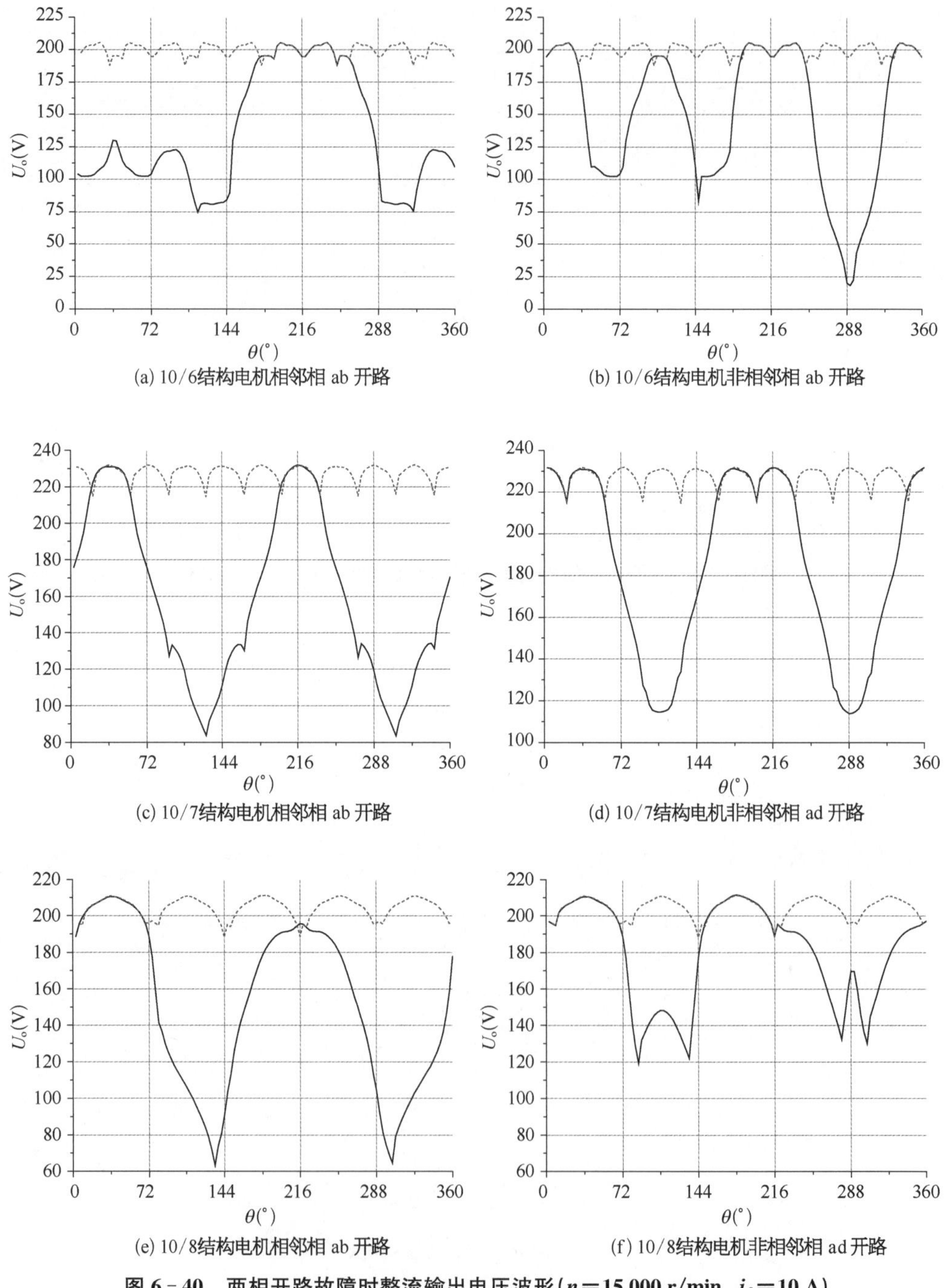

图 6-40 两相开路故障时整流输出电压波形(n=15 000 r/min, i_f=10 A)

表 6-30　空载开路故障对五相电机输出电压的影响(n=15 000 r/min, i_f=10 A)

电机结构	发生故障情况	整流输出电压	电压脉动峰峰值	电压脉动比(%)
10/6	无故障	198.12	17.53	8.85
	一相开路故障	174.36	122.12	70.04
	相邻相开路故障	134.58	130.66	97.09
	非相邻相开路故障	148.86	187.26	125.80
10/7	无故障	226.72	17.48	7.71
	一相开路故障	206.15	105.23	51.05
	相邻相开路故障	160.44	148.43	92.51
	非相邻相开路故障	184.65	117.98	63.89
10/8	无故障	203.69	22.96	11.27
	一相开路故障	191.83	81.56	42.52
	相邻相开路故障	150.79	147.44	97.78
	非相邻相开路故障	179.48	92.33	51.44

10/6 结构电机相邻相开路时,整流电压下降了 32.1%;10/7 结构电机相邻相开路时,整流电压下降了 29.2%;10/8 结构电机相邻相开路时,整流电压下降了 26.0%。三个电机的电压波形均有 288°的电压缺口,严重影响了对负载的供电质量。

10/6 结构电机非相邻相开路时,整流电压下降了 24.9%;10/7 结构电机非相邻相开路时,整流电压下降了 18.6%;10/8 结构电机相邻相开路时,整流电压下降了 11.9%。三个电机的电压波形均有 216°的电压缺口,其中 10/6 结构和 10/7 结构电压脉动较大,会影响对发电负载的供电质量。

由此可见,10/6 结构、10/7 结构、10/8 结构五相电机相绕组发生一相开路故障时,对空载输出电压的直流分量和输出电压的品质影响较小;10/6 结构、10/7 结构电机两相开路和 10/8 结构的电机相邻两相发生开路故障时,会大大降低输出电压的品质和直流分量;10/8 结构的电机非相邻两相发生开路故障时,对输出电压的品质和直流影响不大,仍能向负载提供合格的电能。10/8 五相电机的容错性能最优。

6.3.5　转子极弧宽度对齿槽转矩和发电工作特性的影响

转子极宽对电机的发电输出特性有重要影响,转子极宽的变化改变电机第三气隙的大小,10/4 结构五相电机第三气隙太大,本节仅讨论转子极弧宽度对 10/6 结构电机和 10/8 结构电机的影响。

图 6-41a、b 分别是不同转子极宽下 10/6 结构电机和 10/8 电机的空载特性。对

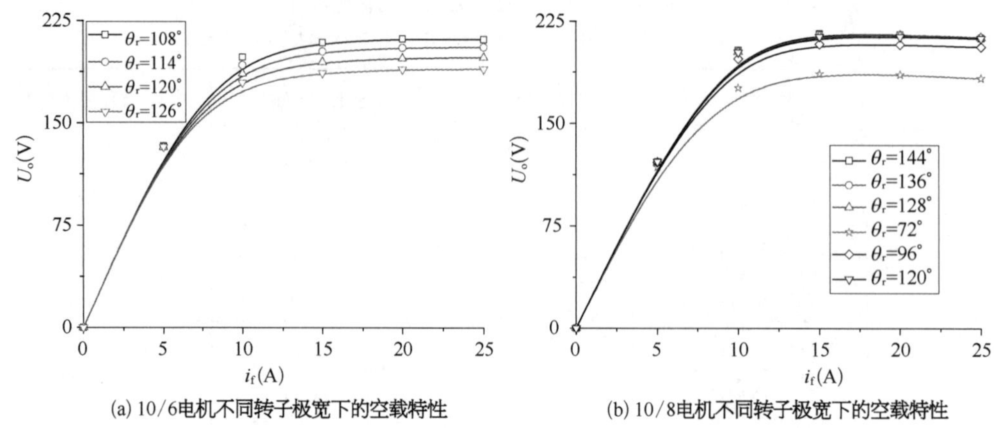

(a) 10/6电机不同转子极宽下的空载特性　　(b) 10/8电机不同转子极宽下的空载特性

图 6-41　不同转子极弧宽度下电机的空载特性

10/6 结构电机，电机未饱和时，转子极宽增加，整流输出电压不变，电机饱和时，转子极宽增加，漏磁通增加，磁链最大值和最小值均降低，整流输出电压降低。对 10/8 结构的电机，转子极宽降低 3°(电角度 24°)或更少时，空载输出电压不变，转子极宽降低 6°(电角度 48°)以上时，磁路横截面减小，磁导降低，空载输出电压才有明显降低。

表 6-31 是不同转子极宽下电机的齿槽转矩峰峰值。

表 6-31　不同转子极宽下电机的齿槽转矩峰峰值

电机结构	θ_r(°)	i_f(N·m)				
		5 A	10 A	15 A	20 A	25 A
10/6	108	1.46	2.92	3.87	4.78	5.17
	114	1.40	2.37	2.29	2.59	2.45
	120	1.31	2.20	3.58	4.73	5.48
	126	1.11	3.59	6.19	8.02	9.34
10/8	144	1.47	2.92	3.87	4.78	5.17
	136	0.21	1.46	4.04	6.57	8.16
	128	0.42	2.09	4.90	7.77	10.14
	120	0.48	2.38	5.35	8.63	11.68

由表 6-31 可见：

(1) 同一转子极弧宽度下，五相电机的齿槽转矩随着励磁电流的增加而增加；

(2) 对于 10/6 结构五相电机，转子极宽增加，齿槽转矩先减小后增大；

(3) 对于 10/8 结构五相电机，若电机处于不饱和状态，转子极宽减小有利于削弱齿槽转矩，若电机处于深度饱和状态，转子极宽减小使得齿槽转矩变大。

图 6-42 是不同转子极宽时五相电机的外特性和功率特性曲线。对 10/6 电机来

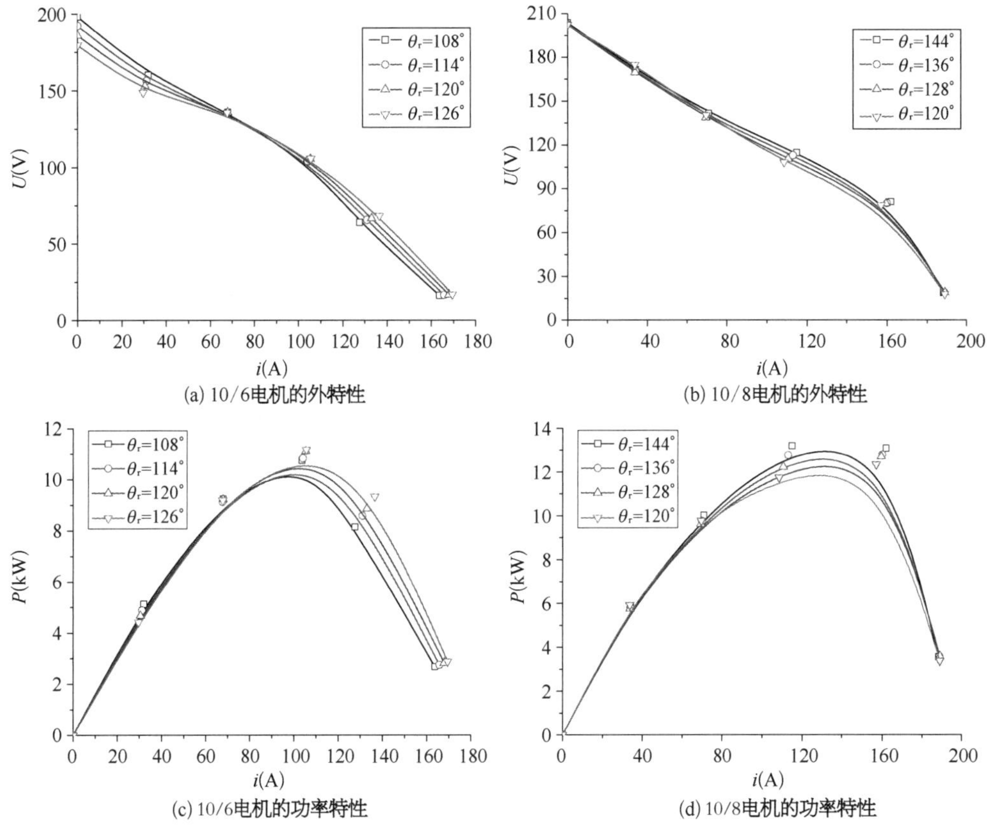

(a) 10/6电机的外特性
(b) 10/8电机的外特性
(c) 10/6电机的功率特性
(d) 10/8电机的功率特性

图 6-42 不同转子极宽时五相电机的外特性和功率特性($n=15\,000$ r/min, $i_f=10$ A)

说，转子极宽增加，最大输出功率增大，但增加量不多。对 10/8 电机来说，转子极宽减小，最大输出功率减小，减小量亦不多。

6.3.6 电动工作的电路和特性

本节讨论 10/8 结构五相电机的电动工作特性。五相电机的电动工作电路如图 6-43a 所示，10/8 结构电机电动工作时采用两种导通模式，一种如图 6-43b 所示的 72°导通型，一种是如图 6-43c 所示的 144°导通型。

图 6-44 是 10/8 结构五相电机在两种不同导通角控制方式下的输出转矩以及电流的波形，采用自然换相点控制方法，电机转速 $n=10\,000$ r/min，励磁电流 $i_f=10$ A，相电流限幅 122 A。

观察图 6-44b 中的相电流波形，以 a 相为例，在转子位置角 $\theta=351°$时 a 相上管 Q_1 开通，a 相电流很快上升到斩波限，$\theta=135°$时 Q_1 关断，a 相电流开始减小，在 $\theta=159°$时 a 相下管 Q_4 开通，但 a 相电流还未下降到 0，a 相续流，a 相转矩为负。当 a 相续流结束转为负值后，有 56°宽的区间宽度内受其余四相电流的影响，负电流的值很小，在 b 相电流开始续流后，负的 a 相电流也很快上升，但斩波限不能控制负向电流，因此 a 相负

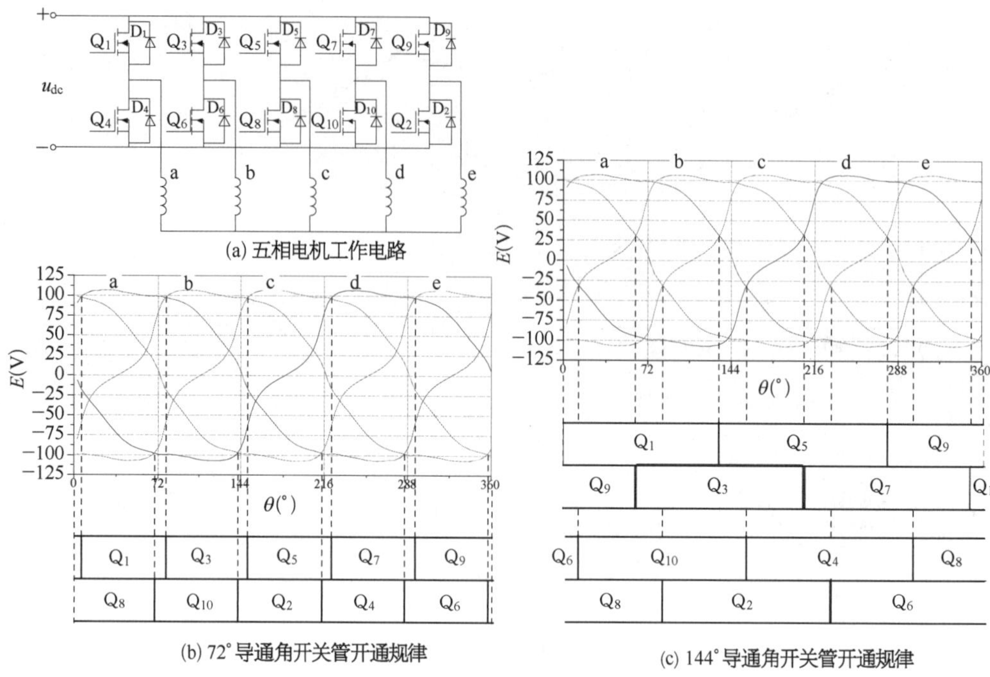

图 6－43　五相电机的电动工作电路及 10/8 电机的开关管导通规律

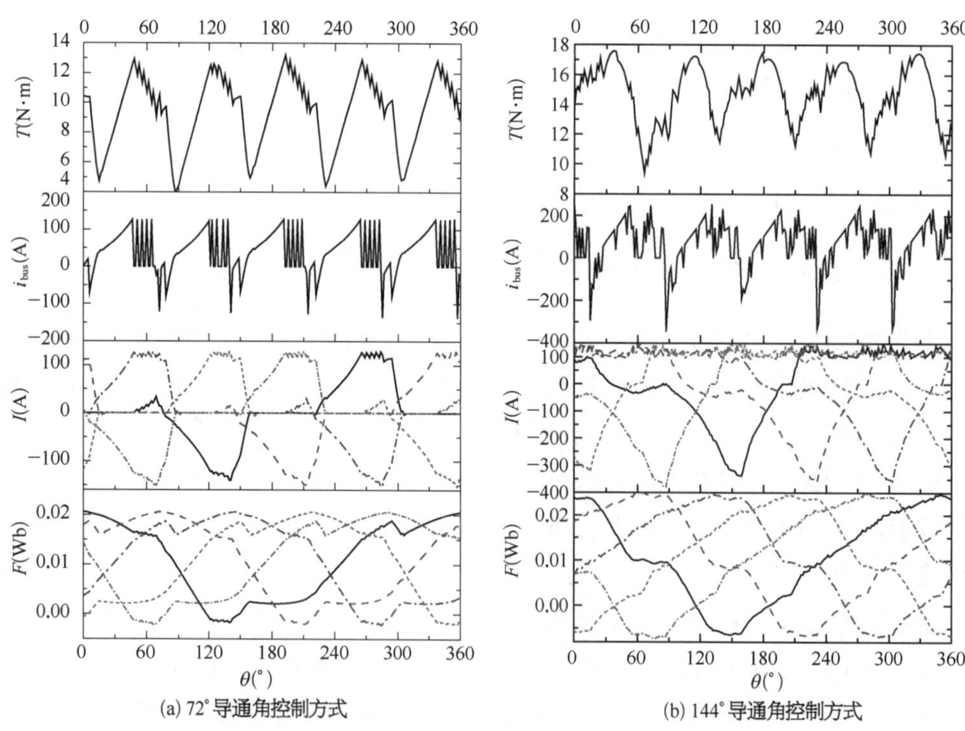

(a) 72° 导通角控制方式
(b) 144° 导通角控制方式

图 6－44　10/8 五相电机在不同导通角控制方式下的电动工作波形
(n =10 000 r/min，i_f=10 A，i_{max}=122 A)

电流不断上升到很大值，直到 $\theta=303°$ 时 Q_4 关断，a 相电流续流时间长达 40°，续流区间内 a 相输出负转矩，但由于 a 相负电流续流期间 b、d、e 三相均输出正的励磁转矩，所以电磁转矩并未下降。

对比图 6－44a 和 b 中的输出转矩和相电流，采用 144°导通角控制策略时，由于换向时刻电动势较低，因此相电流上升速度很快，正向电流很快达到斩波限。144°导通型控制方式下同时有四个开关管开通工作，电流斩波限不能有效地控制负向电流的增大，因此负向电流上升到很大值，电枢反应严重，输出转矩降低。采用 72°导通型控制时，电路中同时有两个开关管工作，正向和负向电流均能很好地控制在电流斩波限内，但换相时刻电动势较大，相电流上升速度慢，因此输出转矩明显低于 144°导通型。

表 6－32 是不同斩波限下两种控制方式下的电动输出数据。由表可见，144°导通模式下的输出转矩约为同样条件下 72°导通模式输出转矩的 1.6 倍，转矩脉动低于 72°导通模式的转矩脉动，但相电流却远比 72°导通模式下的相电流的 2 倍还要大，因此转矩脉动比相对很低。144°导通模式虽然更能充分利用 10/8 五相电机的电动势，但无法有效控制的负向电流会产生一部分负转矩，拉低转矩电流比。

表 6－32　不同电流斩波限下的电动输出数据($n=10\,000$ r/min, $i_f=10$ A)

电流斩波限(A)	导通模式	转矩最大值(N·m)	转矩最小值(N·m)	转矩平均值(N·m)	相电流有效值(A)	转矩脉动(%)	转矩电流比
120	72°	13.20	3.84	9.37	62.08	99.9	0.151
	144°	17.58	9.37	14.77	135.66	55.6	0.109
140	72°	14.11	4.36	10.00	69.23	97.5	0.144
	144°	20.55	9.28	15.79	156.02	71.4	0.101
160	72°	14.50	5.17	10.41	75.62	89.6	0.138
	144°	22.21	9.42	16.88	174.29	75.8	0.097

因此，当外界工作条件对电机的转矩脉动要求较高时，应选择 144°导通模式，当对电机的转矩电流比要求较高、对转矩脉动要求较低时，应选择 72°导通模式。

6.4　四相双凸极电动机

6.4.1　四相双凸极电动机调速系统的构成

四相双凸极电动机的单元电机为 8/6 结构，定子 8 极，转子 6 极，相对两定子极上的电枢元件串联构成一相，形成四相电机。

四相电动机调速系统由电机本体、电机转子位置传感器、DC/AC 变换器和控制器四部分构成。四相电动机的 DC/AC 变换器有两种：一种是由 8 只开关管构成的四相桥式电路，另一种是由 4 个单相桥构成的电路。这里仅讨论由四相桥构成的 DC/AC 变换器。

6.4.2 四相双凸极电动机

8/6 结构电励磁四相双凸极电机的剖面图如图 6-45 所示，定子 8 极，转子 6 极。均匀分布的定子 8 个极，极弧长为槽口弧长的一半，以使励磁线圈的电感不因转子转角的改变而变化。图中励磁线圈分布于定子铁心的左右两侧。

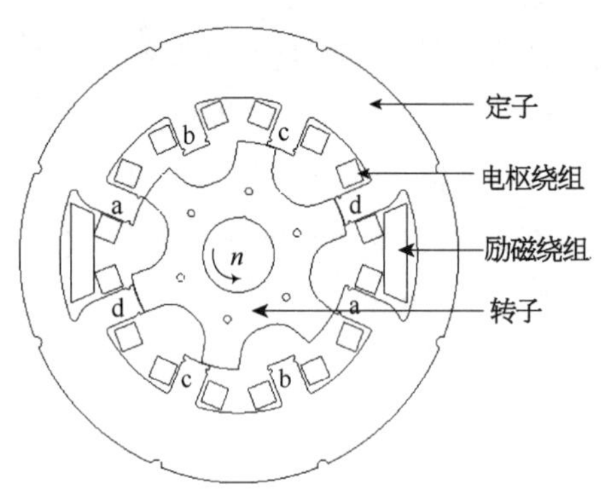

图 6-45 四相双凸极电机剖面图

本节的讨论仍以实例电机的方式进行，该电机的主要结构和绕组数据见表 6-33。

8/6 结构四相电机相邻两定子极的极距为 270°电角，故电机定子极上的电枢绕组的相序为 a、b、c、d，如图 6-45 所示。

表 6-33 四相 WFDSM 主要结构参数

参数名称	参数值	参数名称	参数值
定子外径	245 mm	转子外径	122.6 mm
定子内径	123.4 mm	转子内径	40 mm
定子轭厚	37.5 mm	转子轭厚	21.3 mm
气隙	0.4 mm	铁心长度	150 mm
铁心材料	DW310-35	额定转速	240 r/min
励磁绕组元件匝数	110 匝	电枢绕组每相串联匝数	180 匝

图 6-46 是 8/6 结构电机的展开图，图中设励磁线圈电流从左侧出、右侧进，励磁磁场方向向上。图中电机转子位置和图 6-45 相同，转子左转，即将滑入 a 相定子极，

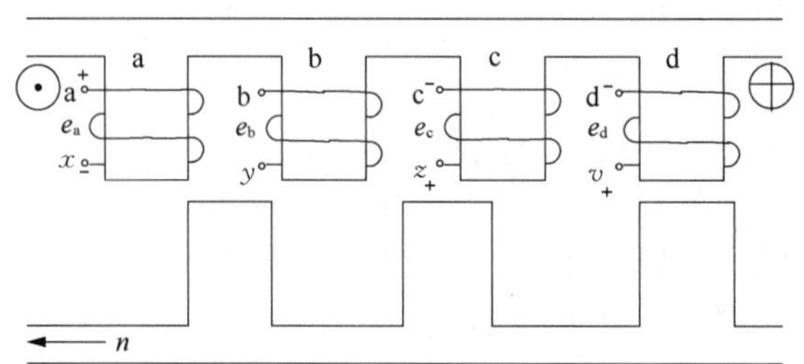

图 6-46 8/6 结构电机展开图

滑离 c 相极，故 a 相电枢绕组的电动势 e_a为上正下负，c 相电枢绕组的电动势 e_c为下正上负，b 和 d 相绕组电动势 e_b和 e_d此时为零。

图 6－47a 画出了 a 和 b 相磁链 ψ_a和 ψ_b，图 6－47b 是相绕组的电动势 e_a、e_b、e_c和 e_d，磁链和电动势的当前时间和图 6－46 的转子位置相对应。图 6－47a 和 b 均为理想磁链和电动势波形，在此情况下，标准角控制时开关管的导通规律如图 6－47c 所示。

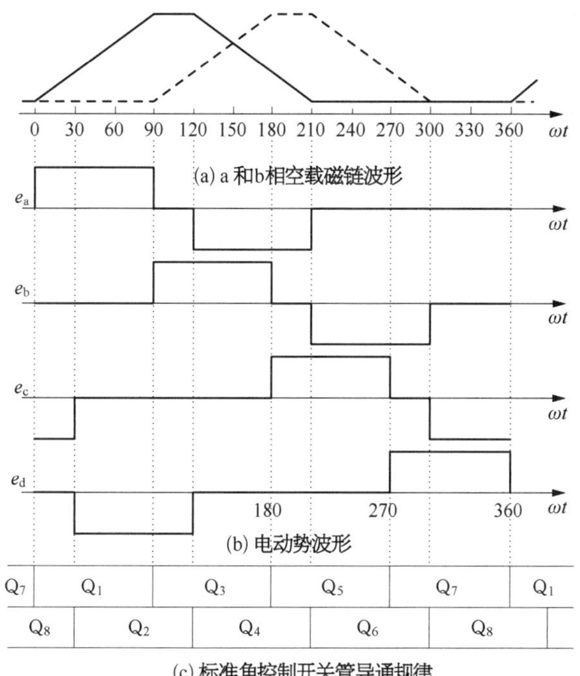

(a) a和b相空载磁链波形

(b) 电动势波形

(c) 标准角控制开关管导通规律

图 6－47 四相电机的理想波形

该电动机测试相电势波形和驱动开关管的信号如图 6－48 所示。实际电动势波形和图 6－47 的理想波形不尽相同。

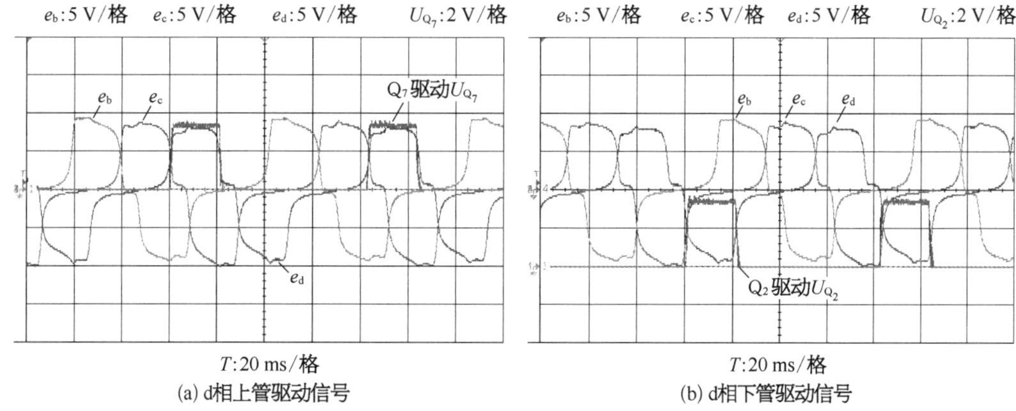

(a) d相上管驱动信号

(b) d相下管驱动信号

图 6－48 四相电动机实测相电势波形和开关管 Q_2和 Q_7的驱动信号

图 6-49a 是四相 DC/AC 变换器主电路图，由 8 只开关管 $Q_1 \sim Q_8$ 和 8 只反并于开关管上的二极管 $D_1 \sim D_8$ 构成，Q_1Q_4 桥臂中点接电机 ax 相绕组，Q_3Q_6 中点接 by 相绕组……图 6-49b 是在 $\omega t = 0° \sim 30°$ 电角内 ax、cz 相工作时的电路，此时 Q_1 和 Q_8 导通，电源电流经 Q_1 流入 ax、yb，通过 Q_8 回电源负侧，电机将电能转为机械能，驱动负载。

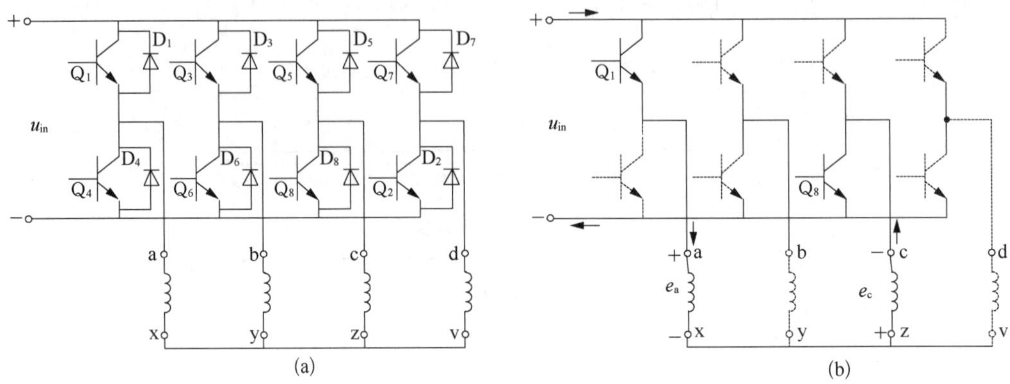

图 6-49　四相 DC/AC 变换器主电路图和 $\omega t = 0 \sim 30°$ Q_1Q_8 工作电路

6.4.3　四相电机的电动运行

图 6-50 是四相电机电动工作的仿真波形。图 6-50a 为电机相磁链，图 6-50b 为励磁电流，图 6-50c 为相电流，图 6-50d 为转矩波形。由图可见，电机旋转时，励磁电流并不为常数，在一个电周期内有四次脉动，主要由电机旋转和电枢电流换相导致。尽

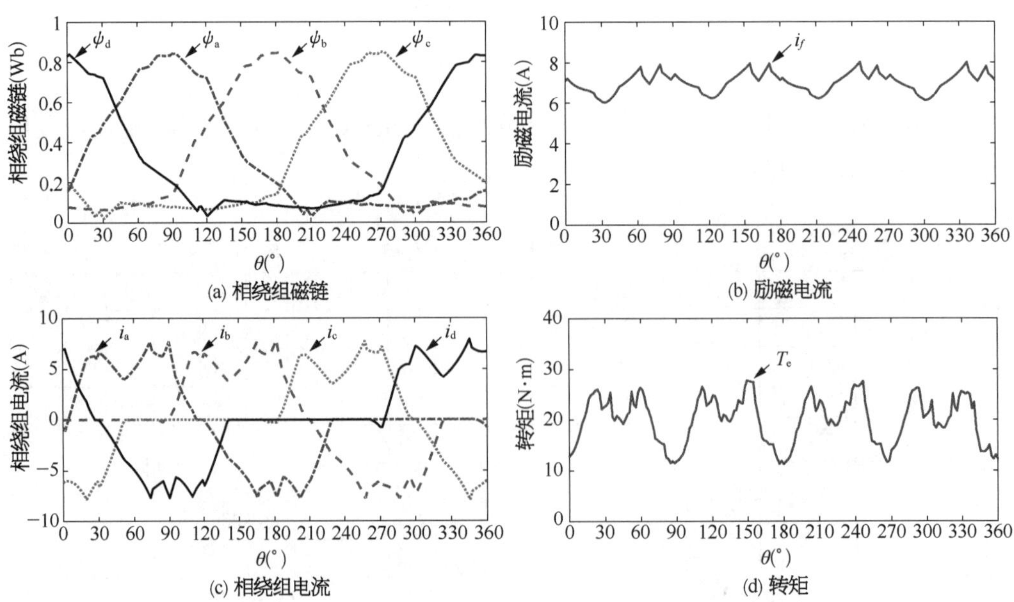

图 6-50　四相电机电动工作仿真波形(输出平均转矩 20 N·m，工作转速 240 r/min，励磁电流平均值 7 A)

管开关管导通时间为90°电角，但相电流半周波形的宽度大于90°电角，因电枢绕组电感之故。不论是相电流的正半周还是负半周，均有脉动，正半周的脉动由负半周电流换相导致，负半周电流的脉动由正半周电流的换相引起。电机转矩的脉动也和相电流的换相相关。

图6－51是四相电机在电源电压u_{in}=120 VDC时的机械特性曲线，曲线的横坐标为转矩，纵坐标为转速，负载转矩加大，电机转速降低。图中三条曲线分别对应于三种励磁电流的平均值i_{favg}=5 A、7 A和10 A。由图可见，随着励磁电流的加大，特性曲线更为平坦，且转矩的最大值也相应加大，i_f=5 A时的最大转矩约20 N·m，10 A时则达到40 N·m。

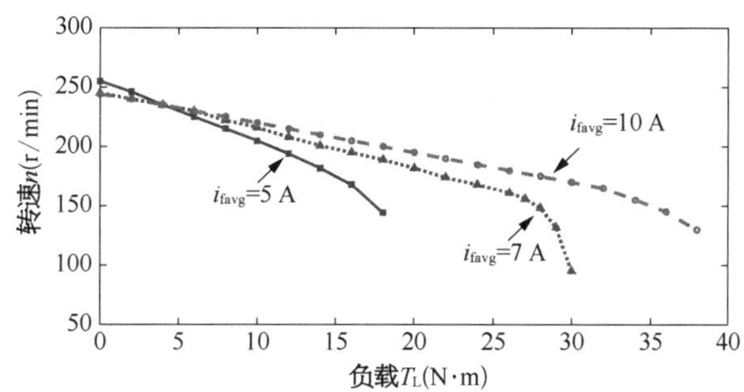

图6－51　四相电动机的机械特性曲线(u_{in}=120 VDC)

图6－51是实测电机机械特性曲线，实际测试数据见表6－34。

表6－34　四相电动机机械特性曲线测试数据

i_{favg} = 5 A, u_{in} = 120 VDC										
T_L(N·m)	0	2	4	6	8	10	12	14	16	18
n(r/min)	255	246	235	225	215	205	194	182	168	144
i_{favg} = 7 A, u_{in} = 120 VDC										
T_L(N·m)	0	2	4	6	8	10	12	14	16	18
n(r/min)	245	240	235	230	222	216	208	201	195	189
T_L(N·m)	20	22	24	26	27	28	29	30		
n(r/min)	182	174	168	161	156	148	132	95		
i_{favg} = 10 A, u_{in} = 120 VDC										
T_L(N·m)	0	2	4	6	8	10	12	14	16	18
n(r/min)	244	240	235	230	225	220	215	210	205	200
T_L(N·m)	20	22	24	26	28	30	32	34	36	38
n(r/min)	195	190	185	180	175	170	165	155	145	130

通常电动机调速系统采用双闭环系统，内环为电流闭环，外环为转速闭环。本系统的电流内环采用滞环控制。图 6－52 为三种不同负载转矩时的相电流、励磁电流、输出电流(图中称母线电流)和转矩波形。图 6－52a 的转矩为 5 N·m，图 6－52b 的为 10 N·m，图 6－52c 的为 20 N·m。

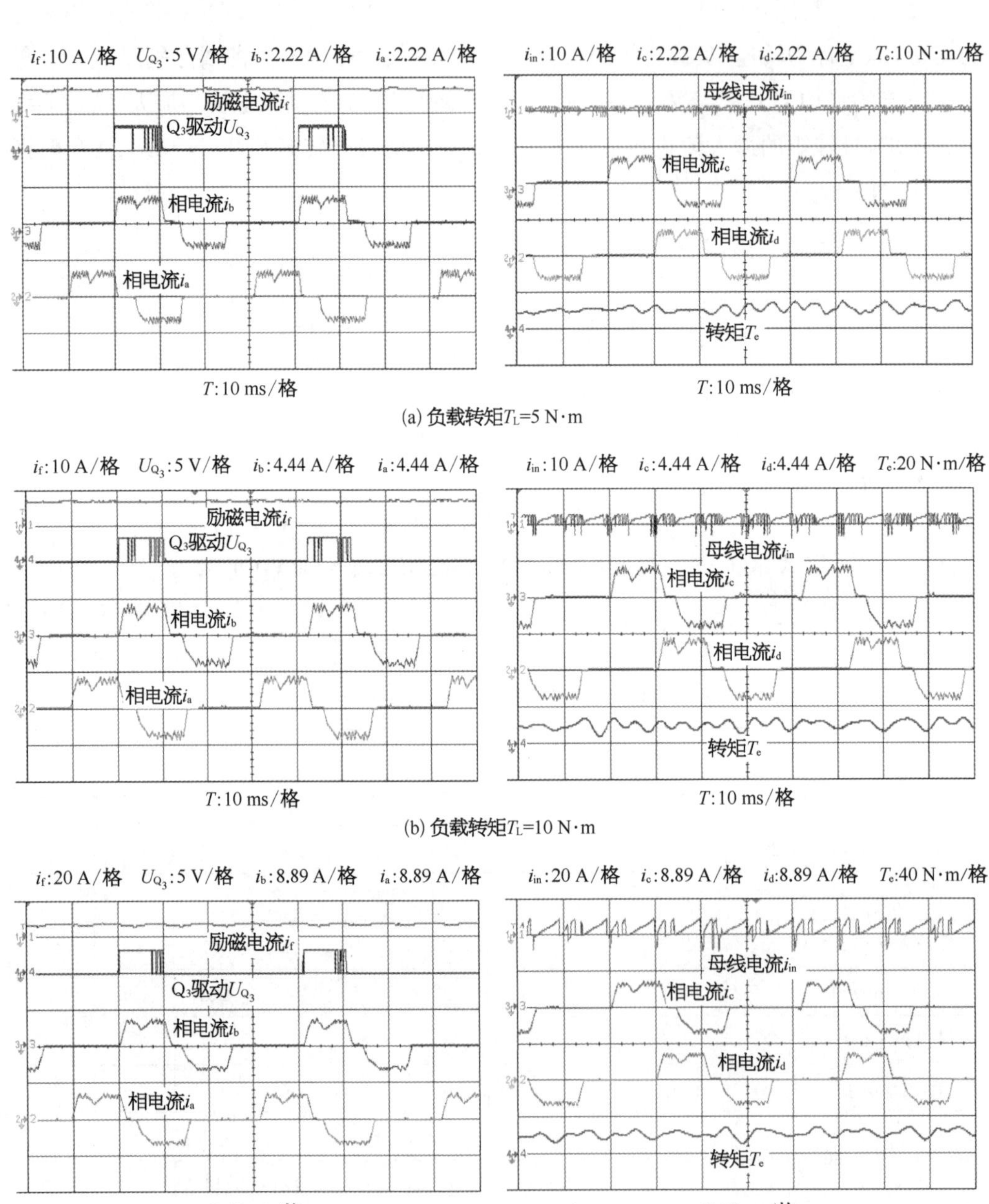

(a) 负载转矩T_L=5 N·m

(b) 负载转矩T_L=10 N·m

(c) 负载转矩T_L=20 N·m

图 6－52 四相电动机具有电流内环和转速外环调速系统的工作波形
(u_{in}=120 VDC, i_{favg}=7 A, n=240 r/min)

由图可见，随着负载转矩的加大，相电流的幅值几乎成正比加大，相电流半周宽度稍有增加，换相时间加长。励磁电流 i_f 的脉动很小。输入电流 i_{in} 随转矩的加大而加大，且电流的脉动也相应加大。转矩的脉动也随转矩平均值的加大而加大，没有出现负转矩的状态。

表 6－35 是四相双凸极电动机电动运行实测参数，表中 i_{favg} 为励磁电流平均值，T_L 为负载转矩，i_{fpkp} 为励磁电流的脉动峰峰值，i_{arms} 为 a 相电流有效值，K_T 为转矩脉动系数，$K_T=\dfrac{T_{max}-T_{min}}{T_{avg}}$，其中，$T_{max}$ 为转矩瞬时最大值，T_{min} 为转矩瞬时最小值，T_{avg} 为平均转矩。P_{cu} 为电枢绕组铜耗，P_{in} 为电机输入功率，P_e 为输出功率，效率 η 为电机输出功率 P_e 与电机输入功率和励磁功率之和的比值。

表 6－35　正常运行时不同负载情况下实验参数对比($n=240$ r/min)

i_{favg}(A)	T_L(N・m)	i_{fpkp}(A)	i_{arms}(A)	K_T	P_{cu}(W)	P_{in}(W)	P_e(W)	η(%)
5	5	0.35	1.18	0.32	2.68	180.0	125.6	69.8
	10	0.82	2.41	0.54	10.3	332.5	251.3	75.6
	20	2.00	4.22	0.65	35.4	695.0	502.7	72.3
7	5	0.32	0.94	0.31	1.79	175.0	125.6	71.8
	10	0.65	1.89	0.54	7.13	326.0	251.3	77.1
	20	1.72	3.89	0.65	30.2	625.0	502.7	80.4

由表可见，励磁电流由 5 A 增加至 7 A 时，励磁电流脉动峰峰值减小，因为在同样转矩时电枢电流的值降低了。转矩脉动系数与励磁电流大小的关系不明显。加大励磁电流，增加了励磁损耗，但电枢铜耗减小了，故总的效率是增加的。该组数据说明，电机总的效率偏低，这是因为电机转速较低之故。

6.4.4　相绕组开路故障和容错控制

三相电动机一相开路后，电机转速必将降为零，无法继续运行。四相和四相以上的多相电机发生一相开路，电机的运行状态变得恶劣，但仍能继续降额运行。

相绕组开路故障是常见的故障之一。

图 6－53 是该四相电动机 a 相开路后的测试波形，由图可见，由于 a 相开路，故即使开关管 Q_1Q_4 开通，也无电流流通，$i_a=0$。图 6－53 中的 i_b 正半周宽度明显变窄，与图 6－52 的 i_b 比较，宽度仅 1/3。i_b 的负半周和图 6－52 相同。观察图 6－53 中的 i_c 波形，与图 6－52 的 i_c 比较，宽度减小了 1/3。图 6－53 中的 i_d 波形正半周和图 6－52 相同，但负半周减窄了 2/3。由于正常相相电流宽度的变窄，在同样负载转矩下，电流幅值必须加大。

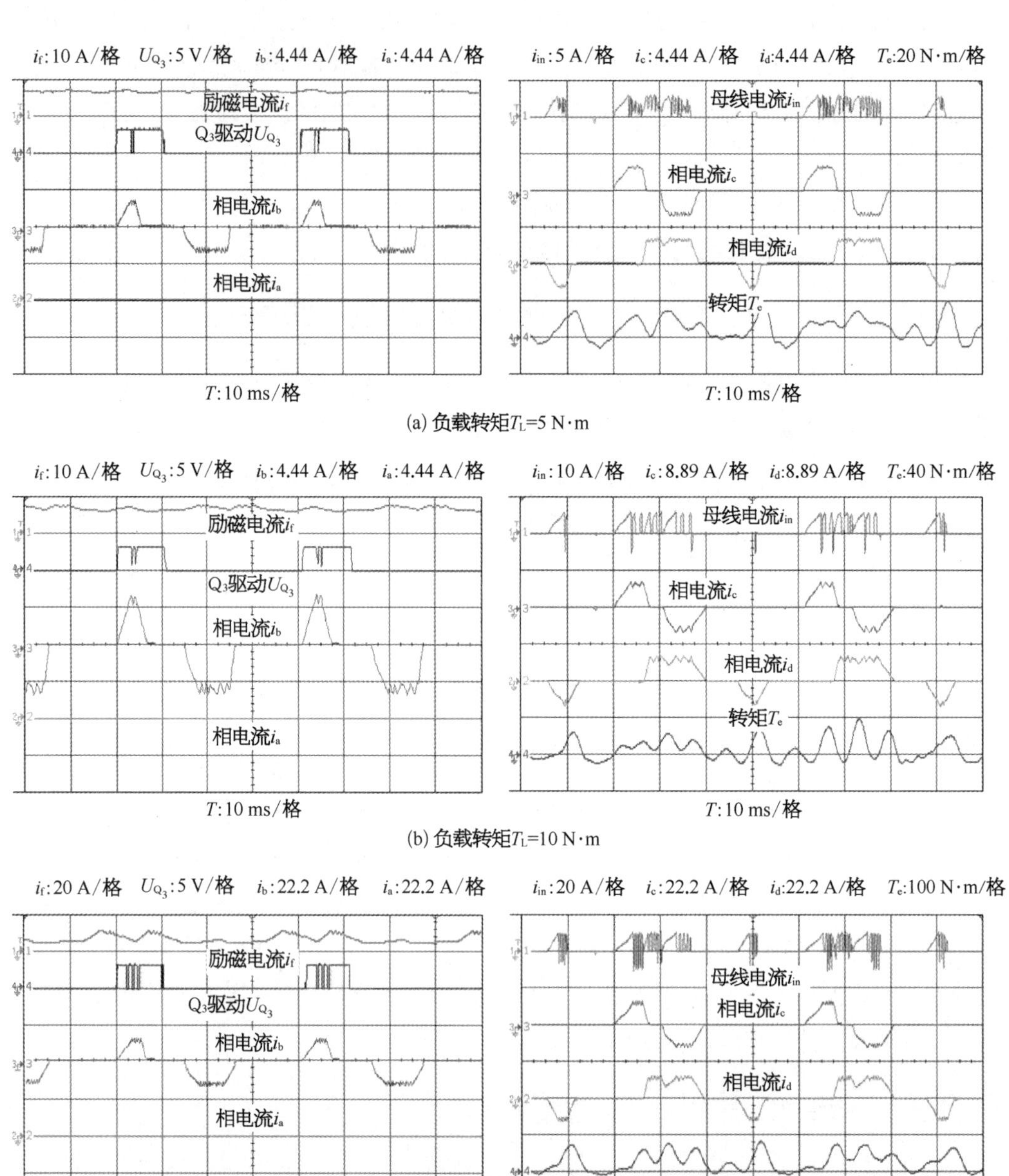

图 6-53 a 相开路故障时四相电动机的工作波形(u_{in}=120 VDC, n=240 r/min, i_{favg}=7 A)

由于失去了 a 相通路,电源电流也出现了严重断续,如图 6-53 所示。与此同时,电机励磁电流 i_f的脉动显著加大,因为相电流的变化,导致电枢磁场脉动加大,引起励磁电流的变化,以使合成磁场变化减缓。

励磁和电枢电流的改变使电机转矩脉动加大,考察图 6-53 中的转矩波形,在负载转矩为 5 N·m 和 10 N·m 时,在一个周期中,出现两次甚至多次负转矩。在负载转矩为 20 N·m 时，在一个电周期中也出现了一次负转矩。转矩脉动的加大还导致电机振动和噪声的加大。

图 6-54 给出了电机正常和 a 相开路故障时电动机的机械特性，由图可见，在 $T=16$ N·m 处，正常工作电机转速为 195 r/min，a 相开路时为 110 r/min，故障后转速下降了 43.6%，即电机输出功率减小了 43.6%。由此可见，不经处理的相绕组一相开路故障下这电机是不宜持续运行的。

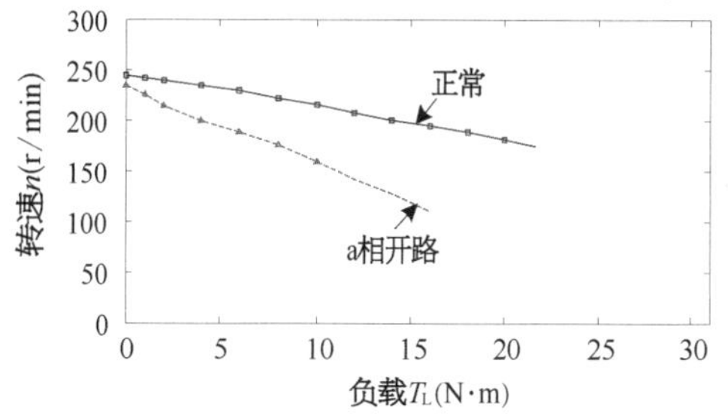

图 6-54　正常和一相电枢绕组开路后的机械特性($u_{in}=120$ VDC, $i_{favg}=7$ A)

考察图 6-47 和图 6-48 四相电机的电动势波形，在 e_a为正的 0°～90°区间内有 e_c和 e_d的负电动势，在 e_a为负的 120°～210°区间内有 e_b和 e_c正的电动势存在，由于 a 相的开路，Q_1Q_4功能失去，上述 e_c和 e_d、e_b和 e_c的电动势也利用不了了。为了能用上这部分电动势，必须改变开关管的导通规律。

图 6-55a 是电机正常时开关管导通规律(标准角控制)，四相桥上管 $Q_1Q_3Q_5Q_7$分别依次导通 90°电角，下管 $Q_2Q_4Q_6Q_8$也依次导通 90°电角，但 Q_2比 Q_1延时导通 30°电角。图 6-55b 是为了补足因 a 相开路而导致 Q_1Q_4管失效的开关管新导通规律，其特点是上管 Q_3提前 90°开通，补偿 Q_1的失效，Q_2则延迟 90°关断，补偿 Q_4的失效。图 6-55c 是 b 的优化，让 Q_3提前 15°关断，即原 Q_3应在 180°时关断，现提到 165°关断，Q_2则延迟 6°开通，目的是提高 30°和 180°附近转矩的最小值。

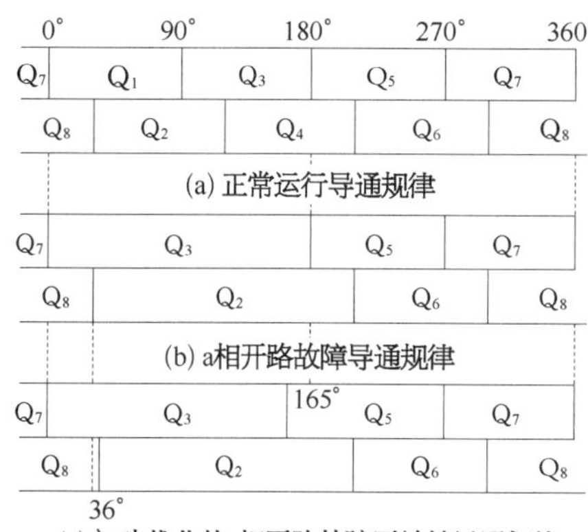

图 6-55　a 相开路故障时的开关管导通规律

在电机故障状态时 DC/AC 变换器的新控制律可称为容错控制。图 6-56 是 a 相开路故障时采用容错控制的四相电动机测试波形。

由图 6-56 可见，b 相电流正半周和 d 相电流负半周宽度明显加宽，c 相电流正半周略有加宽。由于在 360°电角内均有相电流，故 DC/AC 变换器的输入电流即母线电流的中断现象得以抑制，励磁电流脉动明显减小，消除了负转矩，转矩脉动得以减小。但和正常运行相比转矩脉动仍较大。

表 6-36 和表 6-37 比较了电机正常、a 相开路和 a 相开路容错控制时的励磁电流、相电流、转矩脉动系数、电枢铜损和效率。由表可见，容错控制时的励磁电流脉动峰峰值比单相开路故障时小了，相电流的峰值和有效值减小，电枢铜耗减小，效率提高，转矩脉动系数 K 降低了一半多。表明发生一相开路故障时，在容错控制下电机可以长期运行。

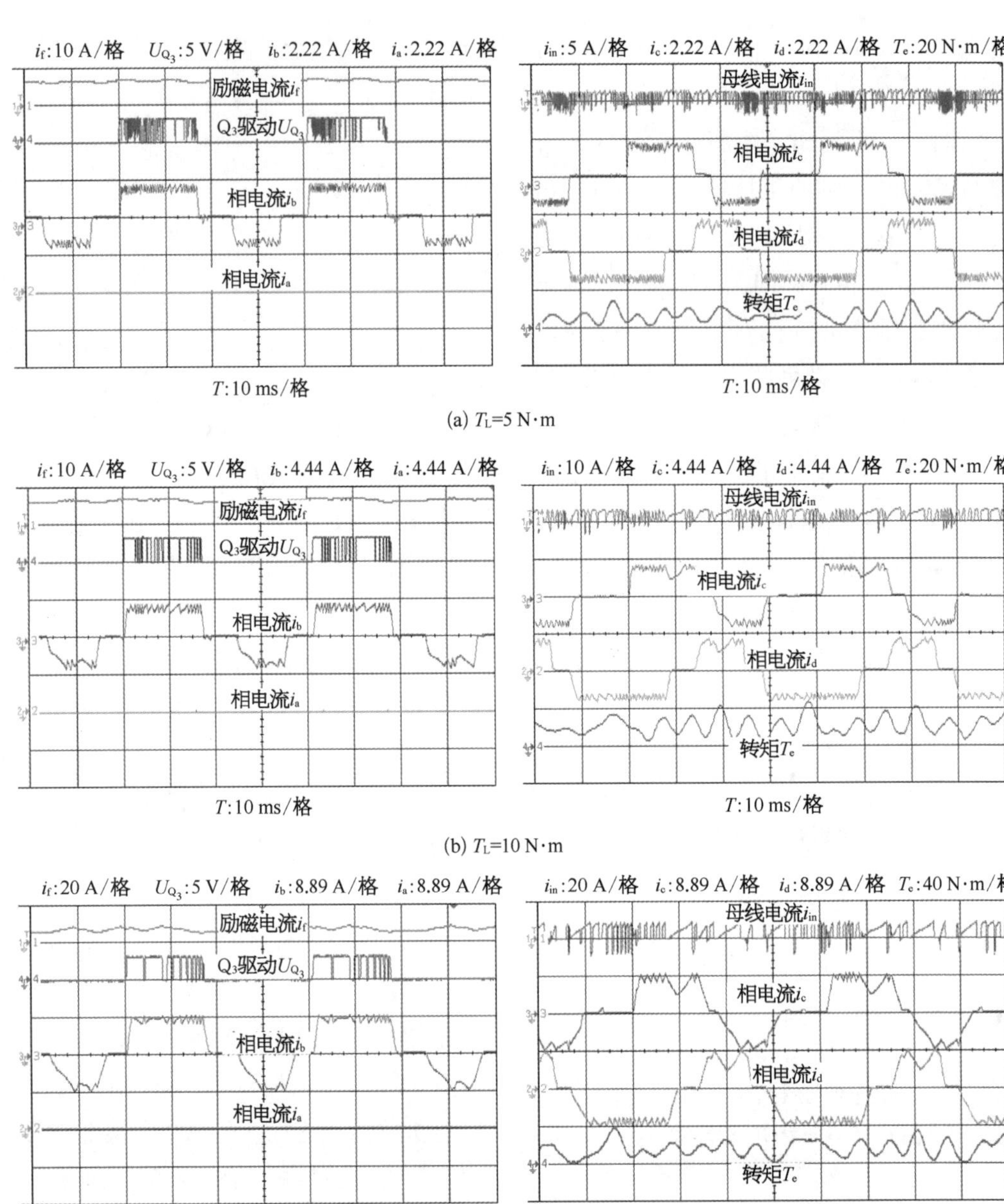

(a) T_L=5 N·m

(b) T_L=10 N·m

(c) T_L=20 N·m

图 6-56　a 相开路故障容错控制测试波形(u_{in}=120 VDC，i_{favg}=7 A，n=240 r/min)

表 6-36　不同运行状态时电流比较(u_{in}=120 VDC，n=240 r/min，i_{favg}=7 A)

负载 T_L(N·m)	电机运行状态	i_{fpkp}(A)	i_{arms}(A)	i_{brms}(A)	i_{crms}(A)	i_{drms}(A)
5	正常	0.32	0.94	0.94	0.95	0.95
	a 相开路故障	1.20	0	1.46	1.48	1.51
	a 相开路容错	1.00	0	1.29	1.25	1.32

续 表

负载 T_L(N·m)	电机运行状态	i_{fpkp}(A)	i_{arms}(A)	i_{brms}(A)	i_{crms}(A)	i_{drms}(A)
10	正常	0.65	1.89	1.88	1.88	1.90
	a 相开路故障	1.70	0	2.93	2.70	2.83
	a 相开路容错	1.30	0	2.54	2.53	2.58
20	正常	1.72	3.89	3.88	3.89	3.89
	a 相开路故障	4.00	0	7.24	7.10	7.04
	a 相开路容错	3.50	0	5.90	5.65	6.00

表 6-37 不同运行状态时参数比较(u_{in}=120 VDC, n=240 r/min, i_{favg}=7 A)

负载 T_L(N·m)	电机运行状态	K_T	P_{cu}(W)	P_{in}(W)	P_e(W)	η(%)
5	正常	0.59	1.79	175.0	125.6	71.8
	a 相开路故障	5.12	3.30	205.0	125.6	61.3
	a 相开路容错	2.84	2.48	185.0	125.6	67.9
10	正常	0.64	7.13	326.0	251.3	77.1
	a 相开路故障	5.05	11.9	396.0	251.3	63.5
	a 相开路容错	2.10	9.81	347.0	251.3	72.4
20	正常	0.83	35.4	625.0	502.7	80.4
	a 相开路故障	4.95	75.5	758.0	502.7	66.3
	a 相开路容错	1.90	51.4	680.0	502.7	73.9

容错控制的关键是检测和判断故障,必须及时发现故障和正确判断故障类型,在此基础上给出合理的容错控制策略,才能实现电动机容错运行。

6.4.5 相绕组短路故障和容错运行

图 6-57 是四相电动机 a 相绕组端部短路电路图,设 i_{a1} 为 Q_1Q_4 桥臂的输出电流,i_a 为 a 相绕组电流,i_{sa} 为短路线上的电流。

为了观察一相绕组短路的状态,最简单的办法是让电机处于发电状态,即该电机由其他原动机传动发电,并短路其中一相,图 6-57 是短路 a 相,其他相空载。

图 6-58 是电机转速 n=240 r/min 时,取不同励磁电流时测取的 a 相短路电流、励磁电流脉动、转矩脉动数据,其中图 6-58d 的转矩脉动系数与励磁电流平均值 i_{favg} 间的关系是计算得到的。由图 6-58b 可见,短路相电流的有效值和幅值和励磁电流成正比。图 6-58a 表示 a 相短路时,励磁电流受短路相电流的影响导致脉动,励磁电流脉动的峰值和脉动峰峰值也随励磁电流平均值的加大而线性加大,因为励磁电流的加大,

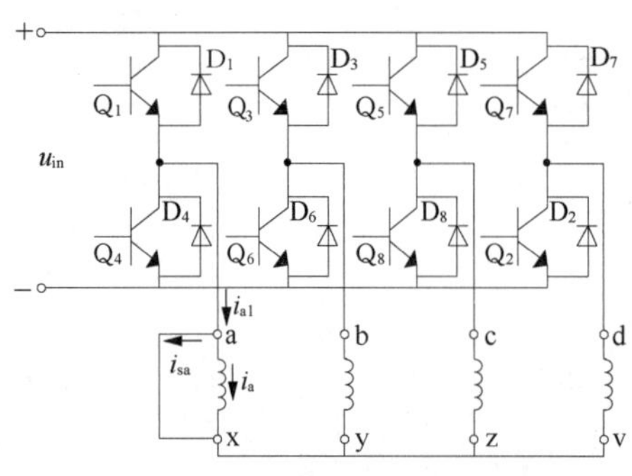

图 6-57　四相电动机 a 相短路故障电路

i_{a1}—a 相桥臂输出电流；i_a—短路相绕组电流；i_{sa}—短路线的电流

短路相电流加大，电枢反应加大，电枢反应去磁作用随短路相电流而变化，励磁电流的变化用于保持合成磁场恒定。图 6-58c 是正转矩的最大值 T_{max}、负转矩最大值（图中用$-T_{min}$表示）和电机平均转矩 T_{avg} 也随励磁电流的平均值的加大而增加，转速不变时，励磁加大，电机铁心磁感应加大，铁心损耗加大，同时短路电流加大，铜耗加大，导致电机总损耗加大，故平均转矩是个负转矩，且随 i_{favg} 的增大而增大。i_{favg} 加大，短路电流加大，短路电流是无功电流，不会引起有功损耗，但是短路电流会导致磁阻转矩，磁阻转矩与相电流的平方成正比，转子滑入 a 相极时，磁阻转矩为正，转子离开 a 相极时，磁阻转矩为负，负的磁阻转矩与损耗力矩叠加，使负转矩的最大值大于正转矩的最大值。由于平均转矩随 i_{favg} 的加大而加大，故转矩脉动系数随 i_{favg} 的加大而减小，如图 6-58d 所示。

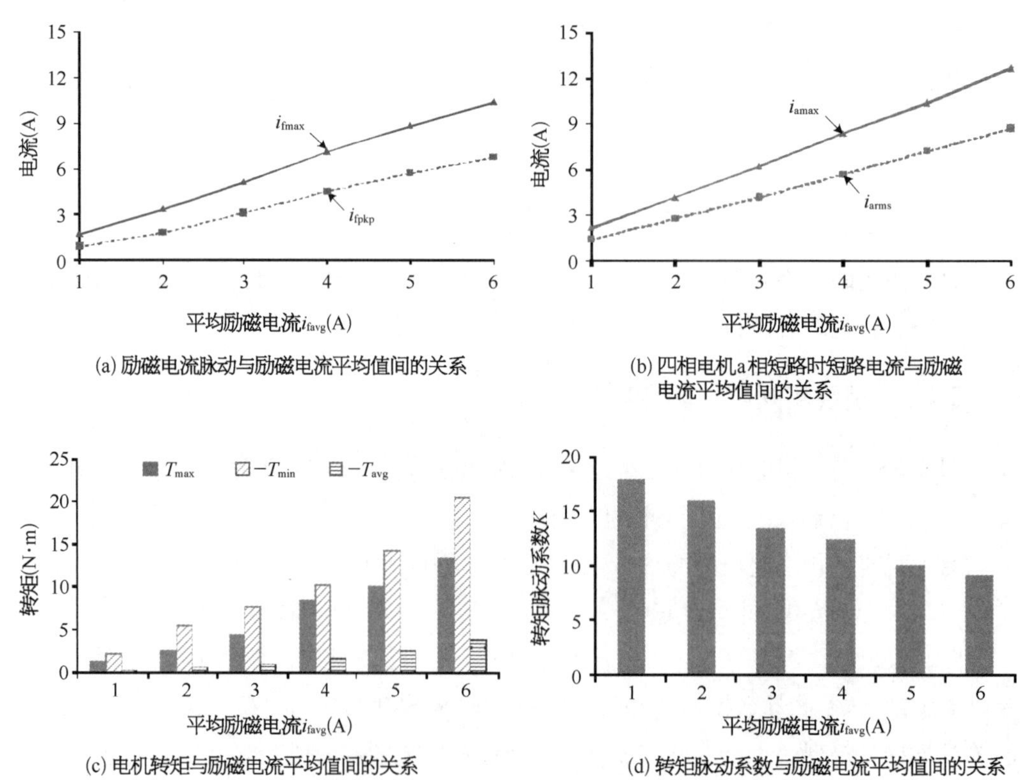

图 6-58　不同励磁时的 a 相短路空载测试数据（n=240 r/min）

图 6－59 是电机空载 a 相短路转速 $n=240$ r/min 时，i_{favg}为 1 A、2 A、3 A、4 A、5 A、6 A 时短路相电流 i_a、励磁电流 i_f和电机转矩 T 的波形。短路电流 i_a的幅值随i_{favg}的加大而加大，相应励磁电流的脉动和电机转矩脉动幅值也随之加大。由图可见，励磁电流脉动波形与 a 相短路电流大致反向，因为负向的短路电流的去磁作用要求励磁电流反向变化，以保持合成磁场恒定。

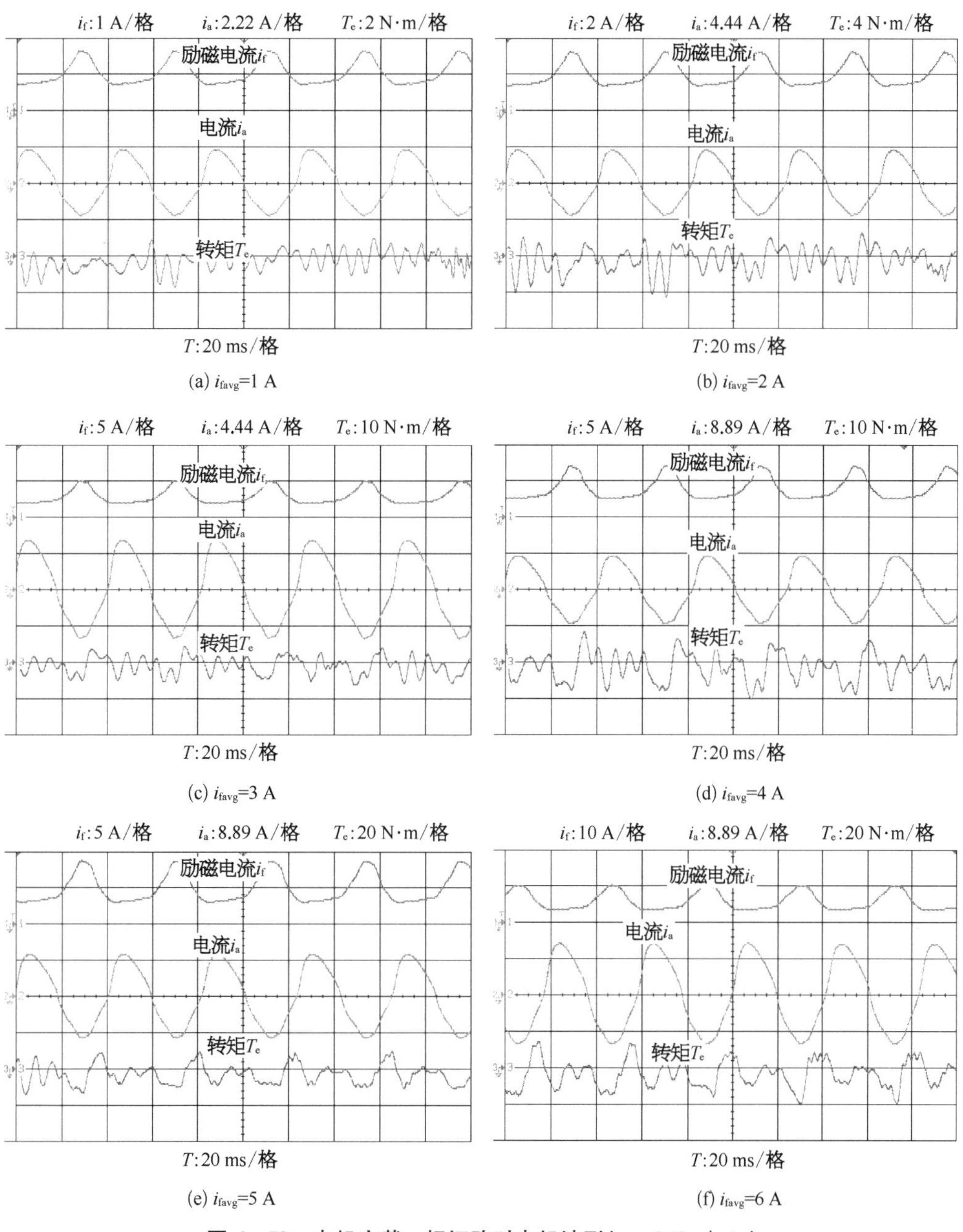

图 6－59　电机空载 a 相短路时电机波形($n=240$ r/min)

四相电机在 a 相绕组短路时仍可实现电动运行，DC/AC 变换器的开关管导通规律仍与标准角方案相同。借助于双闭环调速系统的电流限幅功能，图 6-57 的 a 相桥臂电流 i_{a1} 得以限制。图 6-60 是在 $u_{in}=120$ VDC，$n=240$ r/min 和 $i_{favg}=5$ A 时 a 相短路工作下的电动工作测试波形，图 6-60a 的负载转矩 $T_L=5$ N·m，图 6-60b 的 $T_L=10$ N·m。由于 a 相短路，导致正常相的相电流加大，转矩脉动加大，有负转矩产生。

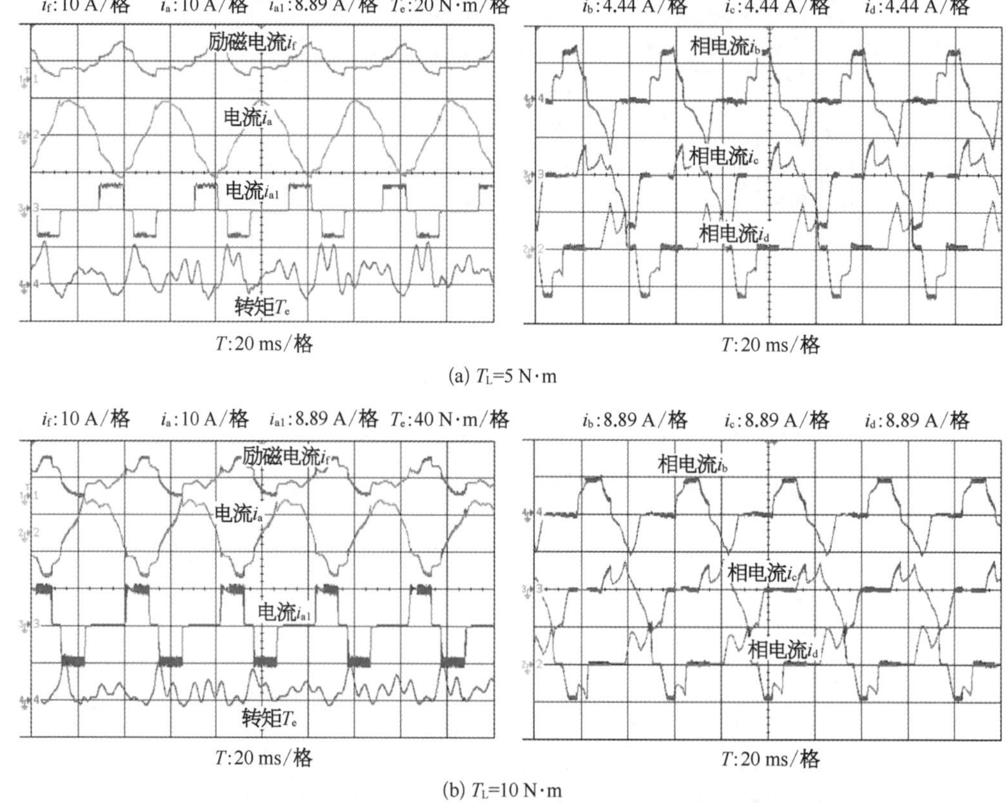

图 6-60　a 相短路故障时的电动工作实验波形($u_{in}=120$ VDC, $n=240$ r/min, $i_{favg}=5$ A)

为了改善 a 相短路时的电动运行特性，可以采用和图 6-55c 相同的容错控制策略，因为故障出现在相同相上。为此不再让 Q_1 和 Q_4 管导通，改变 Q_2、Q_3、Q_5 和 Q_8 的导通时间，从而得到容错控制下的双闭环电动工作波形，如图 6-61 所示。

表 6-38 对正常、a 相短路和 a 相短路容错控制的电动运行参数做了比较。由表可见，a 相短路故障下运行时，励磁电流和转矩的脉动均很大。采用容错控制策略后有了缓解，但从容错控制电动运行的转矩波形来看，仍有负转矩的出现，表明该控制策略对一相开路来讲比较好，对一相短路故障仍有缺陷，值得进一步优化。

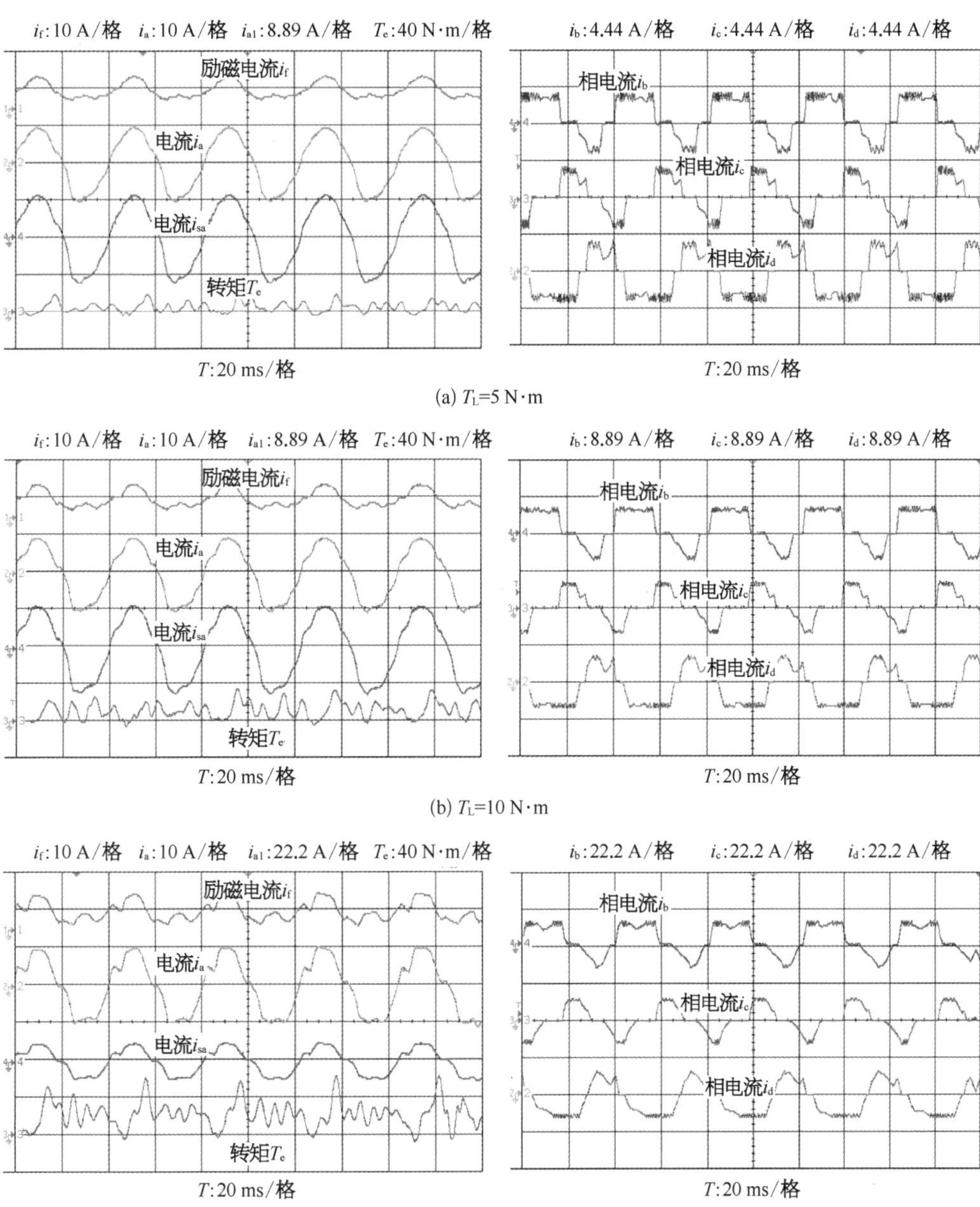

(a) T_L=5 N·m

(b) T_L=10 N·m

(c) T_L=20 N·m

图 6-61 a 相短路容错控制试验波形(u_{in}=120 VDC, n=240 r/min, i_{favg}=5 A)

表 6 - 38　正常、a 相短路、a 相短路容错电动工作参数
(u_{in}=120 VDC, n=240 r/min, i_{favg}=5 A)

正常电动工作

T_L(N·m)	i_{fpkp}(A)	i_{arms}(A)	K_T	P_{cu}(W)	P_{in}(W)	P_e(W)	η(%)
5	0.35	1.18	0.32	2.68	188	125	69.8
10	0.82	2.41	0.54	10.3	332	251	75.6
20	2.0	4.42	0.65	35.4	695	502	72.3

a 相短路电动工作

T_L(N·m)	i_{fpkp}(A)	i_{arms}(A)	i_{brms}(A)	i_{crms}(A)	i_{drms}(A)	K_T	P_{cu}(W)	P_{in}(W)	P_e(W)	η(%)
5	9.2	7.05	2.95	2.44	1.36	6.3	33.1	236.0	125.6	53.2
10	11.0	6.94	4.97	4.10	2.26	5.6	47.4	420.0	251.3	59.8

a 相短路容错控制电动工作

T_L(N·m)	i_{fpkp}(A)	i_{arms}(A)	i_{brms}(A)	i_{crms}(A)	i_{drms}(A)	K_T	P_{cu}(W)	P_{in}(W)	P_e(W)	η(%)
5	6.40	6.97	2.34	1.99	2.56	5.56	32.3	216.0	125.6	58.1
10	6.80	6.96	4.15	3.37	4.46	4.72	48.4	395.0	251.3	63.6
20	8.80	7.04	8.91	7.51	9.53	3.51	138.6	754.0	502.7	66.7

6.4.6　调速电动机的故障检测

故障容错控制技术的发展可显著减少硬件配置，简化设备。例如置于飞机油箱中的输油泵，一般情况下一个油箱中配置两台电动输油泵，一台主用，一台备用，万一主输油泵故障，备用油泵立即投入，从而防止了油箱的油不能向发动机提供的故障。但是若该油泵电机为多相容错电机，则每个油箱只配一台电动油泵即可，因它既可在正常状态下运行，也可在出现一个故障后实现容错运行。

为了实现容错电机，电机的相数必须大于三相。

容错电动机的关键技术有两个：一是电机故障检测和故障定位，二是容错控制策略的优化。在上例四相电励磁双凸极电动机调速系统中，仅讨论了电机单相开路和短路两类故障，这是两种主要的故障。调速电动机的 DC/AC 变换器的故障可能更多些，例如开关管的开路和短路故障，若一个桥臂中出现一个开关管开路或短路，可以近似地处理为相绕组电路的开路或短路故障。因此正确检测和判断这类故障显得十分重要。在电机相线中设置电流检测元件，在 DC/AC 变换器的电源输入端设电流检测元件。相线开路故障可分析四相电流大小来判断，绕组端部短路故障可分析一个电周期内正负半周相电流的宽度来判断，短路相的电流正负半周宽度均接近半个周期。接于 DC/AC 输入侧的电流传感器主要用于桥臂直通保护，也可作为相线开路或短路故障诊断的辅助信号。

调速系统用的电源模块是重点检测对象，内部工作电源的失效会导致整个调速系统失效。控制系统的硬件故障主要借助于计算机的初始自检和运行检测来判断。

电励磁四相双凸极调速电动机单相开路和短路故障下容错运行的实现，为双凸极电动机容错控制开了一个好的起点，抛砖引玉，希望能进一步完善，以实现工业应用。

6.5 本章小结

不少机械要求低速传动或要求高速传动，常规的方法是用异步电机和齿轮箱的组合来实现。永磁电动机和双凸极电动机的诞生为低速或高速机械的直接传动创造了条件，和永磁电机相比双凸极电机的直接传动成本低，工作可靠。

低速电机的主要特点是单位电枢导线长度的电动势小，因而电机的体积尺寸较大，因此提高低速电机的功率密度和运行效率显得特别重要。低速双凸极电动机的功率密度和定转子极数直接相关。提高电机极数有利于降低电机内电抗，提高功率密度。低速电机用铜量多、铜耗大，降低导线电流密度、减小铜耗是提高电机效率的主要途径。

提高转速是提高电机功率密度的重要环节。制约电机转速提高的一个重要因素是轴承，转速越高，机械轴承损耗越大，发热越大，磨损加大。磁浮轴承实现了电机转子的悬浮，消除了轴承的机械磨损和发热，是高速电机转子的一种有效支承工具。磁浮轴承电机的结构是在电机转子两端原机械轴承处改装磁浮轴承，实现转子悬浮。这是属于电机的他浮结构，他浮结构的缺点是电机轴向长度加长，磁轴承与电机间的相互干扰较难克服。双凸极电动机本质上是借助定转子间电磁力实现电机旋转的，故这电磁力也可用于实现电机转子的悬浮，这就是电机的自浮，有自浮的电机成为多功能电机，既实现了电机的转子悬浮，又可实现电机的电动或发电功能，悬浮力与电机的转矩间是有相互影响，但没有相互干扰。国内外对无轴承电机的研究就是电机自浮的实例，但大多数无轴承电机的悬浮绕组中通的是交流电，交流电消耗的无功大，且转速越高所需无功越大，控制也越复杂，从而限制了无轴承电机转速的提升。电励磁双凸极电机的磁浮线圈通的是直流电，其控制功率不受转速的影响，易于在高速电机中应用。

大于三相的电机常称为多相电机，多相电机是实现容错电机的首要条件。本章讨论了四相和五相两种电机。五相电机主要从DC/AC变换器开关管导通角度的大小考察对电机转矩的影响。四相电机则从发生一相电枢绕组开路或短路故障时如何实现电机继续运行的角度进行了讨论，试验表明四相电机采用容错控制策略后具备了连续运行的可行性。但由于研究工作刚开展，有待于不断地优化容错控制策略和提高检测与判断电机故障的正确性和及时性。

参考文献

[1] Liao Y, Lipo T A. Sizing and optimal design of doubly salient permanent magnet motors [C]//Electrical Machines and Drives. Sixth International Conference on IET, 1993: 452 - 456.

[2] Liao Y, Lipo T A. A new doubly salient permanent motor for adjustable speed drives[J]. Electric Machines and Power Systems, 1994, 22(2): 259 - 270.

[3] Li Y, Lipo T A. A doubly salient permanent magnet motor capable of field weakening[C]// 26th Annual IEEE PESC'95 Record, 1995, 1: 565 - 571.

[4] Liao Y, Liang F, Lipo T A. A novel permanent magnet motor with doubly salient structure [J]. IEEE Transaction on Industry Applications, 1995, 31(5): 1069 - 1078.

[5] Blaabjerg F, Christensen L, Rasmussen P O, et al. New advanced control methods for doubly salient permanent magnet motor[C]//Industry Applications Conference, 1995. Thirtieth IAS Annual Meeting, IAS'95. Conference Record of the 1995 IEEE. IEEE, 1995, 1: 222 - 230.

[6] Luo X, Qin D, Lipo T A. A novel two phase doubly salient permanent magnet motor[C]// Industry Applications Conference, 1996. Thirty-First IAS Annual Meeting, IAS'96. Conference Record of the 1996 IEEE. IEEE, 1996, 2: 808 - 815.

[7] 程明.双凸极变速永磁电机的运行原理及其静态特性的线性分析[J].科技通报,1997,13(1): 16 - 20.

[8] Cheng M, Chau K T, Chan C C. Design and analysis of a new doubly salient permanent magnet motor[J]. IEEE Transactions on Magnetics, 2001, 37(4): 3012 - 3020.

[9] 相蓉,周波,孟小利.双凸极电机转矩脉动的仿真研究[J].南京航空航天大学学报,2001, 33(4): 366 - 371.

[10] 程明,周鹗,黄秀留.双凸极变速永磁电机的变结构等效磁路模型[J].中国电机工程学报, 2001,21(5): 23 - 28.

[11] 孙强,程明,周鹗,等.双凸极永磁电动机转矩脉动分析[J].电工技术学报,2002,17(5): 10 - 15.

[12] 杨振浩,周波.电励磁双凸极电机调速系统的原理与实现[J].南京航空航天大学学报,2003, 35(2): 132 - 136.

[13] 孙强,程明,周鹗,等.新型双凸极永磁电机调速系统的变参数 PI 控制[J].中国电机工程学报, 2003,23(6): 117 - 122.

[14] 曹啡,相蓉,周波.基于 DSP 的新型双凸极电机的控制原理与实现[J].南京航空航天大学学报,2003,35(4):345-350.

[15] 胡勤丰,孟小利,严仰光.电励磁双凸极电机两种控制策略的分析和比较[J].南京航空航天大学学报,2004,36(2):215-219.

[16] 孟小利,庞相涛,王慧贞,等.电励磁双凸极电机角度提前控制的分析研究[J].南京航空航天大学学报,2004,36(5):623-627.

[17] 王莉,宋晓峰,孟小利,等.用支持矢量机建立电励磁双凸极发电机的非线性模型[J].电工技术学报,2004,19(9):1-5.

[18] Chen Z, Sun Y, Yan Y. Static characteristics of a novel hybrid excitation doubly salient machine[C]//Electrical Machines and Systems, 2005. ICEMS 2005. Proceedings of the Eighth International Conference on. IEEE, 2005, 1: 718-721.

[19] Zhu X, Cheng M. A novel stator hybrid excited doubly salient permanent magnet brushless machine for electric vehicles[C]//Electrical Machines and Systems, 2005. ICEMS 2005. Proceedings of the Eighth International Conference on. IEEE, 2005, 1: 412-415.

[20] 周波,任立立,韦海荣.基于等效电感方法的电磁式双凸极电机系统简化控制模型[J].中国电机工程学报,2005,25(14):109-114.

[21] Chau K T, Sun Q, Fan Y, et al. Torque ripple minimization of doubly salient permanent-magnet motors[J]. Energy Conversion, IEEE Transactions on, 2005, 20(2): 352-358.

[22] 胡勤丰,严仰光.永磁式双凸极电机角度提前控制方式[J].电工技术学报,2005,20(9):13-18.

[23] 王莉,孟小利,曹小庆,等.电励磁双凸极发电机的非线性模型[J].中国电机工程学报,2005,25(10):137-143.

[24] 孙亚萍,严仰光.混合励磁双凸极电机性能研究[D].南京:南京航空航天大学,2005.

[25] Cheng M, Sun Q, Zhou E. New self-tuning fuzzy PI control of a novel doubly salient permanent-magnet motor drive[J]. Industrial Electronics, IEEE Transactions on, 2006, 53(3): 814-821.

[26] 秦海鸿.混合励磁双凸极电机基本性能研究[D].南京:南京航空航天大学,2006.

[27] 花为,程明,Zhu Z Q.新型磁通切换型双凸极永磁电机的静态特性研究[J].中国电机工程学报,2006,26(13):129-134.

[28] 葛善兵.混合励磁双凸极电机调速系统控制策略研究[D].南京:东南大学,2006.

[29] 戴卫力,王慧贞,严仰光.无刷直流起动/发电系统的起动控制[J].南京航空航天大学学报,2007,39(4):423-428.

[30] 戴卫力,王慧贞,严仰光.电励磁双凸极电机的提前角度控制[J].中国电机工程学报,2007,27(27):88-93.

[31] 马长山,周波,张乐.永磁式双凸极电机新型调速系统[J].中国电机工程学报,2007,27(9):71-76.

[32] 马长山,周波.永磁式双凸极电机新型开通关断角控制策略[J].中国电机工程学报,2007,

27(24)：68－73.

[33] 魏佳丹，周波，姜雷.基于全桥变换器的电励磁双凸极电机中点电位的研究[J].中国电机工程学报，2007，27(30)：82－86.

[34] Kong X，Cheng M，Shu Y. Extreme learning machine based phase angle control for stator-doubly-fed doubly salient motor for electric vehicles[C]. IEEE Vehicle Power and Propulsion Conference. Harbin，2008.

[35] Zhao W，Cheng M，Zhu X，et al. Analysis of fault-tolerant performance of a doubly salient permanent-magnet motor drive using transient cosimulation method[J]. IEEE Transactions on Industrial Electronics，2008，55(4)：1739－1748.

[36] 魏佳丹.电励磁双凸极起动/发电机系统特性研究[D].南京：南京航空航天大学，2008.

[37] Zhu D，Qiu X，Zhou N，et al. A novel five phase fault tolerant doubly salient electromagnetic generator for direct driven wind turbine[C]//Electrical Machines and Systems，2008. ICEMS 2008. International Conference on. IEEE，2008：2418－2422.

[38] 张卓然，周竞捷，朱德明，等.多极低速电励磁双凸极风力发电机及整流特性[J].中国电机工程学报，2009，29(6)：67－72.

[39] 孙亚萍，闵莹，胡春玉.结构对永磁双凸极电机性能影响的分析[J].微电机，2009，42(12)：21－23，41.

[40] 张星.开关磁通永磁同步电机的性能分析与结构优化[D].哈尔滨：哈尔滨工业大学，2009.

[41] 朱德明，邱鑫，王慧贞，等.五相容错双凸极无刷直流发电机研究[J].电机与控制学报，2009，13(3)：327－331.

[42] 张卓然，周竞捷，严仰光，等.电励磁双凸极发电机转子极宽对输出特性的影响[J].中国电机工程学报，2010，30(3)：77－82.

[43] 隋天日.混合励磁双凸极电机电磁设计及控制策略研究[D].重庆：重庆大学，2010.

[44] 朱孝勇，程明.定子永磁型混合励磁双凸极电机设计、分析与控制[J].中国科学：技术科学，2010，40(9)：1061－1073.

[45] 蒋晏强，陈世元.外转子双凸极永磁电机结构尺寸对性能的影响[J].微电机，2010，43(8)：35－37.

[46] 孙亚萍，安康.双凸极永磁电机结构尺寸对性能的影响[J].杭州师范大学学报：自然科学版，2011，10(4)：359－363.

[47] 王娇艳.电励磁五相双凸极发电机基本性能和容错特性的研究[D].南京：南京航空航天大学，2011.

[48] Hang J，Chen Z，Zhang L，et al. Control and operation of a 12－8-pole doubly salient electromagnetic motor drive based on CPLD[C]. The 2th International Conference on Electrical and Control Engineering. Yichang，2011.

[49] 万伟悦，孟小利，严仰光.QF－18D航空双凸极起动/发电机关键特性研究[J].大功率变流技术，2011，1(3)：49－52.

[50] 王娇艳，陈志辉，严仰光.外接单相桥的电励磁五相双凸极容错发电机[J].电工技术学报，

2012,27(4)：30 - 34.

[51] Zhang Z, Yan Y, Tao Y. A new topology of low speed doubly salient brushless DC generator for wind power generation[J]. IEEE Transactions on Magnetics, 2012, 48(3)：1227 - 1233.

[52] 李国生,周波,魏佳丹,等.基于半桥变换器的电励磁双凸极电机角度优化控制策略[J].中国电机工程学报,2011,31(27)：102 - 108.

[53] Liu X, Zhu Z Q. Comparative study of novel variable flux reluctance machines with doubly fed doubly salient machines[J]. IEEE Transactions on Magnetics, 2013, 49(7)：3838 - 3841.

[54] Liu X, Zhu Z Q. Electromagnetic performance of novel variable flux reluctance machines with DC - field coil in stator[J]. IEEE Transactions on Magnetics, 2013, 49(6)：3020 - 3028.

[55] 刘星,陈志辉,朱杰,等.电励磁双凸极电动机三相六拍控制策略研究[J].中国电机工程学报,2013,3(12)：128 - 144.

[56] 赵耀,王慧贞,肖岚,等.五相容错电励磁双凸极电机容错特性分析[J].中国电机工程学报,2013,33(24)：135 - 142.

[57] 赵耀,王慧贞,赵晓中,等.五相容错双凸极发电机单相短路故障分析[J].中国电机工程学报,2013,33(30)：90 - 97.

[58] Yu L, Zhang Z, Chen Z, et al. Analysis and verification of the doubly salient brushless DC generator for automobile auxiliary power unit application[J]. IEEE Transactions on Industrial Electronics, 2014, 61(12)：6655 - 6663.

[59] 陈云云,全力,朱孝勇,等.双凸极永磁双转子电机优化设计与电磁特性分析[J].中国电机工程学报,2014,34(12)：1912 - 1921.

[60] 陈志辉,杨志浩,谢淑玲.电励磁双凸极电机并联桥短路故障的研究[J].电机与控制学报,2014,18(4)：11 - 16.

[61] 袁彪.电动汽车用双凸极轮毂电机最佳斜槽角度的研究[D].广州：华南理工大学,2015.

[62] 王大志,陈世元.电磁式双凸极轮毂电机的有限元实用程序[J].微特电机,2015,43(1)：31 - 34.

[63] Afinowi I A A, Zhu Z Q, Guan Y, et al. Hybrid-excited doubly salient synchronous machine with permanent magnets between adjacent salient stator poles[J]. Magnetics, IEEE Transactions on, 2015, 51(10)：1 - 9.

[64] 张鑫,王秀和,杨玉波,等.基于转子齿两侧开槽的开关磁阻电机振动抑制方法研究[J].中国电机工程学报,2015,35(6)：27.

[65] 王大志,陈世元.电磁式双凸极轮毂电机的有限元实用程序[J].微特电机,2015,43(1)：31 - 34.

[66] 倪志拓,陈志辉,朱杰,等.大功率宽调速范围双凸极电机驱动拓扑的对比研究[J].电气传动,2015,45(4)：13 - 18.

[67] Zhao Y, Wang H. Electromagnetic performance of three-phase doubly fed doubly salient electromagnetic generator[J]. IET Electric Power Applications, 2016, 10(3)：161 - 171.

[68] 赵星,周波,史立伟.一种新型低转矩脉动电励磁双凸极无刷直流电机[J].中国电机工程学报,2016,36(15)：4249 - 4257.

[69] 蔡一正，戴卫力，田浩.非对称绕组双凸极混合励磁电机设计与分析[J].微电机，2016，49(2)：22-26.

[70] 赵静，严雅霜，陈浩，等.转子齿形状对10极12槽开关磁通电机转矩特性的影响[J].电机与控制学报，2016，20(3)：51-56.

[71] 王兰凤，陈志辉，何海翔，等.四相电励磁双凸极电动机单相开路故障分析与容错控制策略[J].电气工程学报，2016(1)：39-46.

[72] 史立伟，周波，魏佳丹，等.各相对称的五相电励磁双凸极发电机电磁特性分析[J].中国电机工程学报，2016，36(10)：2800-2807.

[73] 刘伟峰，王慧贞，王逸洲，等.电励磁双凸极电机九状态控制策略的研究[J].微特电机，2016，44(9)：74-77.

[74] 王寅，张卓然，袁琬欣，等.双凸极无刷直流电机三相九状态控制策略研究[J].中国电机工程学报，2016，36(10)：2808-2815.

[75] 蔡一正，戴卫力，翟苏巍.双凸极电励磁起动电机的设计与分析[J].微特电机，2016，44(7)：26-29.

[76] 蒋贵壮，全力，陈云云，等.基于非线性自适应集总参数磁路法的双凸极永磁双转子电机的分析与验证[J].电机与控制应用，2016，43(8)：57-62.